高职高专机械制造类专业系列教材

机电一体化技术

主　编　王瑞云　彭方来
副主编　徐　宇
参　编　黄德全
主　审　韩　红　许学军

西安电子科技大学出版社

内容简介

本书内容由6个项目构成，包括机电一体化技术与系统概述、机电一体化机械技术、机电一体化检测传感技术、机电一体化伺服驱动技术、机电一体化控制及接口技术、机电一体化技术的综合应用案例。书中主要介绍了机械传动、导向、支撑、执行等机构，位置、位移、速度、温度、视觉等传感器，步进电动机驱动控制、直流伺服电动机驱动控制、交流伺服电动机驱动控制、直线电动机伺服驱动控制，单片机控制及接口技术、PLC控制及接口技术、工业计算机控制及接口技术、变频器及HMI人机接口技术等知识内容。

本书可作为高职高专院校机电一体化技术专业、工业电气自动化专业、电气技术专业等机电类专业的教材，也可作为工程技术人员进修及工作的参考资料。

图书在版编目（CIP）数据
机电一体化技术 / 王瑞云，彭方来主编. -- 西安 ：西安电子科技大学出版社，2024. 12. --ISBN 978-7-5606-7460-5
Ⅰ. TH-39
中国国家版本馆CIP数据核字第2024WL9218号

策　　划　李鹏飞
责任编辑　李鹏飞
出版发行　西安电子科技大学出版社（西安市太白南路2号）
电　　话　(029) 88202421　88201467　　邮　　编　710071
网　　址　www.xduph.com　　电子邮箱　xdupfxb001@163.com
经　　销　新华书店
印刷单位　陕西天意印务有限责任公司
版　　次　2024年12月第1版　　2024年12月第1次印刷
开　　本　787毫米×1092毫米　1/16　　印张　17
字　　数　403千字
定　　价　44.00元
ISBN 978-7-5606-7460-5
XDUP 7761001-1

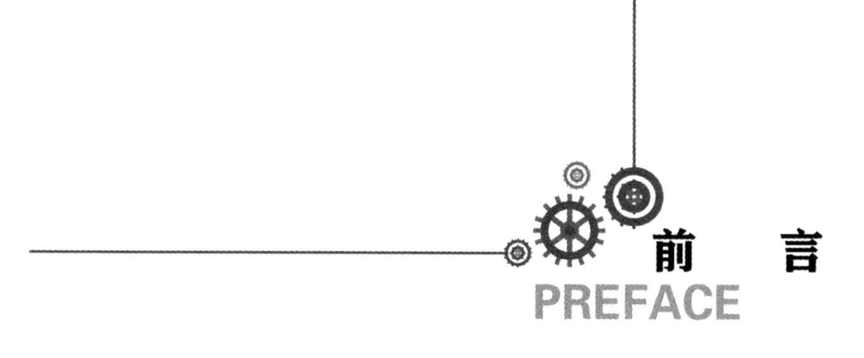

前　言
PREFACE

“机电一体化技术”是高职高专机电类专业的基础课程。为贯彻教育部教学改革的重要精神，配合职业院校教学改革和教材建设，深化职业院校改革，编者编写了这本校企双元、工学结合的教材。

本书根据高职高专的培养目标，结合高职高专的教学改革和课程改革，按照“任务驱动”的原则编写而成。本着由浅入深、由简单到复杂、由低级到高级的教学规律，紧密贴近生产实际需要，本书设计了6个学习项目，每个项目又分为若干个任务。每个任务根据具体内容包含任务描述、任务目标、知识准备、任务实施、任务评价五个环节。

本书根据企业现场实际和岗位工作的需要，打破课程的学科体系，突破理论和实践教学的界线。在理论内容上以“够用多一点”为标准，在技能内容上以“够用”为标准，为“上岗顶用”培养必需技能。在方法上采用“教—学—做”一体化的教学模式，即在“课证融通”专业培养目标的指导下，将课程内容与技能认证的需要相融合，将教学内容确定为若干任务进行学习和探索。同时，本书加强了新技术、新工艺、新方法、新知识的介绍，特别是书中的案例均来自生产一线，使教学内容紧跟时代步伐。本书图例尽量采用最新的行业标准。

本书内容丰富，每个任务的知识结构基本包括结构组成、基本原理、用途、应用等内容。本书的参考教学时数为48学时。在使用本书教学时，任务评价环节中的“实训项目”和“理论项目”的得分各占50%，没有“实训项目”的，最后得分就是“理论项目”的得分。

本书由镇江市高等专科学校王瑞云、南京宇众先科自动化装备有限公司彭方来担任主编，镇江市高等专科学校徐宇担任副主编，镇江市高等专科学校黄德全参编，渤海船舶职业学院韩红、镇江市高等专科学校许学军担任主审。具体编写分工如下：王瑞云编写项目2、项目4，彭方来编写项目1、项目6，徐宇编写项目3，黄德全编写项目5。

我们在编写本书的过程中得到了无锡信捷技术股份有限公司技术人员的大力支持和帮助，渤海船舶职业学院韩红对本书的结构和内容提出了宝贵意见，同时书中还借鉴了相关的文献资料，在此对以上人员一并表示感谢。由于编者水平有限，书中难免有不妥之处，欢迎各位读者批评指正。

编　者

2024年5月

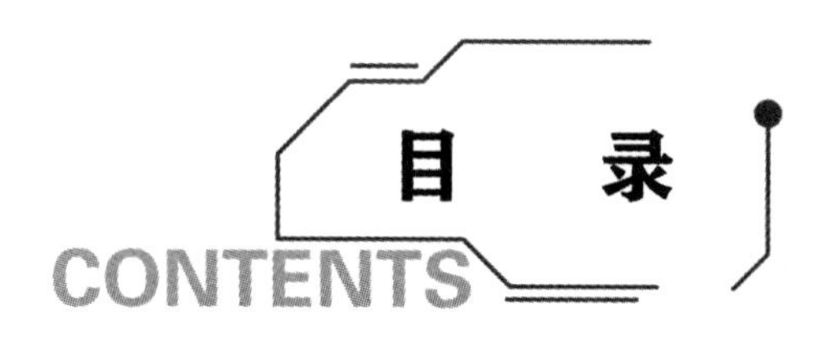

项目 1　机电一体化技术与系统概述 …… 1

任务　认识机电一体化技术与系统 …… 1

项目 2　机电一体化机械技术 …… 17

任务 2.1　机械传动机构 …… 19

任务 2.2　机械导向机构 …… 40

任务 2.3　机械支撑机构 …… 51

任务 2.4　机械执行机构 …… 55

项目 3　机电一体化检测传感技术 …… 62

任务 3.1　认识传感器 …… 62

任务 3.2　位置传感器 …… 68

任务 3.3　位移传感器 …… 77

任务 3.4　速度传感器 …… 102

任务 3.5　温度传感器 …… 107

任务 3.6　视觉传感器 …… 115

项目 4　机电一体化伺服驱动技术 …… 129

任务 4.1　认识机电一体化伺服系统 …… 129

任务 4.2　步进电动机驱动控制 …… 135

任务 4.3　直流伺服电动机驱动控制 …… 148

任务 4.4　交流伺服电动机驱动控制 …… 167

任务 4.5　直线电动机伺服驱动控制 …… 183

项目 5　机电一体化控制及接口技术 …… 194

任务 5.1　单片机控制及接口技术 …… 194

任务 5.2　PLC 控制及接口技术 …… 205

任务 5.3　工业计算机控制及接口技术 …… 215
任务 5.4　变频器应用及接口技术 …… 220
任务 5.5　HMI 人机接口技术 …… 234

项目 6　机电一体化技术的综合应用案例 …… 241
案例 6.1　THWMZT-1B 型数控铣床装调维修实训系统 …… 241
案例 6.2　汽车发动机压装气门锁夹系统 …… 258
案例 6.3　全自动旋盖机系统 …… 263

参考文献 …… 265

机电一体化技术与系统概述

机电一体化(Mechatronics)一词起源于日本的安川电动机，是由机械(Mechanical)和电子(Electronics)两个英语单词合成的一个新的专有名词。其定义一般以日本机械振兴协会经济研究所1983年提出的观点为准，即机电一体化是在机构的主功能、动力功能、信息与控制功能上引入电子技术，并将机械装置与电子设备以及软件等有机结合而成的系统的总称。它体现了机电一体化产品及其技术的基本内容和特征，具有指导性意义。

本项目包括机电一体化技术应用的重要性、机电一体化技术的发展趋势、机电一体化系统的组成、机电一体化的关键技术、机电一体化的常用组件、机电一体化系统中常用的名词术语等。

任务　认识机电一体化技术与系统

任务描述

机电一体化是将机械、电子、信息处理、控制以及软件等现有技术进行综合集成的一种技术群体概念，体现了学科融合的思想。它一般研究怎样将机械装置、电子设备和软件等组成一个功能完善且具有柔性的工程系统，从而为人类的生产和生活等各个领域的自动化服务。

当前，国际上以柔性自动化生产系统为主要特征的机电一体化产品和技术被日益广泛地应用到工业生产和生活服务中，如数控机床、机器人、家用安全防护、智能洗衣机等。机电一体化技术及其应用已经成为当前世界机械工业发展的必然趋势，也是振兴我国机械工业的必经之路。

任务目标

技能目标

能列举各行业机电一体化产品的应用实例，并分析各产品中相关技术的应用情况。

知识目标

(1) 了解机电一体化技术应用的重要性及发展趋势;

(2) 掌握机电一体化系统各组成部分及其作用;

(3) 了解机电一体化的关键技术、常用组件、常用的名词术语等。

知识准备

一、机电一体化技术应用的重要性

机电一体化技术在产品设计、制造以及生产经营管理等方面的优势已经体现在生产与生活的各个领域。其主要表现如下:

(1) 简化机械结构,提高精度。在机电一体化产品中,通常采用调速电动机来驱动机械系统,从而缩短甚至取消了机械传动链。这样不但简化了机械结构,而且减少了由机械摩擦、磨损、间隙等引起的传动误差;还可以用闭环控制来补偿机械系统的误差,从而提高系统精度。例如,如果采用合理的机电一体化技术控制,取消汽车中发动机的变速器,则可以简化汽车结构、提升性能和改善驾驶。

(2) 易于实现柔性化和多功能。在机电一体化产品中,计算机控制系统不但取代了其他信息处理控制装置,而且易于实现自动检测、数据处理、自动调节和控制、自动诊断和保护以及自动显示等。此外,计算机硬件和软件结合能实现柔性自动化,并具有很大的灵活性。

(3) 产品开发周期短、竞争力强。机电一体化产品可以采用专业化生产的、高质量的机电部件,通过综合集成技术来设计和制造,使产品的可靠性更高,甚至在使用期限内无须维修。这样不但缩短了产品的开发周期,而且增强了产品在市场中的竞争力。

(4) 生产方式向高柔性、综合自动化方向发展。各种机电一体化设备构成的柔性制造系统(FMS)和计算机集成制造系统(CIMS),使得加工、检测和信息传输过程融为一体,可以形成无人或者少人生产线、车间和工厂。近年来,日本很多大公司已采用了所谓的灵活的生产体系,即根据市场需要,在同条生产线上分时生产批量小、型号及品种多的系列产品,如计算机、汽车、摩托车、化妆品等。

(5) 促进经营管理体制发生根本性变化。由于市场导向的作用,产品的商业寿命日益缩短。为了占领市场,企业必须重视用户信息的收集和分析,迅速进行决策,迫使企业从传统的生产型向以经营为中心的决策管理型转变,实现生产、经营和管理体系的全面计算机化。

机电一体化技术的应用范围广,覆盖面宽。其主要应用领域有:工厂自动化(FA),典型的有计算机集成系统(CIS)、机器人、灵巧(Smart)精密仪器、机器视觉系统、自动导引车系统(AGVS);办公自动化(OA),典型的有信息处理系统、字符和图形处理系统、通信及数据与信息产品等;家庭自动化(HA),典型的有安全系统、能量控制系统、娱乐和家庭办公产品等。

近些年来,由于科学技术的迅猛发展和市场竞争的加剧,机电一体化技术不但向商业、银行、医疗、农业自动化领域拓展,而且在机械产品、工厂自动化领域也涌现出许多新技术，如微机械(Micromachine)、智能机械或灵巧机械、快速原型制造(RPM)、并行工程、同步工程、制造单元工程(MCE)、智能制造控制(IMC)、灵活敏捷制造(Agile Manufacturing)。

二、机电一体化技术的发展趋势

机电一体化的出现不是孤立的，它是科学技术发展的结晶，是社会生产力发展到一定阶段的必然要求。随着科学技术的发展，各种技术相互融合将越来越明显，机电一体化技术的发展前景也将越来越广阔。一方面，光学、通信技术等进入机电一体化，微细加工技术也在机电一体化中崭露头角，出现了光机电一体化和微机电一体化等新分支；另一方面，人们对机电一体化系统的建模设计分析和集成方法，以及机电一体化的学科体系和发展趋势都进行了深入研究。同时，人工智能技术、神经网络技术以及光纤技术等领域取得的巨大进步，为机电一体化技术开辟了广阔的发展天地，也为产业化发展提供了坚实的基础。未来机电一体化技术的主要发展方向如下：

(1) 智能化。智能化是21世纪机电一体化技术发展的一个重要方向。人工智能在机电一体化建设者的研究中日益得到重视，机器人与数控机床的智能化就是重要应用。这里所说的智能化是对机器行为的描述，是在控制理论的基础上吸收人工智能运筹学、计算机科学、模糊数学、心理学、生理学、混沌动力学等新思想和新方法，模拟人类智能，使它具有判断推理、逻辑思维、自主决策等能力，以求达到更高的控制目标。当然，使机电一体化产品具有与人完全相同的智能是不可能的，也是不必要的。但是，高性能、高速度的微处理器使机电一体化产品具有低级智能或人的部分智能则是完全可能和必要的。

(2) 模块化。模块化是一项重要而艰巨的工程。由于机电一体化产品的种类和生产厂家众多，研制和开发具有标准机械接口、电气接口、动力接口、环境接口的机电一体化产品单元是一项十分复杂而又非常重要的工作，如研制集减速、智能调速、电动机于一体的动力单元，具有视觉、图像处理、识别、测距等功能的控制单元，以及各种能完成典型操作的机械装置等。这样，可利用标准单元迅速开发出新产品，同时也可以扩大生产规模。这就需要制定各项标准，以便各部件和单元相匹配。显然，从电气产品的系列化、标准化可以推知，无论对生产标准机电一体化单元的企业还是对生产机电一体化产品的企业，模块化都将给它们带来美好的前景。

(3) 网络化。20世纪90年代，计算机技术等的突出成就是网络技术。网络技术的兴起和飞速发展给科学技术、工业生产、政治、军事、教育以及人们的日常生活都带来了巨大的变革。各种网络将全球经济和生产连成一片，企业间的竞争也将全球化。机电一体化新产品一旦研制出来，只要其功能独到、质量可靠，很快就会畅销全球。由于网络的普及，基于网络的各种远程控制和监视技术蓬勃发展，而远程控制的终端设备本身就是机电一体化产品。现场总线和局域网技术使得家用电器网络化。利用家庭网络(Home Net)可将各种家用电器连接成以计算机为中心的计算机集成家电系统(Computer Integrated Appliance System，CIAS)，人们得以在家里享用高科技带来的便利。因此，机电一体化产品无疑将朝着网络化方向发展。

(4) 微型化。微型化兴起于20世纪80年代末，指的是机电一体化技术向微型机器和微观领域发展的趋势。国外称其为微电子机械系统(MEMS)，泛指几何尺寸不超过1 cm^3的机电一体化产品，并向微米纳米级发展。微机电一体化产品体积小、耗能少、运动灵活，在生物医疗、军事、信息等方面具有不可比拟的优势。微机电一体化发展的瓶颈在于微机械技术，微机电一体化产品的加工采用精细加工技术，即超精密技术，它包括光刻技术和蚀刻技术两类。

(5) 绿色化。工业的发展给人们的生活带来了巨大变化：一方面，物质丰富，生活舒适；另一方面，资源减少，生态环境遭到严重污染。于是，人们呼吁保护环境，回归自然。绿色产品的概念在这种呼声下应运而生，绿色化是时代的趋势。绿色产品在其设计、制造、使用和销毁的过程中，符合特定的环境保护和人类健康的要求，对生态环境无害或危害极少，资源利用率极高。设计绿色的机电一体化产品，具有远大的发展前途。机电一体化产品的绿色化主要是指使用时不污染生态环境，报废后能回收利用。

(6) 系统化。系统化的表现特征之一，就是系统体系结构进一步采用开放式和模式化的总线结构。系统可以灵活组态，进行任意剪裁和组合，同时寻求实现多子系统协调控制和综合管理。系统化表现的第二个特征，是通信功能大大加强，特别是人格化发展引人注目，即未来的机电一体化更加注重产品与人的关系。机电一体化的人格化有两层含义：一层含义是机电一体化产品的最终使用对象是人，如何赋予机电一体化产品人的智能、情感、人性显得越来越重要，特别是对家用机器人，其高层境界就是人机一体化；另一层含义是模仿生物机理，研制各种机电一体化产品。

三、机电一体化系统的组成

传统的机械产品一般由动力源、传动机构、工作机构等组成。机电一体化系统是在传统机械产品的基础上发展起来的，是机械与电子信息技术结合的产物。它除了包含传统机械产品的组成部分外，还含有与电子技术和信息技术相关的组成要素。一般而言，一个较完善的机电一体化系统包括机械本体、检测传感部分、电子控制单元、执行器和动力源。各要素之间通过接口相联系。机电一体化系统示意图如图1.1所示。

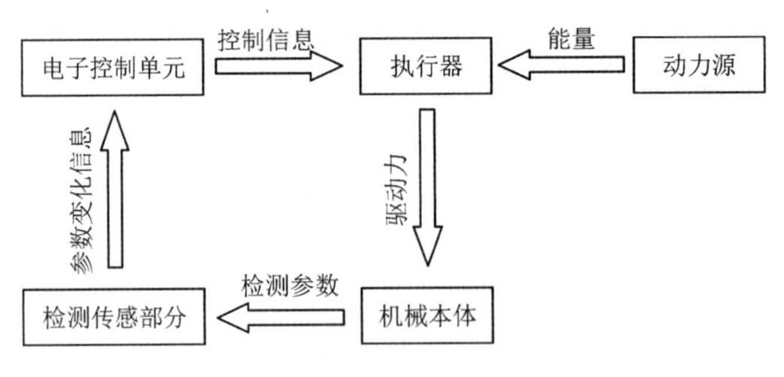

图1.1　机电一体化系统示意图

1. 机械本体

机械本体包括机架、机械连接、机械传动等。所有的机电一体化系统都含有机械本体，它是机电一体化系统的基础，起着支撑系统中其他功能单元，传递运动、动力的作用。与纯粹的机械产品相比，机电一体化系统的技术性能更高，功能更强，这就要求机械本体在机械结构、材料、加工工艺以及几何尺寸等方面能够与之相适应，具有高效、多功能、可靠、节能、小型、轻量、美观的特点。

2. 检测传感部分

检测传感部分包括各种传感器及其信号检测电路，其作用是监测机电一体化系统工作过程中有关参量的变化，并将信息传递给电子控制单元，电子控制单元根据检测到的信息向执行器发出相应的控制指令。机电一体化系统要求传感器精度、灵敏度、响应速度、信噪比高，漂移小，稳定性高，可靠性好，不易受被测对象特征(如电阻、磁导率等)的影响，对抗恶劣环境条件(如油污、高温、泥浆等)的能力强，体积小，质量轻，对整机的适应性好，不受高频干扰和强磁场等外部环境的影响，操作性能好，现场维修处理简单，并且价格低廉。

3. 电子控制单元

电子控制单元(Electrical Control Unit，ECU)是机电一体化系统的核心，负责将来自各传感器的检测信号和外部输入命令进行集中存储、计算、分析。根据信息处理结果，按照一定的程序发出相应的指令，控制整个系统有目的地运行。电子控制单元由硬件和软件组成。硬件一般由计算机、可编程控制器(PLC)、数控装置以及逻辑电路、A/D与D/A转换器、I/O接口和计算机外部设备等组成；软件为固化在计算机存储器内的信息处理和控制程序，根据系统正常工作的要求编写。机电一体化系统对控制和信息处理单元的基本要求：提高信息处理的速度和可靠性，增强抗干扰能力以及完善系统自诊断功能，实现信息处理的智能化、小型化、轻量化和标准化等。

4. 执行器

执行器的作用是根据电子控制单元的指令驱动机械部件运动。执行器是运动部件，通常采用电力驱动、气压驱动和液压驱动等方式。机电一体化系统一方面要求执行器效率高、响应速度快；另一方面要求对水、油以及温度等外部环境的适应性好、可靠性高。由于尺寸上的限制，执行器的动作范围狭窄，还需考虑维修和实行标准化。由于电工电子技术的快速发展，高性能步进驱动、直流和交流伺服驱动电动机已大量应用于机电一体化系统。

5. 动力源

动力源是机电一体化产品的能量供应部分，其作用是按照系统控制要求向系统提供能量和动力使系统正常运行。其提供能量的方式包括电能、气能和液压能，其中以电能为主。机电一体化产品除了要求可靠性高，还要求动力源的效率高，即用尽可能小的动力输入获得尽可能大的功率输出。

机电一体化产品的五个基本组成要素之间并非彼此无关或简单拼凑、叠加在一起，工作中它们各司其职、互相补充、互相协调，共同完成所规定的功能，即在机械本体的支持下，由检测传感部分检测产品的运行状态及环境变化，将信息反馈给电子控制单元；电子控制单元对各种信息进行处理，并按要求控制执行器的运动；执行器的能源则由动力部分提供。在结构上，各组成要素通过各种接口及相关软件有机地结合在一起，构成一个内部合理匹配、外部效能最佳的完整产品。

日常使用的数码相机就是典型的机电一体化产品，带微机控制的数码相机如图1.2所示。其内部装有测光测距传感器，测得的信号由微处理器进行处理，根据信息处理结果控制微型电动机，由微型电动机驱动快门和变焦机构，对测光、测距、调光、调焦、曝光、闪光及其他附件的控制都实现了自动化。

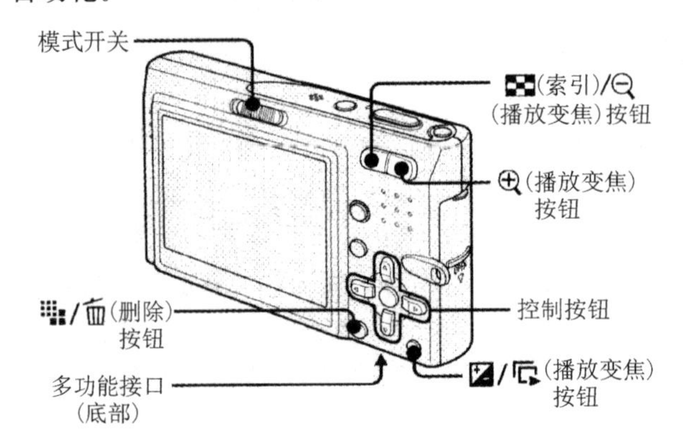

图 1.2 带微机控制的数码相机(自动根据景物距离变焦距、根据外界光线强弱变光圈及曝光时间)

汽车上广泛应用的发动机电子控制式燃油喷射系统也是典型的机电一体化系统，如图1.3所示。汽油发动机电子控制燃油喷射系统(EFI)简称为电控燃油喷射系统或电喷系统，是以电控单元(ECU)为控制中心，以空气流量和发动机转速为控制基础，以喷油器、点火器、怠速空气调整器等为控制对象，利用安装在发动机上的各种传感器测出发动机的各种运行参数，再按照计算机中预存的控制程序精确地控制喷油器的喷油量，使发动机在各种工况下都能获得最佳空燃比的可燃混合气和点火时刻。此外，根据发动机的要求，电子控制单元还具有控制发动机的废气再循环率、故障自诊断等功能。

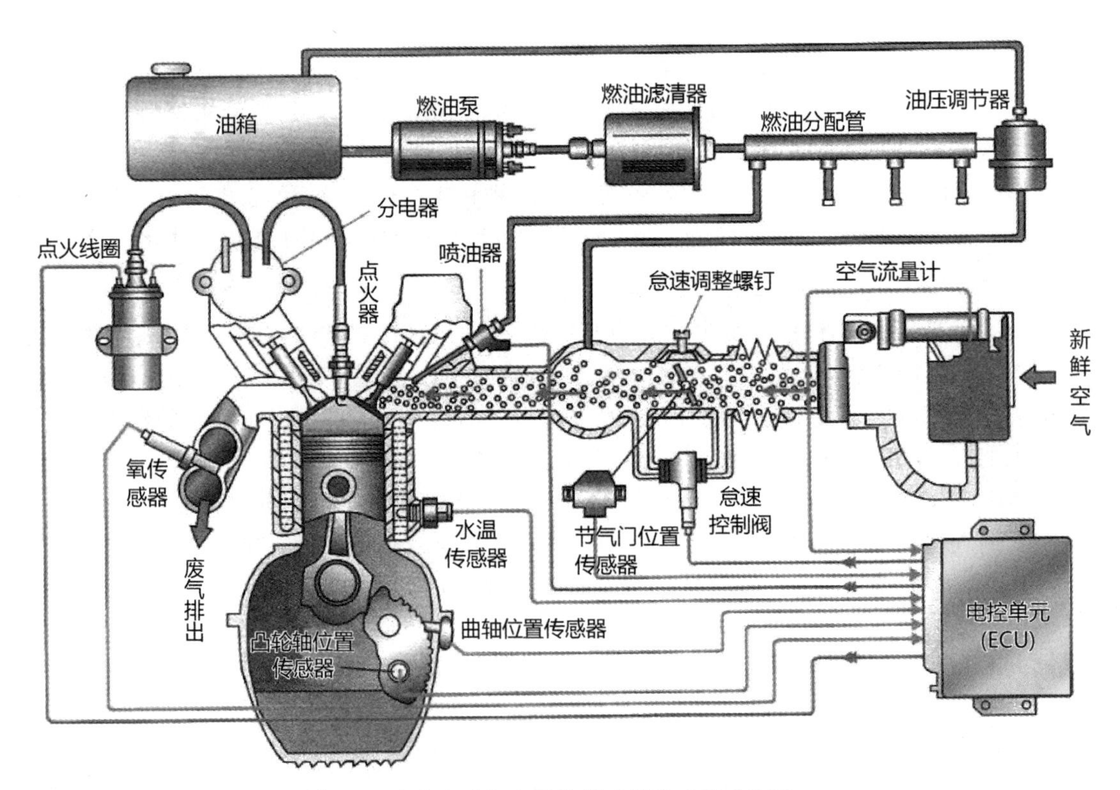

图 1.3 汽车发动机电子控制式燃油喷射系统图

四、机电一体化的关键技术

如前所述，机电一体化技术是在传统技术的基础上由多种技术学科相互交叉、渗透而形成的一门综合性技术学科，其所涉及的技术领域非常广泛。要深入进行机电一体化研究及产品开发，就必须了解并掌握这些技术。概括起来，机电一体化的关键技术主要有机械技术、检测与传感技术、信息处理技术、伺服驱动技术、自动控制技术、系统集成技术。

1. 机械技术

机械技术是机电一体化技术的基础。机电一体化产品中的主功能和构造功能是以机械技术为基础实现的。在机械与电子相互结合的实践中，不断对机械技术提出更高的要求，使现代机械技术相对于传统机械技术发生了很大的变化。新机构、新原理、新材料、新工艺等不断出现，现代设计方法不断发展和完善，满足了机电一体化产品对减轻质量、缩小体积、提高精度和刚度、改善性能等多方面的要求。在制造过程的机电一体化系统中，经典的机械理论与工艺应借助计算机辅助技术，同时采用人工智能与专家系统等，形成新一代的机械制造技术。这里原有的机械技术以知识和技能的形式存在，是任何其他技术代替不了的。例如，计算机辅助工艺规程设计(CAPP)是目前CAD/CAM系统研究的瓶颈，其关键问题在于如何将存在于各行业、企业、技术人员中的标准、习惯、经验进行表达和陈述，从而实现计算机的自动工艺设计与管理。

2. 检测与传感技术

检测与传感技术是指与传感器及其信号检测装置相关的技术。在机电一体化产品中，传感器就像人体的感觉器官，将各种信息通过相应的信号检测装置感知并反馈给控制及信息处理装置。因此，检测与传感是实现自动控制的关键环节。机电一体化要求传感器能快速、精确地获取信息并经受各种严酷环境的考验。但是，由于目前检测与传感技术还不能与机电一体化的发展相适应，许多机电一体化产品不能达到满意的效果或无法实现设计功能，因此，大力开展检测与传感技术的研究对发展机电一体化具有十分重要的意义。

3. 信息处理技术

信息处理技术包括信息的交换、存取、运算、判断、决策等。实现信息处理的主要工具是计算机，因此计算机技术与信息处理技术是密切相关的。计算机技术包括计算机硬件技术、软件技术、网络与通信技术、数据库技术等。在机电一体化产品中，计算机与信息处理装置指挥整个产品的运行，信息处理是否正确、及时，直接影响产品工作的质量和效率。因此，计算机应用及信息处理技术已成为促进机电一体化技术和产品发展最重要的因素。人工智能、专家系统、神经网络技术等都属于计算机与信息处理技术。

4. 伺服驱动技术

伺服驱动技术的主要研究对象是执行元件及其驱动装置。执行元件有电动、气动、液动等多种类型，机电一体化产品中多采用电动式执行元件，其驱动装置主要是指各种电动机的驱动电源电路，目前多采用电力电子元件及集成化的功能电路。执行元件一方面通过电气接口向上与微型机相连，以接受微型机的控制指令；另一方面又通过机械接口向下与机械传动和执行机构相连，以实现规定的动作。因此，伺服驱动技术是直接执行操作的技术，对机电一体化产品的动态性能、稳态精度、控制质量等具有决定性的影响。常见的伺服驱动有电液马达脉冲液压缸、步进电动机、直流伺服电动机、交流伺服电动机。由于变频技术的进步，交流伺服驱动技术取得了突破性进展，为机电一体化系统提供了高质量的伺服驱动单元，极大地促进了机电一体化技术的发展。

5. 自动控制技术

自动控制技术范围很广，包括自动控制系统设计、系统仿真、现场调试、可靠运行等。由于被控制对象种类繁多，因此控制技术的内容也极其丰富，包括高精度定位控制、速度控制、自适应控制、自诊断、校正、补偿、示教再现、检索等。自动控制技术的难点在于自动控制理论的工程化与实用化，这是由于现实世界中的被控制对象往往与理论上的控制模型之间存在着较大的差距，因此从控制设计到控制实施往往要经过反复调试与修改，才能得到比较满意的结果。由于微型计算机的广泛应用，自动控制技术越来越多地与计算机控制技术联系在一起，成为机电一体化技术中十分重要的技术。

6. 系统集成技术

系统集成技术是从整体目标出发，用系统工程的观点和方法将系统集成分解成相互有机联系的若干个功能单元，并以功能单元为子系统继续分解，直至找到可实现的技术方案，然后把功能和技术方案组合成方案组进行分析、评价、优选的综合应用技术。系统集成技术包含的内容很多，接口技术是其重要的内容之一，机电一体化产品的各功能单元通过接口连接成一个有机整体。接口包括电气接口、机械接口、人机接口。电气接口实现系统间电信号的连接，机械接口完成机械与机械部分、机械与电气装置部分的连接，人机接口提供人与系统间的交互界面。系统集成技术是最能体现机电一体化设计特点的技术，其原理和方法还在不断的发展与完善。

五、机电一体化的常用组件

机电一体化技术的应用领域一般有两个方面：过程自动化和运动自动化。前者是关于生产过程，如化学工业、生产线流程等的自动化；后者是自动定位，如数控机床和机器人等方面的自动化。这两种自动化的基本控制思想相同，都是通过传感器采集信号，将信号传递到控制器中，经过运算将结果传递至执行器，然后采集信号。如此往复，以达到平衡状态。它们的不同之处在于所采用的传感器、控制器、执行器不尽相同。例如，过程控制中的传感器多采用仪表，运动控制多采用模拟量传感器，执行器在过程控制中多采用阀，运动控制中多采用步进电动机和伺服电动机。在机械控制中，更多的情况是运动控制，本书主要介绍运动控制。在运动控制中，经常会使用一些常用的组件进行组合完成自动控制的功能，这些组件一般包括以下四种：

1. 机械部件

机械部件主要完成机械定位的功能，如导轨、丝杆、电主轴、转台、变速箱等。

2. 传感部件

传感部件主要完成信息采集的功能，如位移传感器、位置传感器、角度传感器、温度传感器、速度传感器、加速度传感器、机器视觉等。

3. 控制部件

控制部件接收传感部件传递的信息并进行计算，并输出结果至执行器，如PLC、PAC、工业控制计算机、数控系统等。

4. 执行器

执行器接收控制部件的结果并执行系统的运动功能，如伺服电动机、步进电动机、直线电动机等。需要说明的是，一般的执行器并不只有机械部件，大多情况下有相应的驱动器，即特定的电源供应，如伺服电动机需要特定的伺服驱动器等。

以上四种组件可以完成运动控制的基本功能，其中需要在控制器中编写软件，以符合控制设计。所以，运动控制的功能是软件和硬件共同完成的，它们的协同工作使得机电一体化系统成为可能。组成这种工业系统的关键点如下：

（1）传感器、控制器及执行器之间信号接口的匹配，即信号的定义是否相同。如传感器信号是0～5 V电压，而控制器的信号为RS-232串口，则需要一个转换器将电压信号转换为串行口信号，不匹配的信号强行连接有可能会烧坏电路，引起系统崩溃。所以，在进行信号连接前，一定要清楚各个信号接口的定义，如果不能匹配，则需要采用相应的接口转换器。

（2）驱动器的参数设置。一般的执行器大多都带有相应的驱动器，为了适应更多的应用场合现代驱动器均设置有多种控制模式，这些参数需要依据说明书加以设定，特别是对于伺服电动机的驱动器而言，这种情况更为普遍，变频率控制系统和伺服阀控制系统也有相应的多种控制模式。在现代控制系统中，有些带有总线型的控制方式，使用两根线就可以实现多个设备的信息传递，是目前流行的控制方式。

（3）软件的编写。在大多数情况下，机电一体化系统的软件编写和调试是最困难的，这种工作不仅需要经验和技巧，某些情况下也需要一定的理论计算能力，如控制算法等。现代小型PLC一般使用较为简单的梯形图编写程序，某些先进的运动型PLC还可以使用G代码编写程序。一般的计算机控制大多采用C语言，现代比较先进的控制是采用NI公司的LabVIEW虚拟仪器，很多需要快速开发的场合可采用VB开发方式。

机电一体化系统使用的基本组件在大多数情况下均由生产厂家提供，使用者无需了解其内部的运行情况，只需要知道这些组件的使用功能及参数功能设置即可。对于应用最困难的控制器的软件设计，设计者不仅要熟悉整个系统的参数和功能，还要有一定的理论计算能力。必要时，需要对某些参数进行假设，然后用试验的方法逐步修正，逐渐逼近正确数值。

六、机电一体化系统中常用的名词术语

1. 信号

信号是运载消息的工具，是消息的载体。从广义上来讲，信号包含光信号、声信号、电信号等。信号存在于机电一体化系统的整个控制过程中，大多数情况下为电信号。工业中

经常使用的标准电信号包括 4～20 mA 电流信号、0～5 V 电压信号、0～10 V 电压信号。这些信号又称为模拟量信号，这种信号大多数情况下是由传感器经过放大器后产生的，并不能直接送入控制器中，一般采用 A/D(模拟/数字)转换器将模拟量信号转换为数字量信号传入控制器中进行运算和操作。

需要注意的是，A/D 转换需要一定的时间。这样，只能每隔一定的时间进行一次转换和运算，连续两次进行转换的时间间隔称为采样时间，这是描述转换效率的重要指标。采样时间的倒数称为采样频率。如果要测量的运动频率超过采样频率，则不能得到准确结果，所以采样频率一定要在最大运动频率的 2 倍以上。

从另外一个角度来看，采样之前的信号是随着输入量的变化而发生变化的，这种变化是连续的，称为连续信号。而采样之后的信号反映的是一些时间点的值，是间断信号，称为离散信号。离散信号能不能真实反映连续信号的情况，仍然要看信号变化的频率是否能够超过采样频率，如果超过 1/2 则不能反映真实情况。

随着时间变化的信号称为时域信号，这种信号在很多情况下并不能反映信号的特征。例如，对于振动等周期性信号，如果采用时域信号描述则无法确定其振动特性，而采用频率信号则可以很简单地进行描述，这种数学工具即傅里叶变换。在离散情况下可以采用数字傅里叶变换和快速傅里叶变换，相应地，将信号的描述转换为频率域内，观察某一个频率的振动特征，可以揭示振动源经过系统的传递放大关系，在确定机械状态、排除故障等应用中具有极其重要的作用。

2. 系统

系统由一些相互联系、相互制约的若干组成部分结合而成，是具有特定功能的有机整体，是加工信号的机构。可以从以下 3 个方面理解系统的概念：

(1) 系统是由若干要素组成的。这些要素可能是一些个体、元件、零件，也可能其本身就是一个系统(或称子系统)，如运算器、控制器、存储器、输入/输出设备组成了计算机的硬件系统，而硬件系统又是计算机系统的一个子系统。

(2) 系统有一定的结构。一个系统是其构成要素的集合，这些要素相互联系、相互制约。系统内部各要素之间相对稳定的联系方式、组织秩序、制约关系的内在表现形式，就是系统的结构。例如，钟表是由齿轮、发条、指针等零件按一定的方式装配而成的，但齿轮、发条、指针随意放在一起却不能组成钟表；人体由各个器官组成，这些器官拼凑在一起也不能成为一个有行为能力的人。

(3) 系统有一定的功能，或者说系统要有一定的目的性。系统的功能是指系统与外部环境相互联系和相互作用中表现出来的性质、能力和功能。例如，信息系统的功能是进行信息的收集、传递、存储加工、维护和使用，辅助决策者进行决策，帮助企业实现目标。与此同时，还要从以下几个方面对系统进行理解：系统由部件组成，部件处于运动之中，部件间存在着联系，系统各主量和的贡献大于各主量贡献的和，即常说的 1 加 1 大于 2，系统的状态是可以转换和控制的。

系统在实际应用中总是以特定系统出现的，如消化系统、生物系统、教育系统等。其前面的修饰词语描述了研究对象的物质特点，即物性，而系统一词则表征所述对象的整体性。对某一具体对象的研究，既离不开对其物性的描述，也离不开对其系统性的描述。系统的科学研究是将所有实体作为整体对象的特征，如整体与部分、结构与功能、稳定与演化等。所有的机电一体化产品，如数控机床控制系统等均可认为是一个系统，评价系统的3个性能指标如下：

(1) 稳定性。系统的稳定是第一位的，反映在某个机床系统中则是生产产品尺寸的一致性，如果机床系统不稳定，其产品质量随着时间的变化，或者随着某些条件的变化而发生改变，则系统不可靠，一般认为使用性能欠佳。

(2) 快速性。快速性是指系统在一个信号输入后能否快速地运算并做出相应的响应，快速性体现了系统的反应能力，在工业生产过程中则为加工效率，快速性在某些情况下至关重要，如汽车的转弯系统，如果系统不能快速响应，则可能会发生危险。

(3) 准确性。准确性体现了系统加工信号的精确程度，准确性越好，则系统的控制精度越好，反映在机床上则为加工精度越高。

研究系统的目的是对由多个机电构件组合在一起的组件的性能进行评判。一般来讲，对于简单系统，即一个输入和一个输出，多采用传递函数的方法进行研究，或者采用状态函数的方法进行研究。

3. 传感器

传感器(Transducer/Sensor)是一种检测装置，能感受到被检测量的信息，并能将感受到的信息按一定规律变换成电信号或其他所需形式的信息输出，以满足信息的传输、处理、存储、显示、记录、控制等要求，是实现自动检测和自动控制的首要环节。

一般来说，检测工作全过程包含的环节有：以适当的方式激励被测对象，信号的检测和转换，信号的调理、分析与处理，显示与记录，以及必要时以电量的形式输出检测结果。检测系统框图如图1.4所示。

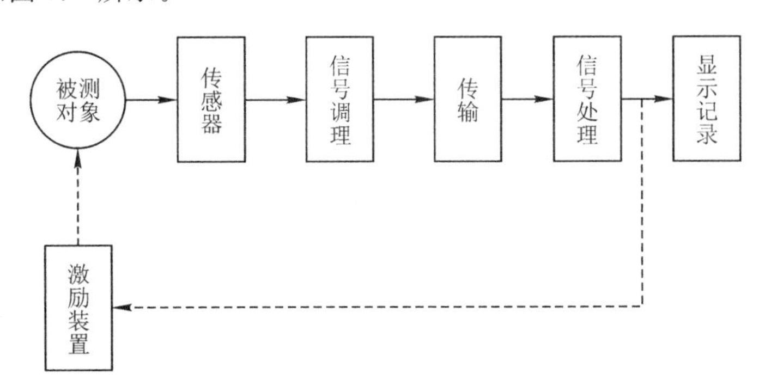

图1.4　检测系统框图

客观事物多种多样，检测工作所希望获取的信息有可能存在于某种可检测的信号中，如位移、温度信号等；也有可能尚未载于可检测的信号中，需要采用合适的方式对被测对象进行激励，使其性能能够充分表现出来并能被检测，如结构的共振频率等，就需要对结构施加一定频率的力或位移，检测其振动值从而间接反映其振动性能，为高速条件下的加工提供试验依据。因此，激励装置在检测系统特别是在动态检测中是必要的。某些情况下，可以采用现场检测的方法作为激励，如检测汽车悬挂系统的平顺性，以路面为激励装置，在车辆行进中检测动态力大小。激励装置有时需要调整参数，如激振频率和振幅，这种调整往往以检测结果的趋势为依据改变激励装置参数，如寻找共振频率等，所以有时需要引入检测结果信号到激励装置中。

传感器直接作用于被检测量并按一定规律将被检测量转换成同种或其他量值输出，这种输出通常是电信号，如电压或电流等。

信号调理环节把来自传感器的信号转换成更适合进一步传输和处理的形式。由于所检测的信息经过传感器的变换后成为电参量，如电压或电流等，而这类信号往往很微弱，难以直接显示或传递，因此，在传感器后一般均有放大电路。在信号放大过程中，不可避免地会出现其他不必要的干扰信号也被放大的情况，以致影响真实信号的检测，所以一般后续电路均有过滤干扰的措施。这些电路一般集合封装为一体形成专用模块。有时还需要将这些信号转换为计算机能够识别的数字信号，并通过工业总线网络传给控制器，如 PLC 等，或将这些信号进行分析和变换，成为更容易反映被检测量本质特性的量值，这种分析就是信号处理技术。

调理后的信号传输到信号分析模块。在检测工作的许多场合中，可以忽略信号的具体物理性质，而将其抽象为变量之间的函数关系，特别是时间函数或空间函数，从中得出一些具有普遍意义的理论，这些理论极大地发展了检测技术，并成为检测技术的重要组成部分。这些分析是很多经验公式的来源，也是很多理论的试验依据。

信号的显示、记录环节以观察者易于识别的形式来显示检测的结果，或者将检测结果存储，以供必要时使用。

4. 伺服

伺服是使物体的位置、状态等输出被控量能够跟随输入目标（或给定值）的任意变化而变化的自动控制系统，又称为随动控制。

伺服的主要任务是按控制命令的要求，对功率进行放大、交换、调控等处理，使驱动装置输出的力矩、速度、位置控制起来灵活方便。

1）伺服系统的组成

开环和闭环控制系统示意图如图 1.5 所示，图中的虚线回路为反馈，把控制系统的输出，即控制结果使用传感器进行测量，然后将测量结果和预设目标值进行比较，比较的结果作为控制输出的依据。这种带有反馈性质的控制方式即闭环控制。显然，闭环控制能够提高控制系统的精度。没有虚线反馈回路的控制方式为开环控制。有些控制系统难以直接检测，使用间接方法进行测量，所得到的闭环控制系统称为半闭环控制系统。

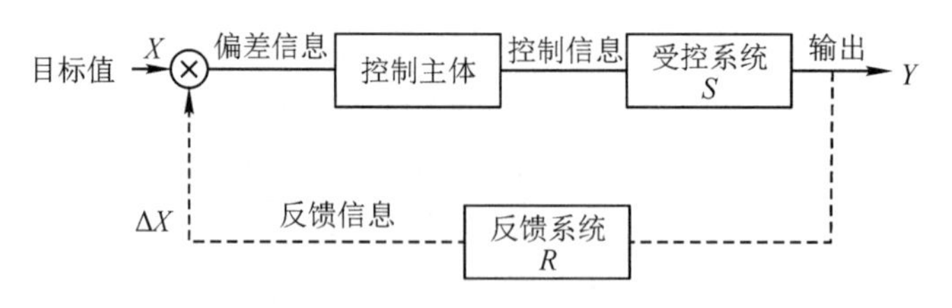

图 1.5 开环和闭环控制系统示意图

2）伺服系统的性能要求

伺服系统必须具备可控性好、稳定性高、适应性强等基本性能。可控性好是指信号消失后，系统能立即自行停转；稳定性高是指转矩随转速的增加而均匀下降；适应性强是指反应快、灵敏、响态品质好。

3）伺服系统的种类

根据伺服驱动机的种类来分，伺服系统有电气式、油压式、电气油压式3种。按功能来分，伺服系统则有计量伺服、功率伺服、位置伺服和加速度伺服系统等。根据电气信号的不同，可将电气式伺服系统分为直流(DC)伺服系统和交流(AC)伺服系统。交流伺服系统又有异步电动机伺服系统和同步电动机伺服系统。

任务实施　认识机电一体化系统

复杂的机电一体化产品除了计算机控制器，往往还需要配置很多其他的机电一体化装置，如伺服驱动单元、I/O接口单元、传感器装置单元等，各单元在控制器协调下各自独立完成系统分配的任务。借助通信接口或网络，以点对点或现场总线的方式将各单元部件连接起来，按一定通信规则(如优先、分时、串行管理规则)进行数据通信，设定好各单元的运行参数并进行优化匹配，实现最佳控制目标，这样构成的有机整体称为机电一体化系统。

一、数控车床

数控车床构成图如图1.6所示。该数控车床包括机床本体和数控系统两大部分。机床本体有：车床床身、主轴机构、旋转刀架及X轴、Z轴滚珠丝杠传动机构等。数控系统有：

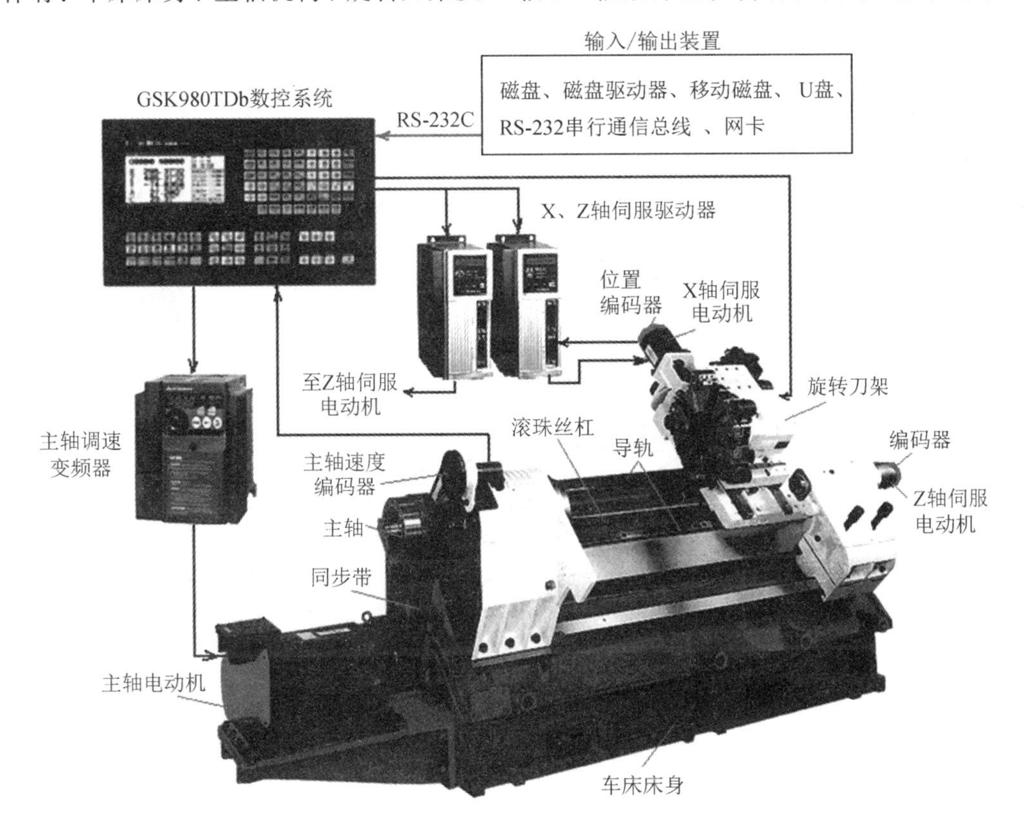

图1.6　数控车床构成图

CNC数控计算机(图1.6所示为广州数控公司产的GSK 980TDb车床数控系统),程序输入/输出装置(CF存储卡、U盘、RS-232C串行通信接口等)、X轴与Z轴伺服进给驱动放大器和伺服电动机、主轴变频器和主轴电动机等。CNC数控计算机通过RS-232C串行通信接口或CF存储卡等输入装置接收机械零件轮廓加工程序,然后按要求的精度和速度对零件轮廓曲线轨迹进行插补计算并发出指令,该指令使伺服驱动放大器进行功率放大,驱动X轴、Z轴的伺服电动机运转,再经滚珠丝杠传动机械使旋转刀架上的刀具进行零件切削加工。刀架的X轴、Z轴方向移动位置和速度,由装于伺服电动机内部(尾端同轴安装)的光电编码器测量并反馈至驱动器与CNC数控计算机。旋转刀架的自动换刀和润滑、切削液控制则由CNC内置的PLC控制。显然,该数控车床是一台复杂的机电一体化装置,它是由CNC、PLC合一的计算机控制器、伺服驱动执行单元、测量反馈传感器以及依附于机床床身的主轴与进给传动机构等构成的一个完整的典型的机电一体化系统。

二、高速公路自动收费系统

高速公路自动收费系统如图1.7所示。该系统由带车距、车高、载重(电子磅秤)等传感器检测的车型识别器、带刷卡器的自动收费机、集中处理装置、带摄像头的监控装置、出口放行栏杆电动机等组成。该系统首先由车型识别器中的车距、车高和载重等传感器信号判别来车的车型(小汽车、面包车、大客车、载重卡车)。根据车型、载重等信号,计算机自动识别并选定收费标准,然后由车主到自动收费机条形卡识别系统刷卡,由集中处置装置办理收费手续,完毕后发出信号,开启出口放行栏杆。

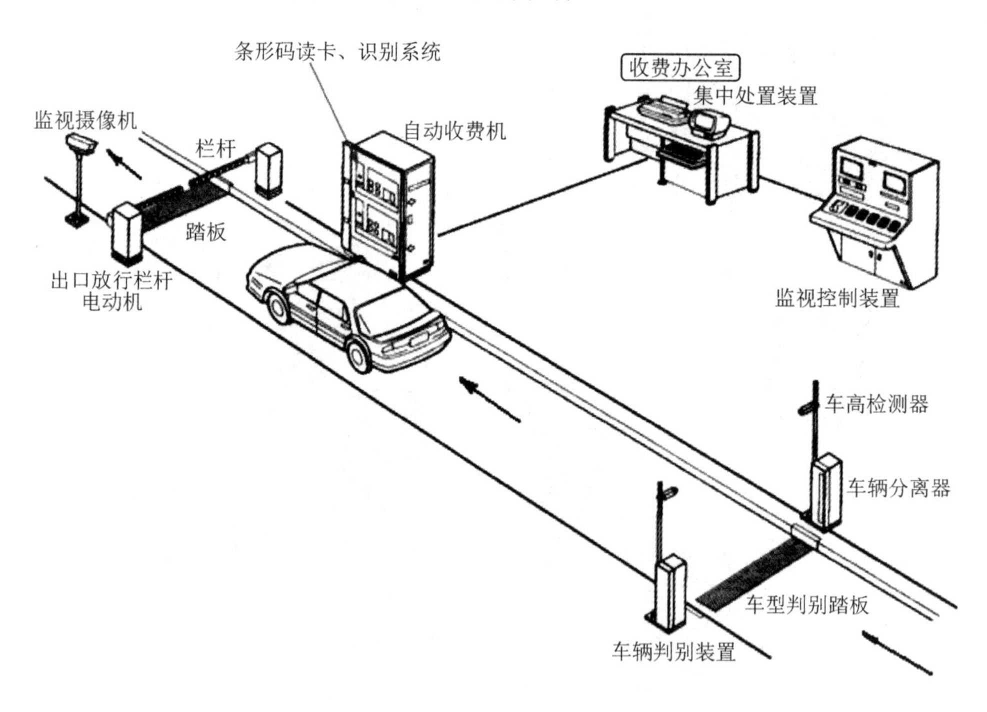

图1.7　高速公路自动收费系统

三、自动加工过程的顺序控制系统

自动加工过程的顺序控制系统如图1.8所示，是某自动化生产线的一个制造单元。它由供料和卸料传送带、装料和卸料机器人、加工机床、自动装配机以及编码转台等组成，这些设备之间是按顺序控制工作的。顺序控制装置根据传送带上光电检测装置、机器人手臂转动的转速与转角检测装置、转盘上的绝对式光电编码器等装置采集的各输入信号状态，按事先编制的顺序程序进行逻辑运算、判断、决策并发出控制指令，决定供料和卸料传送带、装料、卸料机器人手臂以及自动装配机与编码转台各伺服电动机的自动启停，配合机床自动完成机械零件的加工、装配、检验甚至包装，实现机械制造过程的自动化。顺序控制器一般用PLC实现，它是工业控制计算机的一种。

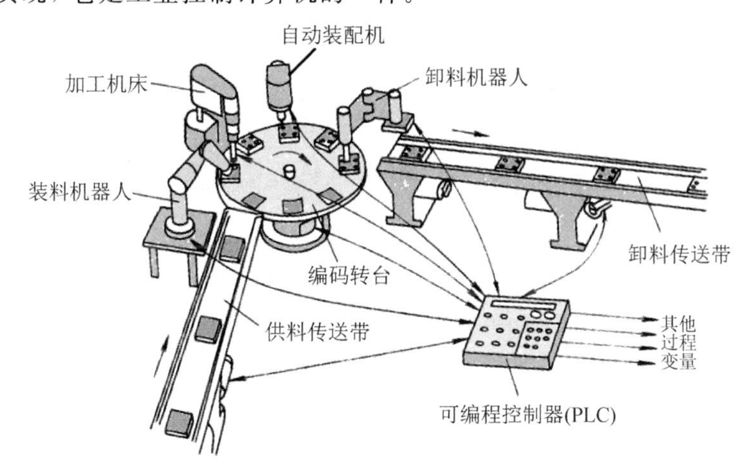

图1.8　自动加工过程的顺序控制系统

任务评价

教师根据学生观察记录结果及提问给予评价，结果计入表1.1中。

表1.1　任务评价表

实训项目			
项目内容		配分	得分
认识数控车床	认识数控车床的结构； 叙述数控车床的工作原理	15	
	指出数控车床哪些结构完成了对应的机电一体化系统各组成部分的功能	15	
认识高速公路自动收费系统	认识高速公路自动收费系统的结构； 叙述高速公路自动收费系统的工作原理	15	
	指出高速公路自动收费系统哪些结构完成了对应的机电一体化系统各组成部分的功能	10	

续表

<table>
<tr><th colspan="4">实 训 项 目</th></tr>
<tr><td colspan="2">项目内容</td><td>配分</td><td>得分</td></tr>
<tr><td rowspan="2">认识自动加工过程的顺序控制系统</td><td>认识自动加工过程的顺序控制系统的结构；
叙述自动加工过程的顺序控制系统的工作原理</td><td>15</td><td></td></tr>
<tr><td>指出自动加工过程的顺序控制系统哪些结构完成了对应的机电一体化系统各组成部分的功能</td><td>10</td><td></td></tr>
<tr><td colspan="2">项目内容</td><td>配分</td><td>得分</td></tr>
<tr><td rowspan="2">其他</td><td>安全操作规程遵守情况；
纪律遵守情况</td><td>10</td><td></td></tr>
<tr><td>工具的整理与环境清洁</td><td>10</td><td></td></tr>
<tr><td>工时：1 学时</td><td>教师签字：</td><td>总分</td><td></td></tr>
<tr><th colspan="4">理 论 项 目</th></tr>
<tr><td colspan="2">项目内容</td><td>配分</td><td>得分</td></tr>
<tr><td colspan="2">（1）机电一体化系统主要由哪几部分组成？各部分的功能是什么</td><td>40</td><td></td></tr>
<tr><td colspan="2">（2）列举各行业机电一体化产品的应用实例，并分析各产品中相关技术的应用情况</td><td>30</td><td></td></tr>
<tr><td colspan="2">（3）列举生活中的案例，说明它是典型的机电一体化产品</td><td>30</td><td></td></tr>
<tr><td>时间：1 学时</td><td>教师签字：</td><td>总分</td><td></td></tr>
</table>

机电一体化机械技术

机电一体化产品的机械系统是伺服系统的重要组成部分，其主要功能是完成一系列机械运动。机械系统包括系统的框架、支撑结构、机械连接、传动系统，现代机械系统除应具有较高的定位精度外，还要有良好的动态响应特性。

机械系统是由机械零部件组成的、能够传递运动并完成某些有效工作的装置。传递运动的通用机械零件有齿轮、齿条、蜗轮、蜗杆、带、带轮、曲柄、凸轮等。两个零件互相接触并相对运动，就形成了运动副，由若干运动副组成的具有确定运动的装置称为机构。

就传动而言，机构就是传动链，从系统动力学方面来考虑，传动链越短越好，这有利于实现系统整体最佳目标。当机械系统必须保留一定的传动件时，在满足强度和刚度的前提下，应力求传动件“轻、薄、细、小、巧”，这就要求采用特种材料和特种加工工艺。

一、机械运动与机构

把某一物体看作一个质点时，其运动可以分为平面运动、螺旋运动、球面运动。平面运动是指相对于某一平面平行移动的运动，包括旋转运动和线运动。旋转运动是指以平面为轴，并与该平面轴保持一定距离的平面运动；线运动是指在平面上沿直线或曲线移动的运动，前者称为直线运动，后者称为曲线运动。螺旋运动是指物体在围绕某轴线做旋转运动的同时，还沿着该轴线做直线运动。球面运动是指物体在与圆心保持一定距离的球面上移动的运动。

当物体不受外力作用时，其在平面上将处于静止状态；在外力作用下，物体将会产生运动。根据所施外力的不同，物体的运动可分为等速运动、不等速运动、间歇运动等。等速运动可分为单方向运动和往复运动，加速运动是一种不等速运动，间歇运动是指每隔一定时间自行停止的运动。机电一体化产品的运动包括沿特定轴旋转的旋转运动、沿规定轴线移动的直线运动以及平面运动等。

在构成机械系统的各种部件中使用的各种通用零件，就是所谓的机械零件。具有代表性的机械零件可分为紧固零件、传动零件和支撑零件。当机构中的一个零件产生运动时，机构中的其他零件将对应产生一定的运动。连杆机构、凸轮机构、间歇机构是机械系统中常用的三种机构。例如，牛头刨床就是利用连杆机构原理把做旋转运动的摆杆曲柄机构变换成做往复直线运动的滑块曲柄机构来进行刨削的；汽车发动机利用凸轮机构中凸轮的不同形状来改变直线运动的行程，从而加强对燃烧效率的控制；装配生产线的间歇运动及旋转平台的分度利用间歇机构把原轴的连续旋转运动断续地传递到从轴，使从轴实现间歇性的往复运动。

二、机电一体化中的机械系统及其基本要求

在机电一体化机械系统设计时，除了考虑一般的机械设计要求外，还必须考虑机械结构因素与整个伺服系统的性能参数和电气参数的匹配程度，以获得良好的伺服性能。概括地讲，机电一体化机械系统应主要包括以下几个机构：

1. 传动机构

机电一体化机械系统中的传动机构不仅是转速和转矩的变换器，也是伺服系统的一部分，它要根据伺服控制的要求进行选择设计，以满足整个机械系统良好的伺服性能。因此，传动机构除了要满足传动精度的要求，还要满足小型、轻量、高速、低噪声、高可靠性的要求。

2. 导向及支撑机构

导向及支撑机构的作用是保证机械结构具有一个良好的导向和支撑性能，为机械系统中各运动装置能安全、准确地完成其特定方向的运动提供保障。导向及支撑机构一般指导轨、轴承等。

3. 执行机构

执行机构是用以完成操作任务的直接装置。执行机构根据操作指令的要求在动力源的带动下，完成预定的操作。一般要求它具有较高的灵敏度、精确度，良好的重复性和可靠性。由于计算机的强大功能，使传统的作为动力源的电动机发展为具有动力、变速与执行等多重功能的伺服电动机，从而大大地简化了传动和执行机构。

除以上三部分外，机电一体化系统的机械部分通常还包括机座、支架、壳体等。

传统机械系统一般由动力件、传动件、执行件加上电气、液压、机械控制等部分组成，而机电一体化机械系统是由计算机协调和控制的，用于完成包括机械力、运动、能量流等动力学任务的机械和(或)机电部件相互联系的系统。其核心是由计算机控制的，包括机、电、液、光、磁等技术的伺服系统。机电一体化机械系统存在机械装置、执行器和驱动器之间的协调与匹配问题，因此对执行器提出了更高的要求。

从总体上来讲，机电一体化机械系统除了要满足一般机械设计的要求外，还必须要满足以下几种特殊要求：

(1) 高精度。精度是机电一体化产品的重要性能指标。机械系统设计中主要考虑的是执行机构的位置精度，其中包括结构变形、轴系误差、传动误差，以及温度变化的影响。

(2) 小惯量。传动件本身的转动惯量会影响系统的响应速度以及系统的稳定性。大惯量会使机械负载增大、系统响应速度变慢、灵敏度降低，使系统的固有频率下降，容易产生谐振；也会使电气驱动部分的谐振频率变低，阻尼增大。反之，小惯量则可使控制系统的带宽做得比较宽，快速性比较好、精度比较高，同时还有利于减小用于克服惯性载荷的伺服电动机的功率，提高整个系统的稳定性、动态响应和精度。

(3) 大刚度。机电一体化机械系统要有足够的刚度，系统的弹性变形要限制在一定范

围之内。弹性变形不仅影响系统的精度，还会影响系统结构的固有频率，控制系统的带宽和动态性能。

本项目包括机械传动机构、机械导向机构、机械支撑机构和机械执行机构四个相对独立的任务，完成这些任务，可具备本项目任务要求的相关技能目标和知识目标。

任务 2.1　机械传动机构

任务描述

机电一体化机械系统应具有良好的伺服性能，从而要求传动机构满足以下几个方面的要求：转动惯量小、刚度大、阻尼合适。此外，还要求传动机构的摩擦小、抗振性好、间隙小，动态特性与伺服电动机等其他环节的动态特性相匹配。

常用的机械传动部件有齿轮传动部件、带传动部件、链传动部件、蜗轮蜗杆传动部件、螺旋传动部件以及各种非线性传动部件。其主要功能是传递转矩和转速，实质上是一种转矩、转速变换器。本任务将学习掌握齿轮传动机构、带传动机构、齿轮齿条传动机构、螺旋传动机构等机械传动机构的应用及提高精度的方法。

任务目标

技能目标

会应用齿轮传动机构、带传动机构、齿轮齿条传动机构、螺旋传动机构等机械传动机构。

知识目标

（1）掌握齿轮传动机构、带传动机构、齿轮齿条传动机构、螺旋传动机构等机械传动机构的工作原理和分类；

（2）了解齿轮传动机构、带传动机构、齿轮齿条传动机构、螺旋传动机构等机械传动机构传动性能的影响因素和设计措施。

一、齿轮传动机构

齿轮传动是应用非常广泛的一种机械传动，各种机床中的传动装置几乎都离不开齿轮传动。在数控机床伺服进给系统中采用齿轮传动装置的目的有两个：一个是将高转速小转矩伺服电动机（如步进电动机、直流或交流伺服电动机等）的输出转变为低转速大转矩执行件的输出；另一个是使滚珠丝杠和工作台的转动惯量在系统中占有较小的比例。此外，齿轮传动装置还可以保证开环系统所要求的精度。提高传动精度的结构措施如下：

(1) 适当提高零部件本身的精度。

(2) 合理设计传动链，减少零部件制造、装配误差对传动精度的影响。要求合理选择传动形式、确定级数和分配各级传动比以及合理布置传动链。

(3) 采用消隙机构，以减少或消除空行程。数控设备进给系统经常处于自动变向状态，反向时如果驱动链中的齿轮等传动副存在间隙，就会使进给运动的反向滞后于指令信号，从而影响其驱动精度。因此，必须采取措施消除齿轮传动中的间隙，以提高数控设备进给系统的驱动精度。

由于齿轮在制造的过程中，齿面不可能达到理想的要求，因而总是存在一定的误差。两个啮合的齿轮，应有微量的齿侧隙才能使齿轮正常工作。以下介绍几种常用的消除齿轮齿侧间隙的措施。

1. 圆柱齿轮传动

1) 偏心轴套调整法

图 2.1 所示为简单的偏心轴套式消除间隙结构。电动机 1 通过偏心轴套 2 装到壳体上，通过转动偏心轴套的转角，就能够方便地调整两啮合齿轮的中心距，从而消除圆柱齿轮正、反转时的齿侧间隙。

2) 锥度齿轮调整法

图 2.2 所示为带锥度齿轮的消除间隙结构。在加工齿轮 1 和 2 时，将假想的分度圆柱面改变成带有小锥度的圆锥面，使其齿厚在齿轮的轴向稍有变化(其外形类似于插齿刀)。装配时只要改变垫片 3 的厚度就能调整两个齿轮的轴向相对位置，从而消除齿侧间隙。但是若增大圆锥面的角度，则将使齿轮啮合条件恶化。

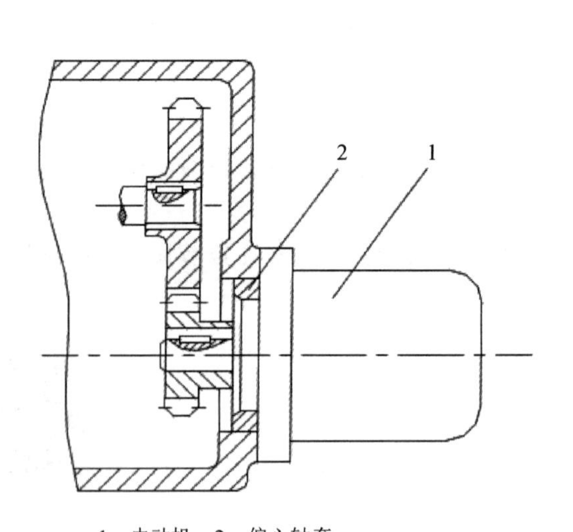

1—电动机；2—偏心轴套。

图 2.1 偏心轴套式消除间隙结构

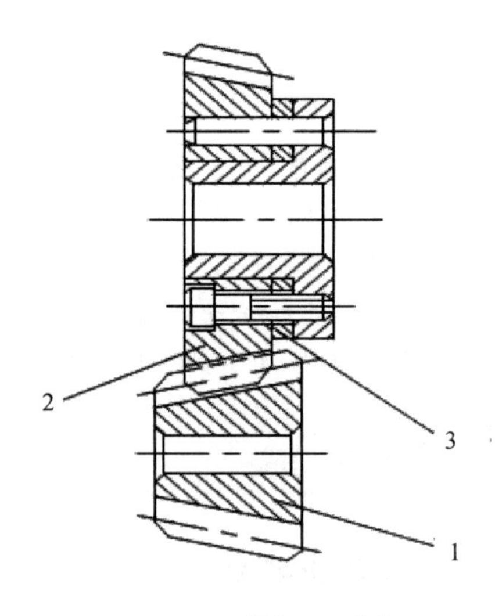

1、2—齿轮；3—垫片。

图 2.2 带锥度齿轮的消除间隙结构

以上两种方法的优点是结构简单，缺点是齿侧间隙调整后不能自动补偿。

3) 双向薄齿轮错齿调整法

双向薄齿轮错齿调整法采用一对啮合齿轮，其中一个是宽齿轮，另一个由两个相同齿数的薄片齿轮套装而成，两薄片齿轮可相对回转。装配后，应使一个薄片齿轮的齿左侧和另一个薄片齿轮的齿右侧分别紧贴在宽齿轮的齿槽左、右两侧，这样错齿后就消除了齿侧间隙，反向时不会出现死区。圆柱薄片齿轮可调拉簧错齿调整结构如图 2.3 所示。

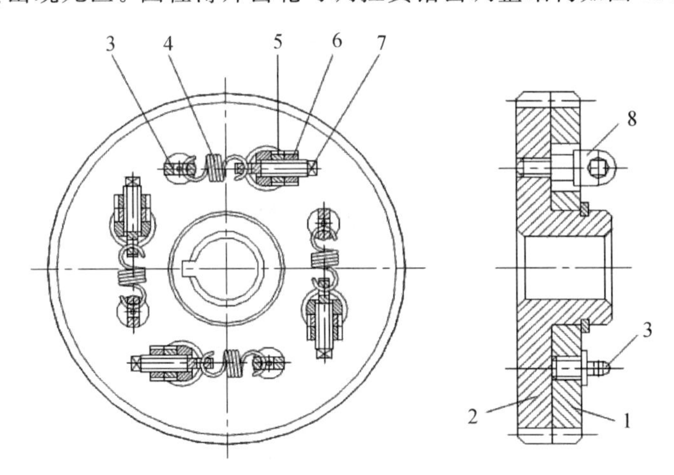

1、2—齿轮；3、8—凸耳；4—弹簧；5、6—螺母；7—螺钉。

图 2.3 圆柱薄片齿轮可调拉簧错齿调整结构

在两个薄片齿轮 1 和 2 的端面均匀分布着四个螺孔，分别装上凸耳 3 和 8。薄片齿轮 1 的端面还有四个通孔，凸耳 8 可以在其中穿过。弹簧 4 的两端分别钩在凸耳 3 和调整螺钉 7 上，通过螺母 5 调节弹簧 4 的拉力，调节完毕后用螺母 6 锁紧。弹簧的拉力使薄片齿轮错位，即两个薄片齿轮的左、右齿面分别紧贴在宽齿轮齿槽的左、右齿面上，从而消除齿侧间隙。

2. 斜齿轮传动

斜齿轮传动齿侧间隙的消除方法基本与上述错齿调整法相同，也是用两个薄片齿轮和一个宽齿轮啮合，只是在两个薄片齿轮的中间隔开一小段距离 t，这样它们的螺旋线便错开了。图 2.4 所示是消除斜齿轮传动齿侧间隙的垫片错齿调整结构，薄片斜齿轮由平键和轴连接，互相不能相对回转。薄片斜齿轮 1 和 2 的齿形拼装在一起加工。装配时，将垫片厚度增加或减少 Δt，再用螺母拧紧。这时两齿轮的螺旋线就产生了错位，其左、右两齿面分别与宽齿轮的齿面贴紧，从而消除齿侧间隙。垫片厚度的增减量 $\Delta t=\Delta\cos\beta$，其中 Δ 为齿侧间隙，β 为斜齿轮的螺旋角。

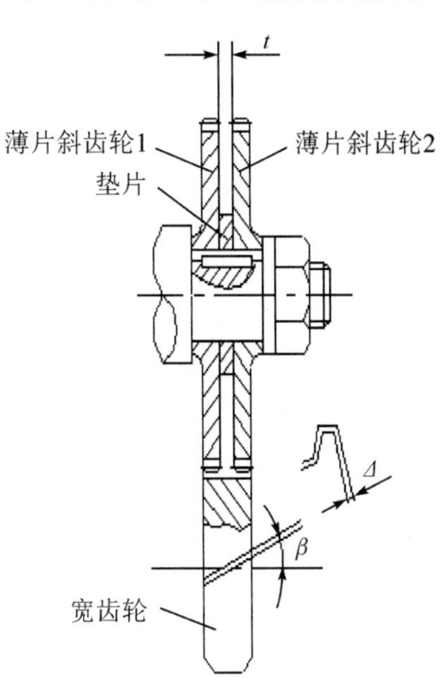

图 2.4 斜齿薄片齿轮垫片错齿调整法

垫片的厚度通常由试测法确定，一般要经过几次修磨才能调整好，因而调整耗时，且齿侧间隙不能自动补偿。

图 2.5 所示是斜齿薄片齿轮轴向压簧错齿调

整法，其特点是齿侧间隙可以自动补偿，但轴向尺寸较大，结构不紧凑。

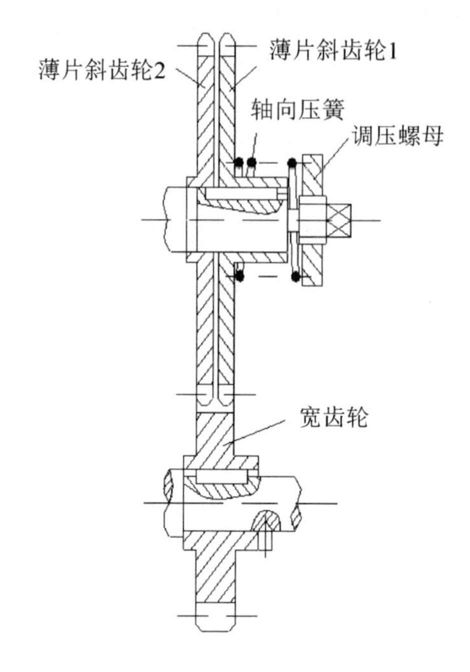

图 2.5　斜齿薄片齿轮轴向压簧错齿调整法

3. 行星齿轮传动

行星齿轮是指除了能像定轴齿轮那样围绕着自己的转动轴转动之外，它们的转动轴还随着行星架绕其他齿轮轴线转动的齿轮系统。绕自己轴线的转动称为“自转”，绕其他齿轮轴线的转动称为“公转”，就像太阳系中的行星那样，行星齿轮因此得名。行星齿轮机构如图 2.6 所示。按行星架上安装的行星齿轮的组数不同，行星齿轮分为单排行星齿轮和双排行星齿轮。

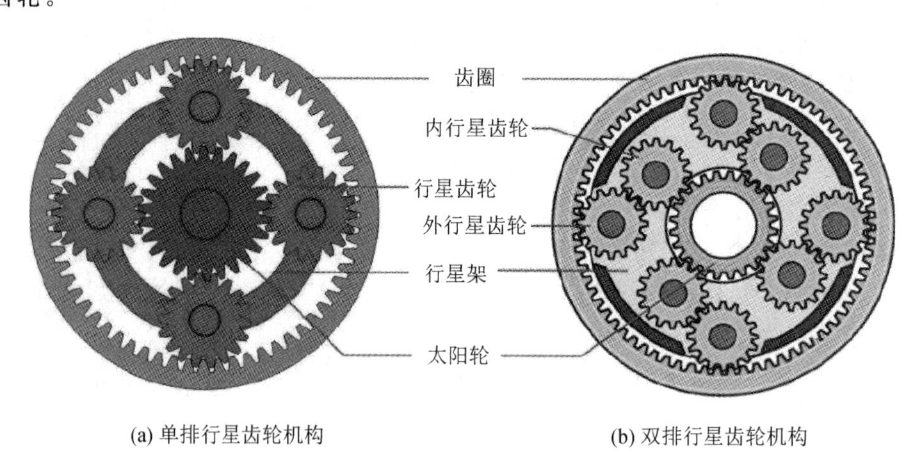

图 2.6　行星齿轮机构

图 2.6(a)所示的简单的行星齿轮机构即单排行星齿轮机构是变速机构的基础。通常自动变速器的变速机构都由两排或三排以上的行星齿轮机构组成，如图 2.6(b)所示。简单行

星齿轮机构包括一个太阳轮、若干个行星齿轮、一个齿圈。其中，行星齿轮由行星架的固定轴支撑，允许行星轮在支撑轴上转动。行星齿轮和相邻的太阳轮、齿圈总是处于常啮合状态，通常都采用斜齿轮以提高工作的平稳性。

在简单的行星齿轮机构中，位于行星齿轮机构中心的是太阳轮，太阳轮和行星轮常啮合，两个外齿轮啮合旋转方向相反。正如太阳位于太阳系的中心一样，太阳轮也因其位置而得名。

简单的行星齿轮机构通常称为三构件机构，三个构件分别指太阳轮、行星架和齿圈。这三个构件如果要确定相互间的运动关系，一般情况下首先需要固定其中的一个构件，然后确定主动件，并确定主动件的转速和旋转方向，则被动件的转速、旋转方向就确定了。

行星齿轮传动与普通齿轮传动相比，具有许多独特的优点。最显著的特点是在传递动力时可以进行功率分流，并且输入轴和输出轴处在同一水平线上。所以行星齿轮传动现已被广泛应用于各种机械传动系统中的减速器、增速器和变速装置。尤其是因其具有“高载荷、大传动比”的特点而在飞行器和车辆(特别是重型车辆)中得到大量应用。行星齿轮在发动机的扭矩传递上也发挥了很大的作用，由于发动机的转速扭矩等特性与路面行驶需求大相径庭，要把发动机的功率适当地分配到驱动轮，可以利用行星齿轮来进行转换。汽车中的自动变速器，利用行星齿轮，通过离合器和制动器改变各个构件的相对运动关系而获得不同的传动比。

图 2.7 所示为汽车后桥差速器及其结构简图，差动轮系可以将一个原动构件的转动分解为另外两个从动基本构件的不同转动。图 2.7 中构件 5 和 4 组成定轴轮系，轮 4 固连着行星架 H，H 上装有行星轮 2 和 2′。齿轮 1、2、2′、3 及行星架 H 组成一差动轮系，它可将发动机传给齿轮 5 的运动分解为太阳轮 1、3 的不同运动。

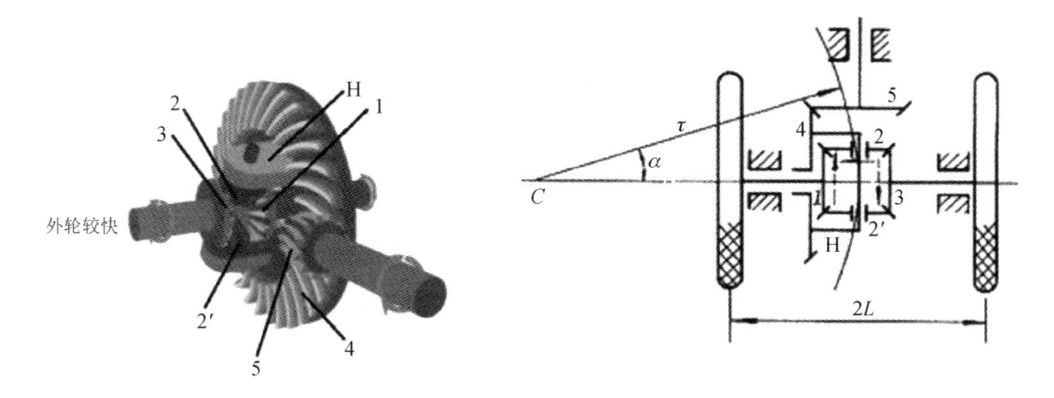

图 2.7 汽车后桥差速器及其结构简图

图 2.8 所示为行星减速机，广泛运用在起重、挖掘、运输、建筑、冶炼、码头、采矿、石油、能源、印刷、纺织等行业；小型行星减速机运用在智能家居、5G 应用、通信设备、汽车、电子产品、机器人、物流仓储等领域。行星减速机可以降低电动机的转速，同时增大输出转矩。由于 1 套行星齿轮无法满足较大的传动比，有时需要 2 套或者 3 套来满足用户较大传动比的要求。行星齿轮的套数又称齿轮级数。由于增加了行星齿轮的数量，所以 2 级或 3 级减速机的长度会增加，但是其效率会有所下降。

行星齿轮的结构和工作状态复杂，其振动和噪声问题也比较突出，极易发生轮齿疲劳点蚀、齿根裂纹乃至轮齿或轴断裂等失效现象，从而影响到设备的运行精度、传递效率、使用寿命。

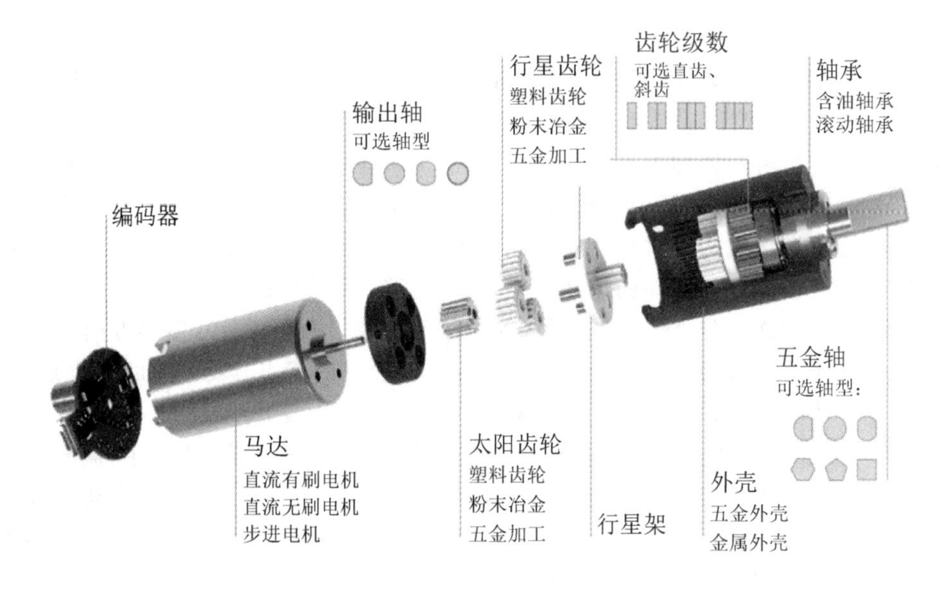

图 2.8 行星减速机

二、带传动机构

1. 普通带传动

带传动利用张紧在带轮上的带，靠它们之间的摩擦或啮合，在两轴(或多轴)间传递运动或动力。带传动的形式如图 2.9 所示。根据传动原理的不同，带传动可分为摩擦型和啮合型两大类，其中常见的是摩擦型带传动。根据带截面形状的不同，摩擦型带传动分为平带传动、V 带传动、多楔带传动、圆带传动。

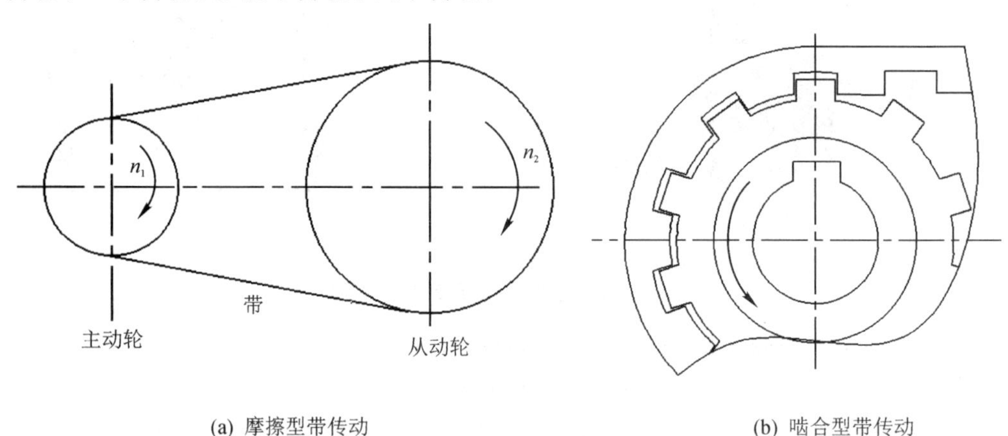

(a) 摩擦型带传动　　(b) 啮合型带传动

图 2.9 带传动的形式

靠摩擦工作的带传动，其优点是：带是弹性体，能缓和载荷冲击，运行平稳无噪声；过载时将引起带在带轮上打滑，可防止其他零件损坏；制造和安装精度不像啮合传动那样严格；可增加带长以适应中心距较大的工作条件(可达 15 m)。其缺点是：带与带轮的弹性滑动使传动比不准确，效率较低，寿命较短；传递同样大的圆周力时，外廓尺寸和轴上的压力都比啮合传动大；不宜用于高温、易燃等场合。

由于传动带的材料不是完全的弹性体，传动带在工作一段时间后会发生伸长而松弛，张紧力降低。因此，带传动应设置张紧装置，以保持传动机构正常工作。常用的张紧装置有以下三种。

1）定期张紧装置

调节中心距使带重新张紧。带的定期张紧装置如图 2.10 所示，图 2.10(a)为一移动式定期张紧装置，将装有带轮的电动机安装在滑轨 1 上，需调节带的拉力时，松开螺母 2，旋转调节螺钉 3 改变电动机的位置，然后固定。这种装置适合两轴处于水平或倾斜角度不大的传动。图 2.10(b)为摆动式定期张紧装置，将装有带轮的电动机固定在可以摆动的机座上，通过机座绕一定轴旋转使带张紧，这种装置适合垂直的或接近垂直的传动。

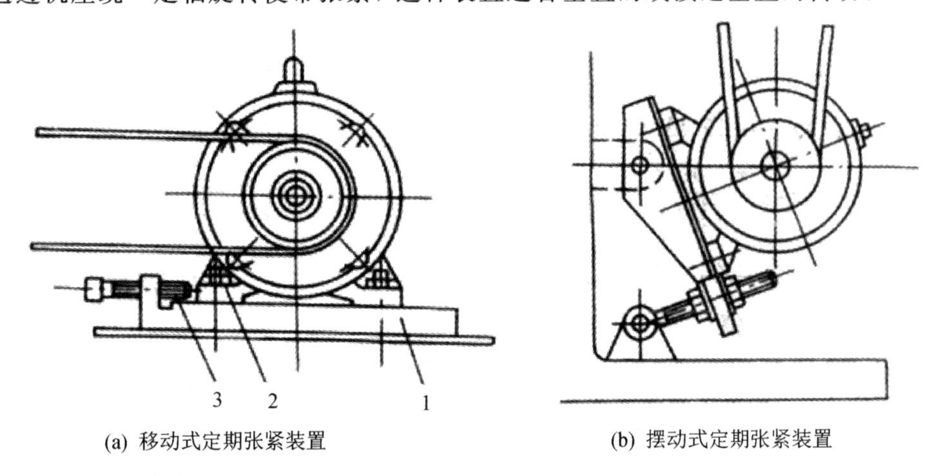

(a) 移动式定期张紧装置　　(b) 摆动式定期张紧装置

1—滑轨；2—螺母；3—调节螺钉。

图 2.10　带的定期张紧装置

2）自动张紧装置

自动张紧装置常用于中小功率的传动。电动机的自动张紧装置如图 2.11 所示，它是将装有带轮的电动机安装在一端悬空、一端为固定铰链点的装置上，依靠电动机的自身重力来进行自动张紧的装置。

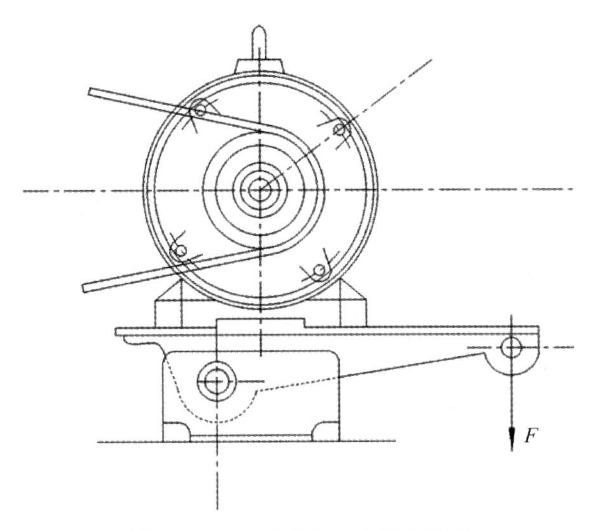

图 2.11　电动机的自动张紧装置

3）使用张紧轮的张紧装置

当中心距不能调节时，可使用张紧轮把带张紧，张紧轮装置如图 2.12 所示。张紧轮一般安装在松边内侧，使带单向弯曲，以减少寿命的损失；同时，张紧轮还应尽量靠近大带轮，以减少对包角的影响。张紧轮的使用会降低带轮的传动能力，在设计时应适当考虑。

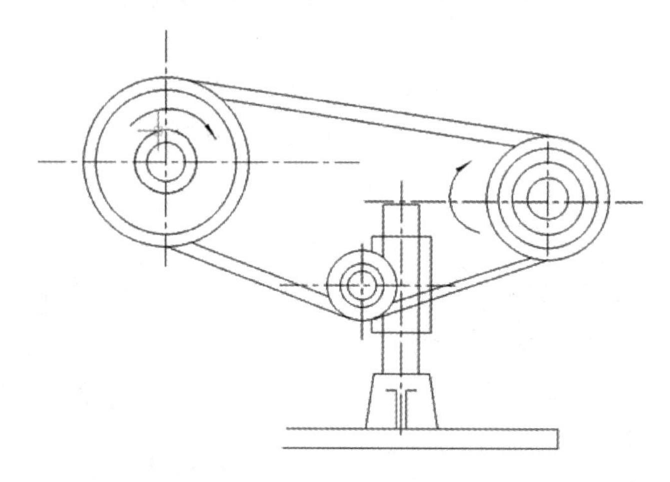

图 2.12　张紧轮装置

2. 同步齿形带传动

同步齿形带传动如图 2.13 所示，这是一种新型的带传动。它利用齿形带的齿形与带轮的轮齿依次相啮合传动运动和动力，兼有带传动、齿轮传动以及链传动的优点，即无相对滑动，平均传动比准确，传动精度高，而且齿形带的强度高、厚度小、质量轻，故可用于高速传动；齿形带不需要特别张紧，作用在轴和轴承等上的载荷小，传动效率高，在数控机床上也有应用。

图 2.13　同步齿形带传动

三、齿轮齿条传动机构

在机电一体化产品中，对于大行程传动机构往往采用齿轮齿条传动，其刚度、精度和工作性能不会因为行程增大而明显降低，但是它与其他齿轮传动一样也存在齿侧间隙，应采取消除间隙的措施。

当传动负载小时，可采用双向薄齿轮错齿调整法，使两个薄片齿轮的齿侧分别紧贴齿条的齿槽两相应侧面，以消除齿侧间隙。

当传动负载大时，可采用双齿轮调整法，如图 2.14 所示。小齿轮 1、6 分别与齿条 7 啮合，与小齿轮 1、6 同轴的大齿轮 2、5 分别与齿轮 3 啮合，通过预载装置 4 向齿轮 3 上预加负载，使大齿轮 2、5 同时向两个相反方向转动，从而带动小齿轮 1、6 转动，其齿便分别紧贴在齿条7上齿槽的左、右两侧，消除齿侧间隙。

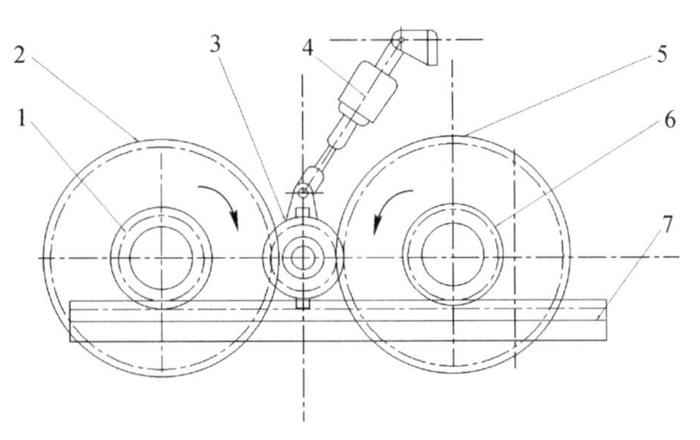

1、6—小齿轮；2、5—大齿轮；3—齿轮；4—预载装置；7—齿条。

图 2.14 双齿轮调整法

四、螺旋传动机构

螺旋传动是机电一体化系统中常用的一种传动形式。根据运动方式的不同，螺旋传动可以分为两大类：一类是滑动摩擦式螺旋传动，它将连结件的旋转运动转化为被执行机构的直线运动，如机床的丝杠和与工作台连接的螺母；另一类是滚动摩擦式螺旋传动，它将滑动摩擦转换为滚动摩擦，完成旋转运动，如滚珠丝杠螺母副。

1. 滑动摩擦式螺旋传动

滑动摩擦式螺旋传动利用螺杆与螺母的相对运动将旋转运动变为直线运动。滑动摩擦式螺旋传动具有降速传动比大、驱动负载能力强、能自锁等特点。其主要特点如表 2.1 所示。

表 2.1 滑动摩擦式螺旋传动的主要特点

降速传动比大	螺杆(或螺母)转动一周，螺母(或螺杆)移动一个螺距(单头螺纹)。因为螺距一般很小，所以在转角很大的情况下，能获得很小的直线位移量，可以大大缩短机构的传动链，因而螺旋传动结构简单、紧凑，传动精度高，工作平稳
驱动负载能力强	只要给主动件(螺杆)一个较小的输入转矩，从动件即能得到较大的轴向力输出，因此带负载能力较强
能自锁	当螺旋线升角小于摩擦角时，螺旋传动具有自锁作用
效率低、磨损快	由于螺旋工作面为滑动摩擦，致使其传动效率低(约30%～40%)、磨损快，因此不适于高速和大功率传动

1）滑动摩擦式螺旋传动的形式及其应用

滑动摩擦式螺旋传动的基本形式如图 2.15 所示。

（1）螺母固定，螺杆转动并移动。图 2.15(a)这种传动形式中的螺母本身就起着支撑作用，从而简化了结构，消除了螺杆与轴承之间可能产生的轴向窜动，容易得到较高的传动精度。其缺点是所占轴向尺寸较大(螺杆行程的两倍加上螺母高度)，刚性较差。因此，这种传动仅适用于行程短的情况。

（2）螺杆转动，螺母移动。图 2.15(b)所示的传动形式的特点是结构紧凑(所占轴向尺寸取决于螺母高度以及行程大小)，刚度较大，适用于工作行程较长的情况。

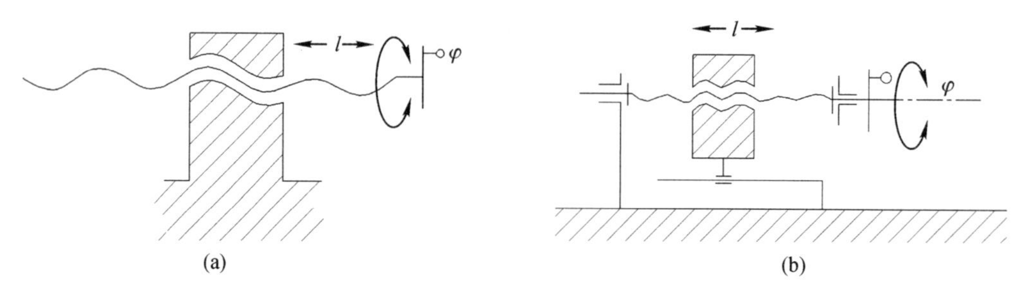

图 2.15　滑动摩擦式螺旋传动的基本形式

（3）差动螺旋传动。差动螺旋传动原理如图 2.16 所示。

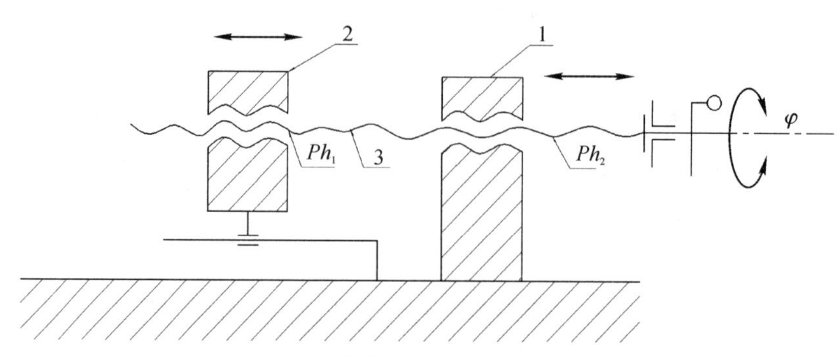

1、2—螺母；3—螺杆。

图 2.16　差动螺旋传动原理

设螺杆 3 左、右两段螺纹的旋向相同，且导程分别为 Ph_1 和 Ph_2。当螺杆转动 φ 角时，可动螺母 2 的移动距离为

$$l=\frac{\varphi}{2\pi}(Ph_1-Ph_2) \tag{2.1}$$

如果 Ph_1 和 Ph_2 相差很小，则 l 很小。因此，差动螺旋常用于各种微动装置中；若螺杆 3 左、右两段螺纹的旋向相反，则当螺杆转动 φ 角时，可动螺母 2 的移动距离为

$$l=\frac{\varphi}{2\pi}(Ph_1+Ph_2) \tag{2.2}$$

可见，此时差动螺旋变成了快速移动螺旋，即螺母 2 相对螺母 1 快速趋近或离开，这种螺旋装置用于要求快速夹紧的夹具或锁紧装置中。为了方便大家理解，以普通机床的丝杠和螺母为例，丝杠螺母传动的类型和特点如表 2.2 所示。

表 2.2　丝杠螺母传动的类型和特点

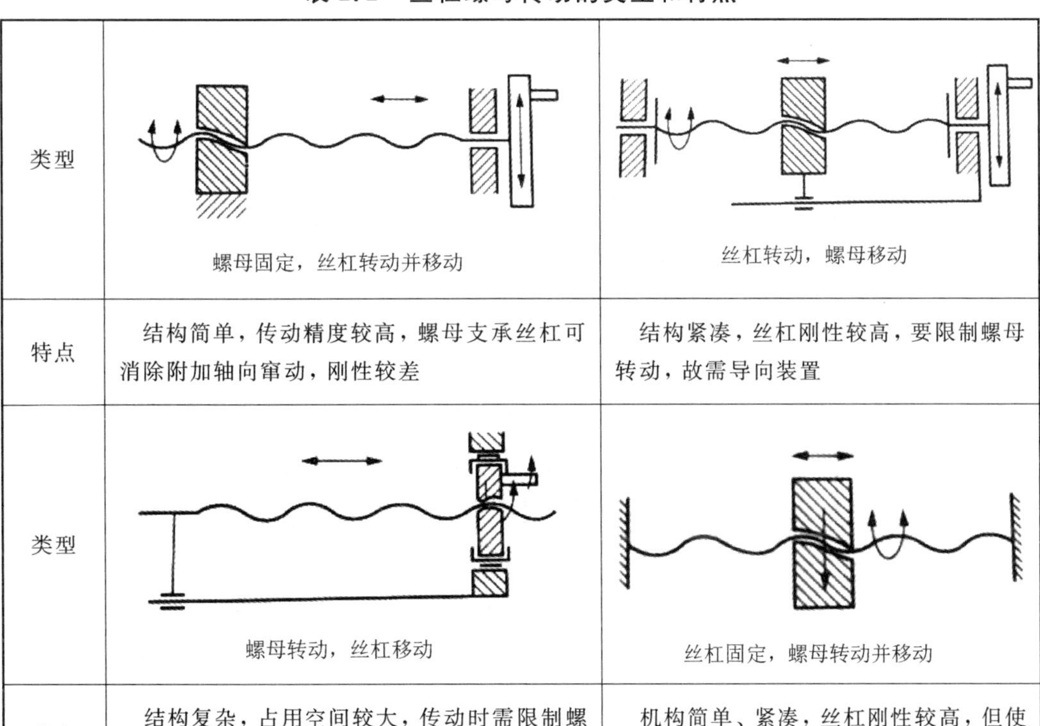

类型	螺母固定，丝杠转动并移动	丝杠转动，螺母移动
特点	结构简单，传动精度较高，螺母支承丝杠可消除附加轴向窜动，刚性较差	结构紧凑，丝杠刚性较高，要限制螺母转动，故需导向装置
类型	螺母转动，丝杠移动	丝杠固定，螺母转动并移动
特点	结构复杂，占用空间较大，传动时需限制螺母移动和丝杠转动	机构简单、紧凑，丝杠刚性较高，但使用不方便，故使用较少

2）螺旋副零件与滑板连接结构

螺旋副零件与滑板连接结构对螺旋副的磨损有直接影响，设计时应注意。常见的连接结构有以下几种：

(1) 刚性连接结构。图 2.17 所示为刚性连接结构，这种连接结构的特点是牢固可靠，但当螺杆轴线与滑板运动方向不平行时，螺纹工作面的压力增大，磨损加剧，严重(α、β 较大)时还会发生卡住现象，刚性连接结构多用于受力较大的螺旋传动中。

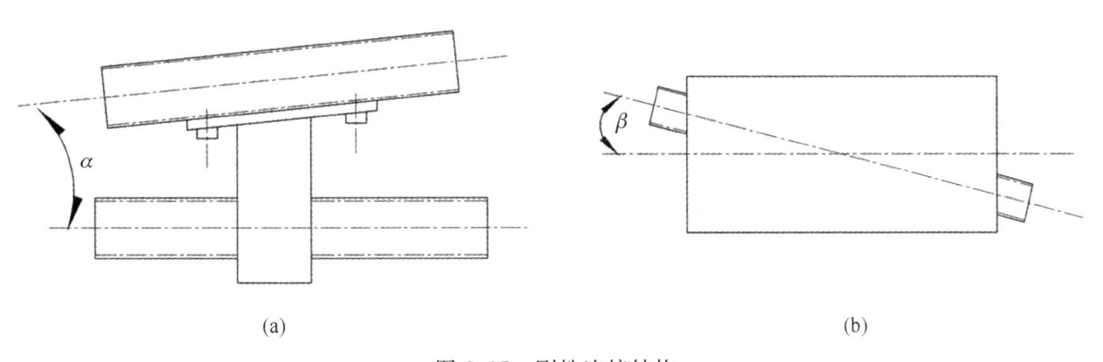

图 2.17　刚性连接结构

(2) 弹性连接结构。测量显微镜纵向测微螺旋，如图 2.18 所示。在图示装置中，螺旋传动采用了弹性连接结构。片簧 7 的一端在工作台(滑板)8 上，另一端套在螺母的锥形销上。为了消除两者之间的间隙，片簧 7 以一定的预紧力压向螺母(或用螺钉压紧)。当工作台运动方向与螺杆轴线偏斜α角(图2.17(a))时，可以通过片簧变形进行调节。当偏斜β角(图2.17(b))时，螺母可绕轴线自由转动而不会引起过大的应力。弹性连接结构适用于受力较小的精密螺旋传动。

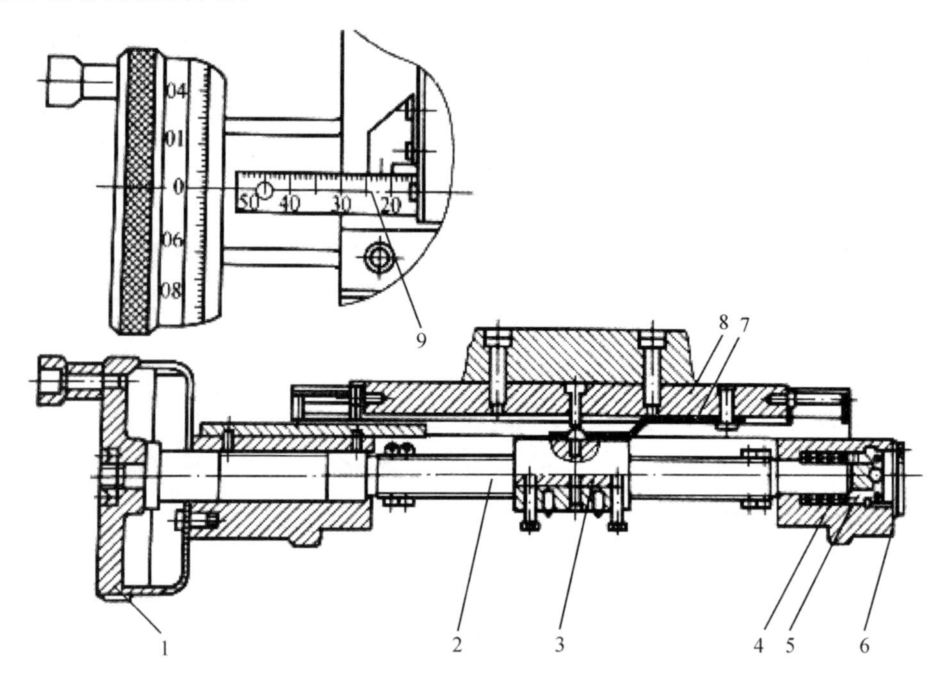

1—调节手轮；2—丝杠；3—螺母座；4—弹簧；5—轴套；6—外端盖；7—片簧；8—工作台；9—刻度盘。

图2.18　测量显微镜纵向测微螺旋

(3) 活动连接结构。图2.19所示为活动连接结构的原理图。恢复力F(一般为弹簧力)使连接部分保持经常接触。当滑板1的运动方向与螺杆2的轴线不平行时，通过螺杆端部的球面与滑板在接触处自由滑动如图2.19(a)，或中间杆3自由偏斜如图2.19(b)，从而可以避免螺旋副中产生过大的应力。

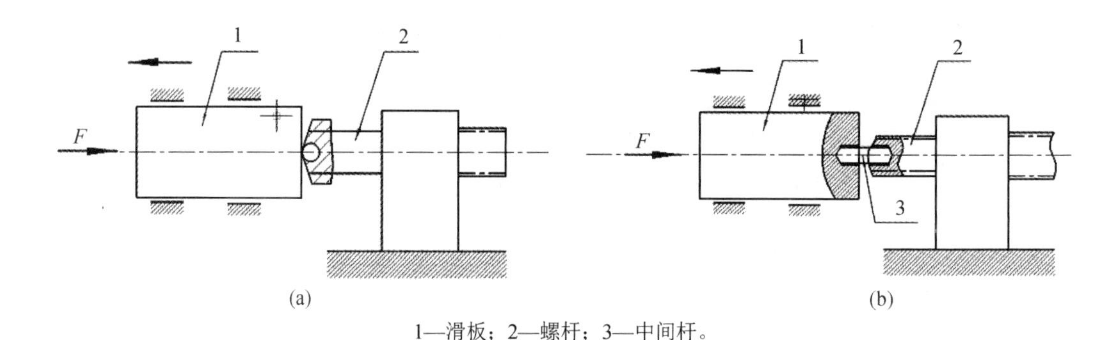

1—滑板；2—螺杆；3—中间杆。

图2.19　活动连接结构

3) 影响螺旋传动精度的因素及提高传动精度的措施

螺旋传动的传动精度是指螺杆与螺母间实际相对运动保持理论值的准确程度。影响螺旋传动精度的因素主要有以下几项：

(1) 螺纹参数误差。在螺纹的各项参数误差中，影响传动精度的主要是螺距误差、中径误差以及牙型半角误差。

① 螺距误差。螺距的实际值与理论值之差称为螺距误差。螺距误差分为单个螺距误差和螺距累积误差。单个螺距误差是指螺纹全长上任意单个实际螺距对基本螺距的偏差的最大代数差，它与螺纹的长度无关；而螺距累积误差是指在规定的螺纹长度内，任意两同侧螺纹面间实际距离对公称尺寸的偏差的最大代数差，它与螺纹的长度有关。

② 中径误差。螺杆和螺母在大径、小径和中径都会有制造误差。大径和小径处有较大间隙，互不接触；中径是配合尺寸，为了使螺杆和螺母转动灵活和储存润滑油，配合处需要有一定的均匀间隙，因此，对螺杆全长上中径尺寸变动量的公差，应予以控制。此外，对于长径比(指螺杆全长与螺纹公称直径之比)较大的螺杆，由于其细而长，刚性差、易弯曲，使螺母在螺杆上各段的配合产生偏心，这也会引起螺杆螺距误差，故应控制其中径跳动公差。

③ 牙型半角误差。螺纹实际牙型半角与理论牙型半角之差称为牙型半角误差，如图2.20所示。当螺纹各牙之间的牙型角有差异(牙型半角误差各不相等)时，将会引起螺距变化，从而影响传动精度。但是，如果螺纹全长是一次装刀切削出来的，则牙型半角误差能保证在技术要求范围之内，对传动精度影响很小。

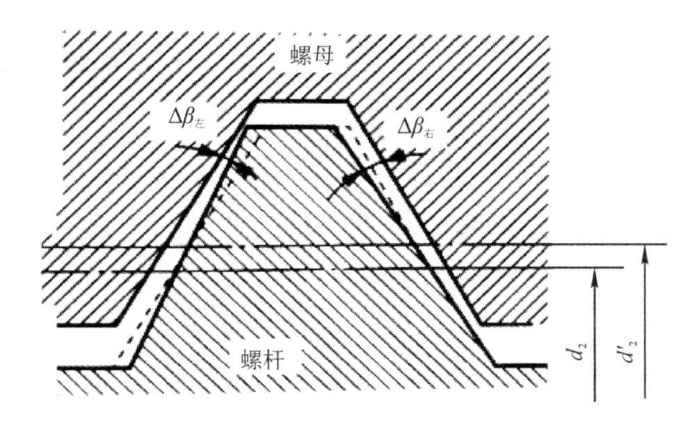

图2.20　牙型半角误差

(2) 螺杆轴向窜动误差。图2.21所示，若螺杆轴肩的端面与轴承的止推面不垂直于螺杆轴线而有 α_1 和 α_2 的偏差，则当螺杆转动时，将引起螺杆的轴向窜动误差，并将其转化为螺母位移误差。螺杆的轴向窜动误差是周期性变化的，以螺杆转动一转为一个循环周期。

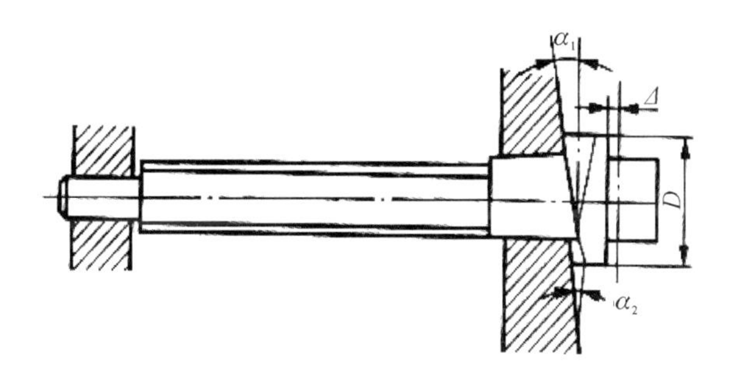

图2.21　螺杆轴向窜动误差

(3) 偏斜误差。在螺旋传动机构中，如果螺杆的轴线方向与移动件的运动方向不平行，而有一个偏斜角 θ 时，就会发生偏斜误差，如图 2.22 所示。偏斜角对偏斜误差有很大的影响，对其值应该加以控制。

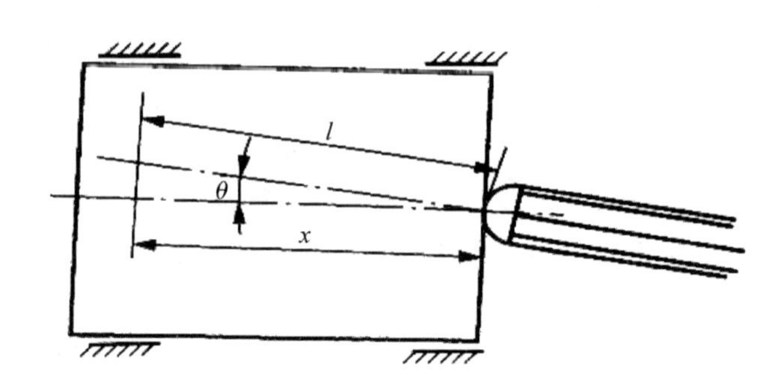

图 2.22 偏斜误差

(4) 温度误差。当螺旋传动的工作温度与制造温度不同时，将引起螺杆长度和螺距发生变化，从而产生传动误差，这种误差称为温度误差。

以上分析了影响螺旋传动精度的各种误差，为了提高传动精度，应尽可能地减小这些误差。为此，可以通过提高螺旋副零件的制造精度来达到减小误差的目的，但单纯提高制造精度会使成本提高。因此，对于传动精度要求较高的精密螺旋传动，除了根据有关标准或具体情况规定合理的制造精度以外，还可采取某些结构措施提高其传动精度。

由于螺杆的螺距误差是造成螺旋传动误差的主要因素，因此采用螺距误差校正装置是提高螺旋传动精度的有效措施之一。

4) 消除螺旋传动空回的方法

当螺旋机构中存在间隙时，若螺杆的转动方向改变，则螺母不能立即产生反向运动，只有螺杆转动某一角度后才能使螺母开始反向运动，这种现象称为空回。对于在正反向传动下工作的精密螺旋传动，空回将直接引起传动误差，则必须设法予以消除。消除空回的方法就是在保证螺旋副相对运动要求的前提下消除螺杆与螺母之间的间隙。几种常见的消除空回的方法如下：

(1) 利用单向作用力。在螺旋传动中，利用弹簧产生单向恢复力，使螺杆和螺母螺纹的工作表面保持单面接触，从而消除另一侧间隙对空回的影响。这种方法除可消除螺旋副中间隙对空回的影响外，还可消除轴承的轴向间隙和滑板连接处的间隙而产生的空回。同时，这种结构在螺母上无须开槽或剖分，因此螺杆与螺母接触情况较好，有利于提高螺旋副的寿命。

(2) 利用调整螺母。

① 径向调整法。利用不同的结构，使螺母产生径向收缩，以减小螺纹旋合处的间隙，从而消除空回，如表 2.3 所示。

表 2.3　径向调整法的典型示例

示 例	说 明	示 意 图
采用开槽螺母结构	拧动螺钉可以调整螺纹间隙	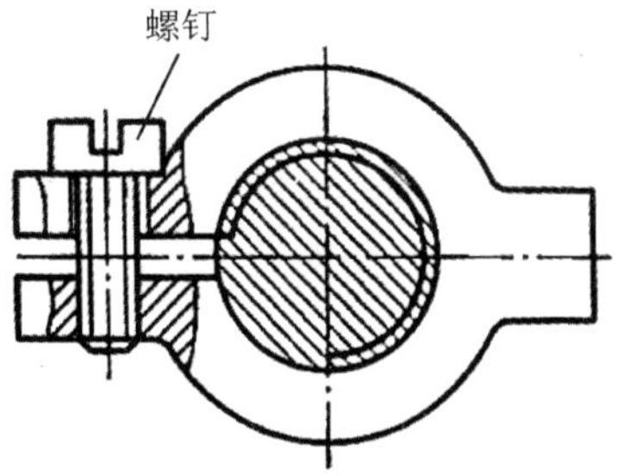 螺钉
采用卡簧式螺母结构	主螺母1上铣出纵向槽，拧紧副螺母2时，靠主、副螺母的圆锥面，迫使主螺母径向收缩，以消除螺旋副的间隙	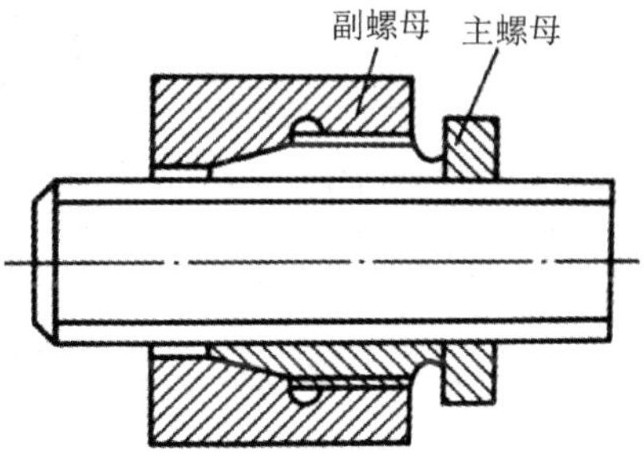 副螺母 主螺母
采用对开螺母结构	为了便于调整，螺钉和螺母之间装有螺旋弹簧，这样可使压紧力均匀稳定	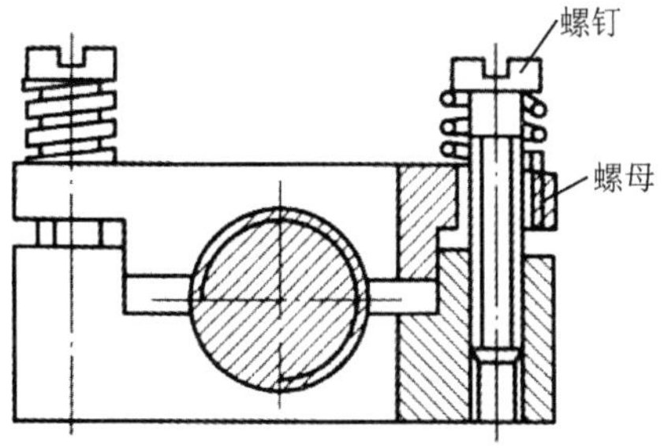 螺钉 螺母
采用紧定螺钉结构	为了避免螺母直接压紧在螺杆上而增加摩擦力矩，加速螺纹磨损，可在此结构中装入紧定螺钉以调整其螺纹间隙	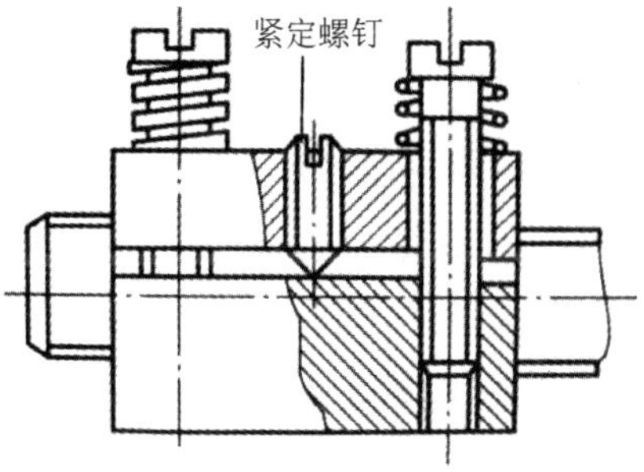 紧定螺钉

② 轴向调整法。螺纹间隙轴向调整结构如图 2.23 所示。图 2.23(a)为开槽螺母结构，拧紧螺钉强迫螺母变形，使其左、右两部分的螺纹分别压紧在螺杆螺纹相反的侧面上，从而消除螺杆相对螺母轴向窜动的间隙；图 2.23(b)为刚性双螺母结构，主螺母 1 和副螺母 2 之间用螺纹连接。连接螺纹的螺距 P' 不等于螺杆螺纹的螺距 P，这样当主、副螺母相对转动时，即可消除螺杆相对螺母轴向窜动的间隙。调整后再用紧定螺钉将其固定；图 2.23(c)为弹性双螺母结构，它利用弹簧的弹力来达到调整的目的，其中螺钉 3 的作用是防止主螺母 1 和副螺母 2 的相对转动。

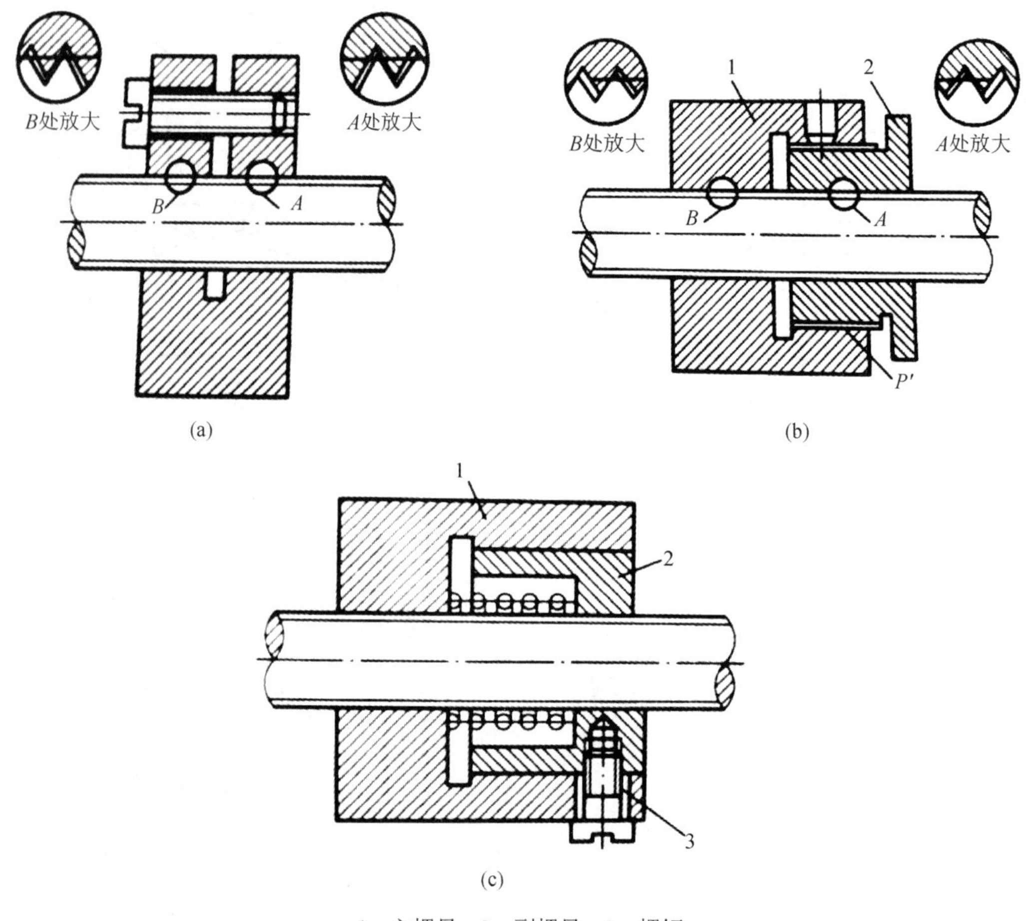

1—主螺母；2—副螺母；3—螺钉。

图 2.23　螺纹间隙轴向调整结构

(3) 利用塑料螺母消除空回。塑料螺母结构如图 2.24 所示，是用聚乙烯或聚酰胺(尼龙)制作螺母，用金属压圈压紧，利用塑料的弹性能很好地消除螺旋副的间隙，从而减少空回。

2. 滚动摩擦式螺旋传动——滚珠丝杠螺母副机构

1) 滚珠丝杠螺母副的工作原理及特点

滚珠丝杠螺母副是一种新型的传动机构，它的结构特点是具有螺旋槽的丝杠螺母间装有滚珠作为中间传动件，以减少摩擦。滚珠丝杠螺母如图 2.25 所示。图中丝杠和螺母上都有圆弧形的螺旋槽，这两个圆弧形的螺旋槽对合起来形成螺旋线滚道，在滚道内装有滚珠。

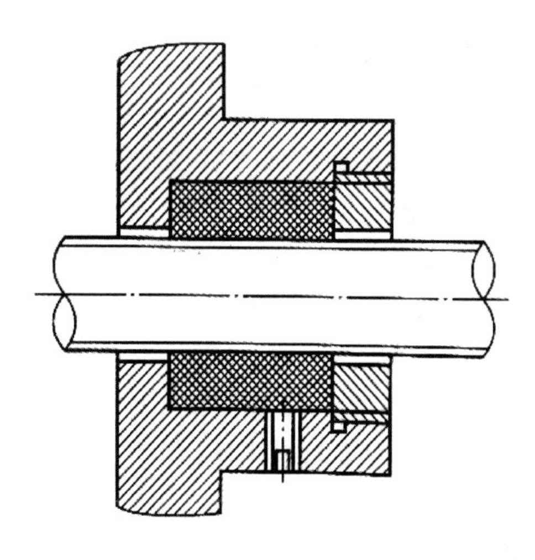

图 2.24　塑料螺母结构

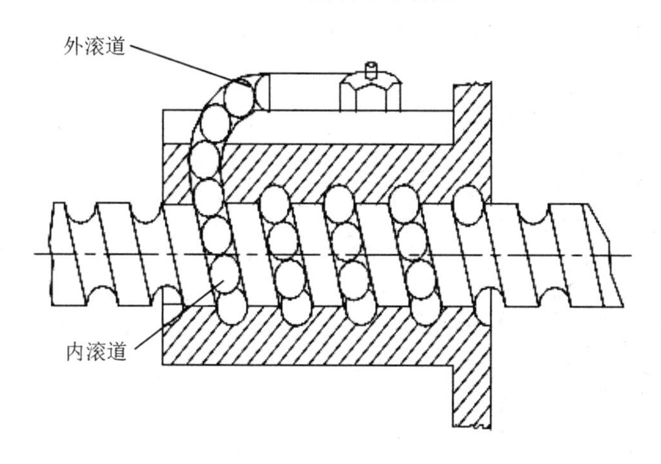

图 2.25　滚珠丝杠螺母

当丝杠回转时，滚珠相对于螺母上的滚道滚动，因此丝杠与螺母之间基本上为滚动摩擦。为了防止滚珠从螺母中滚出，在螺母的螺旋槽两端设有回程引导装置，使滚珠能循环流动。滚珠丝杠螺母副的特点如下：

(1) 传动效率高，摩擦损失小。滚珠丝杠螺母副的传动效率 $\eta=0.92\sim0.96$，比常规的丝杠螺母副提高了 3～4 倍，功率消耗只相当于常规丝杠螺母副的 1/4～1/3。

(2) 给予适当预紧，可消除丝杠和螺母的螺纹间隙，反向时可消除空行程死区，定位精度高，刚度好。

(3) 运动平稳，无爬行现象，传动精度高。

(4) 运动具有可逆性，可以从旋转运动转换为直线运动，也可以从直线运动转换为旋转运动，即丝杠和螺母都可以作为主动件。

(5) 磨损小，使用寿命长。

(6) 制造工艺复杂。滚珠丝杠和螺母等零件的加工精度要求高，表面粗糙度也要求高，故制造成本高。

(7) 不能自锁。特别是对于垂直丝杠，下降时，当传动切断后，由于自重的作用，螺母副不能立刻停止运动，故常需添加制动装置。

2) 滚珠螺旋传动的结构形式与类型

按用途和制造工艺的不同，滚珠螺旋传动的结构形式有多种，它们的主要区别在于螺纹滚道法向截形、滚珠循环方式、消除轴向间隙的调整方法三个方面。

(1) 螺纹滚道法向截形。这是指通过滚珠中心且垂直于滚道螺旋面的平面和滚道表面交线的形状。螺纹法向截形示意图如图 2.26 所示。常用的截形有两种，图 2.26(a)的单圆弧形和图 2.26(b)的双圆弧形。单圆弧滚道结构简单，传递精度由加工质量保证，轴向间隙小，无轴向间隙调整和预紧能力，加工困难，加工精度要求高、成本高，一般在轻载条件下工作；双圆弧滚道存在轴向间隙，加工质量易于保证，在使用双螺母结构的条件下，具有轴向间隙调整和预紧能力，传递精度高。滚珠与滚道表面在接触点处的公法线与过滚珠中心的螺杆直径线间的夹角 β 叫接触角。理想接触角 $\beta=45°$。

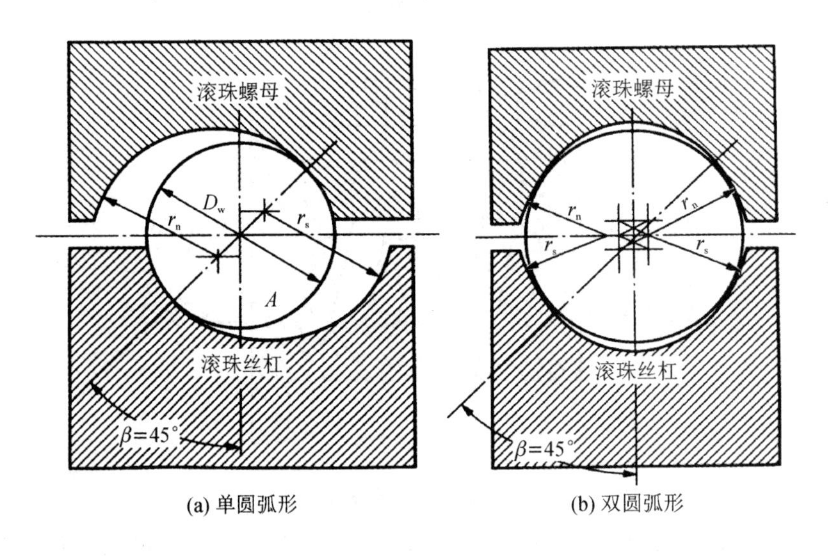

图 2.26 螺纹滚道法向截形示意图

(r_n、r_s 为滚道半径；D_w 为滚珠直径)

(2) 滚珠循环方式。按滚珠在整个循环过程中与螺杆表面的接触情况的不同，滚珠的循环方式可分为内循环和外循环两类。

① 内循环。滚珠在循环过程中始终与螺杆保持接触的循环称为内循环，如图 2.27 所示。在螺母 1 的侧孔内，装有接通相邻滚道的反向器。借助于反向器上的回珠槽，迫使滚珠 2 沿滚道滚动一圈后越过螺杆螺纹滚道顶部，重新返回起始的螺纹滚道，构成单圈内循环回路。在同一个螺母上，具有循环回路的数目称为列数，内循环的列数通常有 2～4 列(即一个螺母上装有 2～4 个反向器)。为了使结构紧凑，这些反向器是沿螺母周围均匀分布的，即对应二列、三列、四列滚珠螺旋的反向器分别沿螺母圆周方向互错 180°、120°、90°。

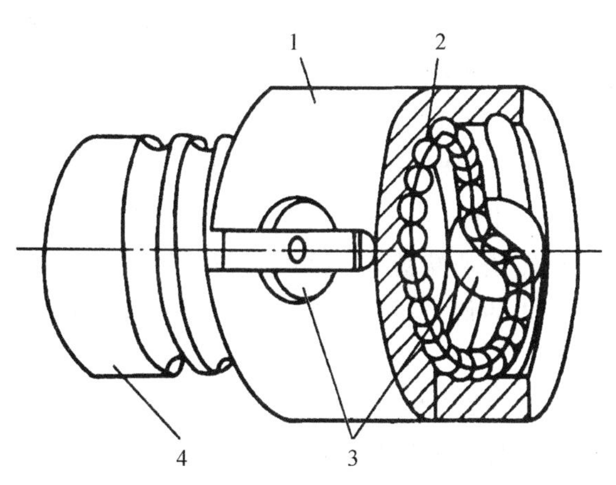

1—螺母座；2—滚珠；3—反向器；4—丝杠。

图 2.27　内循环

② 外循环。滚珠在返回时与丝杠脱离接触的循环称为外循环。按结构形式的不同，外循环可分为螺旋槽式、端盖式、插管式。滚珠丝杠螺母副常见的外循环结构图如图 2.28 所示。

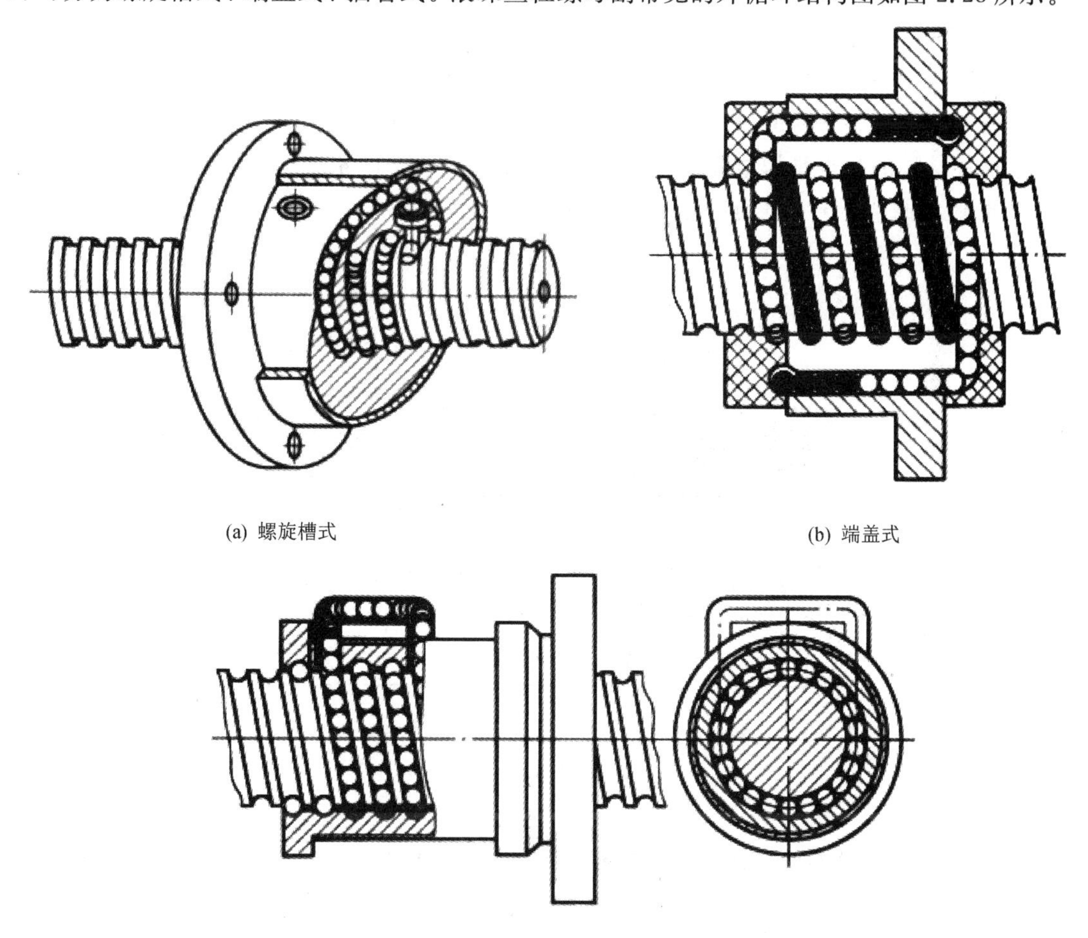

(a) 螺旋槽式

(b) 端盖式

(c) 插管式

图 2.28　滚珠丝杠螺母副常见的外循环结构图

a. 螺旋槽式外循环结构。图 2.28(a)所示，直接在螺母外圆柱面上铣出螺旋线形的凹槽作为滚珠循环通道，凹槽的两端钻出两个通孔分别与螺纹滚道相切，同时用两个挡珠器引导滚珠通过该两通孔，用套筒或螺母座内表面盖住凹槽，从而构成滚珠循环通道。螺旋槽式结构工艺简单，易于制造，螺母径向尺寸小。缺点是挡珠器刚度较差，容易磨损。

b. 端盖式外循环结构。图 2.28(b)所示，在螺母上钻有一个纵向通孔作为滚珠返回通道，螺母两端装有铣出短槽的端盖，短槽端部与螺纹滚道相切，并引导滚珠返回通道，构成滚珠循环回路。端盖式的优点是结构紧凑，工艺性好。缺点是滚珠通过短槽时容易卡住。

c. 插管式外循环结构。图 2.28(c)所示，用管代替螺旋槽式中的凹槽，把弯管的两端插入螺母上与螺纹滚道相切的两个通孔内，外加压板用螺钉固定，用弯管的端部或其他形式的挡珠器引导滚珠进出弯管，以构成循环通道。插管式结构简单，工艺性好，适于批量生产。缺点是弯管突出在螺母的外部，径向尺寸较大，若用弯管端部作挡珠器，则耐磨性较差。

(3) 滚珠丝杠副轴向间隙的调整方法。滚珠丝杠螺母副常用的消除轴向间隙的结构形式有以下三种。

① 双螺母垫片调隙式。图 2.29 所示，通常用螺钉连接滚珠丝杠两个螺母的凸缘，并在凸缘间加垫片。调整垫片的厚度使螺母产生轴向位移，以达到消除间隙和产生预拉紧力的目的。这种结构的特点是构造简单、可靠性好、刚度高、装卸方便，但调整耗时，并且在工作中不能随意调整，除非更换厚度不同的垫片。

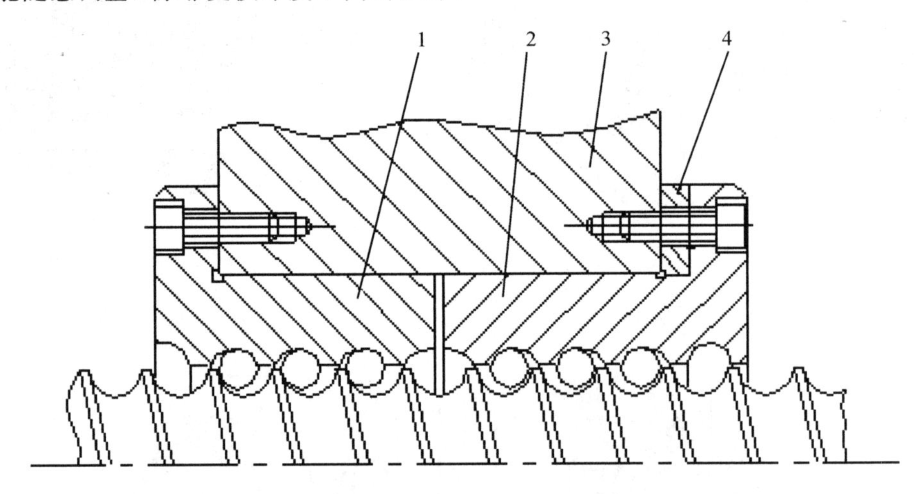

1、2—单螺母；3—螺母座；4—调整垫片。

图 2.29 双螺母垫片调隙式结构

② 双螺母螺纹调隙式。图 2.30 所示，其中一个螺母的外端有凸缘，另一个螺母的外端没有凸缘而制有螺纹，它伸出套筒外，并用两个圆螺母固定。旋转圆螺母时即可消除间隙，并产生预拉紧力，调整好后再用另一个圆螺母把它锁紧。

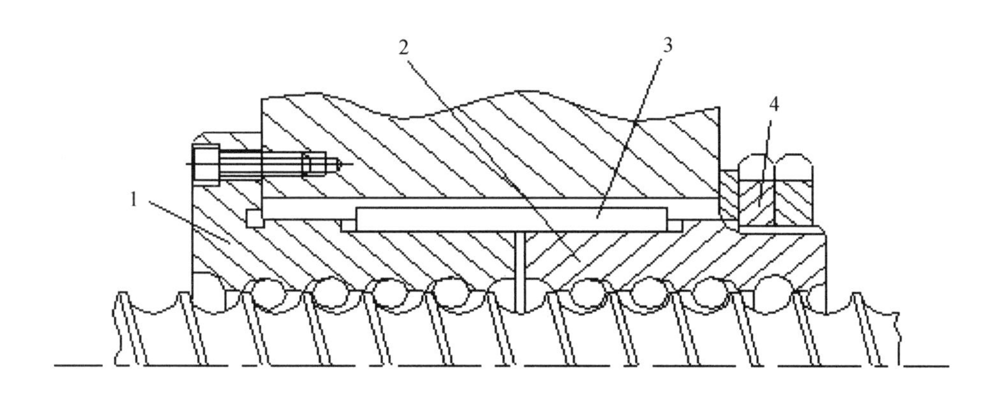

1、2—单螺母；3—平键；4—调整螺母。

图 2.30　双螺母螺纹调隙式结构

③ 双螺母齿差调隙式。图 2.31 所示，在两个螺母的凸缘上各制有圆柱齿轮，两者齿数相差一个齿，并装入内齿圈中，内齿圈用螺钉或定位销固定在套筒上。

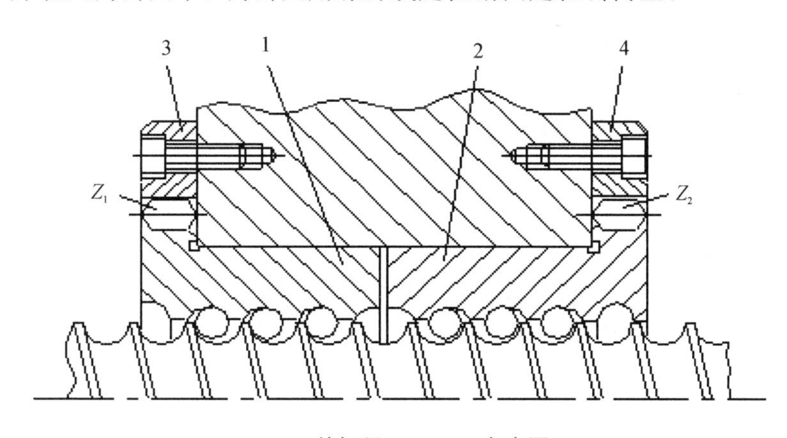

1、2—单螺母；3、4—内齿圈。

图 2.31　双螺母齿差调隙式结构

调整时，先取下两端的内齿圈，当两个滚珠螺母体相对于套筒同方向转动相同齿数时，一个滚珠螺母体对另一个滚珠螺母体产生相对角位移，从而使滚珠螺母体对于滚珠丝杠的螺旋滚道相对移动，达到消除间隙并施加预紧力的目的。图 2.31 中，Z_1、Z_2 为齿数，且 $Z_2=Z_1+1$。

3）滚珠丝杠螺母副的精度

滚珠丝杠螺母副的精度等级为 1、2、3、4、5、7、10 级精度，代号分别为 1、2、3、4、5、7、10。其中，1 级精度最高，依次逐级降低。

4）滚珠丝杠螺母副的标注方法

滚珠丝杠螺母副的型号(如图 2.32 所示)，根据其结构、规格、精度、螺纹旋向等特征编写。

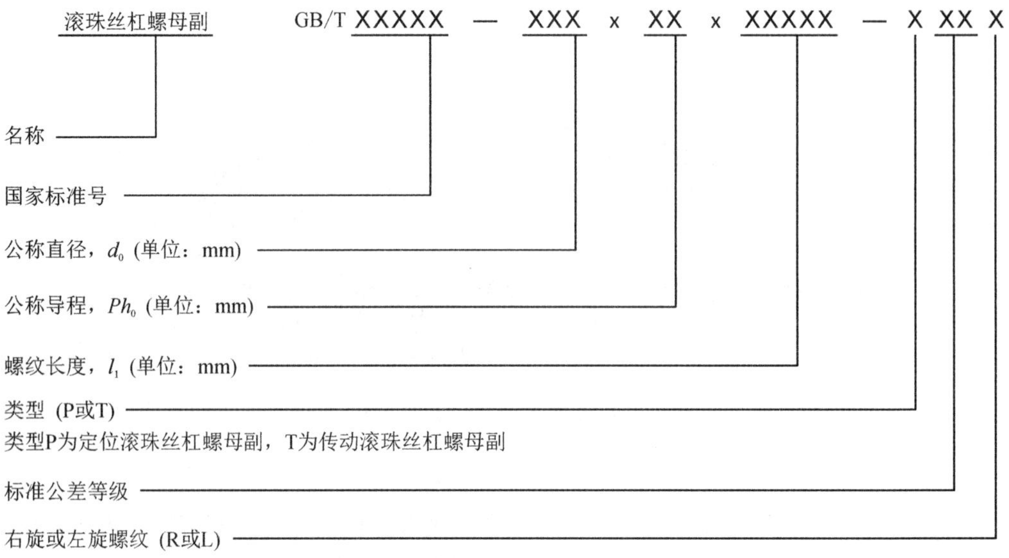

滚珠丝杠螺母副 GB/T XXXXX — XXX x XX x XXXXX — X XX X

名称

国家标准号

公称直径，d_0 (单位：mm)

公称导程，Ph_0 (单位：mm)

螺纹长度，l_1 (单位：mm)

类型 (P或T)
类型P为定位滚珠丝杠螺母副，T为传动滚珠丝杠螺母副

标准公差等级

右旋或左旋螺纹 (R或L)

图 2.32 滚珠丝杠螺母副的型号

任务 2.2 机械导向机构

任务描述

机电一体化系统的导向支撑部件，其作用是支撑和限制运动部件按给定的运动要求和规定的运动方向运动。这样的部件通常称为导轨副，简称导轨。

导轨副主要由定导轨、动导轨、辅助导轨、间隙调整元件、工作介质/元件等组成。按运动方式的不同，导轨副可分为直线运动导轨(滑动摩擦导轨)和回转运动导轨(滚动摩擦导轨)。

按接触表面的摩擦性质的不同，导轨副可分为滑动摩擦导轨、滚动摩擦导轨、流体介质摩擦导轨等。

本任务掌握滑动摩擦导轨和滚动摩擦导轨的特点、常见的导轨组合、导轨间隙的调整，以及提高导轨耐磨性的措施。

任务目标

技能目标

会应用滑动摩擦导轨和滚动摩擦导轨等机械导向机构。

知识目标

（1）了解常见的滑动摩擦导轨及其特点、导轨的基本要求、常见的导轨组合、导轨间隙的调整、提高导轨耐磨性的措施；

（2）了解滚动摩擦导轨的特点，滚珠导轨、滚柱导轨及滚动轴承导轨的结构。

知识准备

一、滑动摩擦导轨

1. 常见的滑动摩擦导轨及其特点

滑动摩擦导轨常见的导轨截面形状有三角形(分对称、不对称两类)、矩形、燕尾形以及圆形四种，每种形状又分为凸形和凹形两类。凸形导轨不易积存切屑等脏物，也不易储存润滑油，宜在低速下工作；凹形导轨则相反，可在高速下工作，但必须有良好的防护装置，防切屑等脏物落在导轨上。常见滑动摩擦导轨的截面形状如表 2.4 所示。

表 2.4　常见滑动摩擦导轨的截面形状

类型	对称三角形	非对称三角形	矩形	燕尾形	圆形
凸形	45°　45°	90°　a　b		55°　55°	
凹形	45°　45°	90°　a　b		55°　55°	

1）三角形导轨

三角形导轨分对称型三角形导轨和非对称型三角形导轨两种。

三角形导轨的特点是在垂直载荷作用下，具有磨损量自动补偿功能，无间隙工作，导向精度高。为防止因振动或倾翻载荷引起两导向面较长时间脱离接触，应有辅助导向面并具备间隙调整能力。存在导轨水平与垂直误差的相互影响，导轨面加工、检验、维修困难。

对称型三角形导轨随顶角增大，导轨承载能力增强，但导向精度(直线度)降低。

非对称三角形导轨主要用在载荷不对称情况，通过调整不对称角度，使导轨左右面水平分力相互抵消，提高导轨刚度。

2）矩形导轨

矩形导轨的特点是结构简单，制造、检验、维修方便，导轨面宽、承载能力强，刚度高，但无磨损量自动补偿功能。由于导轨在水平面和垂直面位置互不影响，因而在水平和垂直两个方向均需有间隙调整装置，使安装、调整方便。

3）燕尾形导轨

燕尾形导轨的特点是无磨损量自动补偿功能，需间隙调整装置，燕尾起压板作用，镶条可调整水平和垂直两个方向的间隙，可承受颠覆载荷，结构紧凑，但刚度差，摩擦阻力大，制造、检验、维修不方便。

4）圆形导轨

圆形导轨的特点是结构简单，制造、检验、配合方便，精度易于保证，但摩擦后很难调整，结构刚度较差。

2. 导轨的基本要求

(1) 导向精度高。导向精度是指运动件按给定方向作直线运动的准确程度，它主要取决于导轨本身的几何精度及导轨配合间隙。导轨的几何精度可用线值或角值表示。

导轨在垂直面和水平面内的直线度如图 2.33(a)(b)所示，理想的导轨面与垂直平面 $A-A$ 或水平面 $B-B$ 的交线均应为一条理想直线，但由于制造误差，使交线的实际轮廓偏离理想直线，其最大偏差量 Δ 即为导轨全长在垂直平面(图 2.33(a))和水平面(图 2.33(b))内的直线度误差。

图 2.33(c)所示为导轨面间的平行度误差。设 V 形导轨没有误差，平面导轨纵向有倾斜，由此产生的误差 Δ 即为导轨间的平行度误差。导轨间的平行度误差一般以角度值表示，这项误差会使运动件运动时发生“扭曲”。

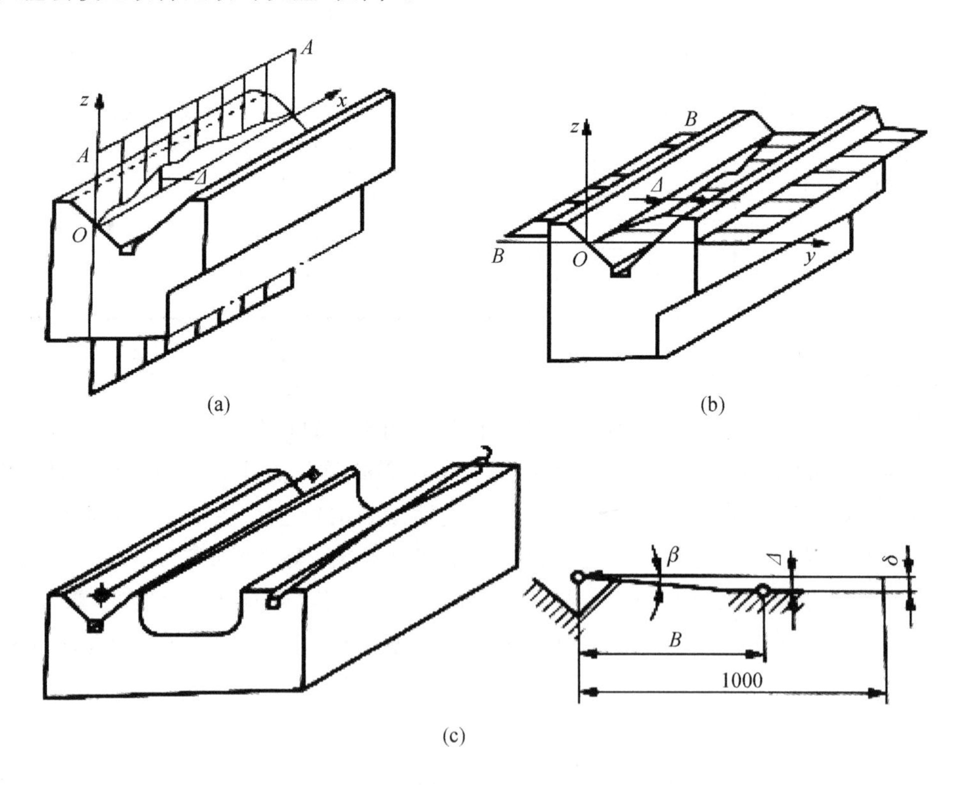

图 2.33　导轨的几何角度

(2) 运动轻便、平稳，低速时无爬行现象。导轨运动的不平稳性主要表现在低速运动时导轨速度的不均匀，使运动件出现时快时慢、时动时停的爬行现象。是否出现爬行现象主要取决于导轨副中摩擦力的大小及其稳定性。为此，设计时应合理选择导轨的类型、材料、配合间隙、配合表面的几何形状精度及润滑方式。

(3) 耐磨性好。导轨的初始精度由制造保证，而导轨在使用过程中的精度保持性则与导轨面的耐磨性密切相关。导轨的耐磨性主要取决于导轨的类型、材料，导轨表面的粗糙度及硬度、润滑状况以及导轨表面压强的大小。

(4) 对温度的变化不敏感，即导轨在温度变化的情况下仍能正常工作。导轨对温度变化的不敏感性主要取决于导轨的类型、材料，以及导轨配合间隙等。

(5) 足够的刚度。在载荷的作用下，导轨的变形不应超过允许值。刚度不足不仅会降低导向的精度，还会加快导轨面的磨损。刚度主要与导轨的类型、尺寸以及导轨材料等有关。

(6) 结构工艺性好。导轨的结构应力求简单，便于制造、检验和调整，从而降低成本。

3. 常见导轨组合

1) 圆柱面导轨

圆柱面导轨的优点是导轨面的加工和检验比较简单，易于达到较高的精度；缺点是对温度变化比较敏感，间隙不能调整。圆柱面导轨如图 2.34 所示，在结构中，支撑臂 3 和立柱 5 构成圆柱面导轨。立柱 5 的圆柱面上加工有螺纹槽，转动螺母 1 即可带动支撑臂 3 上下移动，螺钉 2 用于锁紧，垫块 4 用于防止螺钉 2 压伤圆柱表面。

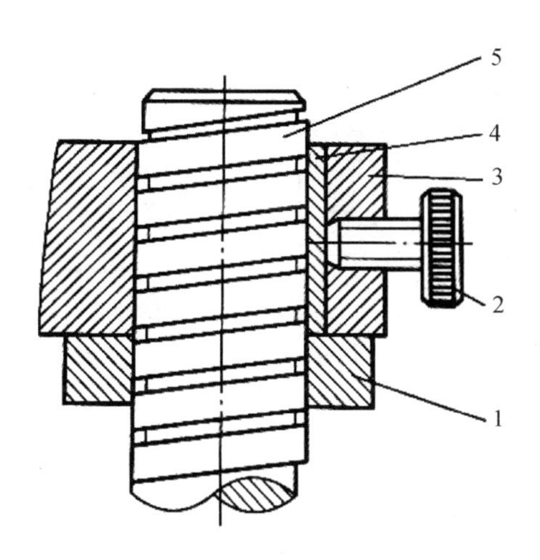

1—转动螺母；2—螺钉；3—支撑臂；4—垫块；5—立柱。

图 2.34　圆柱面导轨

在多数情况下，圆柱面导轨的运动件不允许转动，因此可采用各种防转结构。最简单的防转结构是在运动件和承导件的接触表面上制作平面、凸起或凹槽。有防转结构的圆柱面导轨，如图 2.35(a)(b)(c)所示是这种防转结构的几个例子。利用辅助导向面限制运动件的转动如图 2.35(d)所示，适当增大辅助导向面与基本导向面之间的距离，可减小由导轨间的间隙所引起的转角误差。当辅助导向面也为圆柱面时，即构成双圆柱面导轨，如图 2.35(e)所示，它既能保证较高的导向精度，又能保证较大的承载能力。

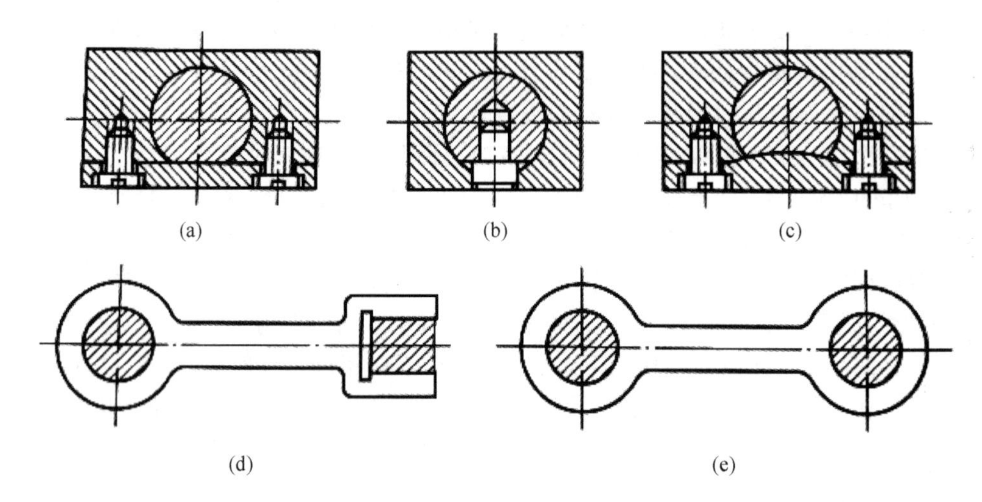

图 2.35　有防转结构的圆柱面导轨

导轨的表面粗糙度可根据相应的精度等级确定。通常，被包容零件外表面的粗糙度小于包容件内表面的粗糙度。

2) 棱柱面导轨

常用的棱柱面导轨有双三角形导轨、三角形平面导轨、矩形导轨、燕尾形导轨，以及它们的组合式导轨。三角形导轨，如图 2.36 所示。

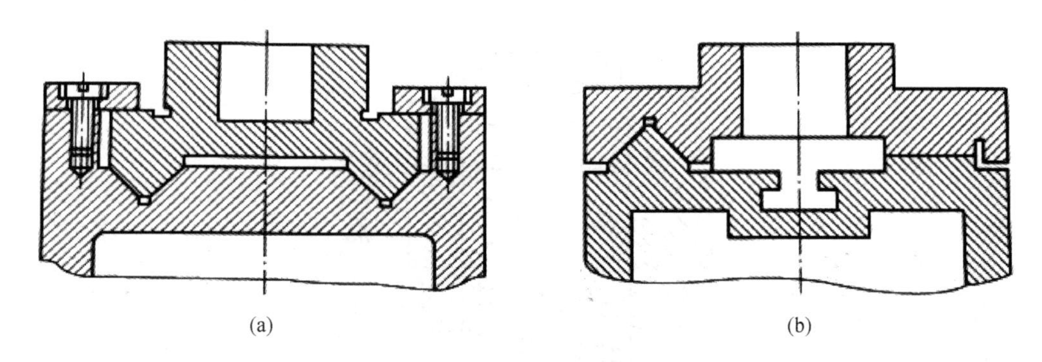

图 2.36　三角形导轨

(1) 双三角形导轨。图 2.36(a)所示为两条导轨同时起着支撑和导向作用，故导轨的导向精度高，承载能力强，两条导轨磨损均匀，磨损后能自动补偿间隙，精度保持性好。但这种导轨的制造、检验和维修都比较困难，因为它要求四个导轨面都要均匀接触，刮研劳动量较大。此外，这种导轨对温度的变化比较敏感。

(2) 三角形平面导轨。图 2.36(b)所示，这种导轨保持了双三角形导轨导向精度高、承载能力强的优点，避免了由于热变形所引起的配合状况的变化，且其工艺性较双三角形导轨大为改善，因而应用很广泛。其缺点是两条导轨磨损不均匀，磨损后不能自动调整间隙。

(3) 矩形导轨。矩形导轨如图 2.37 所示，可以做得较宽，因而承载能力和刚度较大。其优点是结构简单，制造、检验、修理较易；缺点是磨损后不能自动补偿间隙，导向精度不如三角形导轨。图 2.37 所示结构是将矩形导轨的导向面 A 与承载面 B、C 分开，从而减小导向面的磨损，有利于保持导向精度。图 2.37(a)中的导向面 A 是同一导轨的内外两侧，导向精度较高，两者之间的距离较小，热膨胀变形较小，可使导轨的间隙相应减小。但此时两导轨面的摩擦力将不相同，因此应合理布置驱动元器件的位置，以避免工作台倾斜或被卡住。图 2.37(b)所示结构以两导轨面的外侧作为导向面，克服了上述缺点，但因导轨面间距较大，容易受热膨胀，则要求间隙不宜过小，以免影响导轨的导向精度。

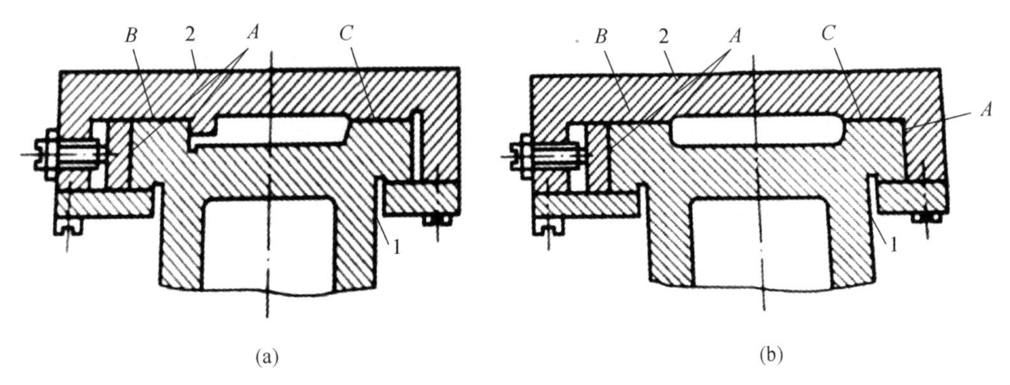

1—静导轨；2—动导轨；A—导向面；B、C—承载面。

图 2.37　矩形导轨

(4) 燕尾形导轨。燕尾形导轨的主要优点是结构紧凑，调整间隙方便；缺点是几何形状比较复杂，难以达到很高的配合精度，并且导轨中的摩擦力较大，运动灵活性较差，因此，通常用在结构尺寸较小，导向精度以及运动灵便性要求不高的场合。图 2.38 所示为燕尾形导轨的应用举例，其中图 2.38(c)所示结构的特点是把燕尾槽分成几块，便于制造、装配和调整。

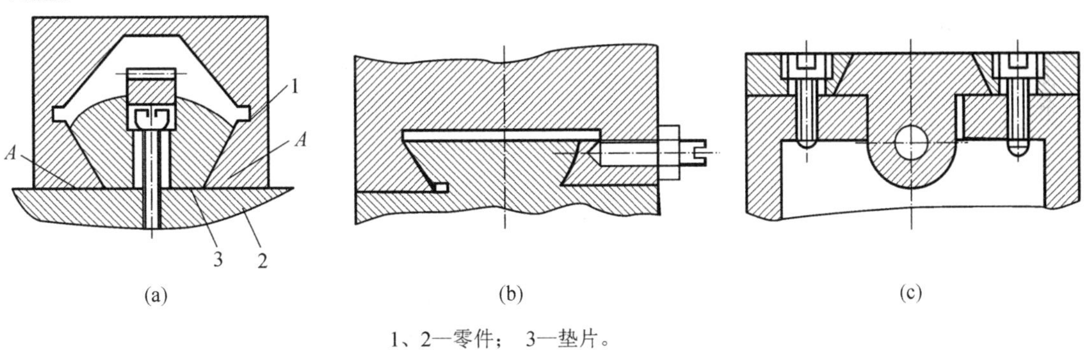

1、2—零件；　3—垫片。

图 2.38　燕尾形导轨的应用举例

4. 导轨间隙的调整

为保证导轨正常工作，导轨滑动表面之间应保持适当的间隙。间隙过小会增大摩擦力，间隙过大会降低导向精度。为此常采用以下方法获得必要的间隙。

(1) 采用磨、刮相应结合面或加垫片的方法，以获得合适的间隙。图 2.38(a)所示的燕尾形导轨，为了获得合适的间隙，可在零件 1 与零件 2 之间加入垫片 3 或采取直接刮铲承导件与运动件的结合面 A 的方法达到间隙要求。

(2) 采用平镶条调整间隙。平镶条为一平行六面体，平镶条调整导轨间隙，如图 2.39 所示，其截面形状为图 2.39(a)所示的矩形或图 2.39(b)所示的平行四边形。调整时，只要旋动沿镶条全长均布的几个螺钉，便能调整导轨的侧向间隙，调整后再用螺母锁紧。平镶条制造容易，但在导轨的全长上只有几个点受力，容易变形，故常用于受力较小的导轨。缩短螺钉间的距离(l)、加大镶条厚度(h)有利于镶条压力的均匀分布，当 l/h 为 3～4 时，镶条压力基本上均布，如图 2.39(c)所示。

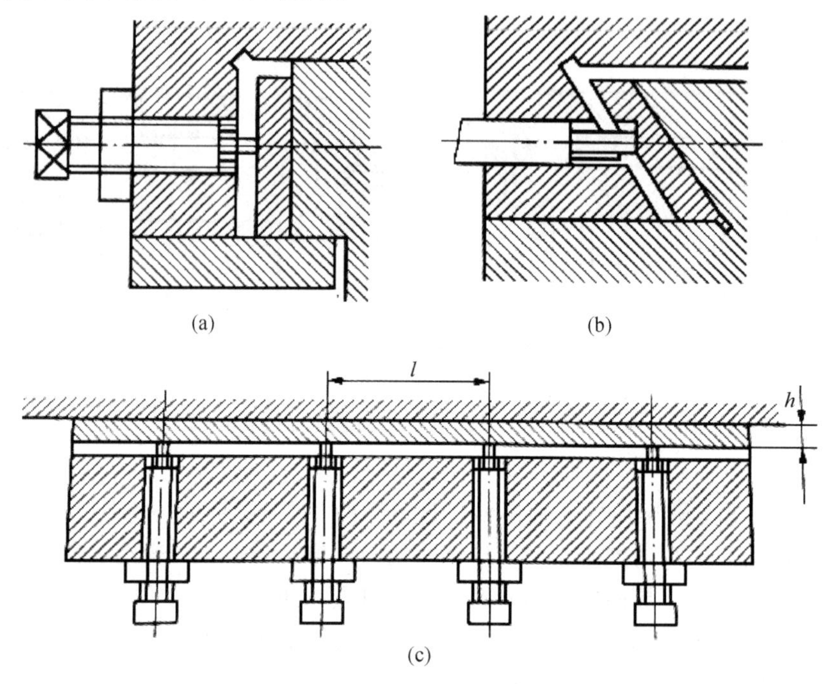

图 2.39　平镶条调整导轨间隙

(3) 采用斜镶条调整间隙。斜镶条的侧面磨成斜度很小的斜面，导轨间隙是用镶条的纵向移动来调整的，为了缩短镶条的长度，一般将其放在运动件上。用斜镶条调整导轨间隙(如图 2.40 所示)，通过调整螺钉，使镶条与导轨的间隙变小。

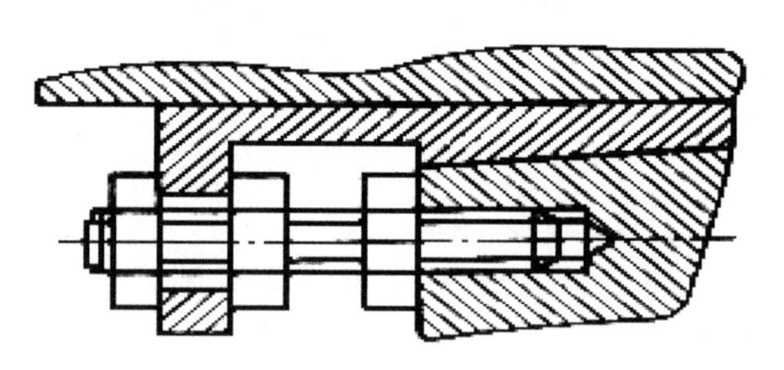

图 2.40　用斜镶条调整导轨间隙

5. 提高导轨耐磨性的措施

为使导轨在较长的使用期间内保持一定的导向精度，必须提高导轨的耐磨性。由于磨损速度与材料性质、加工质量、表面压强、润滑，以及使用维护等因素直接有关，故若要提高导轨的耐磨性，必须从以下几个方面采取措施。

1）合理选择导轨的材料及热处理方式

用于导轨的材料，应具有耐磨性好和摩擦系数小的特点，并具有良好的加工和热处理性质。导轨的主要材料及工艺性能如表2.5所示。

表2.5 导轨的主要材料及工艺性能

材料	主要代表材料及性能特点
铸铁	如HT200、HT300等，均有较好的耐磨性。采用高磷铸铁(含磷量高于0.3%)、磷铜钛铸铁和钒钛铸铁作导轨，耐磨性比普通铸铁分别提高1～4倍。铸铁导轨的硬度一般为180～200HBS。为提高其表面硬度，采用表面淬火工艺，表面硬度可达55HRC，导轨的耐磨性可提高1～3倍
钢	常用的有碳素钢(40、50、T8A、T10A)和合金钢(20Cr、40Cr)。淬硬后钢导轨的耐磨性比一般铸铁导轨高5～10倍。要求高的可用20Cr制成，渗碳后淬硬至56～62HRC；要求低的用40Cr制成，高频淬火硬度至52～58HRC。钢制导轨一般做成条状，用螺钉及销钉固定在铸铁机座上，螺钉的尺寸和数量必须保证良好的接触刚度，以免引起变形
有色金属	常用的有黄铜、锡青铜、超硬铝(LC4)、铸铝(ZL6)等
塑料	聚四氟乙烯具有优良的减摩、耐磨和抗振性能，工作温度适应范围广(－200～＋280℃)，静、动摩擦系数都很小，是一种良好的减摩材料

2）减小导轨面压强

导轨面所受的平均压强越小，压力分布越均匀，则导轨磨损越均匀，磨损量越小。导轨面的压强取决于导轨的支撑面积和负载，设计时应保证导轨工作面的承受最大压强不超过允许值。为此，许多精密导轨常采用卸载导轨，即在导轨载荷的相反方向给运动件施加一个机械的或液压的作用力(卸载力)，抵消导轨上的部分载荷，从而达到既保持导轨面间仍为直接接触，又减小导轨工作面压力的目的。一般卸载力为运动件所受总重力的2/3左右。

静压卸载导轨原理如图2.41所示。在运动件导轨面上开有油腔，通入压力为P_S的液压油，对运动件施加一个小于运动件所受载荷的浮力，以减小导轨面的压力。油腔中的液压油经过导轨表面宏观与微观不平度所形成的间隙流出导轨，回到油箱。

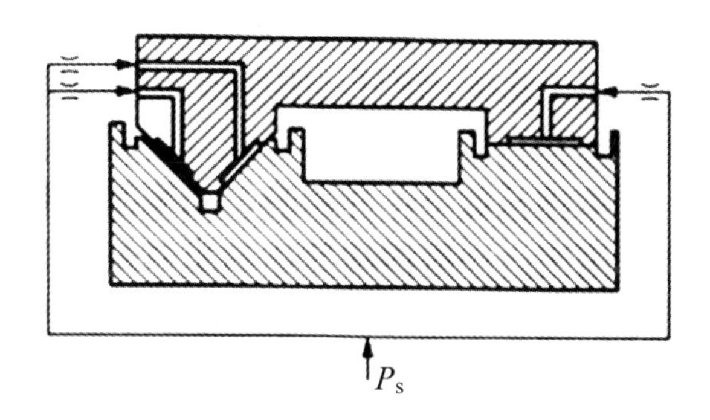

图2.41 静压卸载导轨原理

水银卸载导轨原理如图2.42所示。在运动件下面装有浮子1(木块)，并置于水银槽2

中，利用水银产生的浮力抵消运动组件的部分重力。这种卸载方式结构简单，缺点是水银蒸气有毒，必须采取防止水银挥发的措施。

机械卸载导轨原理如图 2.43 所示。选用刚度合适的弹簧，并调节其弹簧力，以减小导轨面直接接触处的压力。

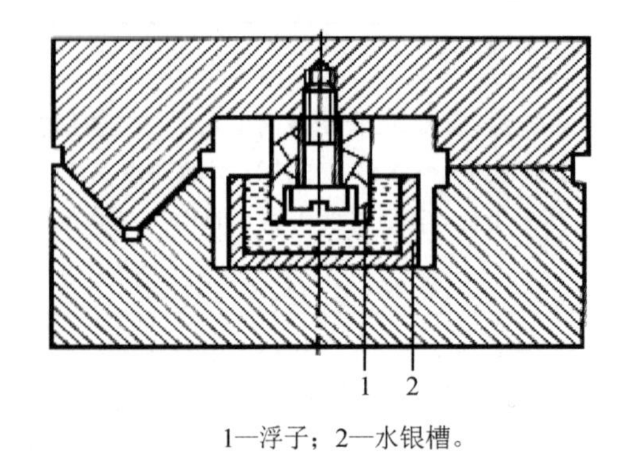

1—浮子；2—水银槽。

图 2.42　水银卸载导轨原理

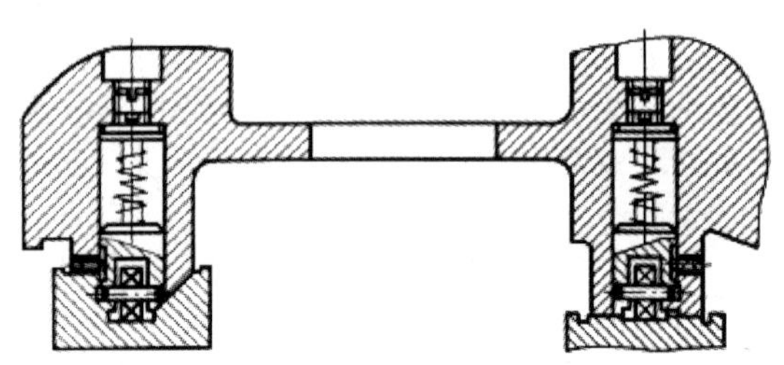

图 2.43　机械卸载导轨原理

3）保证导轨良好的润滑

保证导轨良好的润滑是减小导轨摩擦和磨损的另一个有效措施。这主要是由于润滑油的分子吸附在导轨接触表面，形成厚度为 0.005～0.008 mm 的油膜，从而阻止或减少导轨面间的直接接触。

由于滑动摩擦导轨的运动速度一般较低，并且往复运动，运动和停顿相间进行，不易形成油楔，因此要求润滑油具有合适的黏度和较好的油性，以防止导轨出现干摩擦现象。

选择导轨润滑油的主要原则是载荷越大、速度越低，则油的黏度应越大；垂直导轨的润滑油黏度，应比水平导轨润滑油的黏度大。在工作温度变化时，润滑油的黏度变化要小。润滑油应具有良好的润滑性能和足够的油膜强度，不侵蚀机件，则润滑油中的杂质应尽量少。

对于精密机械中的导轨，应根据使用条件和性能特点来选择润滑油。常用的润滑油有机油、精密机床液压导轨油、变压器油等。另外，还有少数精密导轨选用润滑脂进行润滑。

关于润滑方法，对于载荷不大、导轨面较窄的精密仪器导轨，通常只需直接在导轨上定期加油即可，导轨面也不必开出油沟。对于大型及高速导轨，则多用手动油泵或自动润滑，并在导轨面上开出合适形状和数量的油沟，以使润滑油在导轨工作表面上分布均匀。

4）提高导轨的精度

提高导轨的精度主要是保证导轨的直线度和各导轨面间的相对位置精度。导轨的直线度误差都规定在对导轨精度有利的方向上，如精密车床的床身导轨在垂直面内的直线度误差只允许上凸，以补偿导轨中间部分经常使用而产生下凹的磨损。

适当减小导轨工作面的粗糙度，可提高耐磨性，但过小的粗糙度不易储存润滑油，甚至产生“分子吸力”，以致撕伤导轨面。表面粗糙度一般要求为 $Ra \leqslant 0.32\ \mu m$。

二、滚动摩擦导轨

滚动摩擦导轨是在运动件和承导件之间放置滚动体（滚珠、滚柱、滚动轴

承等)，使导轨运动时处于滚动摩擦状态。

与滑动摩擦导轨相比，滚动导轨的特点有：① 摩擦系数小，并且静、动摩擦系数之差很小，故运动灵便，不易出现爬行现象；② 定位精度高，一般滚动导轨的重复定位误差为 0.1～0.2 μm，而滑动导轨的定位误差一般为 10 ～ 20 μm，因此，当要求运动件产生精确的微量移动时，通常采用滚动摩擦导轨；③ 磨损较小，寿命长，润滑简便；④ 结构较为复杂，加工比较困难，成本较高；⑤ 对脏物及导轨面的误差比较敏感。

1. 滚珠导轨

滚珠导轨的两种典型结构形式：力封式滚珠导轨(见图 2.44)和自封式滚珠导轨(见图 2.45)。在 V 形槽(V 形角一般为 90°)中安置滚珠，隔离架 1 用来保持各个滚珠的相对位置，固定在承导件上的限动销 2 与隔离架上的限动槽构成限动装置，用来限制运动件的位移，以免运动件从承导件上滑脱。

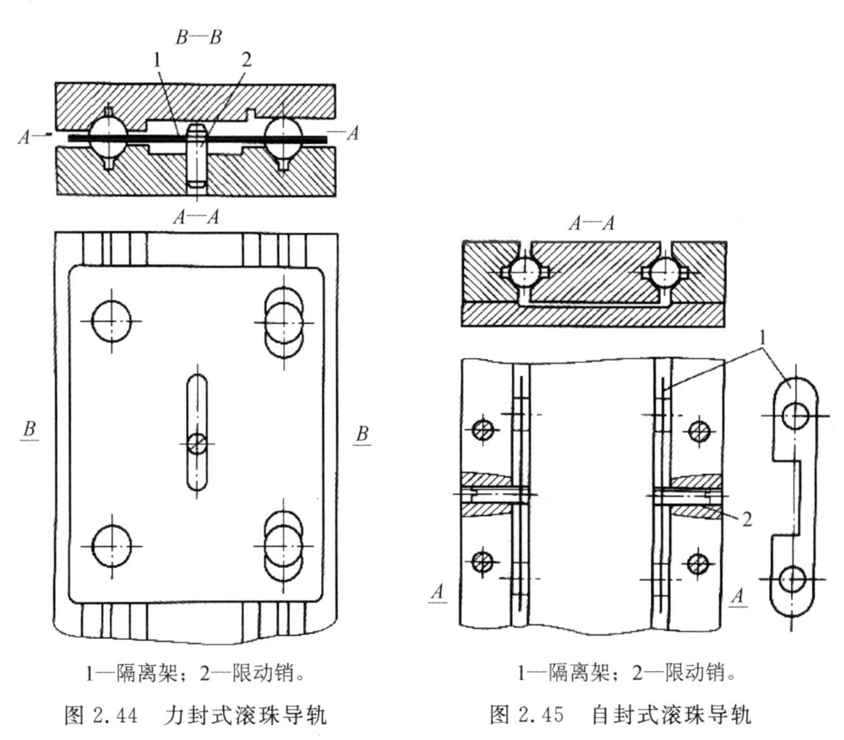

1—隔离架；2—限动销。

图 2.44　力封式滚珠导轨

1—隔离架；2—限动销。

图 2.45　自封式滚珠导轨

V 形滚珠导轨的优点是工艺性较好，容易达到较高的加工精度，但由于滚珠和导轨面是点接触，接触应力较大，容易压出沟槽，如沟槽的深度不均匀，将会降低导轨的精度。

为了改善这种情况，可采取如下措施：

(1) 预先在 V 形槽与滚珠接触处研磨出一窄条圆弧面的浅槽，以增加滚珠与滚道的接触面积，提高承载能力和耐磨性，但这时导轨中的摩擦力略有增加。

(2) 采用双圆弧滚珠导轨，如图 2.46(a)所示。这种导轨是把 V 形导轨的 V 形滚道改为圆弧形滚道，以增大滚珠与滚道接触点的综合曲率半径，从而提高导轨的承载能力、刚度和使用寿命。双圆弧滚珠导轨的缺点是形状复杂、工艺性较差、摩擦力较大，当精度要求很高时不易满足使用要求。

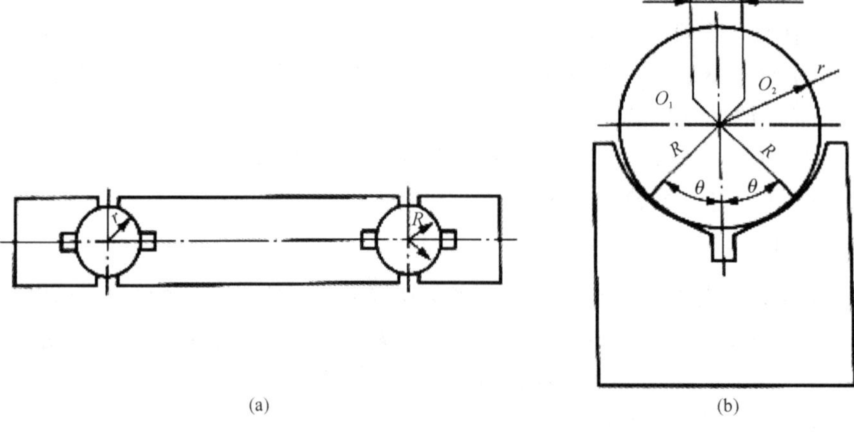

图 2.46　双圆弧导轨

为使双圆弧滚珠导轨既能发挥接触面积较大、变形较小的优点，又不至于过分增大摩擦力，应合理确定双圆弧滚珠导轨的主要参数，如图 2.46(b)所示。根据使用经验，滚珠半径 r 与滚道圆弧半径 R 之比常取为 $r/R=0.90\sim0.95$，接触角 $\theta=45°$，导轨两圆弧的中心距 $C=2(R-r)\sin\theta$。

当要求运动件的行程大或需要简化导轨的设计和制造时，可采用滚珠循环式导轨。其结构简图如图 2.47 所示，它由运动件 1、滚珠 2、承导件 3 和返回器 4 组成。运动件 1 上有工作滚道 5 和返回滚道 6，与两端返回器的圆弧槽面滚道接通，滚珠在滚道中循环滚动，行程不受限制。

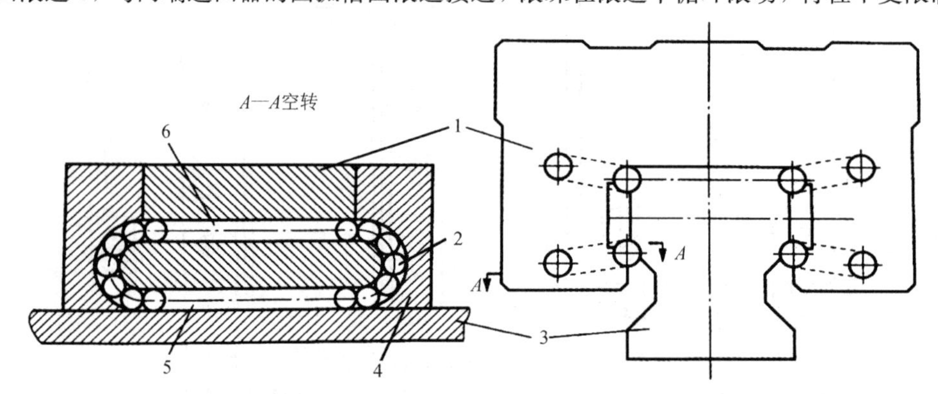

1—运动件；2—滚珠；3—承导件；4—返回器；5—工作滚道；6—返回滚道。

图 2.47　滚珠循环式滚动导轨的结构简图

2. 滚柱导轨和滚动轴承导轨

为了提高滚动导轨的承载能力和刚度，可采用滚柱导轨或滚动轴承导轨。这类导轨的结构尺寸较大，常用在较大型的精密机械上。滚柱导轨如图 2.48 所示。

1) 交叉滚柱 V——平导轨

图 2.48(a)所示，在 V 形空腔中交叉排列着滚柱，这些滚柱的直径 d 略大于长度 b，相邻滚柱的轴线互相垂直交错，单数号滚柱在 AA_1 面间滚动(与 B_1 面不接触)，双数号滚柱在 BB_1 面间滚动(与 A_1 面不接触)，右边的滚柱在平面导轨上运动。这种导轨不用保持架，可增加滚动体数目，提高导轨刚度。

2）V——平滚柱导轨

图 2.48(b)所示，这种导轨加工比较容易，V 形滚柱直径 d 与平面导轨滚柱 d_1 之间的关系为 $d=d_1\sin\frac{\alpha}{2}$。其中：$\alpha$ 是 V 形导轨的 V 形角。

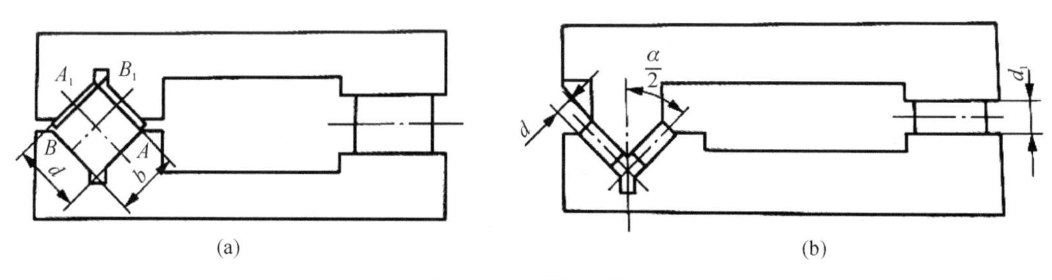

图 2.48　滚柱导轨

任务 2.3　机械支撑机构

任务描述

支撑件是支撑其他零部件的基础构件，如机床的床身、底座、立柱、工作台、箱体等。支撑件既承受其他零部件的重量和工作载荷，又起到保证各零部件相对位置的基准作用。

本任务了解机械支撑机构的基本要求和支撑件的材料，掌握支撑件的设计原则。

任务目标

技能目标

会应用机械支撑机构。

知识目标

了解机械支撑机构的基本要求和支撑件的材料，掌握支撑件的设计原则。

知识准备

一、机械支撑机构的基本要求

支撑件多为铸件、焊接件或型材装配件，其基本特点是尺寸较大、结构复杂、加工面多、几何精度高，以及相对位置精度要求较高。在设计时，首先，应对某些关键表面及其相对位置提出相应的精度要求，以保证产品的总体精度；其次，支撑件的变形和振动将直接影响产品的质量和正常运转，故应对其刚度、热变形、抗振性提出下列基本要求：

(1) 应有足够的刚度。支撑件受力后的变形不得超过一定的数值，以保证各部件间的刚度，也就是说支撑件要有足够的静刚度。

(2) 应有足够的抗振性。当支撑件受振源的影响而发生振动时，会使整机晃动，各主要部件及其相互间产生弯曲或扭转振动，尤其当振源振动频率与整机固有频率重合时，将产生共振而严重影响系统的正常工作和使用寿命，所以支撑件应有足够的抗振性。

动刚度是衡量抗振性的主要指标。提高支撑件的抗振性可采取如下措施：

① 提高固有振动频率，以避免产生共振。提高固有振动频率的方法是提高静刚度与重量的比值，即在保证足够静刚度的前提下尽量减轻重量；

② 增加阻尼；

③ 采取隔振措施，如使用减振橡胶垫、空气弹簧隔板等。

(3) 应有较小的热变形。当支撑件受热源影响时，如果热量分布不均匀，散热性能不同，就会因不同部位有温差而产生热变形，影响整机的精度。为了减小热变形，应采取的措施如下：

① 控制热源；

② 采用热平衡的方法，控制各处的温差，从而减小相对变形。

(4) 稳定性好。支撑件的稳定性是指能长时间保持其几何尺寸和主要表面相对位置的精度，以防止产品原有精度丧失的性能。因此，应对支撑件进行时效处理，消除产生变形的内应力。

(5) 工艺性好，成本低，符合人机工程方面的要求。

二、支撑件的材料

支撑件的材料应根据其结构、工艺、成本、生产批量、生产周期等要求进行选择，常用的材料如下：

1. 灰铸铁

灰铸铁的优点是铸造性好，便于铸成形状复杂，内摩擦大，阻尼作用大，有良好的抗振性，价格便宜；采用灰铸铁的缺点是需要制造木模、成本高、周期长，适用于成批生产的情况；易出现废品，有时会出现缩孔、气泡、砂眼等缺陷；铸件的加工余量大，机械加工费用高。

2. 钢

用钢材焊成的支撑件造型简单，适用于单件小批量生产的情况。用钢材焊成的支撑件生产周期比铸件短30%～50%，所需制造设备简单、成本低。由于钢的弹性模量比铸铁大，因此在同样的载荷下，用钢材焊成的支撑件的壁厚可做得比铸件薄，重量轻(比铸铁轻20%～50%)，使固有频率提高。但钢的阻尼作用比铸铁差，在结构上需采取防振措施；且用钢材制作支撑件时钳工工作量大；成批生产时，成本较高。

3. 其他材料

近年来，天然岩石材料已广泛应用于各种高精度机电一体化系统的机座。例如，三坐标测量机的工作台、金刚石车床的床身等都采用了花岗岩。国外还出现了利用陶瓷制作的支撑件。天然岩石和陶瓷的优点如下：

(1) 经过长期的自然时效，残余应力极小，内部组织稳定，精度保持性好；

(2) 阻尼系数比钢大15倍左右，抗振性好；

(3) 耐磨性比铸铁高5～10倍，耐磨性好；

(4) 膨胀系数小，热稳定性好。

其主要缺点：脆性较大、抗冲击性差；油、水易渗入晶间中，使岩石产生变形。

三、支撑件的设计原则

支撑件的结构设计应主要解决刚度问题，包括静刚度问题和动刚度问题。因此，在支撑件结构设计时要正确选择截面的形状、尺寸，合理布置隔板、加强筋，并注意多个支撑件之间的连接刚度。现将有关原则叙述如下：

1. 合理选择截面形状和尺寸

支撑件是一个复杂的受力体，受到拉、压、弯、扭的组合作用。物体在受简单的拉、压作用时，其变形与截面面积有关，而与截面形状无关；在弯曲或扭转时，其变形不仅与截面面积有关，而且与截面形状有关。通过理论计算和实验可知：在截面面积相同的情况下，空心构件比实心构件的刚度大得多；方形截面抗弯刚度较高，圆形截面抗扭刚度较高；和矩形截面相比，方形截面抗扭刚度较高，矩形截面抗弯刚度较高(在长边方向)；截面不封闭时，抗扭刚度极差，故支撑件的截面应尽可能做成封闭形。

2. 合理布置隔板和加强筋。

隔板的布置有纵向、横向、斜向布置三种形式。具体布置时应着眼于提高支撑件在某个方向上的抗弯强度、抗扭强度、局部刚度，如纵向隔板应布置在弯曲平面内。从隔板布置方式比较图 2.49 可以看出，两个悬臂梁在端部受到垂直力 P，当隔板布置在垂直面时，隔板截面绕 $X-X$ 轴的弯曲截面惯性矩是 $J_a=ba^3/12$；当隔板布置在水平面时，隔板截面绕 X 轴的弯曲截面惯性矩是 $J_b=ab^3/12$。因为 $a>b$，所以 $J_a>J_b$。

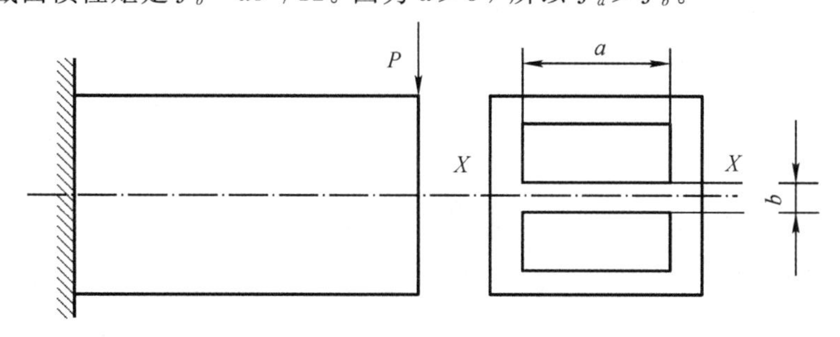

图 2.49　隔板布置方式比较

横向隔板能抵抗构件受扭转时的扭曲作用，故可增加抗扭刚度。斜隔板也能提高抗扭刚度，斜隔板的作用，如图 2.50 所示。从图 2.50(a)中可以看出，当一悬臂构件受扭矩 M_k 作用时，横向隔板 $a_1b_1c_1d_1$ 相对于横向隔板 $a_2b_2c_2d_2$ 产生转角。这时 a_2b_1 的距离被拉长，而 d_2c_1 的距离被缩短。增加斜隔板以后，如图 2.50(b)所示，能防止这种变化，即防止 $a_1b_1c_1d_1$ 相对于产生 $a_2b_2c_2d_2$ 转角。

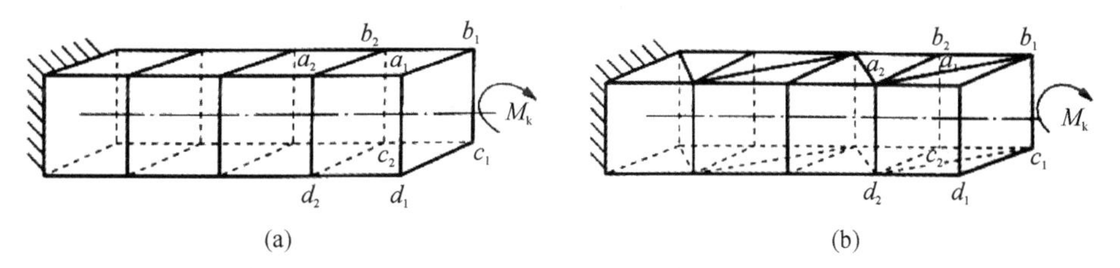

图 2.50　斜隔板的作用

许多支撑件的内部要装入各种机构，这时不能采用隔板来提高刚度，只能采用加强筋。加强筋一般配置在内壁上，可以减小变形和薄壁振动。图 2.51(a)和(b)的加强筋分别用来提高导轨和轴承座处的局部刚度，图 2.51(c)(d)(e)为当壁板面积大于 400 mm ×400 mm 时，为避免薄壁振动而在壁板表面增加的筋，其作用在于提高壁板的抗弯刚度。

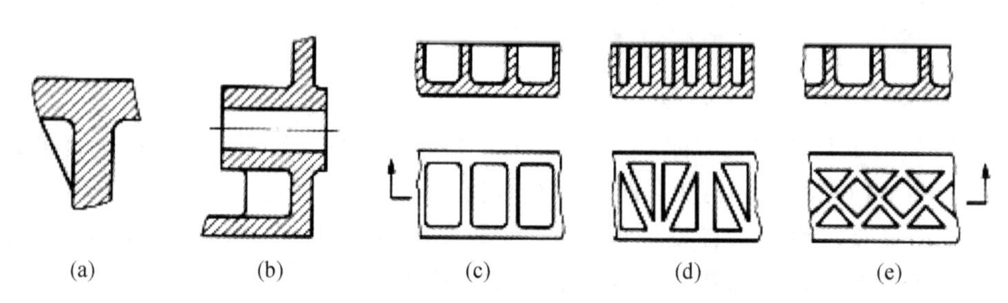

图 2.51　加强筋

3. 提高接触刚度

支撑件与其他零部件间通常用螺栓连接。由于接触表面微观上是不平整的，只有一部分凸起的端点接触，因此受到作用力后会产生接触变形。若要提高接触刚度，则可采用以下措施：

(1) 减小表面粗糙度。一般应选到 $Ra<1.6\ \mu$m。

(2) 拧紧固定螺栓，使接触表面有 200 N/mm^2 的预压力，以消除表面不平整的影响，提高接触刚度。其中，预压力用测力扳手来控制。

(3) 合理选择连接部位的形状，提高局部刚度，以防止产生局部变形而造成接触不良，降低接触刚度。提高连接处的局部刚度如图 2.52 所示。图 2.52(a)所示为凸缘式，局部刚度较差；采用图 2.52(b)所示的壁龛式或图 2.52(c)所示的局部加强筋可增加局部刚度。

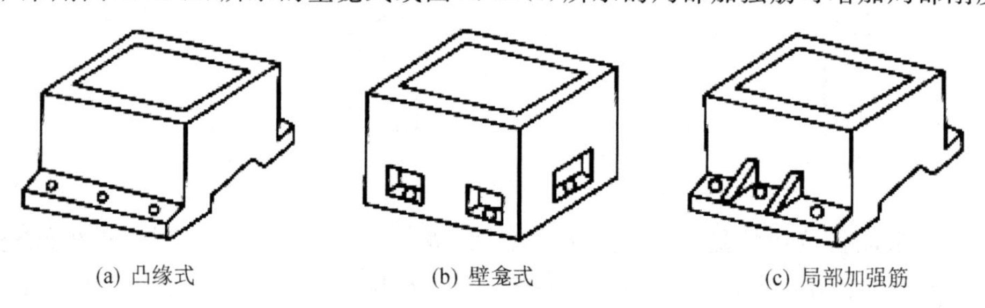

图 2.52　提高连接处的局部刚度

4. 提高阻尼

支撑件通常受到的是动载荷，因此除了提高刚度外，还要提高阻尼，这样才能得到良好的动态特性。提高阻尼的方法如下：

(1) 封砂、铸造，即保留铸件中的砂芯。这是因为砂芯有吸振作用，可增加阻尼，但对固有频率影响不大。

(2) 对于焊接支撑件，可在支撑件中灌混凝土以增加阻尼。有时为了防止钢板的薄壁振动，可在 A、B 两块薄钢板之间增加斜筋 C，薄壁焊接件增大阻尼的方法如图 2.53 所示，且在 D 处进行焊接，焊纹收缩时，接触面 E 处被压紧，在构件受力时产生很大的阻尼。

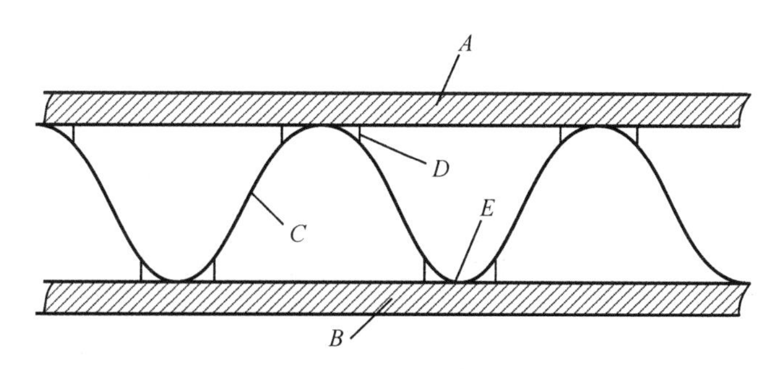

图 2.53　薄壁焊接件增大阻尼的方法

任务 2.4　机械执行机构

任务描述

机电一体化产品的执行机构是实现其主功能的重要环节，它应能快速地完成预期的动作，并具有响应速度快、动态特性好、动静态精度高、动作灵敏度高等特点，另外为便于集中控制，它还应满足效率高、体积小、质量轻、自控性强、可靠性高等要求。本任务介绍微动机构、定位机构、数控机床回转刀架、工业机器人末端执行器等机械执行机构的应用。

任务目标

技能目标

会应用机械执行机构。

知识目标

了解机电一体化产品的执行机构。

知识准备

一、微动机构

微动机构是一种能在一定范围内精确、微量地移动到给定位置或实现特定进给运动的机构。在机电一体化产品中，它一般用于精确、微量地调节某些部件的相对位置。如在仪器的读数系统中，利用微动机构调整刻度尺的零位；在磨床中，用螺旋微动机构调整砂轮架的微量进给；在医学领域中，各种微型手术器械均采用微动机构。

二、定位机构

定位机构是机电一体化机械系统中一种确保移动件占据准确位置的执行机构，通常采用分度机构和锁紧机构组合的形式来实现精确定位的要求。

分度工作台的功能是完成回转分度运动，在加工中自动实现工件一次安装完成几个面的加工。具体工作方式如图 2.54 所示。

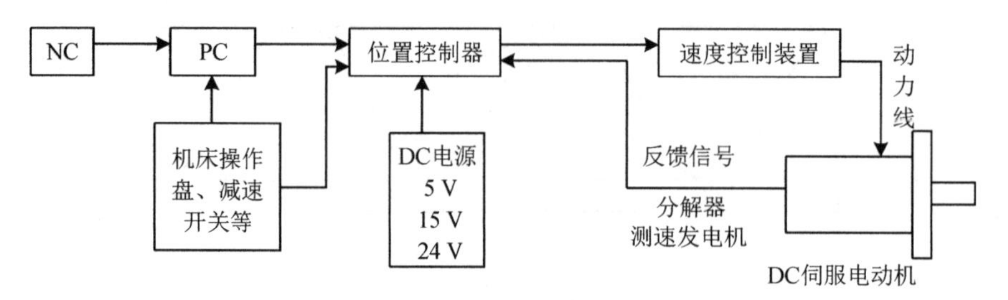

图 2.54　分度工作台的旋转和粗定位的控制原理框图

三、数控机床回转刀架

数控机床自动回转刀架是在一定空间范围内，能使刀架执行自动松开、转位、精密定位等一系列动作的一种机构。数控车床的刀架是机床的重要组成部分，其结构直接影响机床的切削性能和工作效率。立式四方刀架的具体结构如图 2.55 所示，在这里就不再过多讲解。

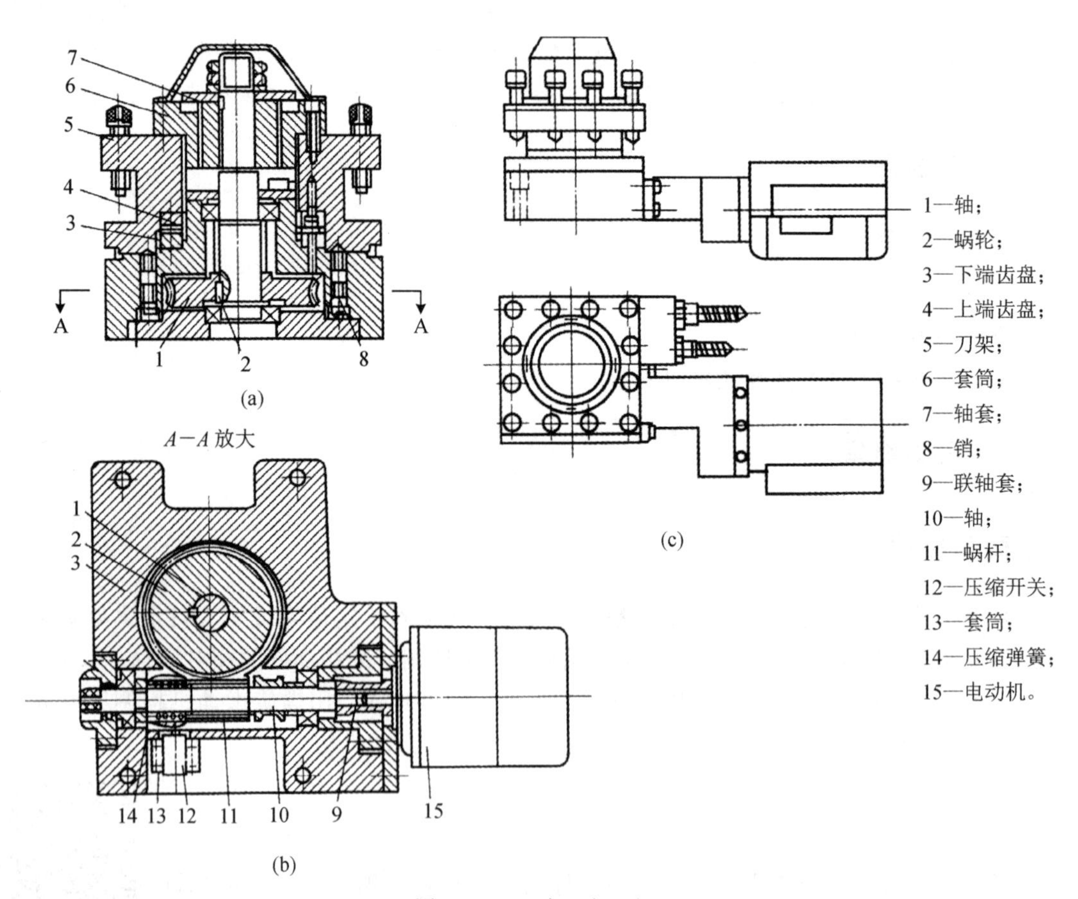

图 2.55　立式四方刀架

四、工业机器人末端执行器

工业机器人是一种自动控制、可重复编程、多功能、多自由度的操作机，是搬运物料、工件或操作工具，以及完成其他各种作业的机电一体化设备。工业机器人末端执行器装在操作机手腕的前端，是直接实现操作功能的机构。

末端执行器因用途和结构的不同，一般可分为三大类：机械圆弧型夹持器(见图 2.56)、特种末端执行器(见图 2.57)、灵巧手(万能手)(见图 2.58)和工具型末端执行器(见图 2.59)。

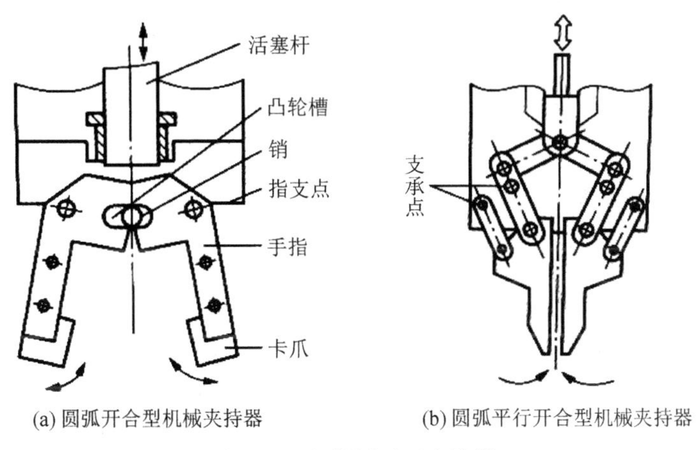

(a) 圆弧开合型机械夹持器　(b) 圆弧平行开合型机械夹持器

图 2.56　机械圆弧型夹持器

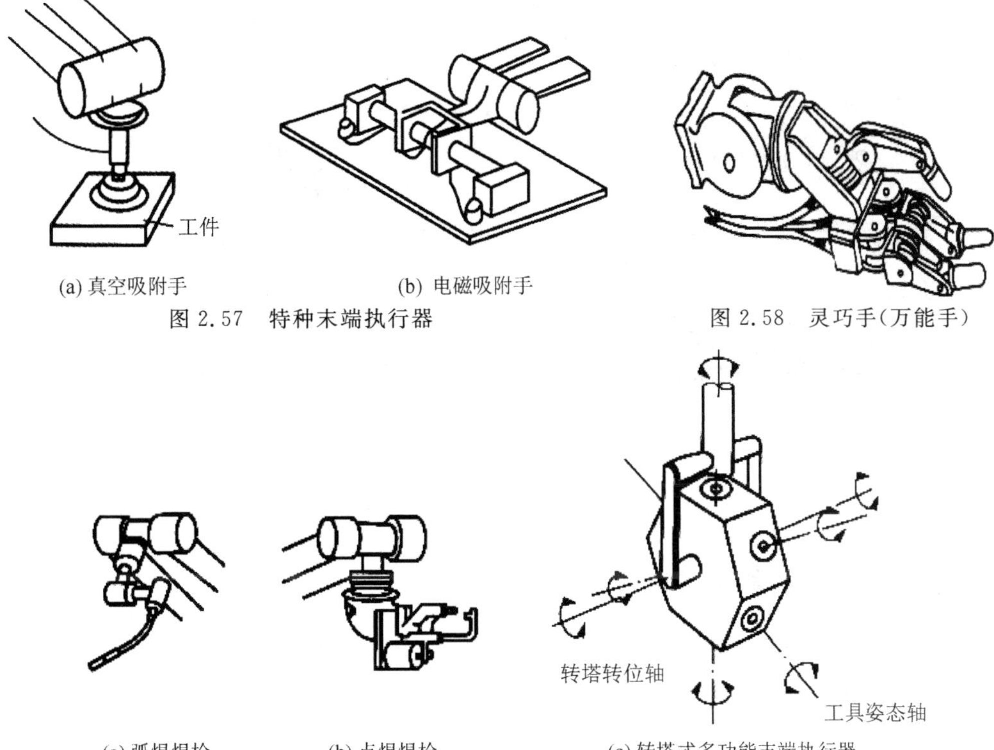

(a) 真空吸附手　(b) 电磁吸附手

图 2.57　特种末端执行器

图 2.58　灵巧手(万能手)

(a) 弧焊焊枪　(b) 点焊焊枪　(c) 转塔式多功能末端执行器

图 2.59　工具型末端执行器

任务实施 典型机电一体化系统机械技术的应用

以 MPS YL-335B 的输送单元为例，识别其机械组件并了解其功用，对机械部件进行规范拆装与调试。

一、了解输送单元的功能及组件

MPS 是一种典型的机电一体化系统。在 YL-335B 中，输送单元尤为重要，是承担任务最为繁重的工作单元。该单元的基本功能是通过导轨上的直线运动传动机构，驱动机械手装置精确到达指定物料台上，抓取工件，然后将其输送到指定地点放下，实现传送工件的功能。同时，该单元在 PPI 网络系统中担任主站的角色，它接收来自按钮/指示灯模块的系统主令信号，读取网络上各从站的状态信息，并加以综合后，向各从站发送控制要求，协调整个系统的工作。输送站整体外观如图 2.60 所示。

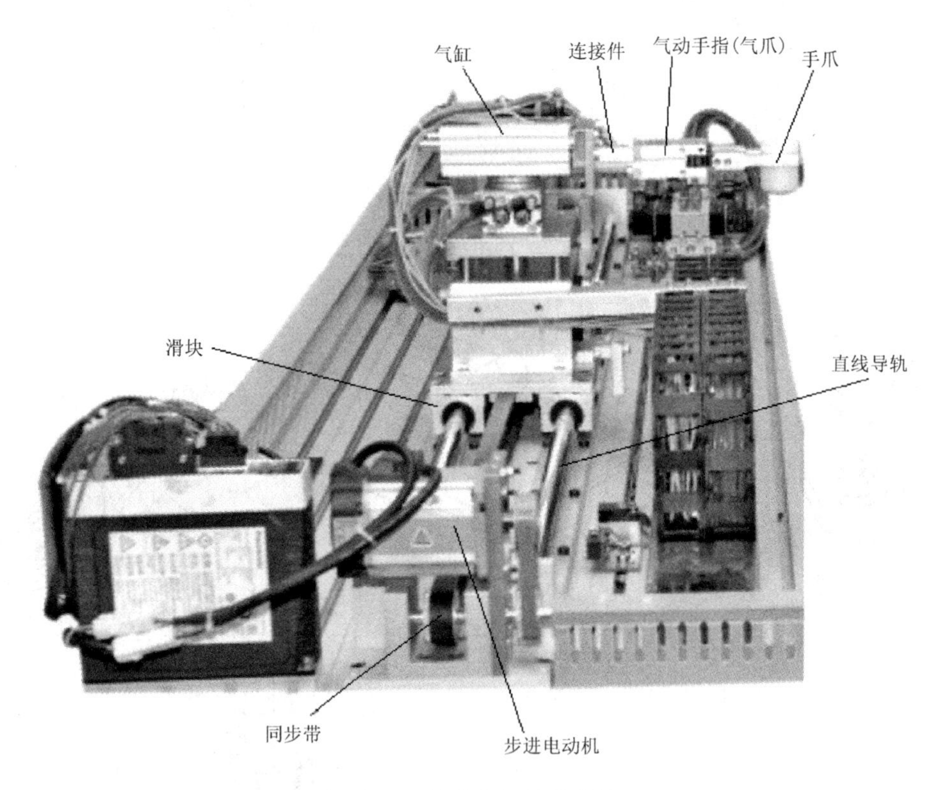

图 2.60 输送站整体外观图

二、识别输送单元的机械传动系统及其组成

输送单元的机械结构由传动机构、执行机构、导向机构及支撑机构组成。

1. 传动机构

传动机构是指把动力机产生的机械能传送到执行机构的中间装置，输送站的传动机构主要由伺服电动机和抓取机械手两部分组成。

伺服电动机由伺服电动机放大器驱动，通过同步轮和同步带带动滑动溜板沿直线导轨做往复直线运动，从而带动固定在滑动溜板上的抓取机械手装置做往复直线运动。

抓取机械手装置是一个能实现四自由度运动(即升降、伸缩、气动手指夹紧/松开、沿垂直轴旋转)的工作单元，该装置整体安装在步进电动机传动组件的滑动溜板上，在传动组件带动下机械手装置做直线往复运动，定位到其他各工作站的物料台，然后完成抓取和放下工件的操作。图2.61所示是抓取机械手装置实物图。

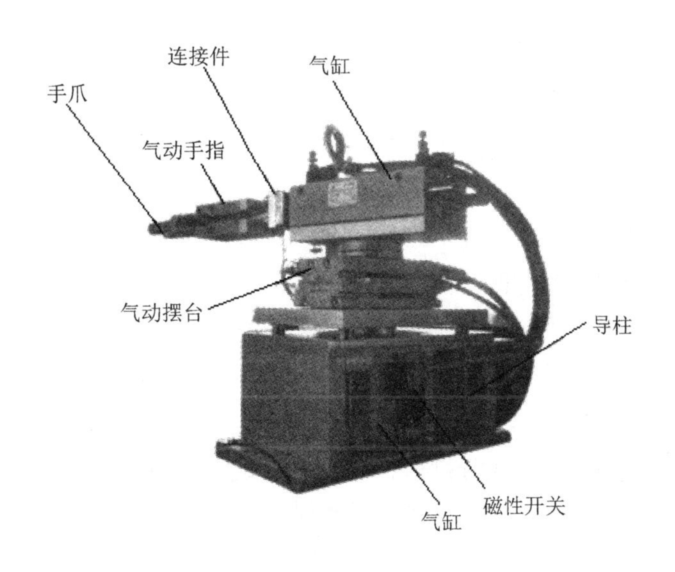

图2.61　抓取机械手装置实物图

2. 导向机构及支撑机构

导向机构及支撑机构的作用是支撑和限制运动部件按给定的运动要求和规定的运动方向运动。输送单元采用圆柱形导轨作为导向机构及支撑机构，带动滑动溜板做直线运动。输送单元为安装在滑动溜板上的执行机构实现精确定位奠定基础。图2.62所示是导向机构及支撑机构的俯视图，它由直线导轨、底板、滑动溜板、同步带、原点接近开关支座，以及左、右极限开关支座等组成。

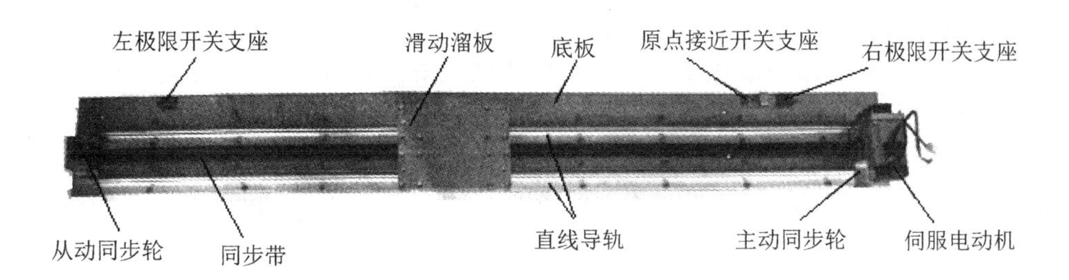

图2.62　导向机构及支撑机构的俯视图

3. 执行机构

执行机构是用来完成操作任务的直接装置。其根据操作指令的要求在动力源的带动下完成预定的操作。输送站的执行机构采用气动手爪，实现工件的抓取与放下功能。

三、输送单元的机械拆卸

1. 准备工作

(1) 准备扳手、螺钉旋具、木槌等拆装工具，劳保手套、绝缘鞋、安全帽等安全保护装备，百分表、钢尺等检测装置。

(2) 戴安全帽，穿绝缘鞋，戴劳保手套。

(3) 切断电源开关，关闭气源装置。

2. 抓取机械手装置拆卸

(1) 依次拆卸气管，并做标记按顺序摆放。

(2) 依次拆卸传感器，并做标记按顺序摆放。

(3) 依次拆卸气动手指、气动摆台、导柱、提升机构，并做标记按顺序摆放。

3. 导向机构及支撑机构拆卸

(1) 拆卸大溜板及四个滑块组件。

(2) 依次拆卸传送带、同步轮安装支架组件及同步带，并做标记按顺序摆放。

4. 分析机械机构的作用

输送单元主要由传动机构、执行机构、导向机构及支撑机构组成。其中，传动机构主要由伺服电动机和四自由度机械手组成，执行机构是手爪，导向机构及支撑机构主要由导轨和滑动溜板组成。

机械手整体安装在导向及支撑机构上，在伺服电动机的驱动下，定位到其他各工作站，再利用伸缩气缸、提升气缸、回转气缸将运动传递给执行机构(即手爪)，以实现手爪在规定位置抓取工件的功能。

四、完成输送站的机械装调

按拆卸的相反顺序装配输送站，装配时应注意：

(1) 同步轮安装支架组件装配时，先将电动机侧同步轮安装支架组件用螺栓固定在导轨安装底板上，再将调整端同步轮安装支架组件与底板连接。

(2) 传送带的两端应在大溜板的反面进行固定。

(3) 装配大溜板及四个滑块组件时，在拧紧固定螺栓的同时，应一边推动大溜板左右运动，一边拧紧螺栓，直到滑动顺畅为止，并且可以通过锁紧螺栓，调整传送带的张紧度。

(4) 先将气动摆台固定在组装好的提升机构上，然后在气动摆台上固定导杆气缸安装板。安装时要先找好导杆气缸安装板与气动摆台连接的原始位置，以便有足够的回转角度。

(5) 整理工作台、工具。

任务评价

教师根据学生的观察记录结果及提问给予评价，将结果计入表 2.6 中。

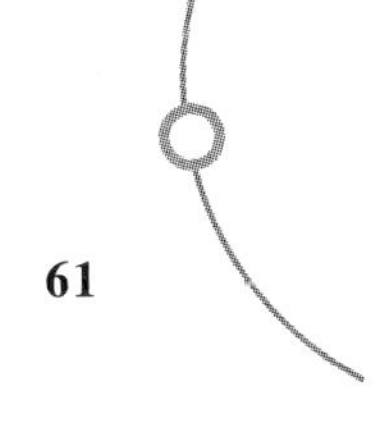

表 2.6　任务评价表

<table>
<tr><td colspan="4">实训项目</td></tr>
<tr><td colspan="2">项目内容</td><td>配分</td><td>得分</td></tr>
<tr><td colspan="2">（1）识别输送单元的机械传动系统及其组成</td><td>20</td><td></td></tr>
<tr><td colspan="2">（2）掌握机械结构的拆装方法</td><td>20</td><td></td></tr>
<tr><td colspan="2">（3）完成输送单元的机械拆卸</td><td>20</td><td></td></tr>
<tr><td colspan="2">（4）完成输送站的机械装调</td><td>20</td><td></td></tr>
<tr><td rowspan="2">其他</td><td>安全操作规程遵守情况；纪律遵守情况</td><td>10</td><td></td></tr>
<tr><td>工具的整理与环境清洁</td><td>10</td><td></td></tr>
<tr><td>工时：2 学时</td><td>教师签字：</td><td>总分</td><td></td></tr>
<tr><td colspan="4">理论项目</td></tr>
<tr><td colspan="2">项目内容</td><td>配分</td><td>得分</td></tr>
<tr><td colspan="2">1. 了解输送单元功能及其组件</td><td>20</td><td></td></tr>
<tr><td rowspan="2">2. 机械传动机构</td><td>在设备中的作用</td><td>10</td><td></td></tr>
<tr><td>指出输送单元的机械传动机构</td><td>15</td><td></td></tr>
<tr><td rowspan="2">3. 机械导向及支撑机构</td><td>在设备中的作用</td><td>15</td><td></td></tr>
<tr><td>指出输送单元的机械导向及支撑机构</td><td>15</td><td></td></tr>
<tr><td rowspan="2">4. 机械执行机构</td><td>在设备中的作用</td><td>10</td><td></td></tr>
<tr><td>指出输送单元的机械执行机构</td><td>15</td><td></td></tr>
<tr><td>时间：1 学时</td><td>教师签字：</td><td>总分</td><td></td></tr>
</table>

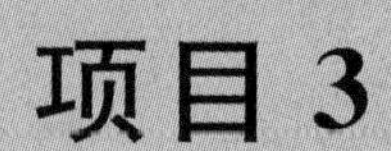

项目 3

机电一体化检测传感技术

检测传感技术是机电一体化技术中的一个核心技术。本项目包括认识传感器、位置传感器、位移传感器、速度传感器、温度传感器、视觉传感器六个相对独立的任务。

任务3.1　认识传感器

任务描述

传感器广泛应用在智能手机、汽车、咖啡壶等日常物品中，同时也是物联网(Internet of Things，IoT)、医疗、核能、国防、航空、机器人技术、人工智能、农业、环境监测、深海应用的组成部分。

在机电一体化系统中，首先要获得被控对象的状态、特征等物理量(如位置、速度、加速度等)，通过传感器检测，并将上述物理量转换成电信号，经过信息预处理，再传输到控制单元，经过分析和处理后，产生控制信息。

传感器的检测作用和信息传递过程与人脑识别外界事物的过程相类似，是机电一体化系统中必不可少的组成部分，是机与电有机结合的纽带。传感器为机械与电气领域之间提供了必要的接口，其本质上一定是机电化的产品。

本任务介绍传感器的工作原理及组成，并对其分类做简要说明。

任务目标

技能目标

能识别传感器各组成部分的作用。

知识目标

了解传感器的组成与分类。

知识准备

一、传感器定义

传感器是一种检测装置，能感受到被测量的信息，并能将感受到的信息，按一定的规律变换为电信号或其他所需形式的信息输出，以满足信息的传输、处理、存储、显示、记录、控制等要求。

国家标准 GB 7665—87 对传感器的定义是：能感受规定的被测量并按照一定的规律(数学函数法则)转换成可用信号的器件或装置，它通常由敏感元件和转换元件组成。

二、传感器的组成

传感器一般由敏感元件、转换元件、测量转换电路组成。传感器组成框图如图 3.1 所示。下面以电子秤称重原理为例，说明传感器各组成部分的作用。电子秤结构如图 3.2 所示。

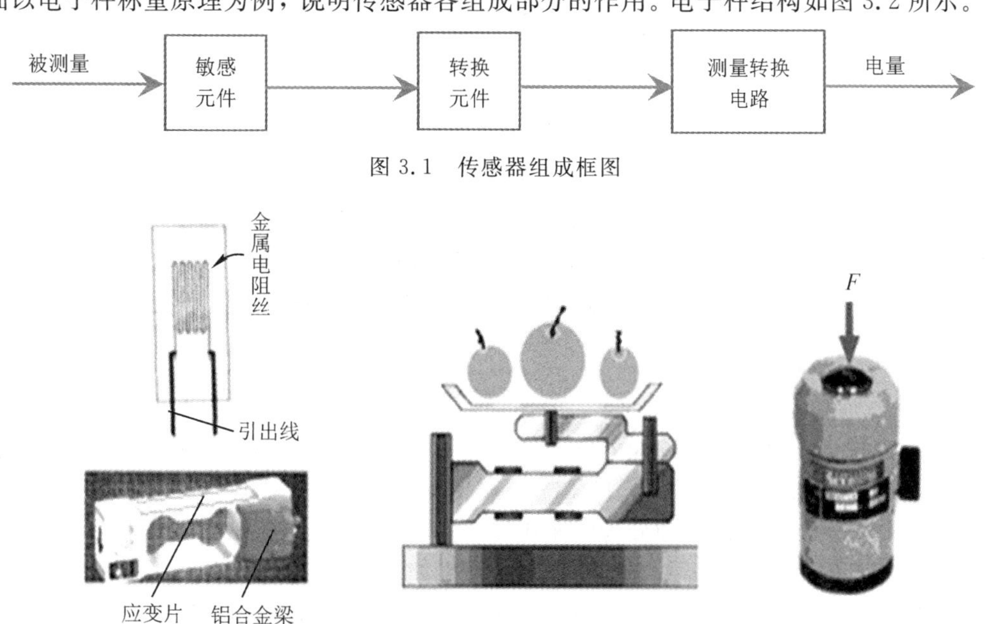

图 3.1　传感器组成框图

(a) 商品电子称荷重传感器机构

(b) 台式商品电子称机构

(c) 工业电子秤商用荷重传感器

图 3.2　电子秤结构图

敏感元件——电子秤中的铝合金梁：能感受因物体重量变化而引起梁应变。

转换元件——贴在电子秤中铝合金梁上的应变片：能感受物体重量发生应变，引起应变电阻丝拉伸或缩短，把应变转换成电阻变化。

测量转换电路——把转换元件产生的电参数转换成电量。常用的转换电路有电桥电路、脉冲调制电路、谐振电路等，它们将电阻、电容、电感等电参量的变化，转换成模拟或数字信号，如电压、电流、频率等。电子秤中常用的电桥电路就是测量转换电路。

电阻应变式称重传感器的基本原理是：弹性体在外力作用下产生弹性变形，使粘贴在它表面的电阻应变片也随同产生变形。电阻应变片变形后，其阻值发生变化，再经相应的测量电路把这一电阻变化转换为电信号，从而完成将外力变换为电信号的过程。测量转换电路如图 3.3 所示。图中 e_s 是电桥的电源电压，e_o 是电桥的输出电压，e_o 的值根据桥臂中电阻应变片的阻值变化而变化。这样，测量转换电路就将电阻应变片电阻转换成了电压信号。

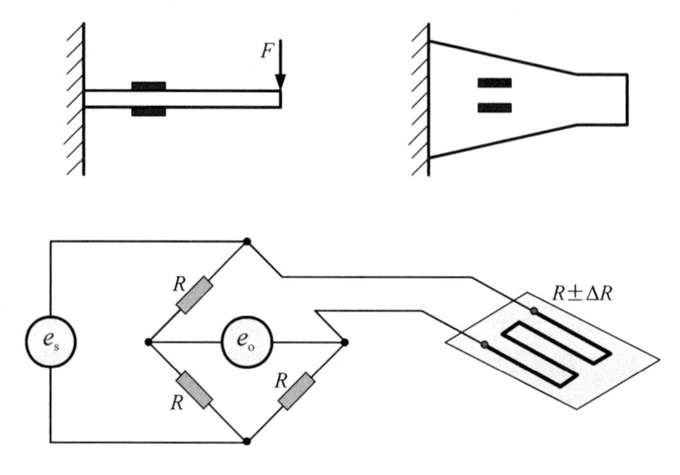

图 3.3　测量转换电路

需要说明的是，有些传感器(如热电偶)只有敏感元件，感受被测量时直接输出电动势；有些传感器由敏感元件和转换元件组成，无须测量转换电路，如压电式加速度传感器；有些传感器由敏感元件和测量转换电路组成，如电容式位移传感器转换元件不止一个，要经过若干次转换才能输出电量。大多数传感器是开环系统，但也有个别的是带反馈的闭环系统。

三、传感器的分类

目前，对传感器尚无一个统一的分类方法，但比较常用的有如下几种：

(1) 按被测物理量分为力、压力、位移、温度、角度传感器等。

(2) 按照传感器的工作原理分为应变式传感器、压电式传感器、压阻式传感器、电感式传感器、电容式传感器、光电式传感器等。

(3) 按照传感器转换能量的方式分为压电式、热电偶、光电式传感器等能量转换型传感器和电阻式、电感式、霍尔式、热敏电阻、光敏电阻、湿敏电阻等能量控制型传感器。

(4) 按照传感器工作机理分为结构型和物性型传感器两种。

结构型主要通过机械结构的几何形状或尺寸的变化将外界被测量转换为相应的电阻、电感、电容等物理量的变化，从而检测出被测量信号，目前应用最为普遍。

物性型利用某些材料本身物理性质的变化而实现测量。它是以半导体、电介质等作为敏感材料的固态器件，如压电式、光电式、各种半导体式传感器等。

(5) 按照传感器输出信号的形式分为模拟型、数字型和开关型。

① 模拟型：即传感器输出为模拟电压量。

② 数字型：即传感器输出为数字量，如：编码器式传感器。

③ 开关型：指只有“1”和“0”两个值，或开和关两个状态，如：限位开关。

(6) 根据能量转换原理可分为有源传感器和无源传感器。

有源传感器将非电量转换为电能量，如电动势、电荷式传感器等；无源传感器不起能量转换作用，只是将被测非电量转换为电参数的量，如电阻式、电感式及电容式传感器等。

在机电一体化系统中，常用的传感器有三类：

(1) 测量机械运动行程的有光电式或电感式接近开关、霍尔开关等；

(2) 测量机械运动位移的有光电编码器、光栅尺、旋转变压器；

(3) 测量机械运动速度的有测速发电机、光电编码器等。

四、传感器发展趋势

自 2000 年起，MEMS(Micro Electro Mechanical Systems)智能传感器开始进入人们的视野，大家对于传感器形态上的变化有了颠覆性的认知。传感器的尺寸及性能伴随微机电技术的发展有了质的飞跃。

根据 Allied Market Research(美国联合市场研究机构)报告，2020—2027 年，全球智能传感器市场将以 18.6%的复合年增长率(Compound Annual Growth Rate，CAGR)增长，2027 年将达到 1436.5 亿美元。其中，汽车行业是全球智能传感器最大的应用市场，约占 1/4。在 2020—2027 年的预测期内，汽车智能传感器市场增长率预计将达到 21.7%。此外，可穿戴设备和健康医疗应用将为智能传感器带来短期的增长机遇。传感器的发展遵循以下四个方向如下：

1. 微型化

微型化是未来传感器发展的必然趋势之一。从生产及加工的角度来看，传感器尺寸决定了原材料的使用率，传感器微型化代表了生产成本的下降；从性能来看，微型传感器的能耗得到大幅降低；从产品的角度来看，传感器的缩小可以释放更多空间，间接提升产品的用户体验。根据法国市场调研公司的研究，MEMS 典型器件中，加速度计的封装管脚从 2009 年的 3 mm×5 mm 缩小至 2018 年的 1.6 mm×1.6 mm，面积仅相当于之前的 17%，而成本则是过去的 1/10。

2. 柔性化

传感器柔性化的目的主要有三种，分别是便携、仿生和融合。便携性主要基于柔性电子方向的发展，目的是改变电子器件的刚性结构，使产品在设计上能够有所突破，在外形上可以折叠卷曲，更加便于携带、使用；仿生方向是通过柔性传感器来模拟人体皮肤，为机器人的感知进行赋能；生物融合则是针对人体开展的传感器研究，柔性材料可以更加贴合人体器官，在不被人体察觉的状态下，对身体的生物变量进行监测。

目前，大家能够接触到的传感器柔性化例子除了各种“智能绷带、枕头、床垫”之外，就数折叠屏手机最具代表性了。未来手机可能会越来越“软”，像纸一样折起来放在口袋，或者像隐形眼镜一样，戴在眼中。

3. 无源无线化

电源及电线的存在对于传感器的应用环境限制很大，许多工业及医疗场景中复杂的机械及人体结构无法满足传感器电源及线路的排布。无源问题解决了，无线通信只需要搭载 WiFi 或者蓝牙模块即可(前提是电量能支持)。另外，利用生物电、摩擦电等方式收集能量供于传感器的发展线路也已存在，只是均停留在实验室阶段。

4. 传感融合化

传感器融合在产业中的主要表现为按照数据采集方式及传感器技术结构，将同类别的传感器进行硬件集成，并通过特定算法进行数据校正及优化，降低串扰。不同传感器之间协同工作，性能互补，为用户提供更丰富功能，赋予消费电子行业更大的商业价值。

可穿戴设备是消费电子市场中迭代非常明显的一类产品，从外观到功能的进化就可以清晰看到传感器融合的轨迹，不同种类的传感器逐步增加、融合、协同工作使得电子设备的功能更丰富，从而更符合消费者的需求。

可穿戴设备最常用的传感器是用于感测系统运动变化的加速计，陀螺仪可感测围绕轴的角度旋转，因而它可用于感测该运动的方向，加速计无法感应恒定速度，只能感知速度的变化。但是，可以通过获取加速度数据随时间的积分来计算速度。为了获得可接受的精度，需要具有16位或更高分辨率的加速计。采样率越高，速度估计越准确，然后可以用来计算行程距离。过去，使用消费级IMU(Inertial Measurement Unit，惯性测量仪)估算速度和距离，经常会引入随时间累积的小误差。

MEMS传感器在现代取得了进步，使用消费级IMU进行航位推算变得更加实用，然而，面对复杂环境仅仅依靠单一传感器是不够的，我们需要将不同种类的传感信息融合在一起，来弥补各个传感器自身的缺点以及不足。

五、传感器市场现状

全球传感器行业市场区域分布呈现多元化的特点，主要集中在北美、欧洲、亚太等地区。其中，北美地区是全球传感器市场的重要区域之一，主要包括美国和加拿大等国家。亚太地区是全球传感器市场增长最快的区域之一，主要包括中国、日本、韩国等国家。

近年来，国家大力推进传感器的产业化，出台了一系列法律法规(2023年出台的《制造业可靠性提升实施意见》等)支持其产业链发展整合，鼓励企业加强技术研发和创新能力，为传感器行业提供了良好的发展环境。随着科技水平提升及物联网的兴起，我国传感器技术水平和市场规模迅速提升。据统计，2022年中国传感器市场规模为3096.9亿元，2019—2022年均复合增长率为12.26%。传感器行业产业链上下游不断完善，为传感器行业提供了更加稳定的市场环境和良好的发展前景。

传感器行业的竞争格局主要受到技术、品牌、产业链协同等因素的影响。在传感器行业中，一些大型企业具有较强的研发能力和品牌影响力，同时拥有完善的产业链上下游配套企业，因此在市场竞争中具有较大的优势。而一些小型企业则可能存在技术水平较低、产品质量不稳定等问题，难以与大型企业竞争。我国的传感器行业重点企业有华工科技、歌尔股份、汉威科技、柯力传感等。

注：以上数据均来自华经产业研究院发布的《2024－2030年中国传感器行业市场发展监测及投资战略规划报告》

任务实施 传感器的认识

观察各种传感器外形图如图3.4(a)～(h)的传感器，仔细阅读元器件说明书，了解传感器的用途和接线端子。选择任意4个传感器记录观察，并将结果填入表3.1中。

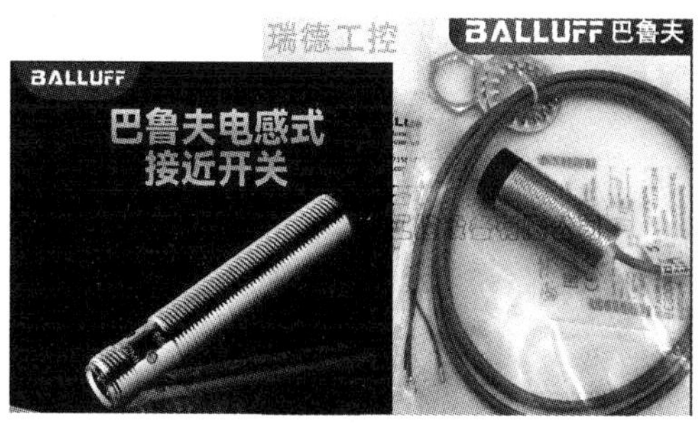

(a) 电感式接近开关外形图

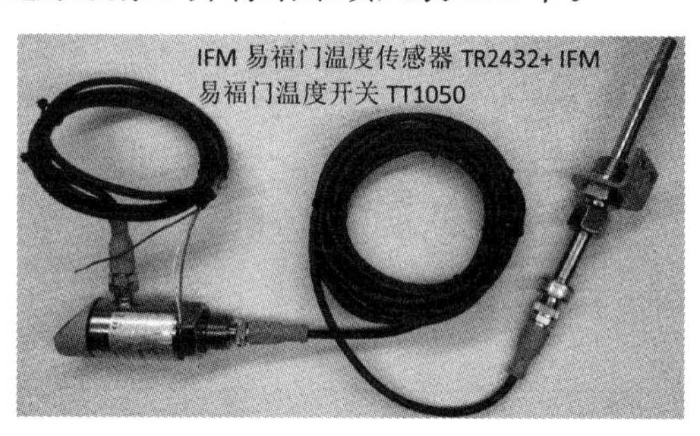

(b) 温度传感器外形图

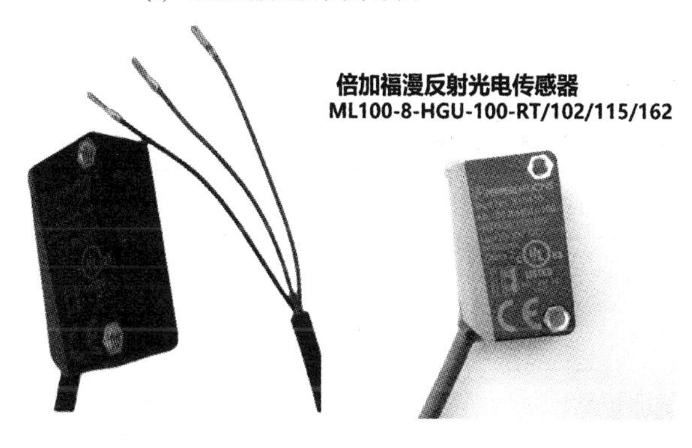

(c) 漫反射光电传感器外形图

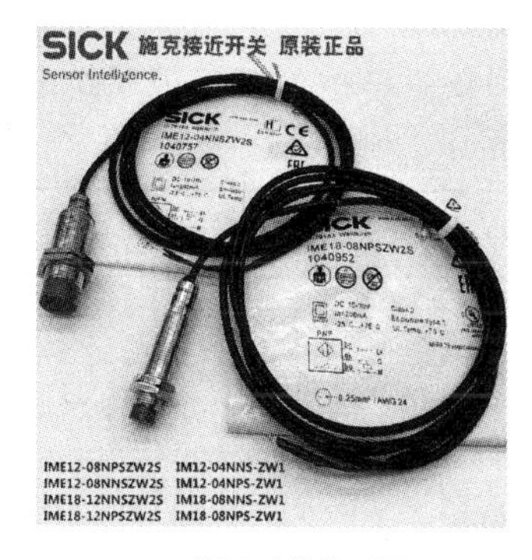

(d) 接近开关外形图

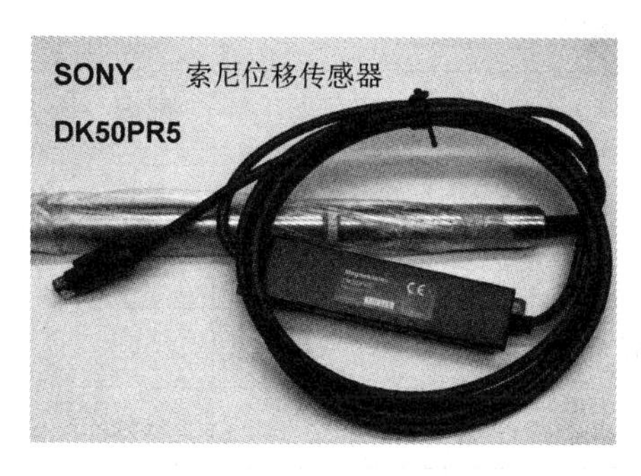

(e) 位移传感器外形图

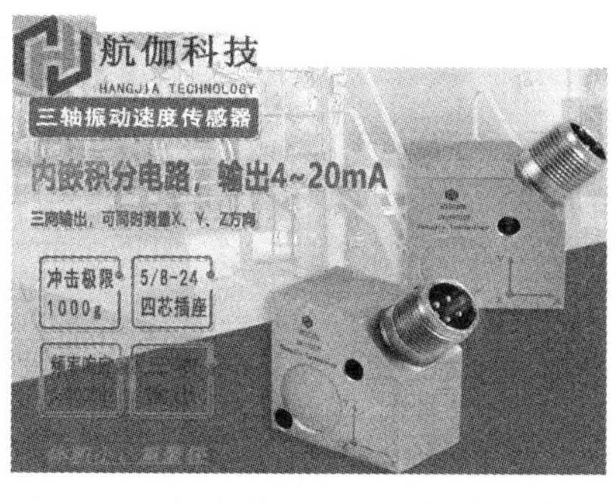

(f) 速度传感器外形图

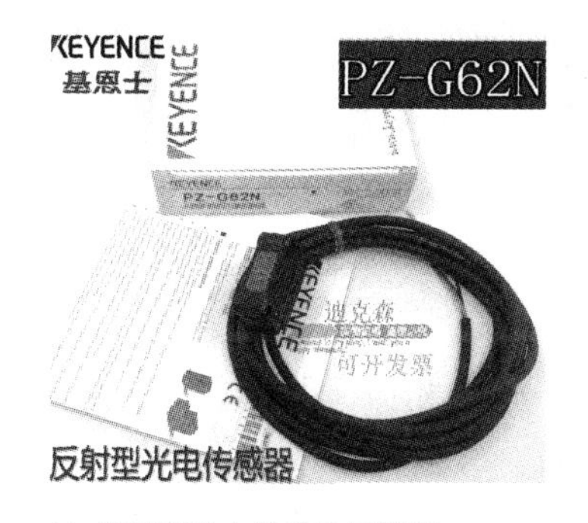

(g) 反射型光电传感器外形图

(h) 对射型光纤传感器外形图

图3.4　各种传感器外形图

表 3.1　传感器观察记录表

序号	传感器名称	规格型号	工作电压	输出端子	应用场合
1					
2					
3					
4					

任务评价

教师根据学生的观察记录结果及提问给予评价，结果计入表 3.2 中。

表 3.2　任务评价表

实训项目			
项目内容		**配分**	**得分**
传感器的观察	基本情况的记录	50	
	传感器接线端子的识别	50	
工时：1 学时	**教师签字：**	**总分**	
理论项目			
项目内容		**配分**	**得分**
(1) 传感器由哪几部分组成？各部分的作用		40	
(2) 在机电一体化系统中，常用传感器有哪三类		30	
(3) 简单说一说传感器发展趋势及我国传感器发展现状		30	
时间：1 学时	**教师签字：**	**总分**	

任务 3.2　位置传感器

任务描述

实现工厂设备自动化和无人化管理，位置传感器必不可少，特别是对 CNC 机床和工业机器人进行控制时，位置传感器起着非常重要的作用。

位置传感器感受被测物体的位置，并输出信号，不但可以检测被测物体是否到达预定位置，还能反映被测物体的状态。按照是否为接触检测，位置传感器分为接触式开关和非接触式开关。

接触式开关，指能获取两个物体是否已接触信息的一种传感器。例如，微动开关、极限开关；非接触式开关，又称接近式传感器，用来判别在某一范围内是否有某物体的传感器。非接触式位置传感器能够感知物体的靠近，利用位置传感器对所靠近物体具有的敏感特性达到识别物体靠近并输出开关信号的目的，具有速度快、频率高等特点。非接触式位置传感器主要有：舌簧传感器、接近开关等接近传感器和光电开关式光电传感器。近年来，非接触式位置传感器获得了极为广泛的应用。

本任务介绍机电一体化系统中的微动开关、舌簧传感器、光电传感器、霍尔传感器等位置传感器的工作原理及应用。

任务目标

技能目标

会使用接触式微动开关、舌簧传感器、光电传感器、霍尔传感器等位置传感器。

知识目标

了解接触式微动开关、舌簧传感器、光电传感器、霍尔传感器等位置传感器的结构、原理及应用领域。

知识准备

一、接触式微动开关

接触式微动开关主要用于极限位置的检测，当机械挡块撞击到微动开关压杆(滚轮)时，微动开关动作。KW11系列、ZW12系列微动开关结构及外形如图3.5所示。

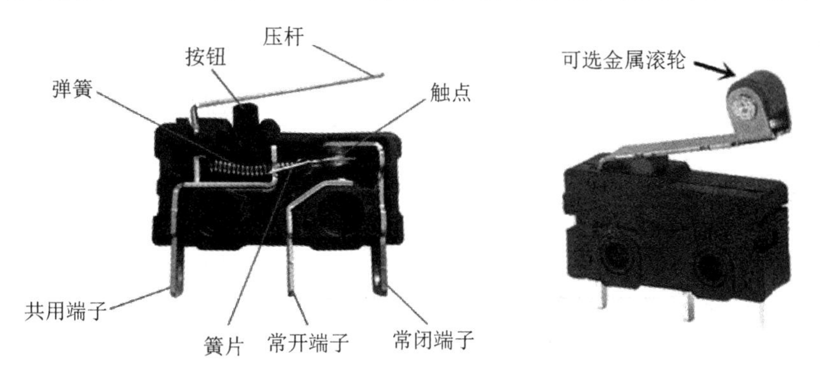

图3.5　KW11系列、ZW12系列微动开关结构及外形图

微动开关的用途有很多，鼠标、小家电产品(搅拌机、果汁机等)中都有应用。微动开关在鼠标中的应用如图3.6所示。

接触式位置传感器的优点是价格便宜，可以制成各种大小和形状来适应安装环境，以供使用者选择。其缺点是由于是接触式，使用时故障率较高；会产生电气噪声，需要采取措施来防止噪声。由于接触式位置传感器存在上述不足之处，近年来普遍使用噪声较小的非接触式位置传感器。

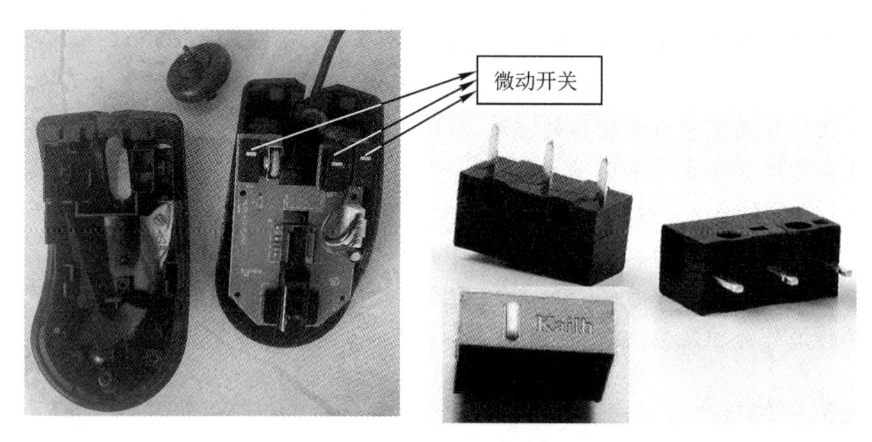

图 3.6 微动开关在鼠标中的应用

二、舌簧传感器

舌簧传感器是非接触式位置传感器，又称舌簧开关、舌簧管、干簧管。舌簧传感器结构及外形如图 3.7 所示。它由两个舌簧片组成，在常态下处于断开状态，当与磁块接近时，簧片被磁化，两个舌簧片转为接通状态，发出信号，表明物体的靠近。当用于自动生产线时，它可用于检测物体的有无。基于舌簧传感器的位置控制方法如图 3.8 所示。

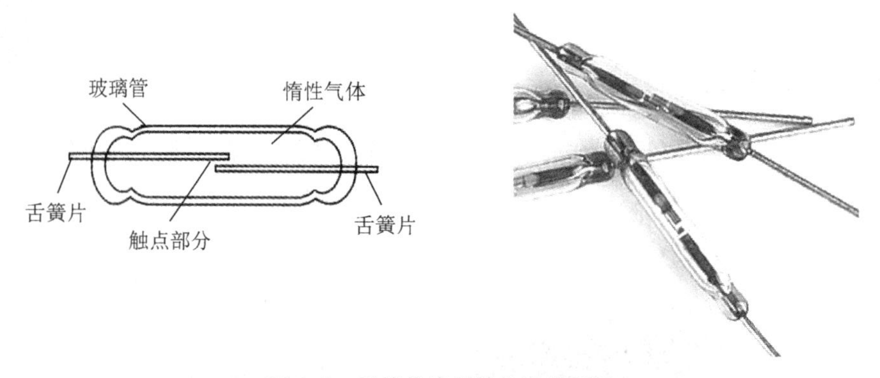

图 3.7 舌簧传感器结构及外形图

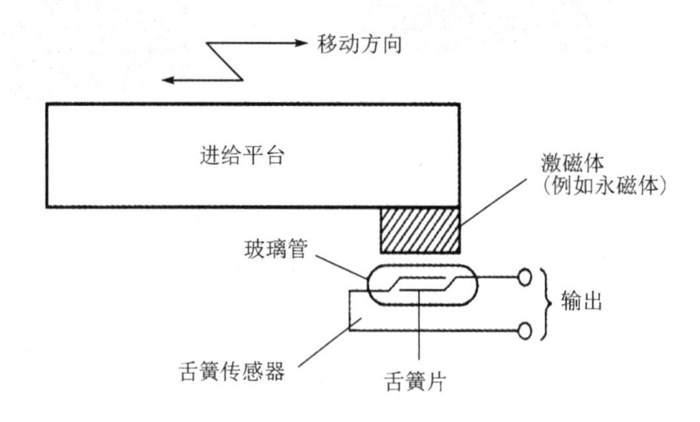

图 3.8 基于舌簧传感器的位置控制方法

舌簧开关在车速测量中的应用原理图如图3.9所示。车速传感器由带有四磁极的转子、舌簧开关组成。当变速器输出轴通过软轴带动转子旋转时，舌簧开关在转子永久磁铁的作用下进行周期性的开关动作，转子每转一周，舌簧开关开闭4次，通过外电路输出4个脉冲。如果将该脉冲信号送入数字电路或者计算机进行记数和运算，就可以得到车速输出。

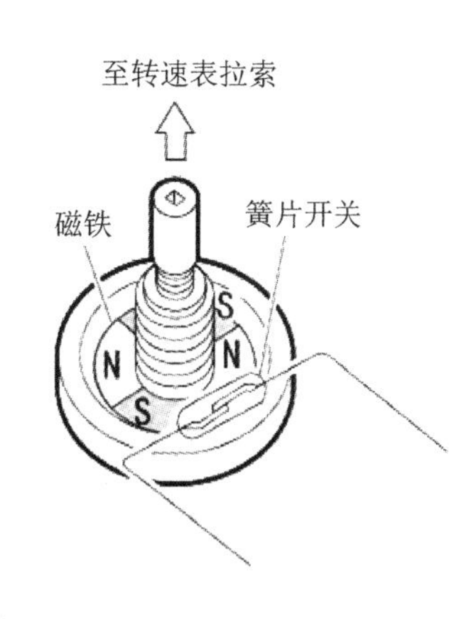

图3.9　舌簧开关在车速测量中的应用原理图

舌簧管使用注意事项如下：

(1) 剪切或弯曲舌簧管的引脚时必须极度小心，以免损毁玻璃-金属密封。

(2) 遇到温度过高以及过长时间暴露可能会导致玻璃-金属密封损伤(开裂、泄漏等)，因此必须采用快速及可靠的焊接技术(过程)。

三、光电传感器(光电开关)

光电传感器也是非接触式位置传感器，是指能够将可见光转换成电量的传感器，又称为光电开关。

光电传感器一般由发送器、接收器、检测电路构成。发送器一般是半导体光源，可以是发光二极管(LED)、激光二极管或红外发射二极管。发送器对准目标发射光束，且不间断地发射，或者改变脉冲宽度发射；接收器一般是光电二极管、光电三极管、光电池等，在接收器的前面，装有光学元件如透镜和光圈等；检测电路能滤出有效信号和应用该信号。

1. 光电传感器的检测原理

光电传感器的外形图及工作原理电路，如图3.10(a)所示。光电传感器利用如图3.10(b)所示的光电耦合器电路，发光二极管作光源，发射可见光或不可见红外光，光敏二极管或光敏三极管接收光线，若中间没有物体遮挡，光敏三极管接收到光，输出大电流；若中间有遮挡物，光敏三极管接收不到光信号，无电流通过。

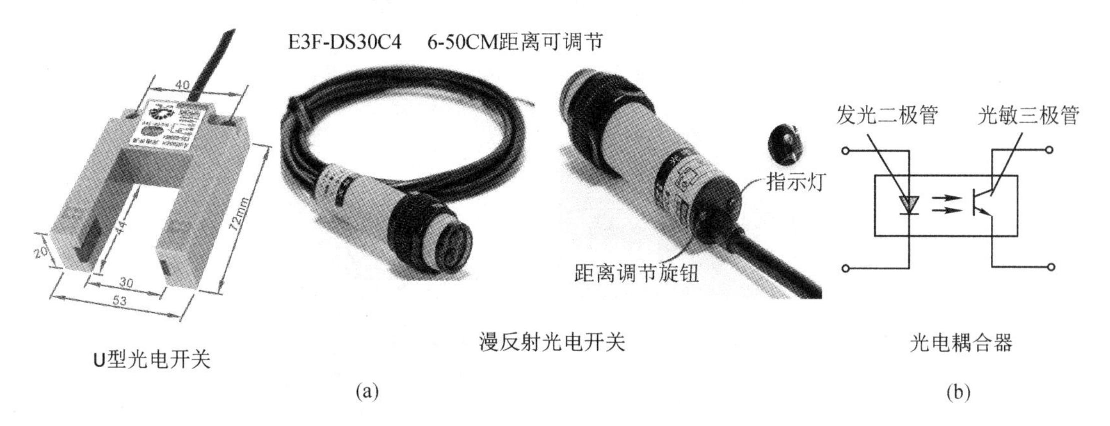

图3.10　光电传感器外形图及工作原理电路

利用三极管的开关作用可以产生光电脉冲信号，用于位置检测、工件计数或转动物体速度测量。光电开关有对射型(遮挡型)与反射型两种工作方式，如图3.11所示。图3.11

(a)所示为对射型光电传感器，可检测出物体是否从两元件中间通过。图 3.10(a)所示的 U 形光电开关就是市场上常用的对射型光电传感器的一种，又称槽型光电开关，是一款红外线感应光电产品，由红外线发射管和红外线接收管组合而成，接收信号的强弱与接收信号的距离由槽宽决定。图 3.11(b)为反射型光电传感器，传感器将光投向物体，然后检测其反射光。图 3.10(a)所示的漫反射光电开关就是反射型光电传感器的一种，因感应物体的大小、颜色及其表面的凸凹状况不同会有所变化，一般传感器安装在感应距离的 90%以内。

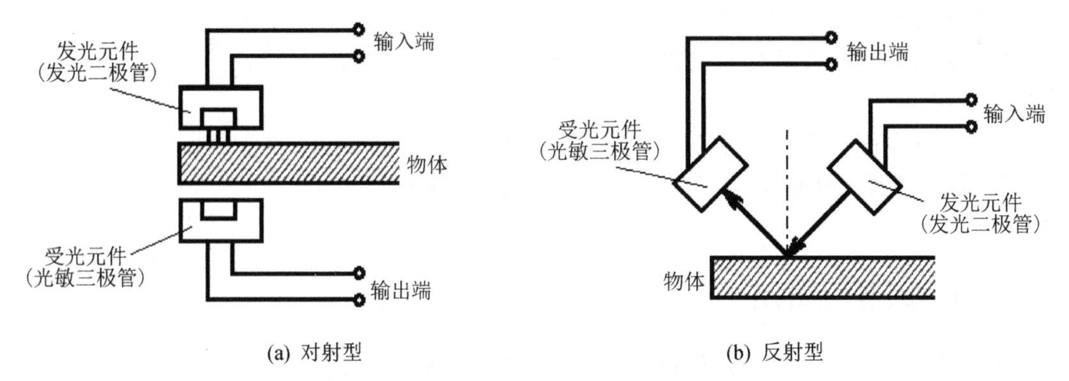

图 3.11　光电开关的工作方式

2. 光电传感器的应用

光电开关体积小、性能可靠、物美价廉，广泛应用于自动控制系统、生产流水线、办公设备、家用电器中。例如，检测生产流水线上的工件有无、工件计数、工件位置，测量旋转物体转速，复印机中检测复印纸有无，安全防盗报警等。光电开关的应用，如图 3.12 所示。

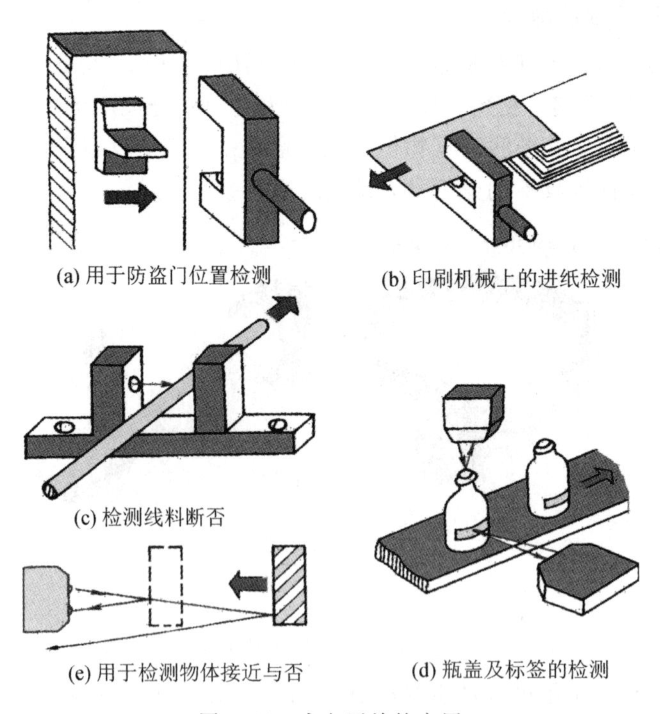

图 3.12　光电开关的应用

四、霍尔传感器

霍尔传感器是非接触式位置传感器，是基于半导体材料如锗(Ge)、锑化铟(InSb)、砷化铟(InAs)等的霍尔效应制成的。

1. 霍尔效应

将半导体薄片置于磁感应强度为 B 的磁场中，磁场方向垂直于薄片，当有电流 I 流过这个半导体薄片一侧时，在垂直于电流和磁场的方向上另一侧将产生电动势 U_H，此现象称为霍尔效应，产生的电动势 U_H 称为霍尔电动势，如式(3.1)所示。霍尔传感器的原理示意图如图 3.13(a)所示。该现象是在 1879 年被 E. H. Hall 发现的，故称之为霍尔效应。霍尔传感器的外形如图 3.13(b)所示。

$$U_H = K_H \cdot I \cdot B \tag{3.1}$$

式中：K_H 为霍尔元件的灵敏度。

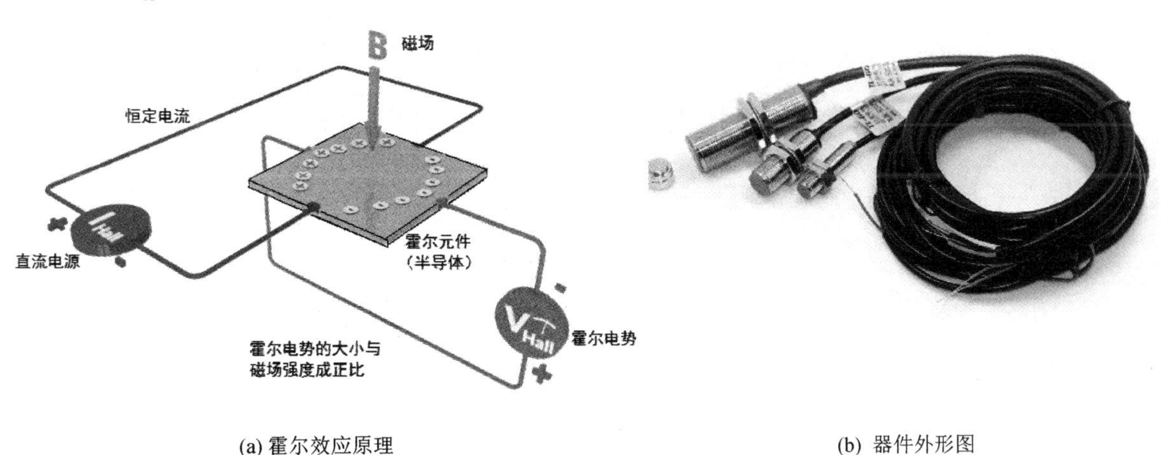

(a) 霍尔效应原理　　(b) 器件外形图

图 3.13　霍尔效应原理图

2. 霍尔传感器的应用

1) 霍尔接近开关

从霍尔效应原理图可以看出，若固定电流 I，用一个小磁铁接近霍尔元件，让磁感应强度 B 有一突变，则霍尔电势 U_H 也会有一个突变，这就是霍尔型接近开关的原理。用于机床或机械手位置如超限行程、回零点等测量与控制信号。电动自行车无刷电动机的换向开关和数控机床上的多工位刀架刀位发信开关，都采用了霍尔接近开关。

2) 电流测量

若固定磁场 B，则霍尔电势与穿过一个磁环上导线(也可以在磁环上绕一定匝数)的电流 I 成正比，闭环式霍尔电流传感器工作原理图如图 3.14 所示。它常用作伺服系统中电流环输出电流的测量与反馈传感器，以保证伺服轴具有恒力矩特性。

3) 行程控制

图 3.15 所示用霍尔接近开关检测和控制机械手或运动平台的行程。小磁铁安装在运动部件上，霍尔三极管安装在相对固定的部件上。

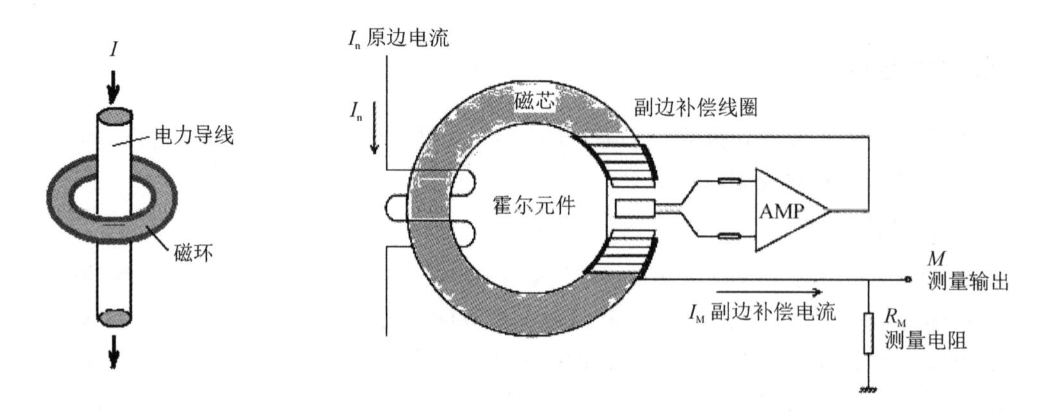

图 3.14　闭环式霍尔电流传感器工作原理图

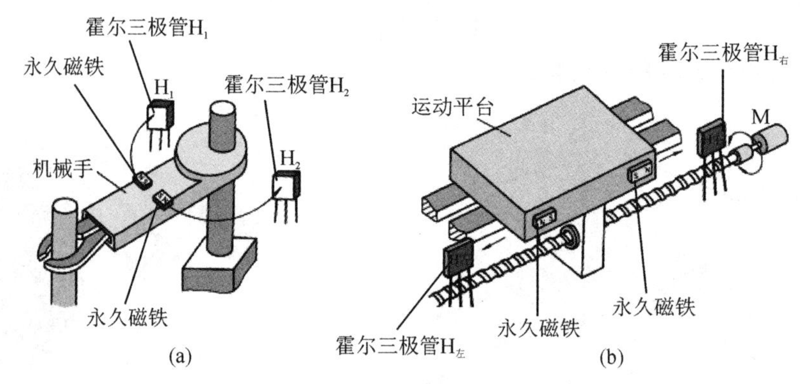

图 3.15　霍尔接近开关检测和控制机械手或运动平台的行程

4）转速测量

在控制电流 I 恒定的条件下，如图 3.16 所示在被测转速盘上对称位置放置四个小磁铁，当转盘旋转至与近旁霍尔三极管附近时，磁感应强度大小发生突变，输出霍尔电势为高电平。当离开时，输出霍尔电势则为低电平，这就产生了一个脉冲信号，继续旋转去会产生一串序列脉冲信号。由于单位时间内脉冲数目是与转速成正比的，因此可用作转盘的速度测量。

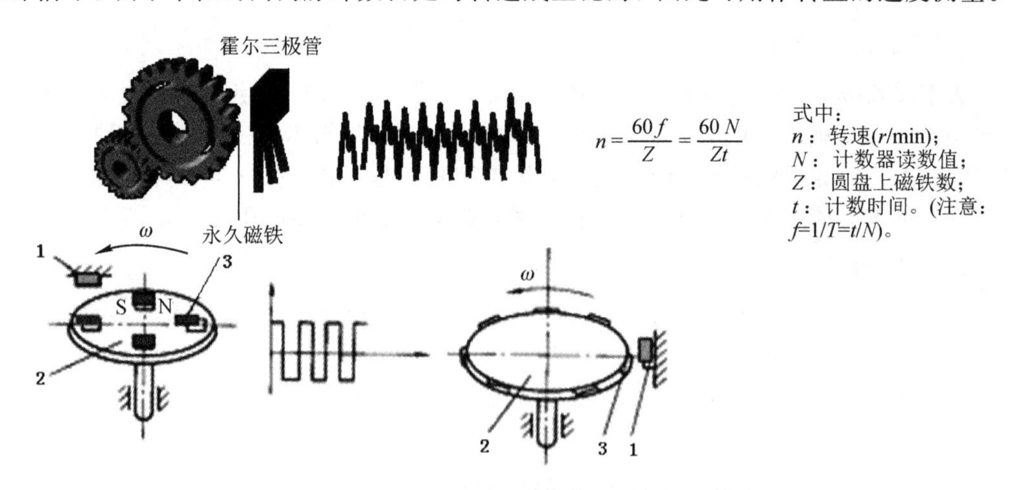

1—霍尔三极管；2—转速盘；3—永久磁铁。

图 3.16　霍尔元件测转速示意图

任务实施　光电传感器与中间继电器实现位置控制

一、实训目的

利用光电传感器与中间继电器实现位置控制。

二、实施内容与步骤

(1) 阅读 HH54P 中间继电器说明书，了解继电器的结构，识别继电器端子，结合图 3.17 所示，填写表 3.3。

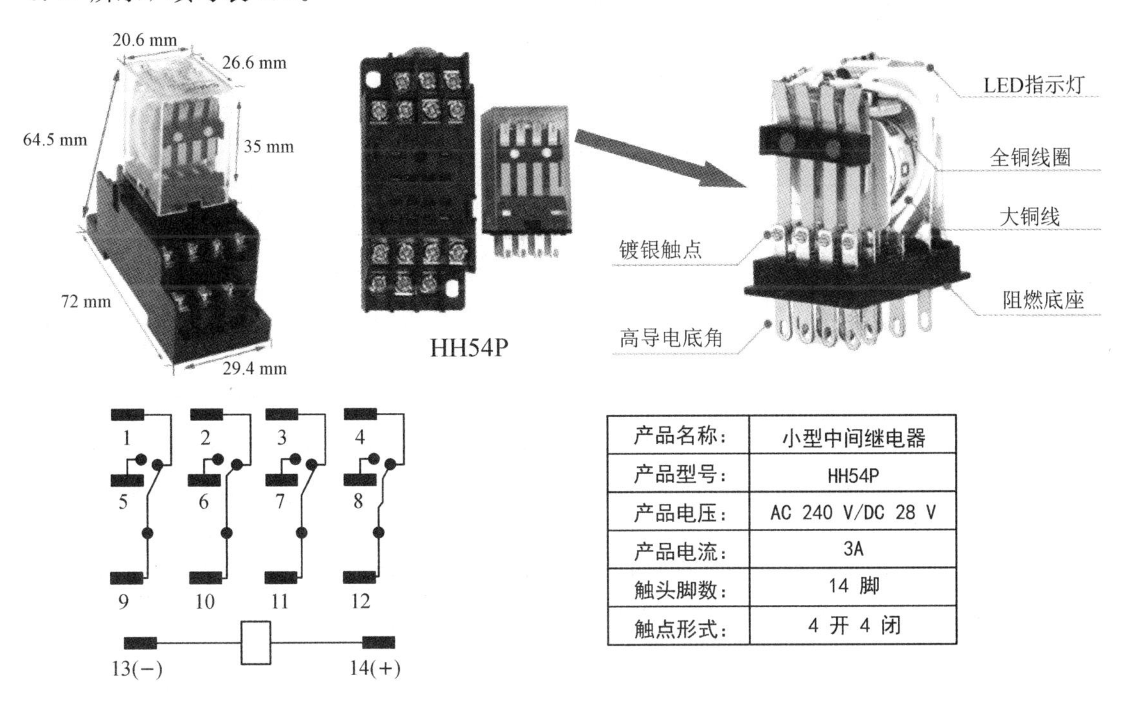

产品名称:	小型中间继电器
产品型号:	HH54P
产品电压:	AC 240 V/DC 28 V
产品电流:	3A
触头脚数:	14 脚
触点形式:	4 开 4 闭

图 3.17　HH54P 中间继电器图

表 3.3　HH54P 中间继电器阅读记录表

产品名称	规格型号	产品电压	触点形式	触头脚数

(2) 参照图 3.18 所示的墨尔电气有限公司 MNF-30C1-W150 型光电开关，阅读光电传感器说明书，了解其工作原理，识别光电传感器接线端子，填写表 3.4。

型号参数说明
M：墨尔
N：NPN P：PNP
F：光电漫反射
30：感应距离 C：厘米
1（K）：常开：没有物体挡住时，一直处于断开状态；有物体挡住时，开关闭合
2（B）：常闭：没有物体挡住时，一直处于闭合状态；有物体挡住时，开关断开
W150：耐150℃的温度
J：交流　Z：直流

图 3.18　MNF-30C1-W150 型光电开关的外型及参数说明

表 3.4　光电传感器阅读记录表

序号	传感器类别	规格型号	接近开关传感器参数			
			工作电压	检测距离	检验物体	输出类型
1						
2						
3						

(3) 根据电气原理图进行接线。控制方案有三个，可选其中一个进行接线并通电检测。图 3.19(a)所示的电气原理图是 NPN 型传感器与 HH54P 中间继电器控制负载灯，图 3.19(b)所示的电气原理图是 PNP 型传感器与 HH54P 中间继电器控制负载灯。图 3.19(c)所示的电气原理图是交流二线型传感器与 HH54P 中间继电器控制负载灯。

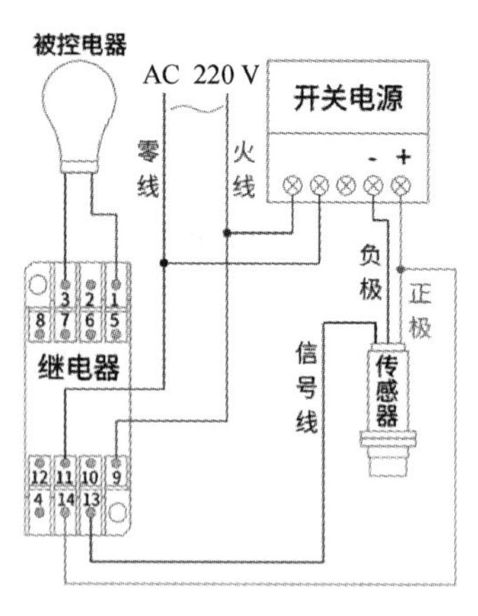

(a) NPN型传感器与HH54P中间继电器控制负载灯的电气原理图

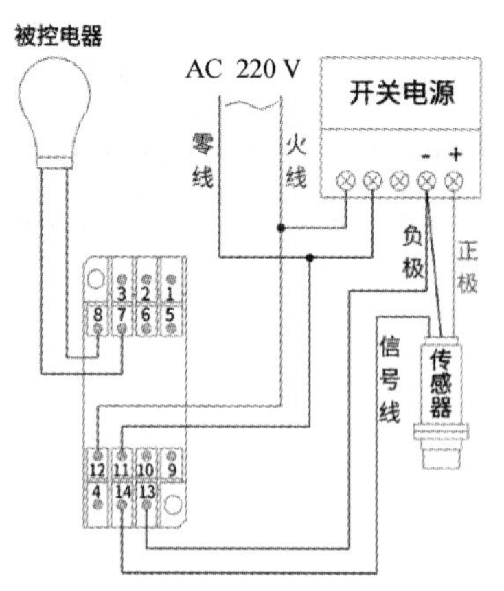

(b) PNP型传感器与HH54P中间继电器控制负载灯的电气原理图

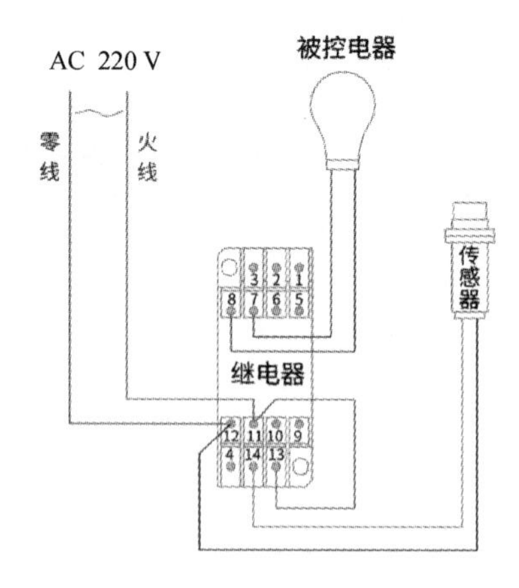

(c) 交流二线型传感器与HH54P中间继电器控制负载灯的电气原理图

图 3.19　光电传感器与中间继电器实现位置控制

任务评价

教师根据学生阅读记录结果及接线情况给予评价，结果计入表中，见表3.5。

表3.5　任务评价表

实训项目			
项目内容		配分	得分
中间继电器的观察	基本情况的记录	10	
光电传感器的观察	基本情况的记录	10	
传感器与中间继电器控制负载灯的接线	会正确接线，通电检验感应距离	60	
其他	安全操作规程遵守情况；纪律遵守情况	10	
	工具的整理与环境清洁	10	
工时：1学时	教师签字：	总分	
理论项目			
项目内容		配分	得分
叙述微动开关、舌簧传感器、光电传感器、霍尔传感器的工作原理		40	
根据图3.16，用霍尔元件检测转速 n，掌握转速公式中各参数的意义		60	
时间：1学时	教师签字：	总分	

任务3.3　位移传感器

任务描述

按照运动形态的不同，位移传感器可分为直线位移传感器和角位移传感器两大类。直线位移传感器包括差动变压器、电位器、光栅尺、光学式位移测定装置；角位移传感器包括旋转变压器、旋转编码器等。

位移传感器还可以分为模拟式传感器和数字式传感器。模拟式传感器的输出是以幅值形式表示输入位移的大小，如电容式传感器、电感式传感器等；数字式传感器的输出是以脉冲数量的多少表示位移的大小，如光栅传感器、磁栅传感器、感应同步器等。

本任务介绍机电一体化系统中电感式位移传感器、光栅尺、光电编码器、感应同步器、旋转变压器的工作原理及应用。

任务目标

技能目标

会使用电感式位移传感器、光栅尺、光电编码器、感应同步器、旋转变压器等位移传感器。

知识目标

了解电感式位移传感器、光栅尺、光电编码器、感应同步器、旋转变压器等位移传感器的结构、原理及应用领域。

知识准备

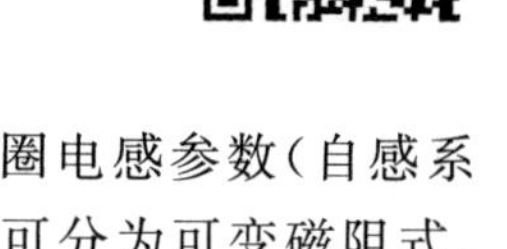

一、电感式位移传感器

电感式位移传感器基于电磁感应原理，将被测量的变化转换成线圈电感参数(自感系数、互感系数、等效阻抗)的变化。按变换方式的不同，电感式传感器可分为可变磁阻式、变压器式、涡流式三种。

1. 可变磁阻式电感传感器

可变磁阻式电感传感器主要由线圈、铁芯和衔铁组成。在铁芯和衔铁之间保持一定的空气隙，如图 3.20 所示，被测位移工件与活动衔铁相连，当被测工件产生位移时，活动衔铁随着移动，空气隙发生变化，引起磁阻变化，从而使线圈的电感值发生变化。

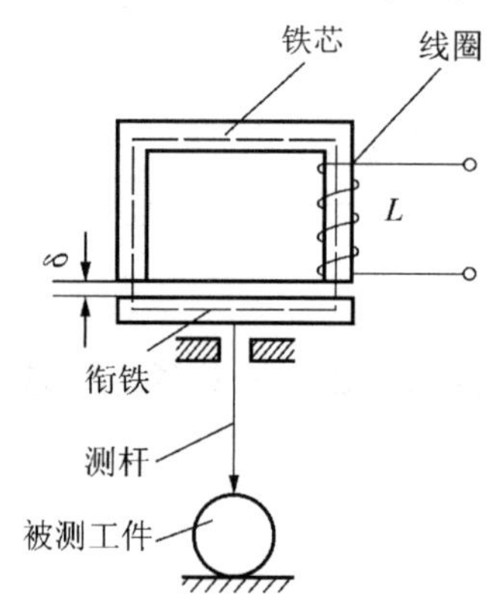

图 3.20　可变磁阻式电感传感器原理示意图

可变磁阻式电感传感器具有工作可靠、寿命长、灵敏度高、分辨力高、精度高、线性好、性能稳定、重复性好等特点。

2. 差动变压器式电感传感器

LVDT(Linear Variable Differential Transformer，线性可变差动变压器)属于直线位移传感器，其外形如图 3.21 所示。差动变压器利用互感系数 M 的变化来反映被测量的变化，其实质是一个输出电压的变压器。图 3.22(a)所示，当变压器初级线圈 N_1 输入交流电流 i_1 后，次级线圈 N_2 便产生感应电动势 e_{12}，其大小与 i_1 对时间的变化率成正比，如式(3.2)：

$$e_{12}=-M\frac{\mathrm{d}i_1}{\mathrm{d}t} \tag{3.2}$$

式中：M 为比例系数，称为互感系数(简称为互感)，其大小与两线圈的参数、磁路的导磁能力等因素有关，它表征了两线圈的耦合程度。

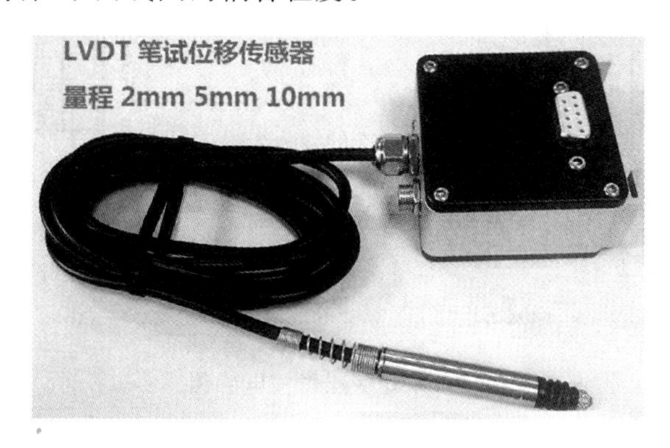

图 3.21　差动变压器式电感传感器的外形图

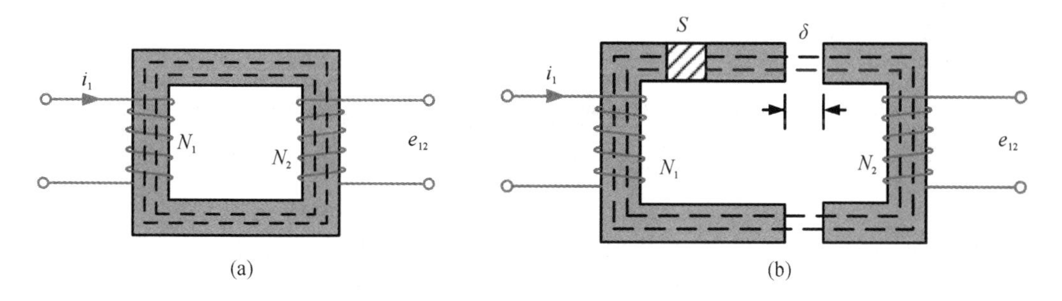

图 3.22　互感现象及互感传感器

在图 3.22(b)中，磁路设计成开磁路(磁路中有导磁能力与铁芯相差很大的空气隙)，此时互感 M 是下面一些参数的函数：

$$M=f(N_1, N_2, \mu_0, \mu, \delta, S)$$

式中：N_1、N_2 分别为一、二次线圈的匝数；μ_0、μ 分别为真空的磁导率、空气的磁导率；δ 为空气隙的长度；S 为导磁截面积。

由上式可以看出，只要被测量能改变上述参数中的一个，即可改变 M 的大小，感应电动势的大小也将改变。也就是说，感应电动势的变化可以反映传感器结构参数(例如 δ)的变化。据此可以制成各种互感传感器。互感传感器有很多种型式，其中最常用的是差动变压器式位移传感器。

图 3.23(a)所示为差动变压器式传感器的工作原理示意图。传感器由一个一次线圈 N 和两个结构参数完全一致的二次线圈 N_1、N_2 组成，$N—N_1$、$N—N_2$ 构成两个变压器，感应的电动势 e_1 和 e_2 采取反极性串联连接(如图 3.23(b)所示)，同极性端接在一起，构成差动连接，差动变压器式传感器因此而得名。

两个变压器的一、二次线圈之间的耦合程度(互感 M_1、M_2)与磁心 P 的位置有关。理论分析表明，当磁芯插入次级线圈的深度分别为 t_1、t_2，则

$$M_1 \propto t_1^2,\ M_2 \propto t_2^2$$

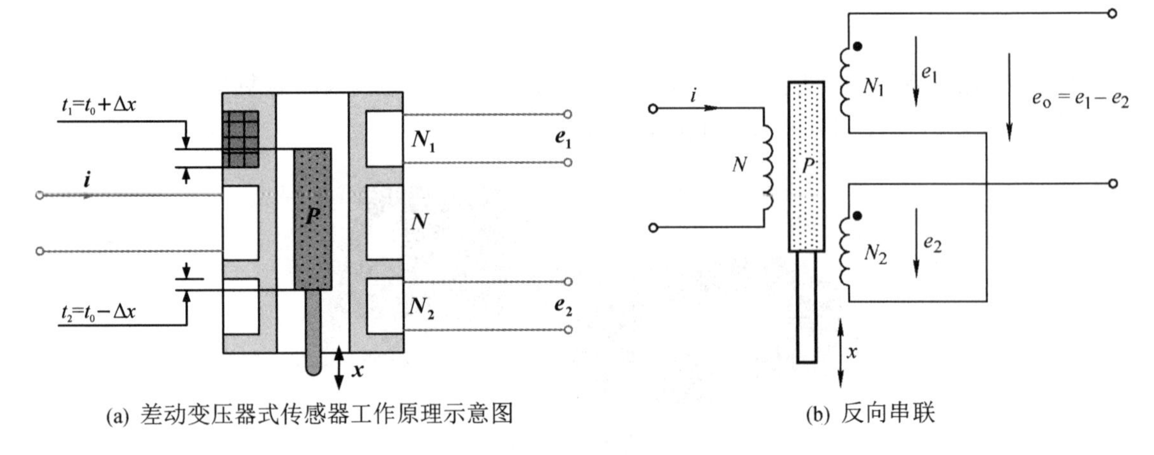

(a) 差动变压器式传感器工作原理示意图　　(b) 反向串联

图 3.23　差动变压器式电感传感器

从而

$$e_1 \propto kt_1^2,\ e_2 \propto kt_2^2$$

反极性串联后的输出电压 e_o 为

$$e_o = e_1 - e_2 = k(t_1^2 - t_2^2) \tag{3.3}$$

设磁心处在中间位置时插入两次级线圈的深度为 t_0，当磁心向上移动 Δx 后，磁心插入 N_1、N_2 的深度分别变为 $t_1=t_0+\Delta x$ 和 $t_2=t_0-\Delta x$，输出电压 e_o 为

$$e_o = e_1 - e_2 = k(t_1^2 - t_2^2) = 2kt_0\Delta x = S\Delta x$$

如果磁心的移动方向相反，则输出仅差一个负号(反相)。理论上差动变压器输出的高频交流电压信号的幅值 e_o 与磁心对中间位置的偏离量 Δx 成正比。但实际上，由于边缘效应以及线圈结构参数不一致、磁心特性不均匀等因素的影响，这种传感器仍具有一定的非线性误差。

差动变压器式电感传感器的分辨率及测量精度都很高(可达 0.1 μm)、线性范围较大(可达±100 mm)、稳定性好、使用方便，因此被广泛用于位移或可转换成位移变化的压力、重量、液位、厚度、张力等参数的测量中。图 3.24 所示为差动变压器式电感传感器用于板的厚度测量和张力测量示意图。

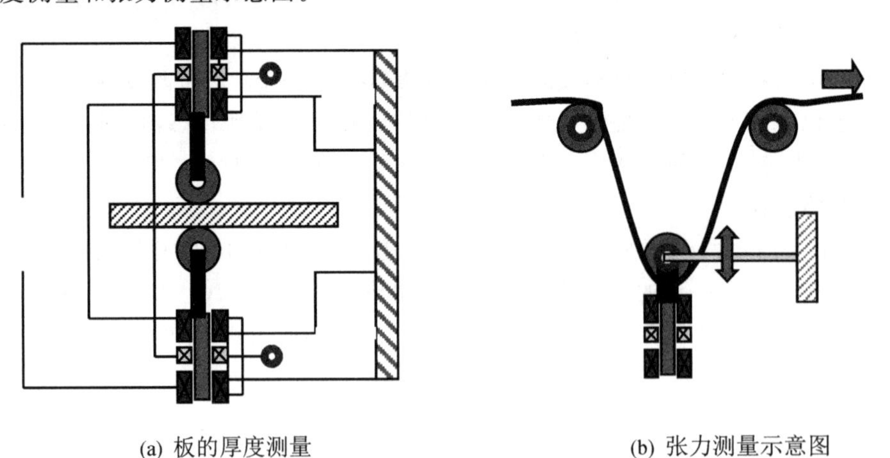

(a) 板的厚度测量　　(b) 张力测量示意图

图 3.24　差动变压器式电感传感器的应用

3. 涡流式传感器

涡流式传感器是基于电磁学中的涡流效应工作的。图 3.25 所示，把一个扁平线圈置于一块金属板附近，当线圈中通以高频交变电流 i 时，线圈中便产生交变磁通 Φ_{m1}。此交变磁通通过邻近的金属板，金属板上便会感应出电流 i_e。i_e 在金属内是环状闭合的，故称为涡电流或涡流。根据楞次定律，所感应出的涡流也产生一磁通 Φ_{m2}，其方向总是与 Φ_{m1} 相反，即抵抗原磁通 Φ_{m1} 的变化，这种现象称为涡流效应。由于涡流效应的存在，使线圈中的磁通相对于没有金属板时有所变化，相当于改变了线圈的阻抗，称此阻抗为线圈的等效阻抗 Z。线圈的等效阻抗与多个因素有关，可以近似用下面的函数表示：

$$Z = f(\delta, \omega, I, R, N, \mu, \rho)$$

式中：δ 为线圈到金属板的距离；ω 为激励电流的频率；I 为激励电流的强度；R 为线圈半径；N 为线圈匝数；μ 为金属板的磁导率；ρ 为金属板的电阻率。

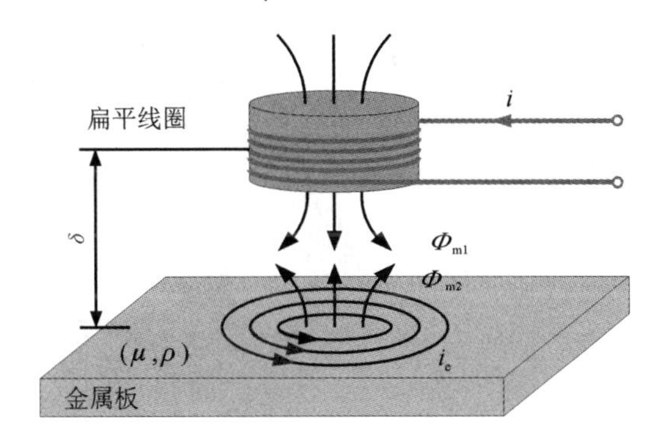

图 3.25　涡流效应

当上述自变量中的一个(通常是线圈与金属板之间的距离 δ)随被测量变化时，线圈的等效阻抗就要随之发生变化。通过适当的转换电路可将线圈等效阻抗的变化转换为电压的变化，从而实现各种参数的非接触测量，如位移测试、振动测试等，也可实现工件计数、材料探伤等工作。涡流式传感器测量范围视传感器的结构尺寸、线圈匝数、激励电源频率等因素而定，一般从±1 mm 到±10 mm 不等，最高分辨力可达 1 μm。此外，涡流式传感器还具有结构简单、使用方便、不受油污等特点。因此，涡流式位移测量仪、涡流式测振仪、涡流式无损探伤仪、涡流式测厚仪等在机械、冶金等行业得到了日益广泛的应用。

图 3.26 所示电感式方形金属感应传感器输出的是电压信号，可直接与 PLC 或小型继电器指示灯相连接。

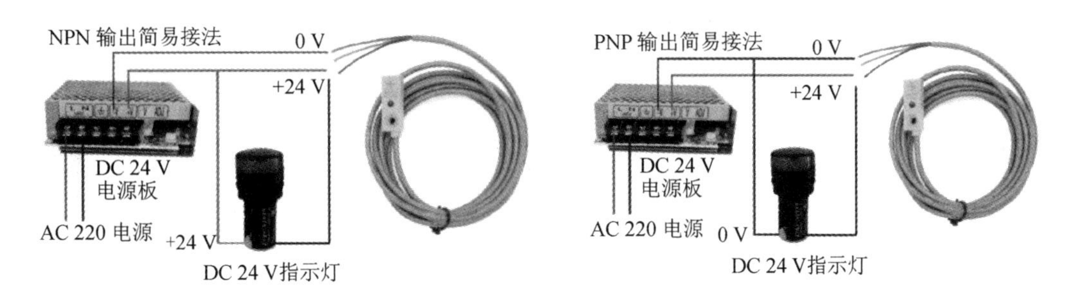

图 3.26　电感式金属感应传感器接线图

二、光栅尺

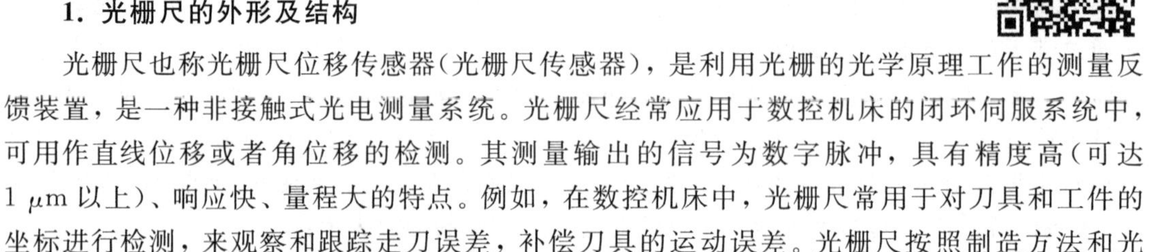

1. 光栅尺的外形及结构

光栅尺也称光栅尺位移传感器(光栅尺传感器)，是利用光栅的光学原理工作的测量反馈装置，是一种非接触式光电测量系统。光栅尺经常应用于数控机床的闭环伺服系统中，可用作直线位移或者角位移的检测。其测量输出的信号为数字脉冲，具有精度高(可达 1 μm 以上)、响应快、量程大的特点。例如，在数控机床中，光栅尺常用于对刀具和工件的坐标进行检测，来观察和跟踪走刀误差，补偿刀具的运动误差。光栅尺按照制造方法和光学原理的不同，分为透射光栅和反射光栅。光栅尺外形如图 3.27 所示。

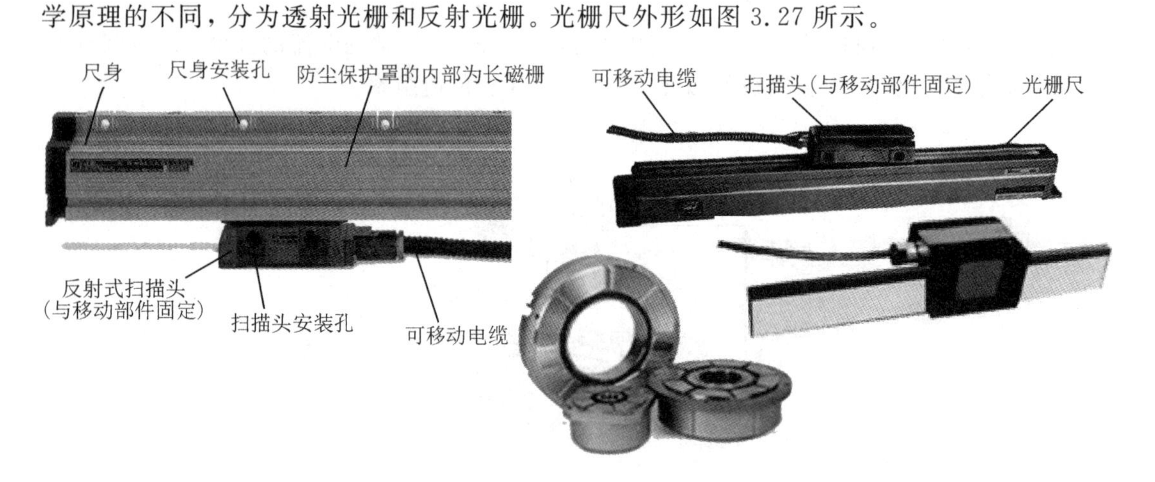

图 3.27　光栅尺外形

光栅尺结构示意图如图 3.28 所示。光栅尺分为长光栅和圆光栅，长光栅测量长度，圆光栅测量角度。长光栅尺主要组成有：主光栅(标尺光栅)、指示光栅(读数头光栅)、光源(光电二极管)、接收光敏器件(如硅光电池)。主光栅长(同最大行程)，指示光栅短。

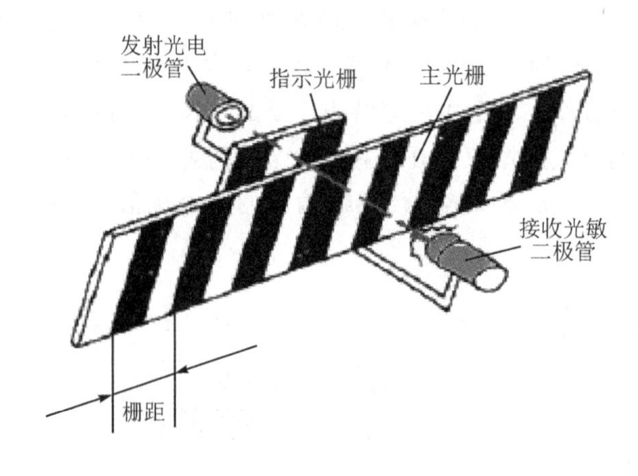

图 3.28　光栅尺结构示意图

两个光栅上刻有条纹(光刻或镀膜)，其密度一般为每毫米 25 条、50 条、100 条等。读数头光栅装在机床运动部件上称“动尺”，标尺光栅则装在机床固定部件上称“定尺”。当运动部件带“动尺”移动时，读数头光栅和标尺光栅也随之产生相对移动。

2. 光栅尺的工作原理

光栅尺的指示光栅与标尺光栅平行安装，它们之间保持很小距离(0.05～0.1 mm)，并使它们的刻线互相倾斜小角度 θ，当指示光栅随工作台移动时，在光源照射下，由于指示光栅与标尺光栅刻线的挡光作用和光的衍射作用，在与刻线垂直的方向上产生明暗交替、上下移动、间隔相等的干涉条纹，称为莫尔条纹，如图 3.29 所示。

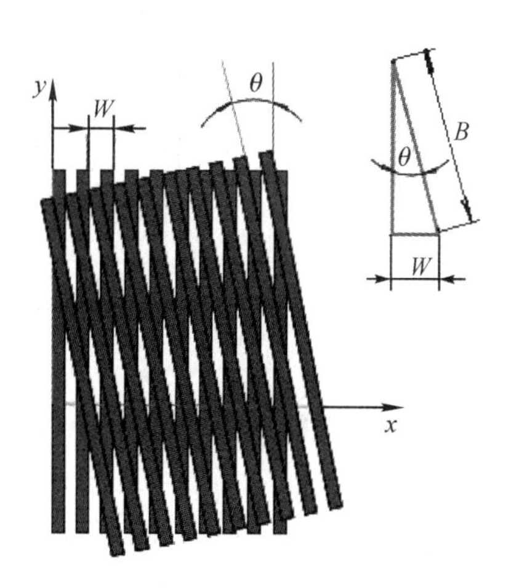

图 3.29 莫尔条纹

由图 3.29 看出，光栅尺每移动一个栅距 W，莫尔条纹也恰好移动一个节距 B。若用光敏器件将这种干涉条纹明暗相间的变化接收、转换成电脉冲数，用计数器记录脉冲数，测得莫尔条纹移过的数目，便得到光栅尺移动的距离，即被测机械移动的距离。若光栅尺向相反的方向移动，则莫尔条纹也反方向移动。所以根据莫尔条纹移动的数目，可以计算出光栅尺移动的距离；根据莫尔条纹移动的方向来判断移动部件的运动方向。

指示光栅与主光栅因光干涉产生的莫尔条纹，具有位移的光学放大作用，即把极细微的栅距 W 变化，放大为很宽的莫尔条纹节距 B 的变化。这是因为当两者夹角 θ 很小时，主光栅栅距 W 与莫尔条纹节距 B 有如下关系：

$$B=\frac{W}{\sin\theta}\approx\frac{W}{\theta} \tag{3.4}$$

式中：B 为莫尔条纹节距；W 为光栅栅距；θ 为两光栅的刻线夹角。

式(3.4)表明，改变 θ 的大小可调整莫尔条纹的宽度，θ 越小、B 越大，这相当于把栅距变为原来的 $\frac{1}{\theta}$ 倍。这就是莫尔干涉条纹的放大作用。

例如，对于刻线密度为 100/mm 的光栅，栅距 W=0.01 mm，如果通过调整，使 θ 足够小，假设 θ=0.001 rad(0.057°)，则 B=0.01/0.001=10 mm，其放大倍数为 1 000，无须复杂的光学系统，简化了电路，提高了精度，这是莫尔条纹独有的一个重要特性。

当光栅移动的刻线数 i 和角度 θ 一定时，莫尔条纹节距 B 与移动距离 x 成正比，即

$$B=\frac{W}{\theta}=\frac{\frac{x}{i}}{\theta}=\frac{x}{i\theta} \tag{3.5}$$

3. 辩向原理

在实际应用中，被测物体的移动方向多数情况下是不固定的。当标尺光栅还是指示光栅前后移动时，在光电传感器中观察的结果均是莫尔条纹做明暗交替变化。因此，只根据一条莫尔条纹信号是无法判别光栅的移动方向，这时，需要两个有相位差的莫尔条纹进行辨向。

为了判断方向，可以用两套光电转换装置。令它们在空间相对位置有一定关系，保证它们产生的信号在相位上相差 1/4 周期。图 3.30 所示，标尺光栅可分为上、下两个部分，

两个部分的栅距相同，下光栅比上光栅错后1/4栅距，即1/4周期。在接光强的地方设置两个光电传感器，分别为光敏元件1和光敏元件2。

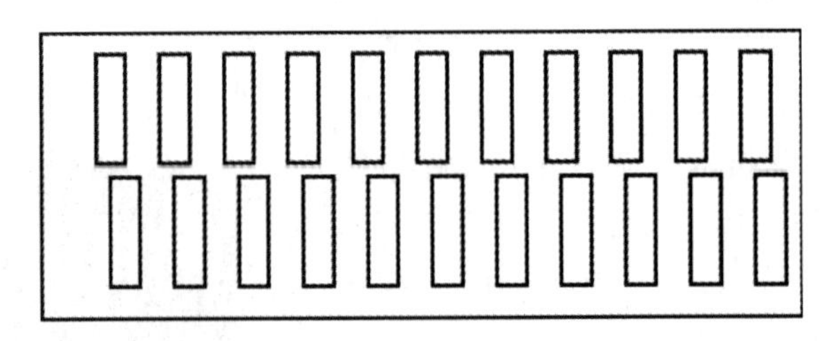

图3.30　两个相位差1/4周期的标尺光栅

辨向系统流程图如图3.31所示，假设光栅正向移动时，光敏元件2比光敏元件1先感光，此时，与门Y_1有输出，它控制加减触发装置，使可逆计数器的加法母线为高电位。同时Y_1的输出脉冲又经或门送到可逆计数器的计数输入端，计数器进行加法计数。光栅反向移动时，光敏元件1比光敏元件2先感光，计数器进行减法计数。

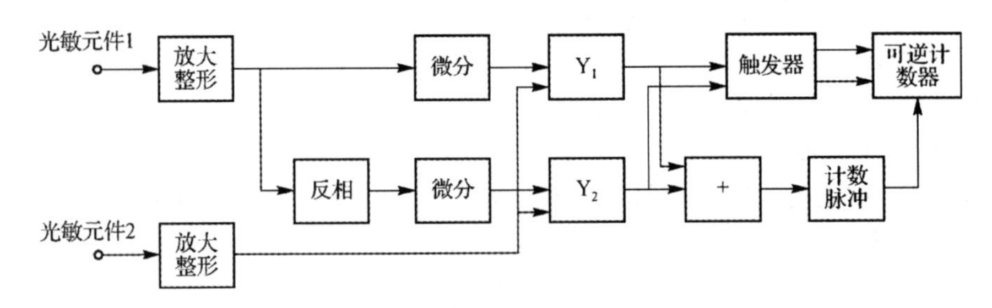

图3.31　辨向系统流程图

以光敏元件1输出信号为A，光敏元件2输出信号为B，如图3.32所示。A相位超前B相位1/4周期角度，光栅正向移动；A相位滞后B相位1/4周期角度，光栅反向移动。这样根据加减法计数既能区别方向又能自动进行加法或减法计数，每次反映的都是相对于上次的栅距增量，所以这种检测属于增量式检测。

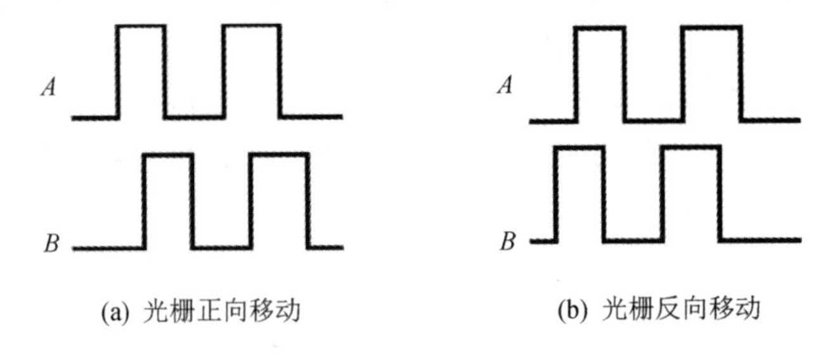

图3.32　光栅传感器输出信号示意图

4. 细分技术

目前，在长度计量方面，国内外所用的长光栅的栅距大多在4 μm以上，圆光栅的角节距大多在20″以上。当使用一个光电池通过判断信号周期的方法来进行位移测量时，最小分辨率为1个栅距。但用光栅系统检测长度的分辨率往往要求达到0.1 μm，测角系统的分辨率往往要求达到0.1″，因此仅靠栅距本身的分辨率满足不了精密检测的要求，必须采用细分技术来提高光栅系统的分辨率。

莫尔条纹的细分方法有光学细分法、机械细分法、电子细分法等。为了自动检测和检测结果的数字显示，光学细分法和机械细分法都离不开电子技术。在实际应用中，电子细分法应用最为广泛。有时，在仪器对细分倍数要求很高时，为了减轻电子细分的工作量或适应某些特殊场合，可对信号先进行光学细分或机械细分，再进行电子细分。

莫尔条纹电子细分法是根据莫尔条纹信号的周期性，在一个周期内进行插值，获得一个信号周期的高分辨力。从频率角度来看，信号的重复频率提高了，因此又称为倍频，由于细分是在信号一个周期内插进多个计数脉冲，所以也把细分称为内插或插补，完成细分的电路装置称为插补器。电子细分方法具有读数迅速、易于实现检测过程和数据处理自动化，并能用于动态检测等特点，因而得到广泛应用。莫尔条纹的某些电子细分法不局限于光栅系统，其已被应用到激光、感应同步器、磁栅等检测系统的细分之中。

常用的细分数为4，即四细分。四细分是用4个等间距安装的光电元件，在莫尔条纹的一个周期内将产生4个计数脉冲，实现四细分。通过细分，在莫尔条纹变化一周期时，不只输出一个脉冲，而是输出若干个脉冲，以减小脉冲当量提高分辨力。例如，100线光栅的栅距 $W=0.01$ mm，若采用四细分，则细分数 $n=4$，分辨率可从0.01 mm提高到0.002 5 mm。因为细分后计数脉冲提高了 n 倍，因此也称之为 n 倍频。

光栅位置传感器测量系统的基本构成框图如图3.33所示，光栅尺随机床运动机械（如工作台）移动时，产生明暗变化的莫尔条纹，可用光电元件接收。图中 a、b、c、d 是四块光电池，它们产生的信号相位彼此差90°电角度，经过差动放大、整形、方向判别，最后利用这个相位差控制正反向脉冲计数，从而可测量正反向位移。

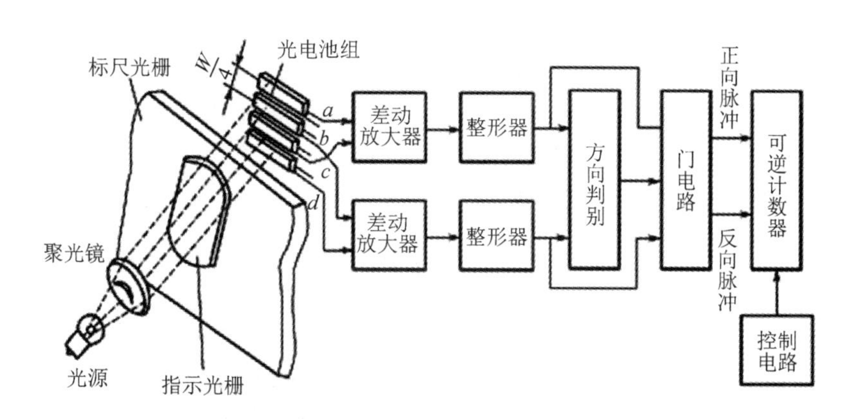

图3.33 光栅位置传感器测量系统的基本构成框图

5. 三自由度光栅数显表

在实际装置中，光栅传感器作为一个完整的测量装置，包括光栅读数头、光栅数显表两大部分。光栅读数头利用光栅原理把输入量（位移量）转换成相应的电信号；光栅数显表是实现细分、辨向、显示功能的电子系统。常将光源、计量光栅、光电转换、前置放大组合在一起构成光栅读数头；将具有细分、辨向的插补器、计数器，以及由步进电动机、打印机或绘图机等组成的受控装置装在一个箱内，常称为数字显示器，如图3.34所示。

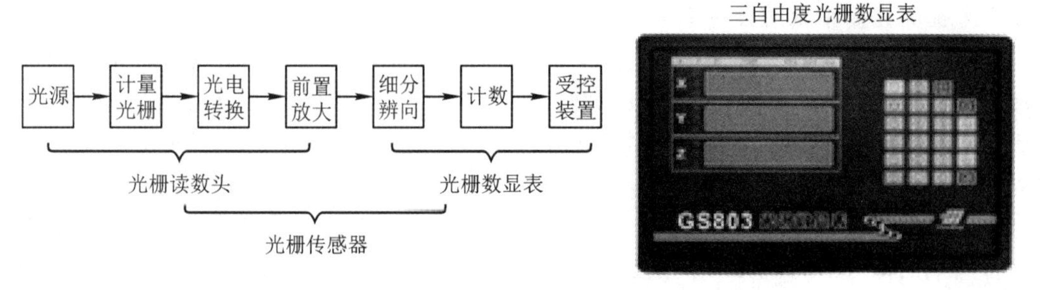

图 3.34　光栅尺装置组成框图及 3 自由度光栅数显表

三、光电编码器

光电编码器是一种通过光电转换，将被测轴上的机械角位移量转换成脉冲或数字量的传感器。光电编码器主要用于机器人、数控机床等伺服轴或运动部件的位移(角位移)和移动速度的检测，是目前角位移检测中应用最多的传感器。光电编码器根据工作原理与用途的不同，分为增量式光电编码器和绝对式光电编码器两类。

1. 光电编码器的结构

增量式光电编码器的外形和结构如图 3.35 所示，主要由光源(带聚光镜发射光电二极管)、光码盘、检测光栅板、接收光敏三极管、信号处理电路板等组成。如图 3.35(b)所示，发射光电二极管和接收光敏三极管由检测光栅板与光码盘隔开，在光码盘上刻有狭缝(透光式)或镀膜反射(反射式)的 A 相、B 相条纹，A 相、B 相条纹相差 1/4 节距即 90°，该盘可随被测转轴一起转动。在与光码盘很接近的距离上安装有检测光栅板，该光栅板不动，其上刻有与光码盘上相同的条纹。当光码盘随被测轴旋转时，每转过一个刻线(狭缝)，就与不动的检测光栅板上的条纹发生光干涉产生明暗变化，通过光敏晶体管转换为电脉冲信号，经放大、整形处理后，得到序列方波脉冲信号输出，再将该脉冲信号送到计数器中计数，计数值就反映了被测轴转过的角度。

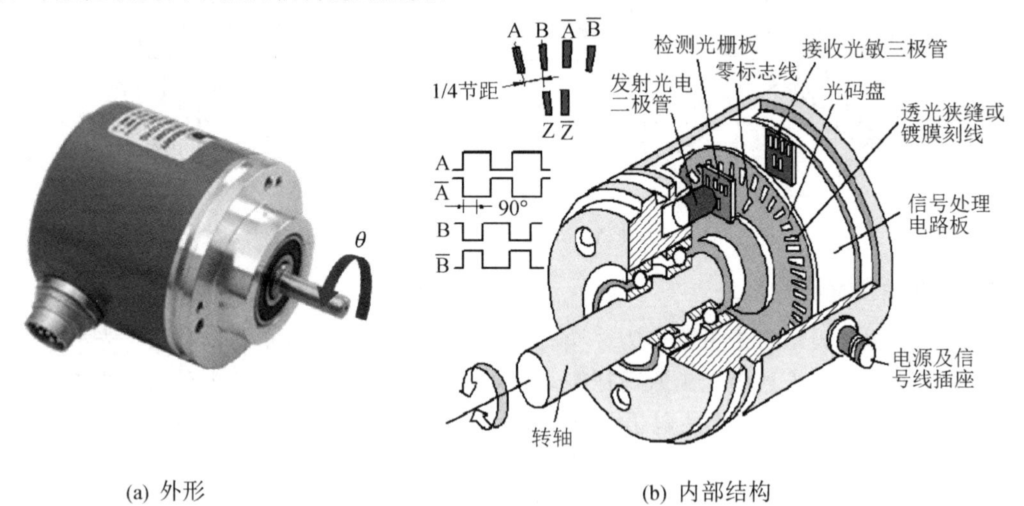

(a) 外形　　(b) 内部结构

图 3.35　增量式光电编码器的外形和结构图

在光码盘上还刻有 1 条零标志线 Z 相条纹，每转产生一个脉冲，作为机床回参考点时的基准点。每两个零脉冲标志对应丝杠移动的直线距离，称之为一个“栅格”，它就等于一个丝杠螺距即导程 L_0。

光码盘分为透光式和反射式两种。透光式光码盘由光学玻璃制成，玻璃表面在真空中镀一层不透明的膜，然后在圆周的半径方向上，用照相腐蚀的方法制成许多条可以透光的狭缝和不透光的刻线，刻线的数量可达几百条或几千条；反射式光码盘是在玻璃圆盘的圆周上用真空镀膜的方法制成许多条可以反光的刻线，例如每转 2 500 线，利用反射光进行测量，其发射光电二极管和接收光敏三极管位于光码盘的同侧。此外，也可在玻璃圆盘的圆周上刻上一定数量的槽或者孔，使圆盘形成透明和不透明区域，其原理和透光式光码盘相同，只是槽的数量受限，常制成每转 100 线，分辨率较低，被称作光电盘，主要用于电子手轮和回转刀架的刀位检测。

2. 光电编码器的工作原理

1）增量式光电编码器工作原理

增量式光电编码器是通过与被测轴一起转动，对产生的方波脉冲计数来检测被测轴的旋转角度的，如图 3.35 所示。例如，用 2 500 p/r(脉冲每转)的编码器，当计数到 5 000 个脉冲时，则表示该电动机旋转了 2 周。每当增计一个脉冲，就表示被测轴转动了一个角度增量值。增量式光电编码器是相对某个基准点的相对位置增量，不能直接检测出轴的绝对位置信息。增量式光电编码器有 A 相、B 相、Z 相三条光栅，输出 A 相与 B 相两相脉冲信号互差 90°，从而可方便地判断出旋转方向。正转和反转时两路脉冲的超前、滞后关系刚好相反。由图 3.36 可知，在 B 相脉冲的上升沿，正转和反转时，A 相脉冲的电平高低刚好相反，因此使用 AB 相编码器，可识别出转轴旋转的方向。为了抗干扰，光电编码器的输出信号常以差动方式输出，即 A、$\overline{\text{A}}$，B、$\overline{\text{B}}$，Z、$\overline{\text{Z}}$。

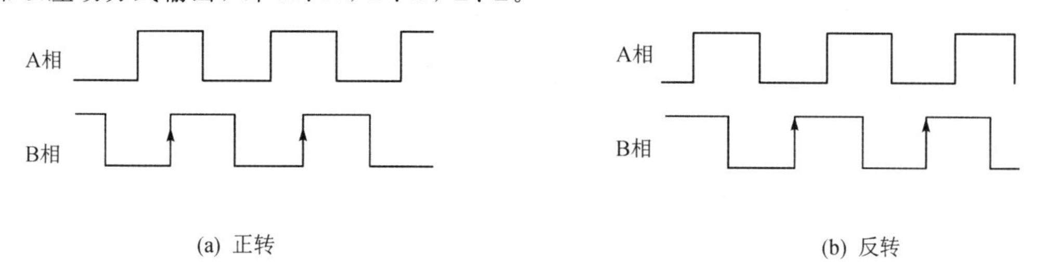

(a) 正转　　(b) 反转

图 3.36　增量式光电编码器输出信号示意图

光电编码器是把轴旋转角度转换成光电数字脉冲信号的传感器，常安装在数控机床或机器人的伺服电动机或主轴电动机内的尾端同轴上，构成一个整体、如图 3.37 所示。通过传动机构(如滚珠丝杠)间接测量机床运动部件的位移，以实现伺服电动机旋转角度的精确控制。也可以用 1∶1 齿轮或同步带安装在主轴传动机构上，用于主轴速度测量与反馈。

光电编码器与伺服电动机同轴安装，只要电动机转动，编码器就有脉冲输出。输出脉冲是有相位变化的 A、B、Z 三相序列脉冲，脉冲个数反映电动机转角的变化或进给轴坐标位置变化的增量值，通过 A、B 相干涉条纹相位的变化判别电动机的正、反转。编码器光栅数目越多每转脉冲数就越多，所反映的位置精度就越高。因此光电编码器在数控机床、机器人等轮廓插补和运动位置控制中获得广泛的应用。

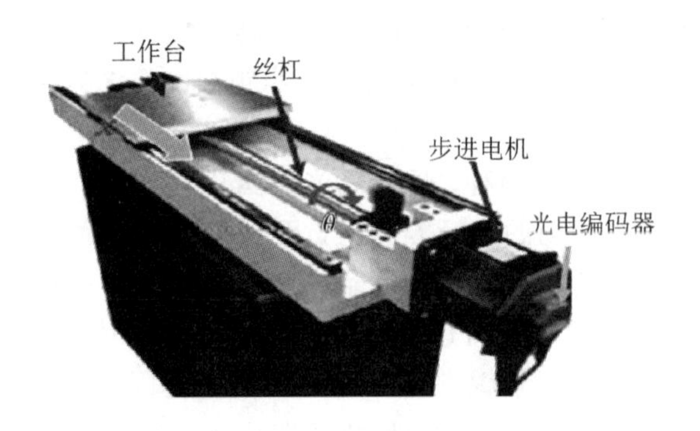

图 3.37　增量式光电编码器间接测量工作台位移图

增量式光电编码器的主要技术参数包括每转脉冲数(p/r)、电源电压、输出信号相数和输出形式等。其型号由每转发出的脉冲数来区分。

2）绝对式光电编码器工作原理

增量式光电编码器在运动轴静止时没有信号输出，而且在停电时位置信息就丢失了。在数控机床、机器人等的运动机械控制中，常常要求一开机就需要立即知道转动轴的准确位置，如机械手底座旋转角度位置信息，这就需要用绝对式光电编码器。绝对式光电编码器是一种直接编码的测量元件，它能把被测转角转换成相应代码指示的绝对位置信息，没有累积误差。其编码器有光电式、接触式、电磁式三种，通常用光电式编码器。

在绝对编码器光码盘上，有许多由里至外的刻线码道，每道刻线依次以 2 线、4 线、8 线、16 线编排。这样，在编码器的每一个位置，通过 n 个光栅读取每道刻线的明暗，就获得一组从 2^0 向 2^{n-1} 变化的唯一编码，称为 n 位绝对编码器。现以接触式四位绝对编码器为例，来说明其工作原理。图 3.38 所示的编码器上共有 5 个同心环道，涂黑部分是导电区，空白部分是绝缘区。外圈的 4 个环道分为 16 个扇形区，每个扇形区的 4 个环道按导电为“1”、绝缘为“0”组成二进制编码。对应 4 个码道并排装有 4 个电刷，电刷经电阻接到电源的负极。内圈的 1 个环道是公用环道，全部导电，也装有 1 个电刷，并接到电源的正极。光码盘的转轴可与被测轴一起转动，而 5 个电刷则是固定不动的。当被测轴带动光码盘转动时，与码道对应的 4 个电刷上将出现相应的高、低电平，形成二进制代码。若光码盘按顺时针方向转动，就依次得到 0000、0001、0010、…、1111 的二进制输出。

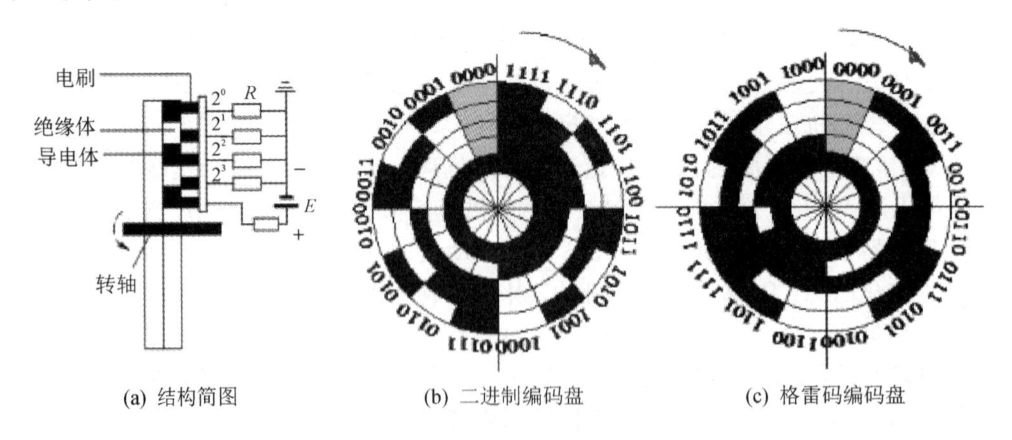

(a) 结构简图　　(b) 二进制编码盘　　(c) 格雷码编码盘

图 3.38　四位绝对式光电编码器工作原理图

为提高编码转换的可靠性，降低误码率，常用格雷码。格雷码的特点是当码区转换时编码只需变化一位。表3.6所示当第7码区向第8码区转换时，二进制码需改变4位，而格雷码只需变化最高位1位。绝对式光电编码器一般都带有后备电池保护数据，在断电时位置信号不会丢失。但需注意监控与更换后备电池，特别是对长久不开的数控机床，绝对编码器后备电池得不到及时充电，数据会因电池电压的不足而丢失。

表3.6 绝对式光电编码器输出真值表

电刷位置	二进制码	格雷码	电刷位置	二进制码	格雷码
0	0000	0000	8	1000	1100
1	0001	0001	9	1001	1101
2	0010	0011	10	1010	1111
3	0011	0010	11	1011	1110
4	0100	0110	12	1100	1010
5	0101	0111	13	1101	1011
6	0110	0101	14	1110	1001
7	0111	0100	15	1111	1000

3. 四倍频技术与分辨率

在数控机床位置控制中，为提高其分辨率，常对A相、B相差动脉冲信号的上升沿与下降沿进行微分处理，得到一个新的四倍频脉冲信号，增量光电编码器四倍频脉冲信号如图3.39所示。经四倍频处理后提高了光码盘的位置分辨率与反馈精度。例如，当选用2 000 p/r脉冲编码器时，进给伺服电动机直接驱动滚珠丝杠带动刀架或工作台，丝杠螺距L_0若为8 mm，经四倍频细分后，光电编码器变为8 000 p/r，则位置反馈分辨率或反馈精度为

$$\text{位置分辨率}=\frac{\text{丝杠螺距}(\mu\text{m})}{\text{p/r}(\text{编码器})\times 4}=\frac{8\times 10^3}{2\ 000\times 4}=1\ \mu\text{m} \quad (3.6)$$

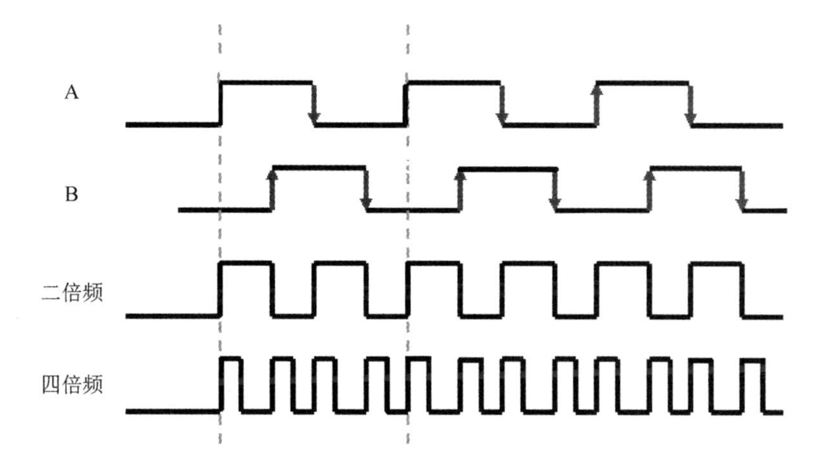

图3.39 增量光电编码器四倍频脉冲信号

数控机床、机器人等常用的增量式编码器每转脉冲数有2000 p/r、2500 p/r、3000 p/r等，若再进行脉冲变频技术的处理如四倍频处理，位置测量精度能达到μm级。

4. 光电编码器的应用

在数控机床与机器人的交、直流伺服控制系统中，光电编码器被广泛应用于位移、速度测量与反馈，也可用作主轴交流异步电动机的转子位置检测器，光电编码器在交直流伺服系统中的应用原理图如图 3.40 所示。在用作位置测量反馈的同时，如果用 F/V 转换器(频率-电压转换器)将编码器输出的序列脉冲转换为与脉冲频率成正比的电压信号，可用作伺服电动机速度的反馈信号。

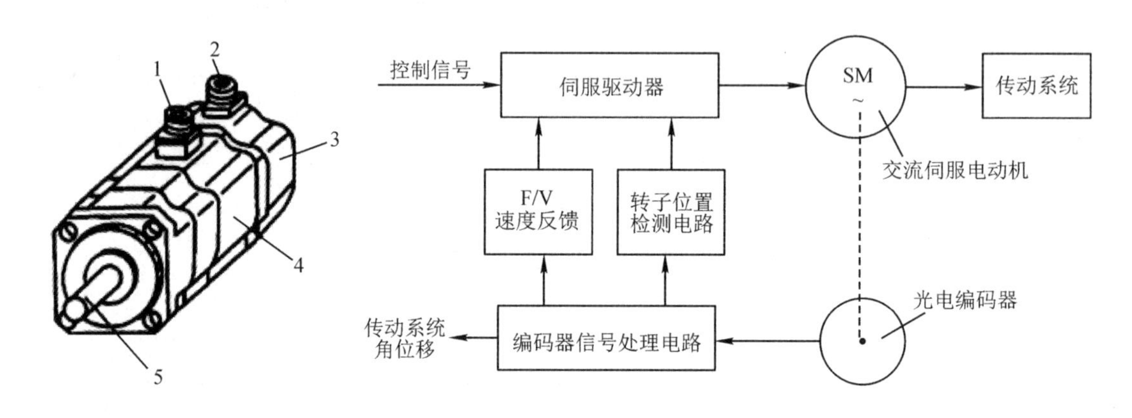

(a) 交流伺服电动机产品外形图　　(b) 交流伺服系统中的应用原理图

1—三相动力电源连接插座；2—光电编码器信号插座；
3—光电编码器；4—电动机本体；5—电动机转子轴。

图 3.40 光电编码器在交、直流伺服系统中的应用原理图

光电编码器应用在许多机电一体化系统中，图 3.41(a)所示的钢板定长切割控制中用到增量式光电编码器，因为钢板定长切割每次定长计量可归零；图 3.41(b)所示在转盘工位控制中用到绝对式光电编码器，因为要求转盘转完一个工位后要记忆当前工位位置。

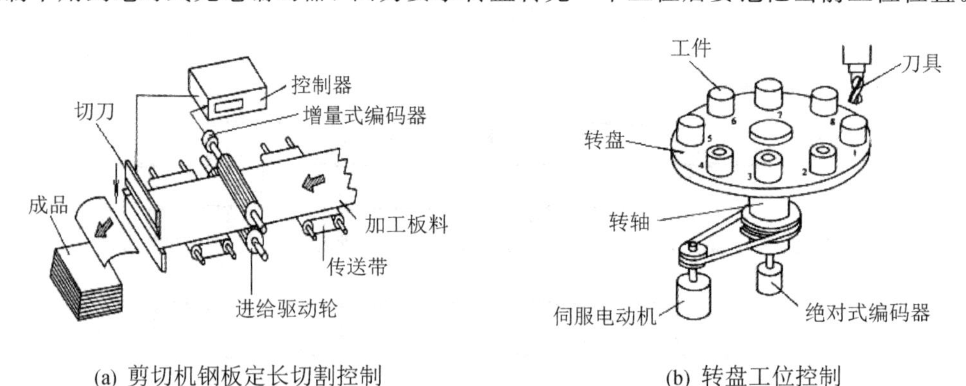

(a) 剪切机钢板定长切割控制　　(b) 转盘工位控制

图 3.41 光电编码器在机电一体化系统中的应用

5. PLC 与旋转编码器的连接

旋转编码器的输出脉冲信号直接输入给 PLC，利用 PLC 的高速计数器对其脉冲信号进行计数，以获得测量结果。不同型号的旋转编码器，其输出脉冲的相数也不同，有的旋转编码器输出 A、B、Z 三相脉冲，有的只有 A、B 相两相，最简单的只有 A 相。

输出两相脉冲的旋转编码器与 FX 系列 PLC 的连接示意图如图 3.42 所示，编码器有 4 条引线，其中 2 条是 A、B 两相脉冲输出线，1 条是 COM 端线，1 条是电源线。编码器的电源可以是外接电源，也可直接使用 PLC 的 DC 24 V 电源。A、B 两相脉冲输出线与 PLC 的输入端连接时要注意 PLC 输入的响应时间。有的旋转编码器还有一条屏蔽线，使用时要将屏蔽线接地。

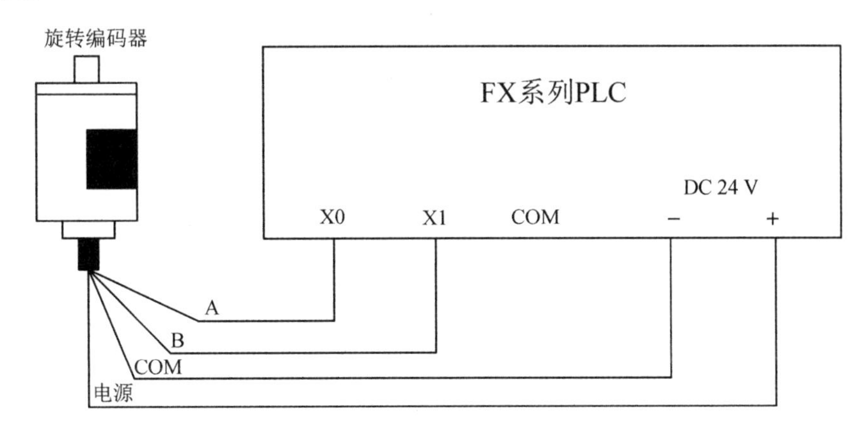

图 3.42　旋转编码器与 PLC 的连接示意图

四、感应同步器

感应同步器是一种电磁式的位移检测元件，外形如图 3.43 所示。按其结构特点分为直线式和旋转式(圆盘式)两种。直线式感应同步器由定尺和滑尺组成，用于全闭环伺服系统中直线位移的测量；旋转式感应同步器由定子和转子组成，用于半闭环伺服系统中角位移的测量。

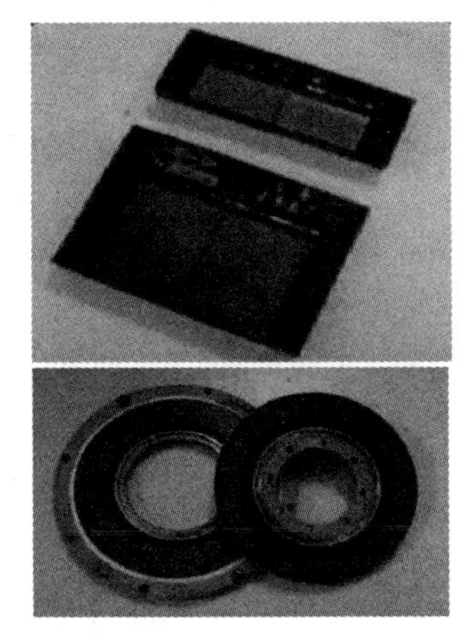

SFW 15 型数显表是以旋转式感应同步器为传感元件，用于检测角位移的数显装置

图 3.43　感应同步器外形图

1. 感应同步器的结构

感应同步器的制造工艺是用绝缘粘贴剂把铜箔粘牢在金属(或玻璃)基板上，然后按设计要求腐蚀成不同形状的平面绕组，这种绕组称为印制电路绕组。以直线式感应同步器为例(图 3.44 所示)，定尺和滑尺制的基板采用与机床床身材料热膨胀系数相近的钢板制成，

经精密的照相腐蚀工艺制成印制绕组，再在尺子的表面上涂一层保护层，滑尺的表面有时还贴上一层带绝缘的铝箔，以防静电感应。

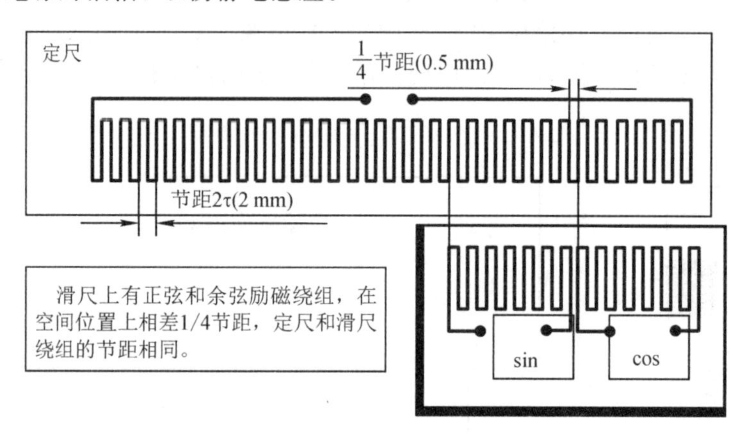

图 3.44　直线式感应同步器结构示意图

定尺与滑尺之间有均匀的气隙，气隙一般保持在 0.25±0.05 mm 的范围内。尺上的绕组均为矩形绕组，其中定尺绕组是连续的，滑尺上分布着两个励磁绕组，分别为正弦绕组(sin 绕组)和余弦绕组(cos 绕组)。绕组在长度方向的分布周期称为节距，又称极距，用 2τ 表示。滑尺上的绕组相对于定尺绕组在空间错开 1/4 节距。

2. 感应同步器的工作原理

感应同步器的工作原理与旋转变压器基本相同。感应同步器滑尺上的绕组是励磁绕组，定尺上的绕组是感应绕组，绕组节距(极距)2τ 一般为 2 mm。定尺固定在床身上，滑尺则安装在机床的移动部件上。通过对感应电压的测量，可以精确地测量出位移量。滑尺与定尺相互面向平行安装，两者保持 0.2 mm 左右距离。

使用时，滑尺绕组通以一定频率的交流电压，由于电磁感应，在定尺的绕组中产生了感应电压，其幅值和相位取决于定尺和滑尺的相对位置。图 3.45 所示为滑尺在不同位置时定尺上的感应电压。当定尺与滑尺重合时，如图中的 a 点，此时的感应电压最大。当滑尺相对于定尺平行移动后，其感应电压逐渐变小。在错开 1/4 节距的 b 点，感应电压为零。依次类推，在 1/2 节距的 c 点，感应电压幅值与 a 点相同，极性相反；在 3/4 节距的 d 点又变为零；当移动到一个节距的 e 点时，电压幅值与 a 点相同。这样，滑尺在移动一个节距的过程中，感应电压变化了一个余弦波形。即滑尺每移动一个节距 2τ，感应电压就变化一个周期 2π；当移动 x 时，则对应的感应电压以余弦函数变化 θ 角度。

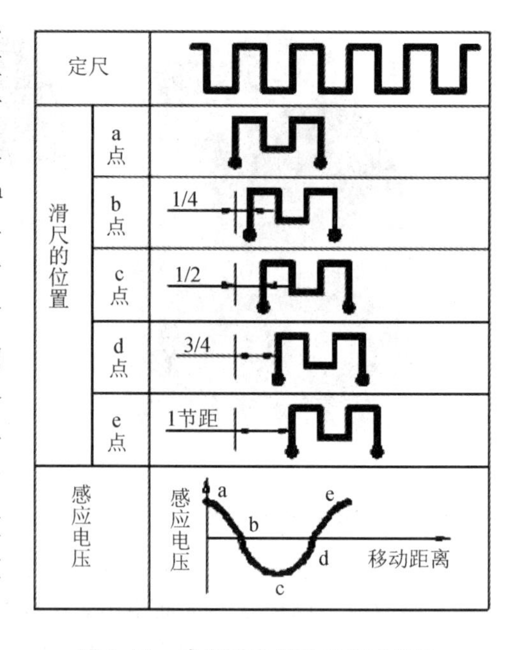

图 3.45　感应同步器的工作原理图

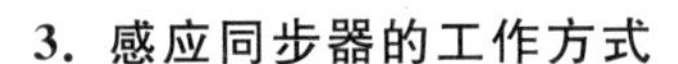

3. 感应同步器的工作方式

按照供给滑尺两个正交绕组励磁信号的不同，感应同步器的测量方式分为鉴相式和鉴幅式两种。

1）鉴相工作方式

通过检测感应电动势的相位来测量位移，称为鉴相工作方式。定尺与滑尺相对位移量 x 与相位角 θ 呈线性关系，只要能测出相位角 θ，就可求得位移量 x。

在这种工作方式下，给滑尺的 sin 绕组和 cos 绕组分别通以幅值相等、频率相同、相位相差 90°的交流电压，如式(3.7)、式(3.8)所示：

$$U_s = U_m \sin\omega t \tag{3.7}$$

$$U_c = U_m \cos\omega t \tag{3.8}$$

励磁信号将在空间产生一个以 ω 为频率移动的行波。磁场切割定尺导片，并产生感应电压，该电势随着定尺与滑尺相对位置的不同而产生超前或滞后的相位差 θ。根据线性叠加原理，在定尺工作绕组中的感应电压如式(3.9)所示：

$$\begin{aligned} U_d &= kU_m \sin\omega t\cos\theta + kU_m \cos\omega t\cos\left(\theta + \frac{\pi}{2}\right) \\ &= kU_m(\sin\omega t\cos\theta - \cos\omega t\sin\theta) \\ &= kU_m(\sin\omega t - \theta) \end{aligned} \tag{3.9}$$

式中：ω 为励磁信号角频率；k 为电磁耦合系数；$\theta = \frac{2\pi x}{2\tau} = \frac{\pi x}{\tau}$ 为滑尺绕组相对于定尺绕组的空间相位角。

通过鉴别定尺感应输出电压的相位，即可测量定尺和滑尺之间的相对位移。

定义 $\beta = \frac{\theta}{x} = \frac{\pi}{\tau}$ 称为相移，即位移转换系数。例如，设节距 $2\tau = 2$ mm，则

$$\beta = \frac{\theta}{x} = \frac{\pi}{\tau} = \frac{\pi}{1} = 180°/\text{mm}$$

若脉冲当量 $\delta = 2$ μm/脉冲，则相移系数 θ_p 为

$$\theta_p = \delta\beta = 0.002 \times 180° = 0.36°/\text{脉冲}$$

又称角位移脉冲当量。

可见，在一个节距内，θ 与 x 是一一对应的，通过测量定尺感应电压的相位 θ，可以测量滑尺对定尺的位移。数控机床的闭环系统采用鉴相系统时，指令信号的相位角 θ_i 由数控装置发出，由 θ 和 θ_i 的差值控制数控机床的伺服驱动机构。当定尺和滑尺之间产生了相对运动，则定尺上感应电压的相位发生了变化，其值为 θ。当 $\theta \neq \theta_i$ 时，使机床伺服系统带动机床工作台移动。当滑尺与定尺的相对位置达到指令要求值时，即 $\theta = \theta_i$，工作台停止移动。

2）鉴幅工作方式

通过检测感应电动势的幅值测量位移，称为鉴幅工作方式。只要测出定尺上的电压幅

值 U_d，就可求得滑尺与定尺相对位移量 x。

这种工作方式给滑尺上正、余弦绕组施加频率相同、相位相同但幅值不同的励磁电压，如式(3.10)、式(3.11)所示：

$$U_s = U_m \sin\alpha \sin\omega t \tag{3.10}$$

$$U_c = U_m \cos\alpha \sin\omega t \tag{3.11}$$

则在定尺绕组产生的总感应电压如式(3.12)所示：

$$\begin{aligned} U_d &= kU_m \sin\alpha \sin\omega t \cos\theta - kU_m \cos\alpha \sin\omega t \sin\theta \\ &= kU_m \sin\omega t (\sin\alpha \cos\theta - \cos\alpha \sin\theta) \\ &= kU_m \sin(\alpha - \theta) \sin\omega t \end{aligned} \tag{3.12}$$

若电气角 α 已知，只要测出 U_d 的幅值 $kU_m \sin(\alpha - \theta)$，便可间接求出与位移对应的角度 θ。实际测量时，不断调整 α，让幅值为零，α 的变化量则代表 θ 对应的位移量，就可测得机械位移。若滑尺相对于定尺移动一个距离 x，对应的相角 $\theta = \dfrac{2\pi x}{2\tau}$。

令 $\Delta\theta = \alpha - \theta$，当 $\Delta\theta$ 很小时，$\sin(\alpha - \theta) = \sin\Delta\theta \approx \Delta\theta$，则

$$U_d = kU_m \Delta\theta \sin\omega t \approx kU_m \Delta x \frac{\pi}{\tau} \sin\omega t \tag{3.13}$$

由式(3.13)可知，当位移量 Δx 很小时，感应电压 U_d 的幅值与 Δx 成正比。

直线式感应同步器安装如图 3.46 所示。实际工作时，预先设置一个 U_d 电压门槛电平，每当改变一个 Δx 的位移增量，就有电压 U_d，当 U_d 达到该门槛电平时，就产生一个脉冲信号。用脉冲信号去控制修改励磁电压线路，使其产生适合的 U_s、U_c，从而使 U_d 重新降低到门槛电平以下，这样就把位移量转化为数字量——脉冲，实现了对位移的测量。

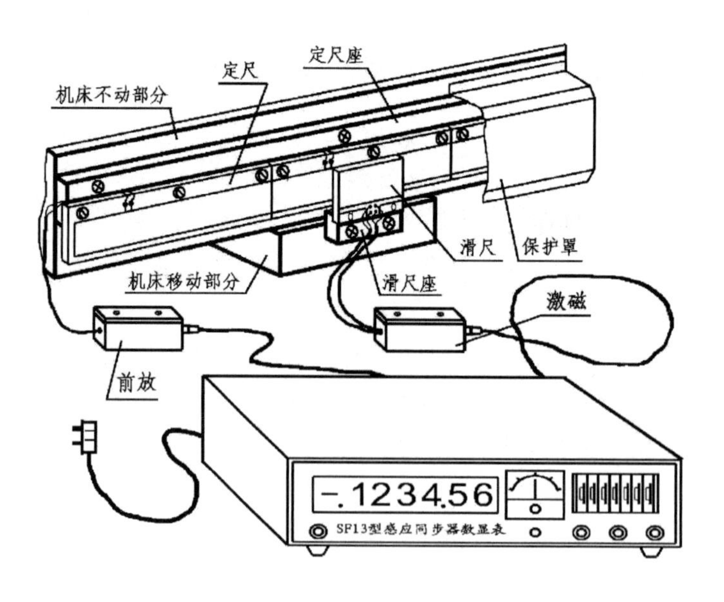

图 3.46　直线式感应同步器安装图

4. 感应同步器的特点

(1) 精度高。感应同步器直接对机床工作台的位移进行测量，其测量精度只受本身精度限制。另外，定尺的节距误差有平均补偿作用，定尺本身的精度能做得很高，其精度可以达到±0.001 mm，重复精度可达0.002 mm。

(2) 工作可靠，抗干扰能力强。在感应同步器绕组的每个周期内，测量信号与绝对位置有一一对应的单值关系，不受干扰的影响。

(3) 维护简单，寿命长。定尺和滑尺之间无接触磨损，在数控机床上安装简单。使用时需要加防护罩，防止切屑进入定尺和滑尺之间划伤导片，以及灰尘、油污的影响。

(4) 测量距离长。可以根据测量长度的需要，将多块定尺拼接成所需要的长度，就可测量长距离位移。机床移动基本上不受限制。感应同步器适合于大、中型数控机床。

(5) 成本低，易于生产。

(6) 与旋转变压器相比，感应同步器的输出信号比较微弱，需要一个放大倍数很高的前置放大器。

五、旋转变压器

旋转变压器(Resolver/Transformer)是一种电磁式传感器，又称同步分解器，是一种测量角度用的小型交流电动机。旋转变压器外形图如图3.47所示。当变压器的一次侧外施单相交流电压激磁时，其二次侧的输出电压将与转子转角严格保持某种函数关系。在控制系统中它可以作为解算元件，用于坐标变换、三角运算等，也可用于随动系统中传输与转角相应的电信号。

图3.47　旋转变压器外形图

旋转变压器一般安装在电动机的尾端轴上，随电动机旋转，输出电压随转子转角变化，通过传动机械间接反映机械运动角位移，检测坐标轴的进给速度、位置、工作台转角等。

1. 旋转变压器的结构

旋转变压器的结构类似于二相绕线式交流电动机。按转子绕组引出方式的不同，旋转变压器分为有刷式和无刷式两种结构形式，它们均分为定子(定子铁芯、定子绕组)和转子(转子铁芯、转子绕组)两大部分。旋转变压器结构如图3.48所示。

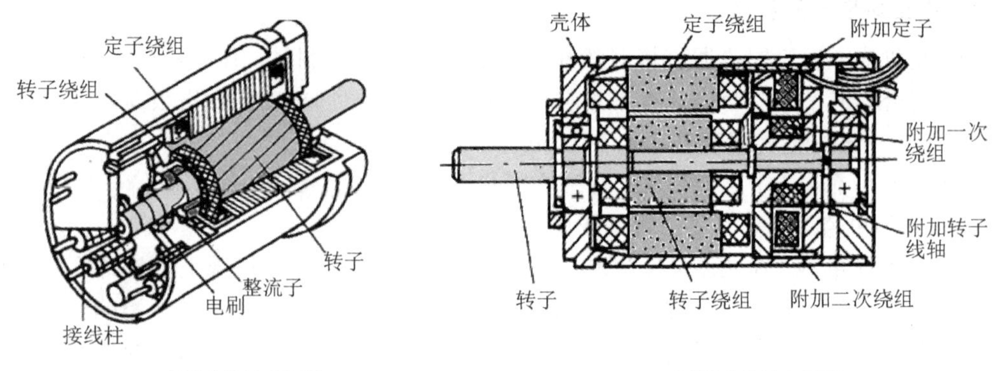

(a) 有刷式旋转变压器　　(b) 无刷式旋转变压器

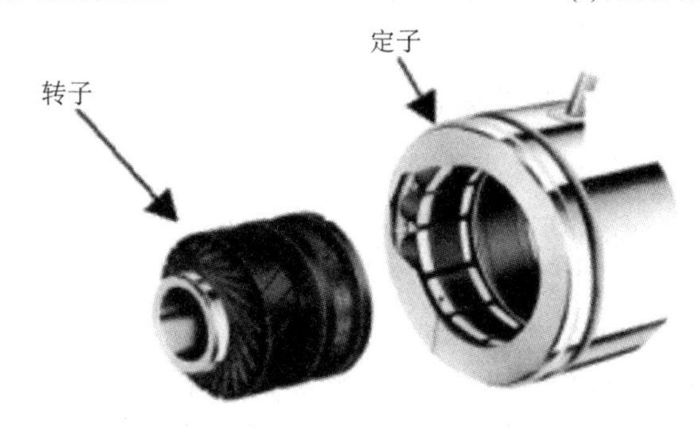

图 3.48　旋转变压器结构

有刷式旋转变压器的转子绕组是通过滑环和电刷的滑动接触引出感应电势，而无刷式旋转变压器则在转子同轴上装了一个附加变压器。转子绕组的感应电势，通过附加变压器一次侧与二次侧的电磁耦合由二次侧输出。常见旋转变压器绕组有两极和四极。

2. 旋转变压器的工作原理

以两极绕组式旋转变压器为例，其基本工作原理与普通变压器类似。两者区别是普通变压器的一次侧与二次侧绕组磁耦合是相对固定的，输出与输入电压之比是常数(与匝数成反比)；而旋转变压器一次侧与二次侧绕组的相对位置随转子角位移 θ 的变化而变化，因而输出电压也随之变化。

两极绕组式旋转变压器工作原理图如图 3.49 所示，转子绕组输出电压 u_2 的大小，取决于定子与转子两个绕组磁轴在空间相对位置夹角 θ。设加在定子绕组的交流电压 u_1 为

$$u_1 = U_m \sin\omega t \tag{3.14}$$

当转子与定子磁轴相垂直时，有

$$u_2 = 0\ \text{V} \tag{3.15}$$

当转子绕组转过 θ 角时，有

$$u_2 = k u_1 \sin\theta = k U_m \sin\theta \sin\omega t \tag{3.16}$$

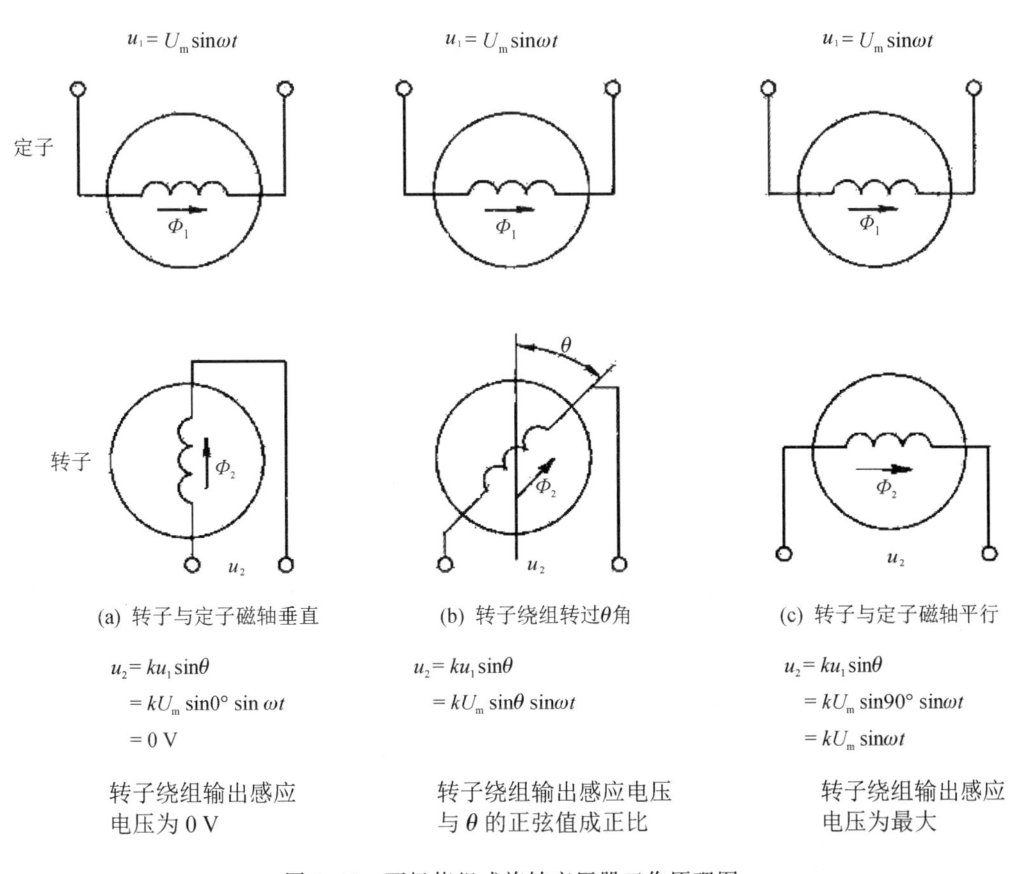

图 3.49　两极绕组式旋转变压器工作原理图

当转子与定子磁轴平行时，转子绕组输出电压为最大；转子与定子磁轴垂直时，转子绕组输出电压为零。转子绕组输出电压频率与定子绕组电源相同，其幅值随转子与定子的相对角位移 θ 的正弦函数变化。因此只要测出转子绕组输出电压 u_2 的幅值，即可得到转子相对定子角位移 θ 的大小。

3. 旋转变压器的应用及优点

旋转变压器的结构简单、性能稳定、精度高、灵敏度高；适合高温、严寒、潮湿、高振动等不宜选用光电编码器的恶劣环境。在新能源汽车中用于精确检测电动机转速和转子位置及方向。

知识拓展——磁栅尺

磁栅尺(Magnetic Scale)是一种常见于工业自动化设备领域的线性位移测量方案，因为其耐用性强，对环境要求不高，逐渐替代了对环境要求苛刻的光学直线测量方案。磁栅测量装置按结构可分为直线磁栅和圆磁栅，分别用于直线位移和角位移的测量。

磁栅尺主要由磁尺和读磁头两个部分组成，如图 3.50 所示。

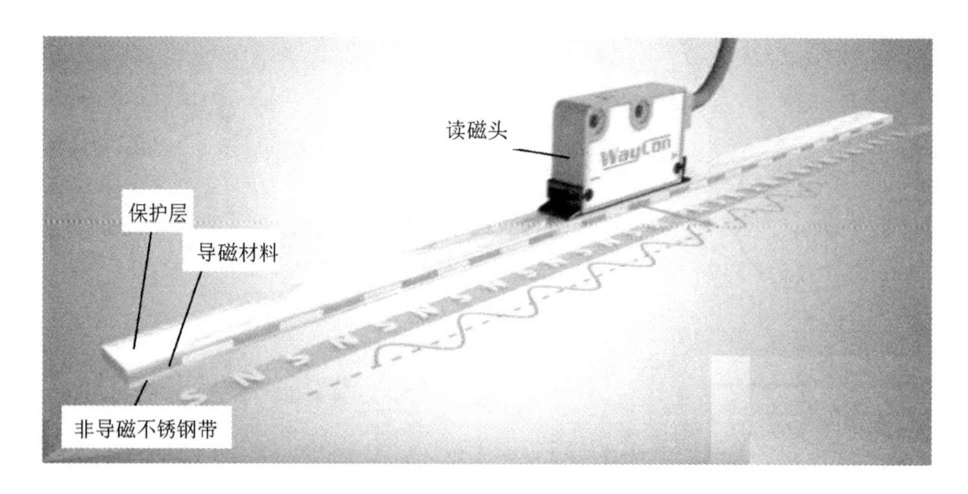

图 3.50　磁栅尺结构原理图

1）*磁尺*

磁尺是磁栅尺位移传感器的重要组成结构，为传感器位移测量与位置定位提供检测的基准参照。磁尺由非导磁不锈钢带（Ferromagnetic Stainless-steel Strip）、导磁材料、保护层组成。

钢带为基体，经涂覆、化学沉淀或者电镀导磁材料薄膜，再在磁性材料上层上覆塑化保护层，保护磁尺在使用中读磁头对磁性材料的磨损。磁尺录磁时，先将磁尺固定，磁头根据一定波长的基准信号，以一定的速度运行并流过一定频率的等效电流，这样磁尺就录上了等间距的磁化信号，磁信号以NS次序排列，因此磁栅尺位移传感器的磁场强度呈周期性变化，磁信号的间距规格多样，不同磁信号间距的磁尺检测精度也各不相同，直接影响自动化设备的测量控制效果。

2）*读磁头*

读磁头是进行磁-电转换的转换装置，它把记录在磁尺上的磁化信号转换为电信号输送到检测电路中，实现位移测量或者位置定位。读磁头主要由励磁绕组和信号输出绕组组成，读磁头通过励磁绕组供给的激励电压，将检测到的磁信号转换为脉冲信号，用于动态或者静态测量。

读磁头与磁尺通过非接触式安装进行读取，安装距离为0.1～2 mm。磁尺上的N、S极生成带有不同方向的磁场，读磁头在沿着磁尺运动的过程中感应到磁场的变化并将这个磁场变化转化为模拟量信号或者数字量信号输出。

3）*磁栅尺的特点*

磁栅尺常被一些机电一体化装置采用，因其具有以下独特的优点：

（1）制作简单，安装、调整方便，成本低，抗干扰能力强，抗冲击性强。磁栅上的磁化信号录制完成后，若发现不符合要求可抹去重录，亦可安装在机床上再录磁，避免安装误差。

（2）磁尺的长度可任意选择，亦可录制任意节距的磁信号。

（3）测量精度高，分辨率在亚微米范围，测量范围可达100 m。

（4）耐油污、灰尘等，对使用环境要求低。

磁栅尺的缺点是：敞开式磁栅尺容易受磁场影响，封闭式磁栅尺则无此困扰，但成本较高。

磁栅尺广泛应用于精密位移检测方案，尤其适用于检测行程长、测量精度要求高、工况复杂的大型机床。

任务实施　光栅尺精密位移检测

由光栅尺位移传感器和导轨定位装置组成测试系统，通过装配调试和使用，了解光栅尺的工作特性和使用方法，并结合光栅尺使用的注意事项，总结光栅尺使用时的安全措施，达到基本能够使用光栅尺实现精密检测的目的。

一、搭建检测平台

应用光栅尺和机械滑台搭建一个检测平台，用于精确定位一维轴线上的位置，机械滑台可采用如图 3.51 所示的手动平移滑台，滑台驱动主要依靠中部滚动丝杆，两端使用线性导轨确定位移方向，中间手轮起动力作用，其行程一般为 300～400 mm。采用位移行程在 250 mm 左右的光栅尺在手动平移滑台上搭建一个检测系统，并能够在数显表中显示。

图 3.51　手动平移滑台(线性模组)

在安装光栅尺时，首先要使用百分表检测安装的平行度，如果安装平面在滑台移动的过程中不能达到平行度要求(一般在 0.2 mm 以下)，则需要修改光栅尺定尺和安装面的相对位置。按照光栅尺定尺的安装说明，在滑台连接基础面上打孔攻丝安装光栅尺，然后在滑台台面上架设磁力表架和百分表头，移动平移滑台使百分表头在光栅尺的基准面(安装基准)，如图 3.52 所示，观察百分表指针的偏移量是否超过允许误差，若超过则调整垫片厚度或者安装面。然后利用连接件将光栅尺的动尺部分和滑台台面连接在一起。以上工作完成后，用手轮缓慢地移动滑台，观察光栅尺是否有卡住或其他阻滞现象，如果出现则立即停止手轮。

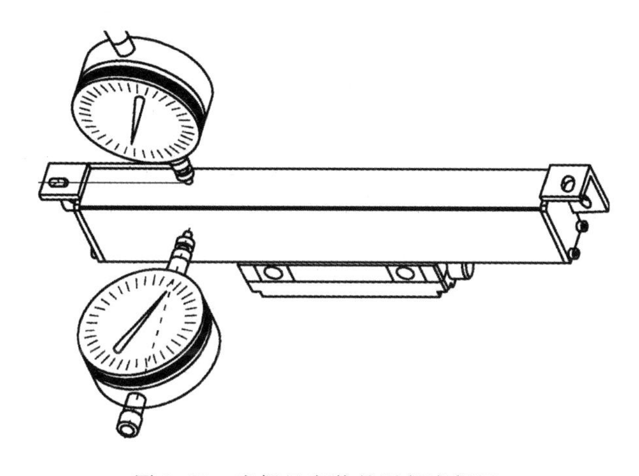

图 3.52　光栅尺安装的平行度保证

在工程上，以上装配完成后，可在光栅尺的上方加装盖板，以防止灰尘、油污、水滴等进入光栅尺尺身内部，引起光栅尺检测的不稳定。

在光栅尺安装完毕后，可通过9芯插头连接数显表头，检查无误后，可上电缓慢转动手轮，观察光栅尺动尺所在的位置以及变化情况。

使用百分表表头检测移动量(如图3.53所示)，当表头移动到某个位置时，使用磁力表架固定百分表，记录百分表数值和光栅尺数显表头数值，然后缓慢移动滑台带动光栅尺动尺移动2～3 mm，这时滑台台面一直顶住百分表，然后记录百分表数值和光栅尺数显表头数值，将两次检测的结果相减进行对比，观察所得差值的规律，并在不同的滑台位置进行以上试验。以上对比试验没有严格的精度检查意义，但是对于光栅尺本身而言，可以检测其中的光栅信号是否有问题。根据以上试验过程填写表3.7。

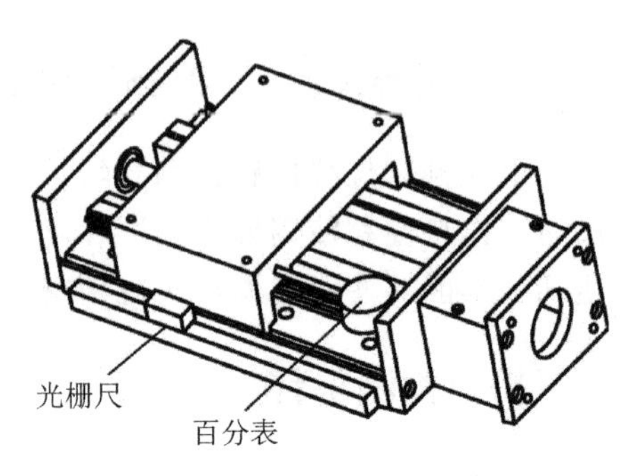

图3.53 检测移动量示意图

表3.7 百分表位移与数显表显示数字的关系

百分表数值	位 移	数显表显示数字	数字差

二、需用器材

试验需用器材如表3.8所示。

表3.8 试验需用器材清单

器 材	选 型 建 议
光栅尺、数显表	光栅尺量程小于250 mm
百分表	2个
小滑台	包含导轨、手轮和丝杆等，附带安装螺钉、垫片若干
电源	开关电源，DC 24 V，50 W
连接件	安装光栅尺动尺的连接弯板
手枪钻、锉刀、丝锥等	若干，丝锥要求和光栅尺定位孔配套
水平仪	1台
万用表	1块
导线	若干
记号笔、画线笔	若干

三、操作步骤

(1) 使用螺栓或者螺钉将滑台固定在一个平面上，并调整使滑台的滑动面水平。

(2) 将光栅尺调整至一个适当位置，使光栅尺可以在滑台移动轴线方向自由移动并且能够基本覆盖滑台的移动范围，以此作为光栅尺运动轴线，使用图3.52所示的方法试验光栅尺的平行度并使用垫片等加以调整，达到0.15 mm的要求后，使用记号笔沿光栅尺定位孔在如图3.53所示的滑台侧面位置进行标记(中间可使用502胶水等粘连光栅尺定尺和滑台侧面的不动部分以方便调试)，在滑台侧面钻孔和攻丝。同样，使用如图3.54所示的弯板作为连接滑台移动面和光栅尺动尺部分的连接件，用螺栓固定动尺和滑台，使滑台移动时，光栅尺动尺随之移动产生脉冲信号并传递给光栅尺数显表头。

图3.54　连接弯板图

(3) 使用螺钉安装光栅尺，在连接过程中注意不要强迫安装光栅尺的动尺部分，如果连接不成功，则拆卸后重新安装。安装完毕后，轻缓移动滑台并观察光栅尺状态，如果出现光栅尺阻塞现象，则分析产生阻塞的原因并拆卸重新安装。

(4) 将光栅尺和专用数显表通过连接接头连接，并通电和移动光栅尺的动尺测试光栅尺的检测稳定性，观察缓慢运动时，光栅尺专用数显表头示值变化的稳定性，如果出现示值突变，则可反复在突变处来回移动动尺，确定是操作原因还是设备原因引起的突变，如果确定是设备原因，则更换光栅尺。

(5) 将光栅尺和专用数显表头作为检测工具，对比检测百分表的检测结果，并重复试验。填写表3.7，观察和分析误差的来源和对安装的要求。

四、注意事项

(1) 尽量选择加工面作为安装面，即在安装时尽可能选择加工过的基准面作为安装面。

(2) 安装时需要注意光栅尺开口方向避开铁屑、油污、水、粉尘，如果无法避免则需要加装防尘盖(如图3.55所示)，可避免污物直接进入光栅尺内部。

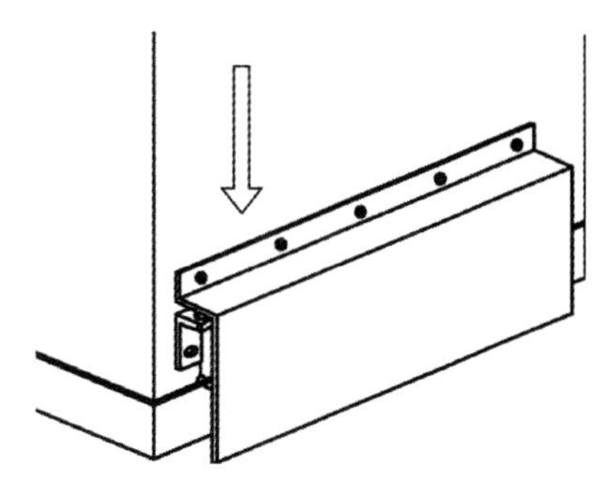

图3.55　防尘盖安装示意图

(3) 信号线固定要可靠，在滑台全部范围内，信号线不能脱落或受力，一般在安装时将其固定在中间部位，然后使用扎带固定。

(4) 在安装时应接地可靠，接地电阻要小于1 Ω。

(5) 调校光栅尺时，必须以光栅尺的长度中心取两边对称点作为调校基准点。

任务评价

教师根据学生阅读记录结果以及接线情况给予评价，结果计入表3.9中。

表 3.9　任务评价表

实训项目				
项目内容			配分	得分
安装光栅尺			20	
百分表的使用			20	
水平仪的使用			10	
分析表 3.7 百分表位移与数显表显示数字的误差			20	
其他	安全操作规程遵守情况；纪律遵守情况		15	
	工具的整理与环境清洁		15	
工时：1 学时		教师签字：	总分	
理论项目				
项目内容			配分	得分
(1) 叙述电感式位移传感器的工作原理			15	
(2) 叙述光栅尺的工作原理			15	
(3) 增量式光电编码器与绝对式光电编码器的区别			15	
(4) 感应同步器按其结构特点分为哪两种			15	
(5) 感应同步器的工作方式分哪两种			10	
(6) 旋转变压器的工作原理及应用			10	
(7) 在数控机床位置控制中，为提高分辨率，采用倍频技术。例如，当选用 2000 p/r 脉冲编码器时，进给伺服电动机直接驱动滚珠丝杠带动刀架或工作台，丝杠螺距 L_0 若为 8 mm，经四倍频细分后，光电编码器每转多少脉冲？位置反馈分辨率或反馈精度为多少			20	
时间：1 学时		教师签字：	总分	

任务 3.4　速度传感器

任务描述

在机电一体化系统中，测量速度的方法有很多，可以用直流测速机直接测量速度，也可以通过检测位移换算出速度和加速度，还可以通过测试惯性力换算出加速度等。本任务介绍直流测速机和光电式转速传感器测量转速的方法。

任务目标

技能目标

(1) 会直流测速机的接线和应用；

(2) 会光电式转速传感器测量转速的方法。

知识目标

(1) 了解直流测速机的工作原理；

(2) 了解光电式转速传感器的工作原理，会计算转速。

知识准备

一、直流测速机

直流测速机是一种测速元件，实际上是一台微型直流发电机。根据定子磁极激磁方式的不同，直流测速机可分为电磁式直流测速机和永磁式直流测速机两种。根据电枢结构的不同，直流测速机可分为无槽直流测速机电枢、有槽直流测速机电枢、空心杯直流测速机电枢、圆盘电枢直流测速机等。目前，常用的是永磁式直流测速机。直流测速机外形如图3.56所示。

图3.56　直流测速机外形

以永磁式直流测速机为例，其结构原理简图如图3.57所示，恒定磁通由定子上的永久磁铁产生，当电枢转子线圈随机械设备以转速 n 旋转时，因切割磁力线，在线圈两端将产生感应电动势 E_a，根据法拉第电磁感应定律知：

$$E_a = C_e \varphi n \tag{3.17}$$

式中：C_e 为电势常数；φ 为每极磁通量；n 为旋转速度。

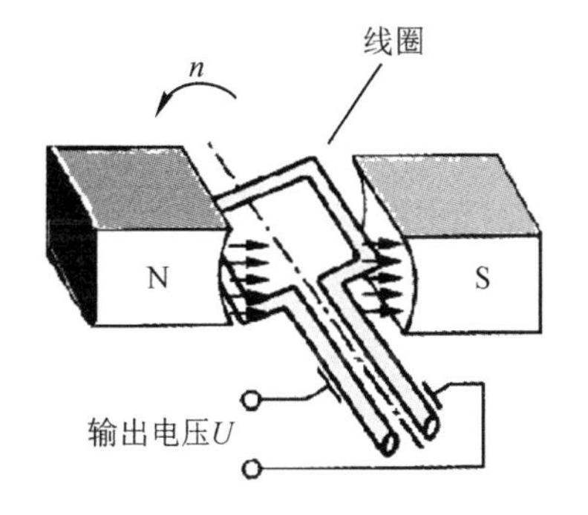

图3.57　永磁式直流测速机结构原理简图

可见，测速机输出电压与旋转速度成正比，可用于角速度的测量。在自动控制系统中测速机作为检测速度的元器件，以调节电动机转速或通过反馈来提高系统的稳定性和精度；在解算装置中可作为微分、积分元器件，也可作为加速或延迟信号用或用来测量各种运动机械在摆动或转动以及直线运动时的速度。

在使用中，为了提高检测灵敏度，尽可能将它直接连接到电动机的轴上。有的电动机本身就已安装了测速机。

二、光电式转速传感器

光电式转速传感器由装在被测轴上的带缝隙圆盘、光源、光敏器件、指示缝隙盘组成。光源发出的光通过缝隙圆盘和指示缝隙照射到光电器件上，当缝隙圆盘随被测轴转动时，由于圆盘上的缝隙间距与指示缝隙的间距相同，因此圆盘每转一周，光电器件输出与圆盘缝隙数相等的电脉冲，根据测量时间 t 内的脉冲数 N 可测出转速。转速如式(3.18)所示：

$$n=\frac{60N}{Zt} \tag{3.18}$$

式中：n 为转速(r/min)；Z 为圆盘上的缝隙数；t 为测量时间(s)；N 为 t 时间内的脉冲数。

圆盘上制成两排具有一定的相位差、间距相等的缝隙，可判别圆盘即被测轴的旋转方向。光电式转速传感器分为透射式和反射式两种，图 3.58 所示为透射式光电转速传感器测量转速的原理示意图。图 3.59 所示为反射式光电转速传感器测量转速的原理示意图及电路图。

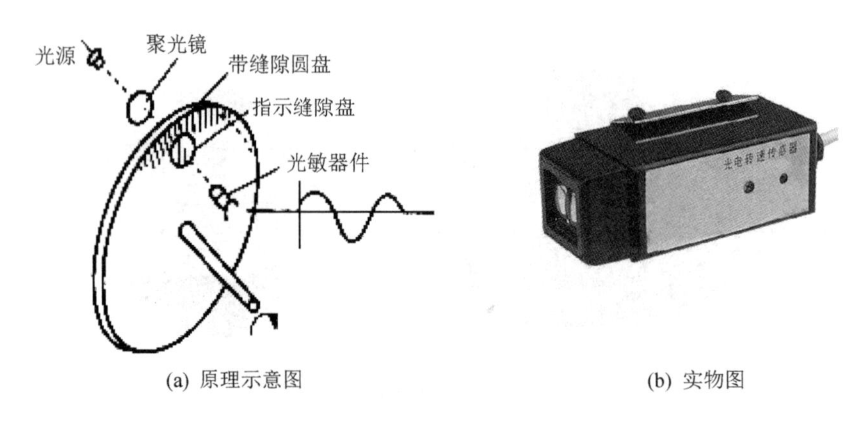

(a) 原理示意图　　(b) 实物图

图 3.58　透射式光电转速传感器测量转速的原理示意图及实物图

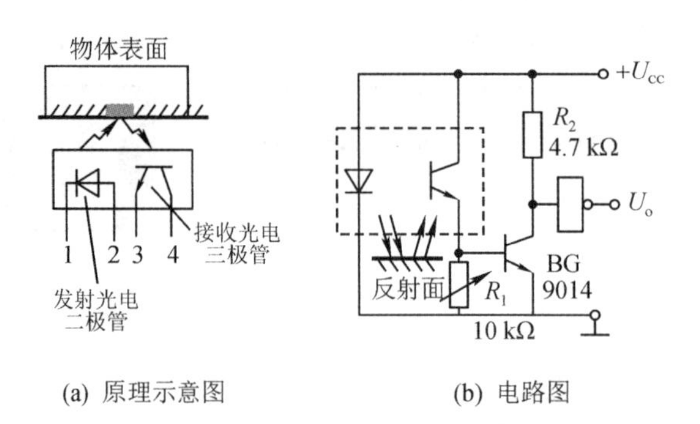

(a) 原理示意图　　(b) 电路图

图 3.59　反射式光电转速传感器测量转速的原理示意图及电路图

利用图 3.59 所示原理制成的红外光电转速测试仪常用于回转轴旋转速度的测量，只要在待测回转轴上粘贴一个白色反射标签，然后用红外光电测速仪对准反射标签测量即可。

任务实施　光电转速传感器的安装

一、了解传感器的技术参数

光电转速传感器是非接触式光电传感器，它直接输出的是脉冲信号，可输入到仪器中，用于转速测量、动平衡相位基准、触发采样；也可以接转速显示表，现场显示；或将转速信号变送输出到 PLC 或 DCS 中控系统，或采用 RS-485/RS-232 通信传输到电脑系统。

在旋转轴上贴一反光标识，转速传感器发射光束到旋转轴，轴每转一圈，接收一次反射光，即可测出此旋转轴的转速(r/min)。

光电转速传感器测转速的适合情况如下：

(1) 不破坏转子表面(电动机、主轴、风机等)，可以贴或画反光标识。

(2) 需要非接触式测转速。

(3) 要求测量精准，特别是高速旋转的转子。

(4) 需要实时在线监测。

(5) 需要实时传输转速信号进系统。

(6) 需要临时测转速信号进仪器，仪器可以接收脉冲信号。

二、用支架固定转速传感器

图 3.60 所示是柔性支架，其优点是弯曲方便，易于调节角度，小巧，适合携带；缺点是如果现场振动大，可能不牢固。如果想更稳固一些，可以选择如图 3.61 所示的强力支架；或其他的固定方法，如配转速显示表如图 3.62 所示。

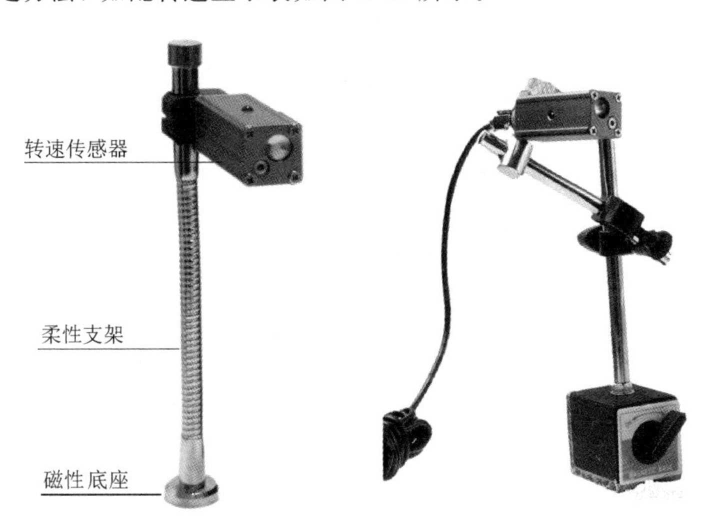

图 3.60　柔性支架　　图 3.61　强力支架

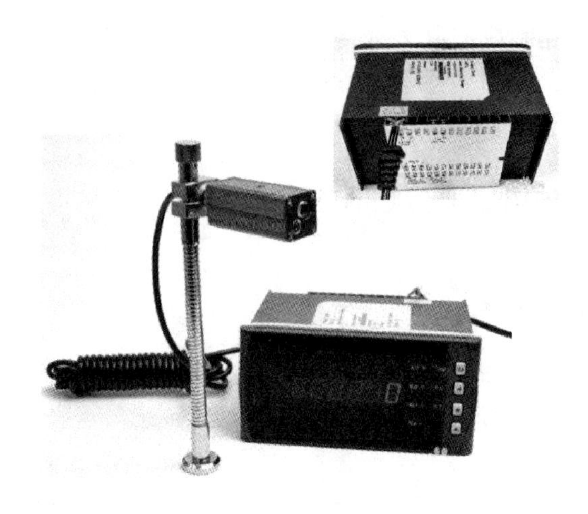

图 3.62 转速显示表

三、在转子上贴反光纸

在转子上贴反光纸，调整转速传感器角度至光电传感器发出的光对着反光纸，如图 3.63 所示。转子与反光纸颜色相近，可在转子上用黑胶带粘一圈，或刷一圈黑漆后，再贴反光纸；转子底色是银色发亮的，如铝合金、不锈钢材质，也可以用黑笔画道，或贴黑色发乌的标识等。还有用户用粉笔做反光标识，但这些非常规方法不能保证测量效果，建议实际测试成功后使用。总之，让底色与标识形成反差，反差越大，效果越好；如外界光线太强，可找背光的合适角度，或用有遮光效果的布、伞等遮挡，避免强光照射。

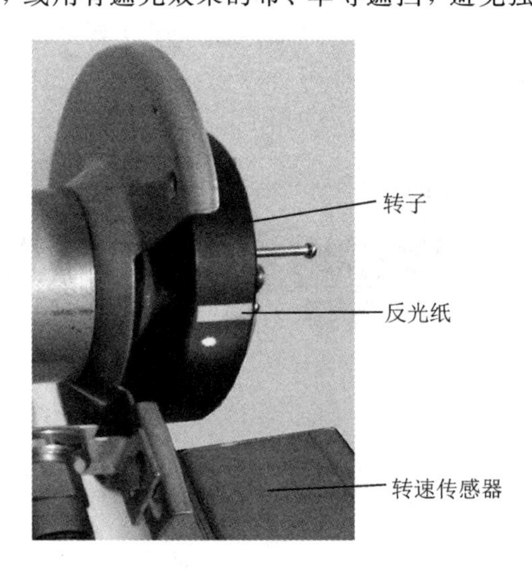

图 3.63 转子上贴反光纸

光电传感器与转子之间的距离与转子大小有关，一般以 5～100 cm 为宜；反光纸的尺寸大小与转子大小和转速高低有关，转子增大，反光纸应适当增大；转速越高，反光纸越宽。比如，转子直径为 90 mm，转速为 3 000 转/min 以内，使用的反光纸尺寸为 10 mm×2 mm。

转速传感器直接输出的信号如下：

(1) 0～5 V，0～12 V，0～18 V 和 0～24 V 的窄脉冲信号(供电分别对应 5 V，12 V，18 V 和 24 V)；

(2) 5 V 或 24 V，集电极开路输出；

(3) 4～20 mA 信号(出厂前需要定义对应的转速范围，一经确定，无法修改)。

如果以上信号还无法满足需求，配合显示表，除了现场显示转速外，还可以输出信号：4～20 mA，1～5 V，0～10 mA，0～5 V，0～20 mA，以便接入仪器，或进入中控系统(PLC 或 DCS)，对于输出信号与转速范围的对应关系，用户是可以通过设置键自行调整的，还可以通信输出，如 RS-485 或 RS-232 接口。

另外，需转动被测转轴，观察转速表显示的转速值。

任务评价

教师根据学生阅读记录结果以及接线情况给予评价，结果计入表 3.10 中。

表 3.10　任务评价表

<table>
<tr><td colspan="4">实训项目</td></tr>
<tr><td colspan="2">项目内容</td><td>配分</td><td>得分</td></tr>
<tr><td colspan="2">转速传感器结构认识</td><td>40</td><td></td></tr>
<tr><td colspan="2">光电转速传感器的安装</td><td>40</td><td></td></tr>
<tr><td rowspan="2">其他</td><td>安全操作规程遵守情况；纪律遵守情况</td><td>10</td><td></td></tr>
<tr><td>工具的整理与环境清洁</td><td>10</td><td></td></tr>
<tr><td>工时：1 学时</td><td>教师签字：</td><td>总分</td><td></td></tr>
<tr><td colspan="4">理论项目</td></tr>
<tr><td colspan="2">项目内容</td><td>配分</td><td>得分</td></tr>
<tr><td colspan="2">叙述直流测速机和光电转速传感器的结构与原理</td><td>50</td><td></td></tr>
<tr><td colspan="2">简述直流测速机和光电转速传感器的应用场合</td><td>50</td><td></td></tr>
<tr><td>时间：1 学时</td><td>教师签字：</td><td>总分</td><td></td></tr>
</table>

任务 3.5　温度传感器

任务描述

温度传感器广泛应用于家用电器的温度控制、化学工厂中的温度检测场合。按测量方式的不同，温度传感器可分为接触式温度传感器和非接触式温度传感器。所谓接触式，就是温度传感器直接接触被测物体表面的一种测量方式，这种测量方式应用广泛，且传感器的结构简单。代表性的接触式温度传感器主要有热敏电阻器、铂热电阻器、热电偶等。非接触式温度传感器测量从发热物体放射出的红外线，并从红外线的量来间接测量物体的温度。非接触式温度传感器的结构比较复杂，代表性的非接触式温度传感器主要有热电式温度传感器等。

本任务介绍热敏电阻器、铂热电阻器、热电偶等温度传感器测量温度的方法。

任务目标

技能目标

会应用热敏电阻器、铂热电阻器、热电偶等温度传感器。

知识目标

了解热敏电阻器、铂热电阻器、热电偶等温度传感器的工作原理及应用。

知识准备

一、热敏电阻器

热敏电阻器由半导体热敏元件构成，该元件的电阻值随温度的变化而变化。由于热敏电阻器的特性具有明显的非线性，因此其测量精度较低。但是，由于热敏电阻器的灵敏度较高(约为铂热电阻器的10倍)，因此得到了广泛应用。热敏电阻器是由锰(Mn)、镍(Ni)、钴(Co)等金属氧化物为主要成分的半导体，在高温下烧结而成的。热敏电阻器的形状可制成珠形、片形、圆盘形等。热敏电阻器的形状及结构如图3.64所示。

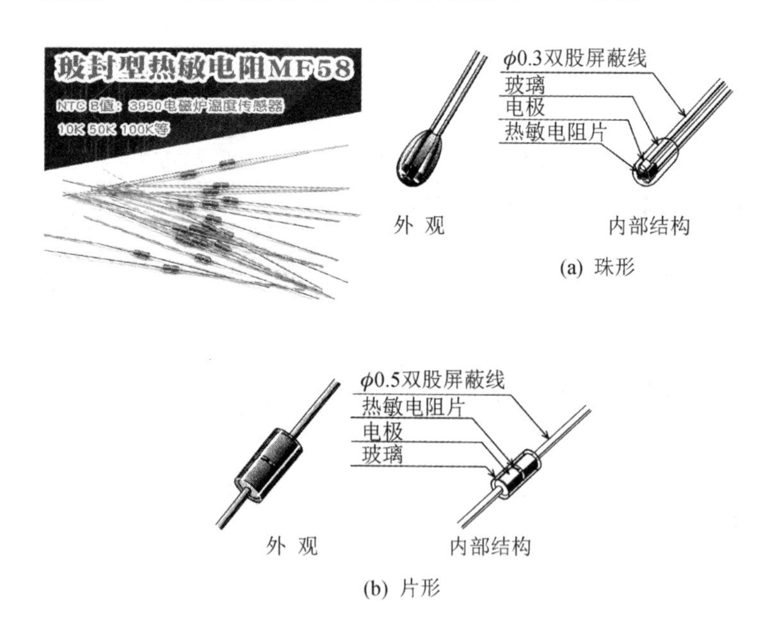

图3.64　热敏电阻器的形状及结构

常用热敏电阻器的种类与特性如表3.11所示。PTC型不能在温度范围较宽的环境下作为温度传感器使用，但是与 NTC 型相比较，其温度系数较高，常作为定温温度传感器，广泛应用于电饭锅、干燥机、干燥器等工业制品中。另外，CTR 型也常作为定温温度传感器使用，只是其阻抗在特定温度下并非急剧增加，而是急剧减小的。

表 3.11　常用热敏电阻器的种类与特性

种类	特 性	使用温度范围/℃	特性曲线	应用
NTC	具有随着温度升高阻抗值减小的负温度系数	−50～400	阻抗 O 温度	各种温度测量
PTC	具有随着温度升高阻抗值增大的正温度系数	−50～150	阻抗 O 温度	温度开关
CTR	具有在某一温度下，内部阻抗急剧变化的负温度系数(开关特性)	−50～150	阻抗 O 温度	温度报警

二、铂热电阻器

通过测取金属的电阻得到其温度的温度传感器称为测温电阻器。金属铂(Pt)的电阻值随温度变化而变化，并且具有很好的重现性和稳定性，利用铂的这种物理特性制成的传感器称为铂电阻温度传感器，简称铂热电阻器。图 3.65 所示为具有保护管的铂热电阻器测温元件的结构及温度特性。

通常使用的铂电阻温度传感器零度阻值为 100 Ω，电阻变化率为 0.3851 Ω/℃。铂电阻温度传感器精度高，稳定性好，应用温度范围广，是中低温区(−200～650℃)最常用的一种温度检测器，不仅广泛应用于医疗、电机、工业、温度计算、阻值计算等高精温度设备的工业测温，而且被制成各种标准温度计(涵盖国家和世界基准温度)供计量和校准使用。

按 IEC751 国际标准，温度系数 TCR=0.003 851，Pt100 ($R_0=100\ \Omega$)、Pt1000($R_0=1000\ \Omega$)为统一设计型铂电阻。其中，$TCR=\dfrac{R_{100}-R_0}{R_0\times 100}$，Pt100 和 Pt1000 的标准电阻值如表 3.12 所示。

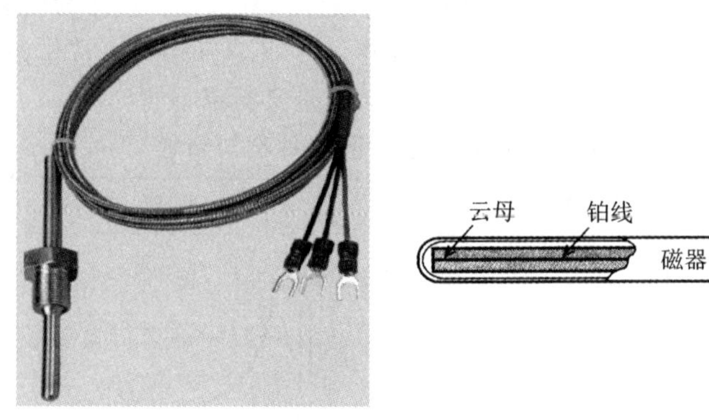

(a) 实物(Pt100固定螺纹温度传感器)　　(b) 内部结构

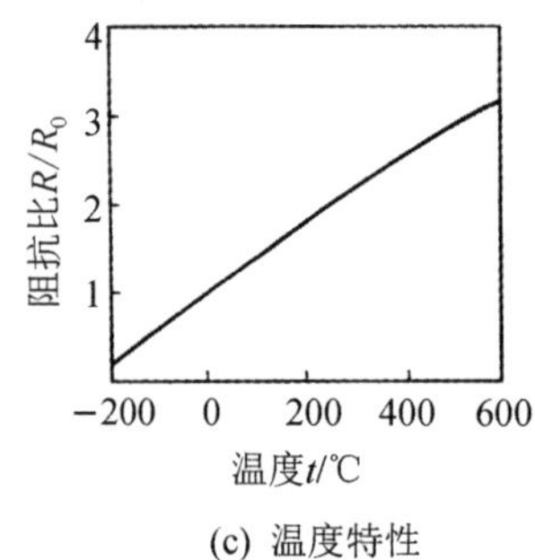

(c) 温度特性

图 3.65　铂热电阻器测温元件的结构及温度特性

表 3.12　Pt100 和 Pt1000 的标准电阻值

分度号	0℃时标准电阻值 R_0/Ω	100℃时标准电阻值 R_{100}/Ω
Pt100	100.00	138.51
Pt1000	1000.0	1385.1

假设 t℃时铂热电阻器的电阻值为 R_t，当 $-200<t<0$℃时，有

$$R_t=R_0[1+At+Bt^2+C(t-100)t^3]$$

当 $0<t<850$℃时，有

$$R_t=R_0(1+At+Bt^2)$$

当温度系数 TCR=0.003 851 时，系数的 A、B、C 的值如表 3.13 所示。

表 3.13　系数 A、B、C 的值

系数	A/℃$^{-1}$	B/℃$^{-2}$	C/℃$^{-4}$
数值	3.9083×10^{-3}	-5.775×10^{-7}	-4.183×10^{-12}

三、热电偶

热电偶是利用热电效应原理制成的一种温度传感器，把两种不同材料的金属的一端连接起来，利用热电效应来测量温度。当两种不同材料的导体构成一个闭合回路时，如果两端结点的温度不同，回路中就会产生电动势和电流，这种现象就称为热电效应，所产生的电动势称为热电动势。热电动势的大小与两种导体材料的性质及结点温度有关。

热电偶的原理示意图及外形图如图3.66所示，AC、BC是两种不同的金属材料，A、B端在常温环境中用于测温端口，称为测温结点，也称为冷端。在C端进行加热，称为基准结点。

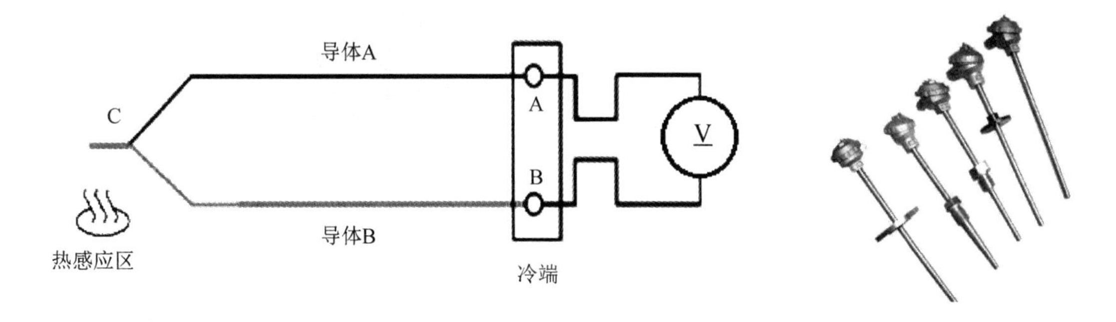

图3.66　热电偶的原理示意图及外形图

因为A端与C端以及B端与C端之间的温度不同，由于热电效应，AC端点之间、BC端点之间会产生电势差。又因为两种金属材料不同，导致这两个电势差不一样，最终导致A端和B端也有了电势差。通过测量A、B两端的电势差，根据热电效应的线性关系就可以得出A(B)端和C端的温差。

通过一个已知温度的校准值和两种金属的线性系数，就可以计算出任意输出电势差对应的温度值。为了测得测温结点的温度，必须使基准结点的温度保持一定。一般用基准结点温度为零度时的热电动势来定义测温结点的温度。

热电偶与测量仪器配套使用，一般与仪表、记载仪表、电子盘算机等一起使用，进行高温或低温的测量；热电偶在石油、化工、钢铁、造纸、热电、核电等行业生产过程中作为高温测量的仪器，将热信号转化为热电动势信号，便于生产控制温度和测量温度，为生产的精度提供了保障；热电偶应用于楼宇自动化等温度控制，为自动化设备进行安全检测；热电偶应用于有色金属、军事、航天等领域，在生产过程中测量200～2800℃的温度参数。

任务实施　智能温控仪固态输出带报警的加热系统接线

一、认识智能温控仪的面板及接线端子

温控仪面板及外形如图3.67所示(以宝利欧TC4S型温控仪为例)，温控仪端子如图3.68所示。图3.68中，OUT1为主输出，OUT2一般用于报警或制冷继电器触点输出。

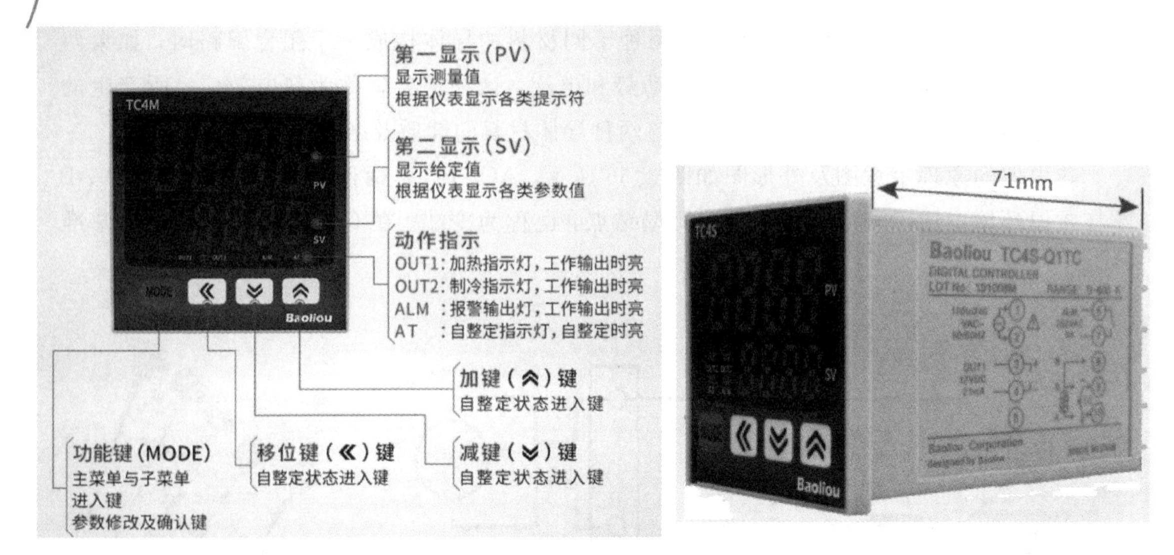

图 3.67　温控仪面板及外形

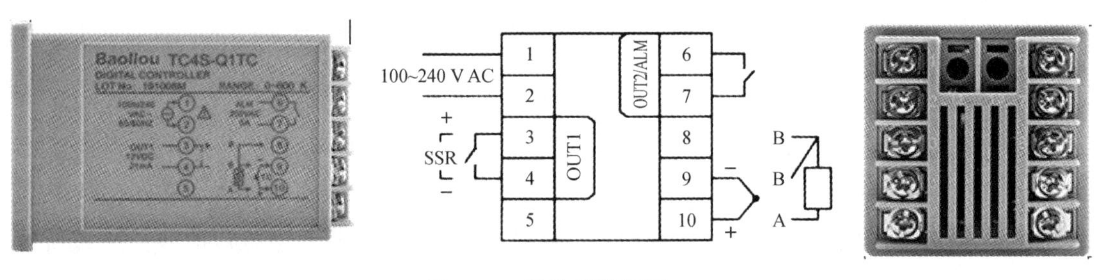

图 3.68　温控仪端子图

二、认识固态继电器接线端子

阅读 SSR-10 DA 固态继电器说明书，认识固态继电器接线端子。SSR-10 DA 固态继电器如图 3.69 所示。

图 3.69　SSR-10 DA 固态继电器

三、认识 Pt100 铂热电阻接线端子

阅读 Pt100 铂热电阻说明书，认识 Pt100 铂热电阻的接线端子。Pt100 铂热电阻如图 3.70 所示。

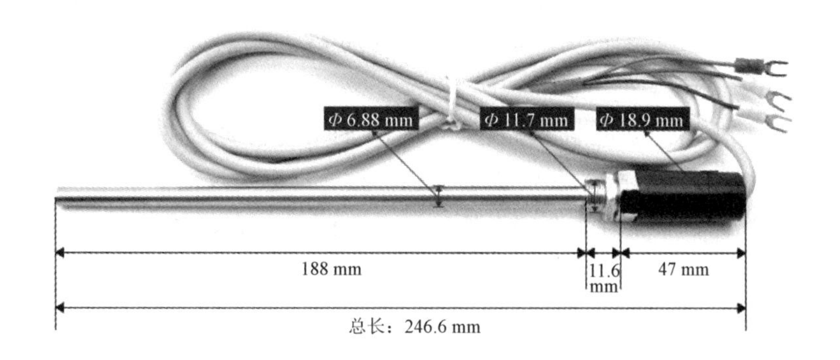

图 3.70　Pt100 铂热电阻

四、温控仪固态输出带报警的加热系统接线

温控仪固态输出带报警的加热系统接线图如图 3.71 所示。

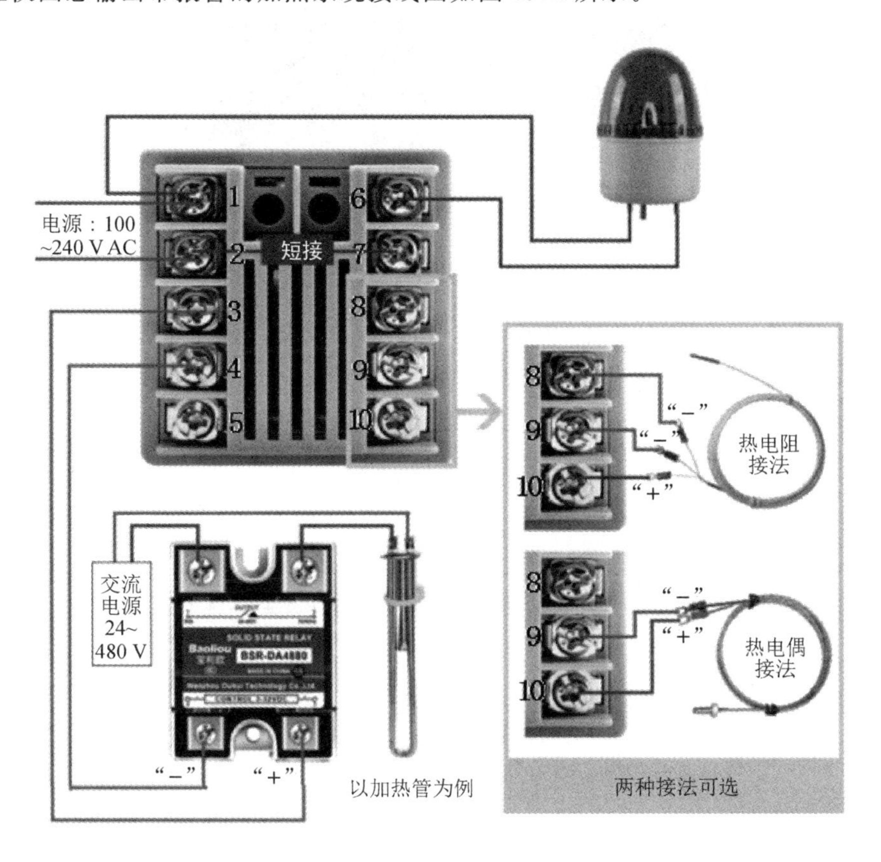

图 3.71　温控仪固态输出带报警的加热系统接线图

(1) 温控仪的1和2脚接交流220 V工作电源。

(2) 温控仪的输出端子3和4脚接固态继电器的输入端。其具体接法是：固态继电器的3端("+"极端)接温控仪的3脚，固态继电器的4端("−"极端)接温控仪的4脚，这样就可以驱动固态继电器工作了，固态继电器再控制加热管就可以了。

(3) 6和7脚是温控仪的超温报警输出端子，接蜂鸣器。其具体接法是：蜂鸣器的一端直接接温控仪的1脚，蜂鸣器的另一端接温控仪的6脚，温控仪的2和7脚短接。当温控仪超温报警时，6和7脚闭合，蜂鸣器发出报警。

(4) Pt100铂热电阻的红色端接温控仪10脚，两个蓝色端分别接到温控仪的8和9脚；热电偶传感器红色接头接温控仪的10脚，蓝色的接头接温控仪的9脚上，两个不能接反。

参照图3.72所示的案例完成任务，学生还可根据实际设备设计其他温控电路。

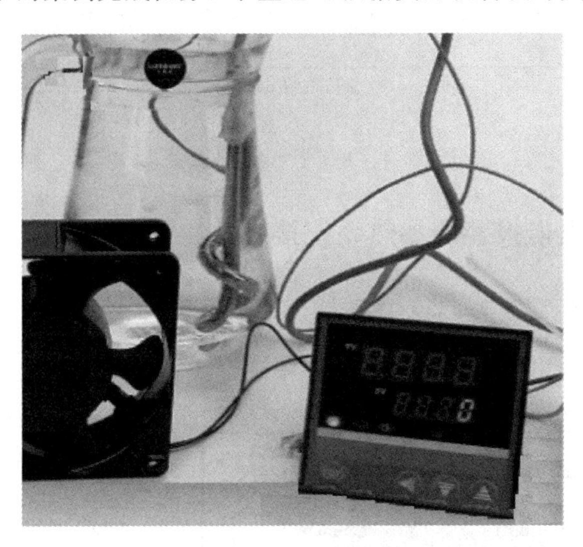

图3.72　实训案例参考

实训设备清单如表3.14所示。设定水温和报警温度，加热棒给容器中的水加热，当水温超过设定温度时，加热棒停止加热，并报警。

表3.14　实训设备清单

序号	设备名称	数量
1	烧水加热棒	1
2	直流控交流固态继电器(宝利欧SSR-80 DA直流控交流型)	1
3	智能温控仪(宝利欧TC4S型)	1
4	Pt100铂热电阻	1
5	报警铃或者警灯	1
6	盛水的容器	1

任务评价

教师根据学生阅读记录结果及接线情况给予评价，结果计入表中，见表3.15。

表3.15 任务评价表

实训项目			
项目内容		**配分**	**得分**
认识使用固态继电器		10	
认识使用智能温控仪		10	
认识使用Pt100铂热电阻		10	
智能温控仪固态输出带报警的加热系统的接线		50	
其他	安全操作规程遵守情况；纪律遵守情况	10	
	工具的整理与环境清洁	10	
工时：1学时	**教师签字：**	**总分**	
理论项目			
项目内容		**配分**	**得分**
叙述热敏电阻器、铂热电阻器、热电偶等温度传感器的工作原理		50	
了解热敏电阻器、铂热电阻器、热电偶等温度传感器的应用		50	
时间：1学时	**教师签字：**	**总分**	

任务3.6 视觉传感器

任务描述

视觉传感器是指通过对摄像头拍摄到的图像进行图像处理，对目标进行检测，并输出数据和判断结果的传感器。视觉传感器具有广泛的用途，比如应用于多媒体手机、网络摄像、数码相机、机器人视觉导航、汽车安全系统、生物医学像素分析、人机界面、虚拟现实、监控、工业检测、无线远距离传感、显微镜技术、天文观察、海洋自主导航、科学仪器等。这些不同的应用均以视觉图像传感器技术为基础。本任务介绍光导视觉传感器、PMT视觉传感器、CCD视觉传感器、CMOS视觉传感器、机器视觉。

任务目标

技能目标

会视觉传感器的接线。

知识目标

了解光导视觉传感器、PMT视觉传感器、CCD视觉传感器、CMOS视觉传感器、人工视觉的原理及应用。

知识准备

视觉传感器主要由光源、镜头、图像传感器、数模转换器、图像处理器、图像存储器等组成，如图3.73所示，其主要功能是获取足够的视觉系统要处理的最原始图像。

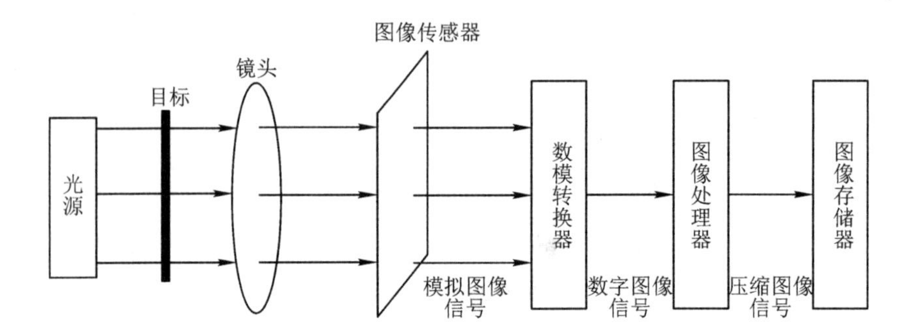

图3.73　视觉传感器的组成

一、光导视觉传感器

光导视觉传感器主要用于光导式摄像机，这种摄像机是由接收部分、光电转换部分和扫描部分组成的二维视觉传感器。摄像机的核心部件光导摄像管是一种利用物质在光的照射下发射电子的外光电效应而制成的真空或充气的光电器件。

光导摄像管一般有真空光电管和充气光电管两类，或称电子光电管和离子光电管。

1. 光导摄像管的构成原理

图3.74所示，光导摄像管是兼有光电转换功能和扫描功能的真空管。经透镜成像的光信号在摄像管的靶面上作为模拟量被记忆下来。从阴极发射的电子束依次在靶面(光电转换面)上扫描，将视觉的光信号转换成时间序列的电信号输出。

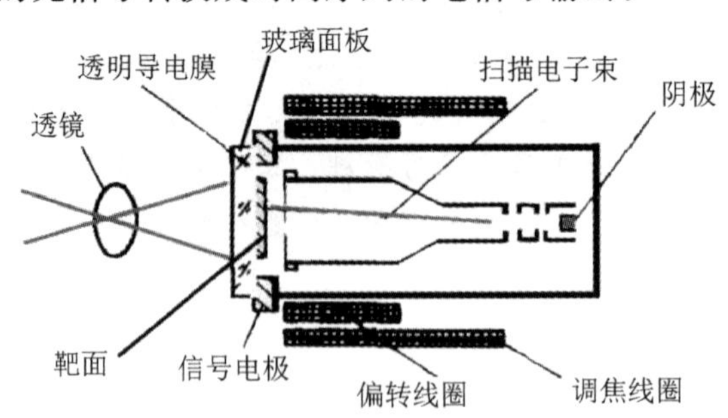

图3.74　光导摄像管的构成原理

2. 视觉传感器单个像素的光电变换原理

光电靶面上的每一个像素均可看作由电容 C，光照时导电性增强的光电基元 G_L 和不照射时也导电的暗电流基元 G_D 等并联的电路，其光电变换原理如图 3.75 所示。

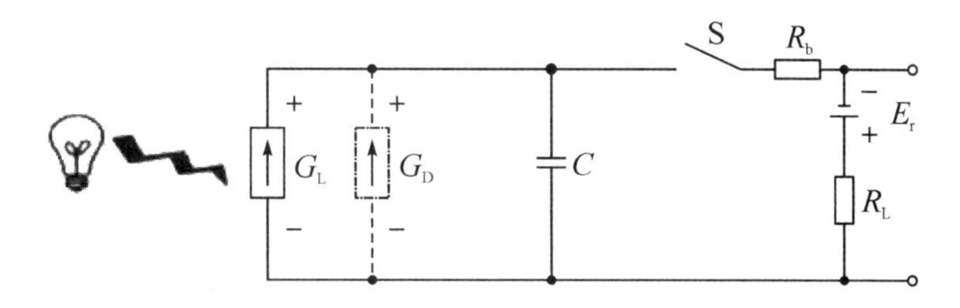

图 3.75　视觉传感器单个像素的光电变换原理

电子束扫描到该像素时开关 S 闭合，电容 C 在瞬间被 E_r 充电，扫描移到邻近像素时，S 打开。当 S 打开时，如有光照在 G_L 上，将产生电荷，它同 C 上的电荷中和一部分。下次扫描到该点时 S 再次闭合，已被中和了的 C 又被充电，充电电流 I_C 流过 R_L。电压 I_CR_L 同该像素点受光照射的强度有关，I_CR_L 即为视觉的输出。

二、PMT 视觉传感器

PMT(Photo Multiplier Tube，光电倍增管)是最早出现的视觉传感器，从 20 世纪 50 年代发展到现在，技术已经非常成熟，它是目前性能最好的视觉传感器。PMT 视觉传感器如图 3.76 所示。

图 3.76　PMT 视觉传感器

PMT 就像一个圆柱体小灯泡，直径约 3 cm，长度约 6 cm。它内置多个电极，将进入的光信号转化为电信号，其对即使很微弱的光线也可准确捕捉。

三、CCD 视觉传感器

CCD 是美国贝尔实验室于 1969 年发明的，它是一种特殊的半导体材料，由大量独立的感光二极管组成，一般这些感光二极管按照矩阵形式排列(富士公司的 Super CCD 除外)。

1. CCD 电荷耦合器

CCD(Charge-Coupled Device)传感器又称电荷耦合器，CCD 电荷耦合器是按一定规律排列的 MOS 电容器组成的阵列，用于实现光电转换、信号储存、转移、输出、处理，以及用作电子快门等。CCD 的特点如下：

（1）体积小，质量轻，功耗低，可靠性高，寿命长。

（2）空间分辨率高。

（3）光电灵敏度高，动态范围大。

（4）模拟、数字输出方便，与微机接口方便。

CCD 传感器广泛应用于扫描仪、数码相机以及数码摄像机中。目前，大多数数码相机采用的视觉传感器都是 CCD。

2. CCD 电极的工作原理

在 CCD 固体传感器的电极中，每一个 MOS 电容器实际上就是一个光敏元件（像素），假定半导体衬底是 P 型硅，当光照射到 MOS 电容器的 P 型硅衬底上时，会产生电子空穴对（光生电荷），电子被栅极吸引存储在陷阱中，64 位 CCD 电荷耦合器件结构原理如图 3.77 所示。入射光强则光生电荷多，入射光弱则光生电荷少，无光照的 MOS 电容器则无光生电荷。这样把光的强弱变成与其成比例的电荷的多少，实现了光电转换。若停止光照，由于陷阱的作用电荷在一定时间内也不会消失，可实现对光照的记忆。

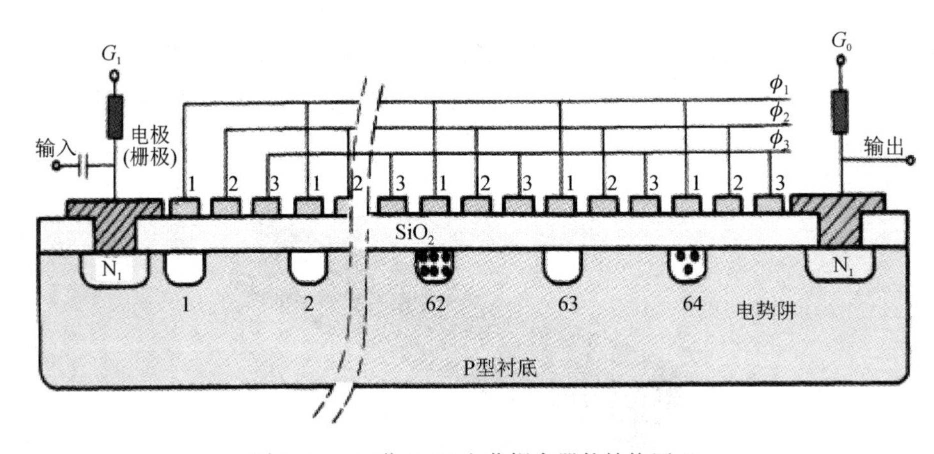

图 3.77　64 位 CCD 电荷耦合器件结构原理

MOS 电容器实质上是一种光敏元件与移位寄存器合二为一的结构，称为光积蓄式结构，这种结构最简单。但是因光生电荷的积蓄时间比转移时间长得多，所以再生视觉往往产生“拖尾”，视觉容易模糊不清。另外，直接采用 MOS 电容器感光虽然有不少优点，但它对蓝光的透过率差，灵敏度低。现在更多的在 CCD 视觉传感器上使用的是光敏元件与移位寄存器分离式的结构。

CCD 视觉传感器中的 MOS 电容器按照矩阵形式排列，可排列成一条直线呈线阵列，接收一条光线的照射；也可排列成二维平面呈面阵列，接收一个平面的光线的照射。CCD 摄像机、照相机就是通过透镜把外界的景物投射到二维 MOS 电容器面阵上，产生 MOS 电容器面阵的光电转换和记忆。面阵 MOS 电容器的光电转换如图 3.78 所示。

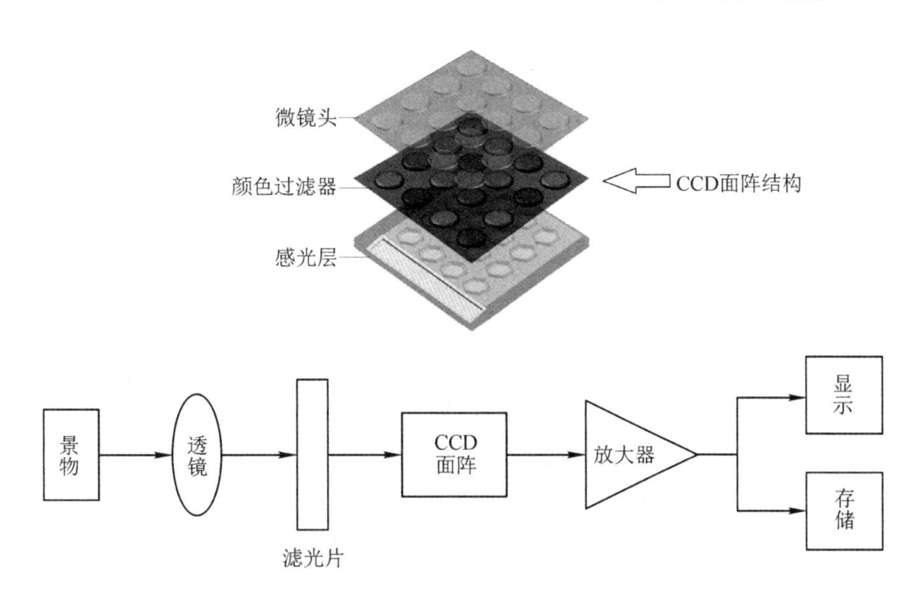

图 3.78　二维 MOS 电容器面阵的光电转换

3. CCD 固态视觉传感器的应用

CCD 固态视觉传感器的外形及应用如图 3.79 所示。CCD 固态视觉传感器可组成测试仪器，用于测量物位、尺寸、工件损伤等；用于光学文字识别、图像识别、摄像等方面，作为光学信息处理装置的输入环节；用于机床、自动售货机、自动搬运车以及自动监视装置等方面，作为自动流水线装置中的敏感器件；作为机器人的视觉部分，监控机器人的运行。

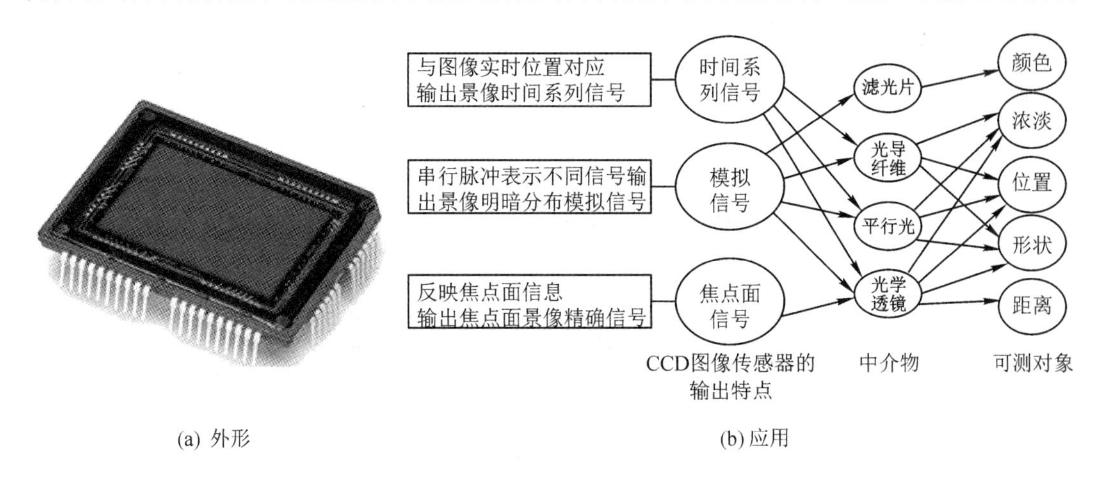

图 3.79　CCD 固态视觉传感器的外形及应用

四、CMOS 视觉传感器

1. CMOS 与 CCD 视觉传感器的区别

CMOS 视觉传感器的外形如图 3.80 所示。CCD 和 CMOS 的主要区别如下：

(1) 制造上的区别。CMOS 和 CCD 同为半导体，但 CCD 是集成在半导体单晶材料上的，而 CMOS 集成在被称作金属氧化物的半导体材料上。

（2）工作原理的区别。二者的主要区别是读取视觉数据的方法，CCD 从阵列的一个角落开始读取数据；CMOS 对每个像素都采用有源像素传感器及晶体管实现视觉数据读取。

（3）视觉扫描方法的区别。CCD 传感器连续扫描，在最后一个数据扫描完成之后才能将信号放大；CMOS 传感器的每个像素都有一个将电荷转化为电子信号的放大器。

（4）成像方面的区别。CMOS 器件产生的视觉质量相比 CCD 来说要低一些。

图 3.80　CMOS 视觉传感器的外形

2. CMOS 视觉传感器的应用

利用 CMOS 型光电变换器件可做成 CMOS 视觉传感器。CMOS 线型图像传感器的构成如图 3.81 所示。由 CMOS 衬底直接受光照射产生并积蓄光生电荷的方式不大采用。现在在 CMOS 视觉传感器上使用更多的是光敏元件与 CMOS 型放大器分离式的结构。

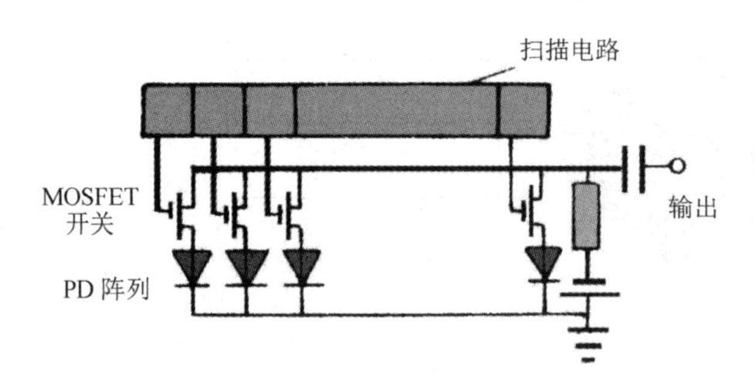

图 3.81　CMOS 线型图像传感器的构成

CMOS 视觉传感器与 A/D 电路、数字信号处理器 DSP 电路等集成在一起，可完成其他的许多功能，如 A/D 转换、负载信号处理、白平衡调整（即通过视觉调整使在各种光线条件下拍摄的照片色彩与人眼看到的景物色彩一样）以及相机控制。CMOS 视觉传感器耗电小，其耗电量约为 CCD 视觉传感器的 1/3。

CMOS 视觉传感器与 CCD 视觉传感器一样，可用于自动控制、自动测量、摄影摄像、视觉识别等各个领域。CMOS 相对 CCD 最主要的优势就是非常省电。

五、机器视觉(Machine Vision,MV)

在实现机电系统智能化时，图像识别非常重要，其中实现人眼的部分视觉功能是关键问题。以视觉传感器为核心元件的机器视觉就是用机器代替人眼来做测量和判断。机器视觉系统运用光学的装置和非接触的传感器自动地接受和处理一个真实物体的图像,通过分析(各种运算)获得所需信息(目标的特征)，进而控制现场设备的动作。机器视觉系统主要由光源、镜头、相机、图像采集模块、图像处理模块、交互界面等组成。典型机器视觉应用系统组成如图 3.82 所示。

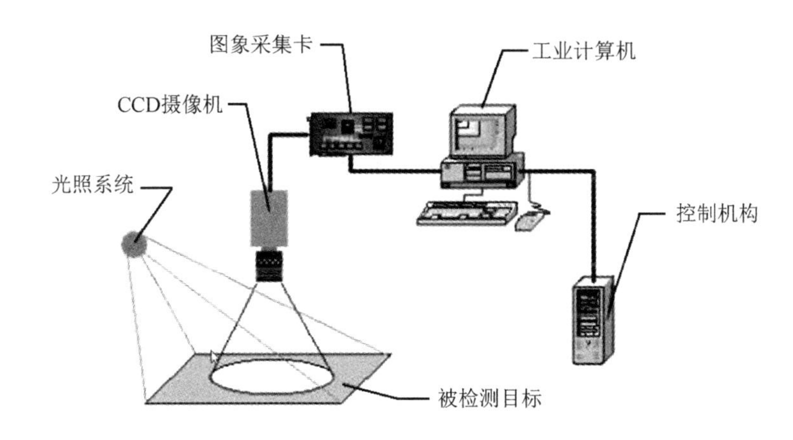

图 3.82　典型机器视觉应用系统组成图

机器视觉系统通过图像采集硬件(如相机、镜头、光源等)将光信号转换成图像信号。相机的作用是采集图像，把光信号转变为电信号并输出图像给计算机；镜头负责将被测目标成像至摄像机的感光芯片上；光照系统用于提供充足且稳定的光照，以确保图像采集的清晰度和准确性。

图像处理软件接收来自相机的图像信号，依据像素亮度、颜色分布等信息，运用图像增强、图像分割、特征抽取、图像识别与分析等技术，对目标进行特征提取并做出相应判断。

最后，根据图像处理软件的分析结果，机器视觉系统输出相应的控制信号，以控制现场设备的动作。例如，在工业自动化领域中控制机器人的运动轨迹、调整生产线的运行速度等。

图 3.83 所示，机器视觉工作流程包括以下步骤：

(1) 图像采集:光源照明被检测对象，镜头将物体图像传递给相机，相机捕获图像数据。

(2) 图像处理:图像采集卡将图像数据传输到计算机，计算机对图像进行预处理、特征提取和分析。由于输入的图像信息含有噪声，因此并非每个像素都具有实际意义。所谓图像的预处理就是消除噪声，将全部像素的集合进行再处理，以构成为线段或区域等有效的像素组合，从所需要的物体图像中去掉不必要的像素。

(3) 缺陷识别(根据需求而定)：基于预设的检测算法和模型，计算机对图像中的缺陷进行识别和定位。

首先，输入被识别物体的图像模型，并抽取其几何形状特征；然后，用视觉传感器输入物体的图像并抽取其几何形状特征，用比较判断程序比较两者的异同。如果各几何形状特征相同，则该物体就是所需要的物体。物体的几何形状特征一般是面积、周长、重心、最大直径、最小直径、孔的数量、孔的面积之和等。这些几何量可根据图像处理所得到的线架图求得。

例如，如果连杆的周长(像素数)与预先输入的连杆图像的周长(像素数)相同，即可确认是连杆。若有两个物体图像的某一几何特征(如周长)，其像素数相同，可对其上孔的数量或其他几何特征进行比较，从而确切识别出各种物体。

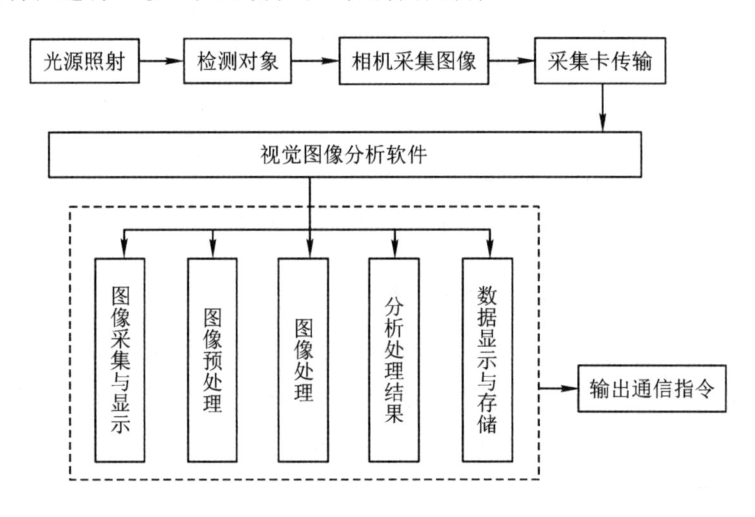

图 3.83　机器视觉系统的工作流程图

(4) 数据输出：检测结果以数字化形式输出，包括缺陷类型、位置、大小等信息，用于生产过程的实时监控和质量控制等。

不同的机器视觉系统可能会在具体组成和操作上有所差异，但总体上都遵循上述基本原理和流程。在实际应用中，还需要根据具体的检测要求和场景，选择合适的硬件设备，并设计相应的图像处理算法和模型。

在一些不适合人工作业的危险工作环境或人工视觉难以满足要求的场合，常用机器视觉来替代人工视觉。在大批量工业生产过程中，用机器视觉检测方法可以大大提高生产效率和生产的自动化程度。同时，机器视觉快速对生产线上的产品进行测量、引导、检测和识别，并能保质保量地完成生产任务。

任务实施 认识视觉传感器

下面以视觉龙的VDSR(Vision Dragon Sensor)视觉传感器为例介绍它的定义、软件、功能和应用场景。此传感器操作简单，用户界面友好，使用方便，与其他光电传感器比较接近。视觉传感器外形如图3.84所示。

图3.84 视觉传感器外形图

一、VDSR视觉传感器

VDSR视觉传感器是一种高度集成化的微小型机器视觉系统。它将图像的采集、处理与通信功能集成于单一相机内，从而提供了具有多功能、模块化、高可靠性、易于实现的机器视觉解决方案。视觉传感器由图像采集单元、图像处理单元、图像处理软件、网络通信装置等构成。由于应用了最新的DSP、FPGA及大容量存储技术，其智能化程度不断提高，可满足多种机器视觉的应用需求，VDSR视觉传感器结构如图3.85所示。

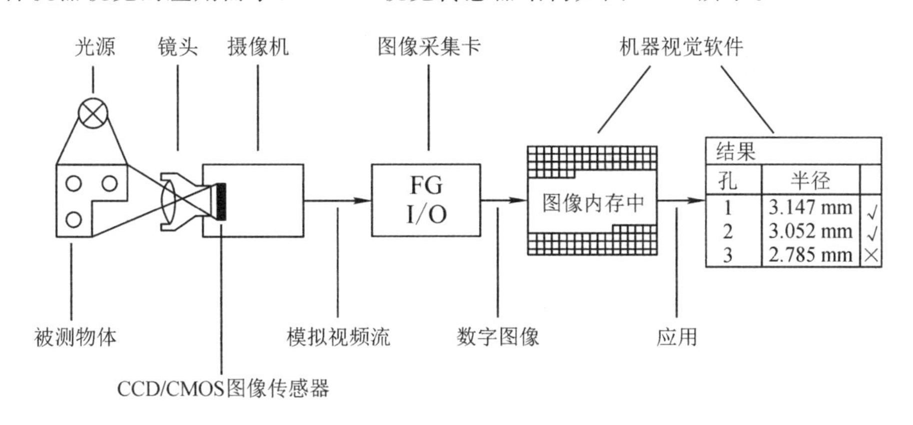

图3.85 VDSR视觉传感器结构图

VDSR视觉传感器提供了具有针对性的视觉工具，实际应用中可以当作定位、检测以及读码传感器使用，生产厂家提供了VDSR软件，可通过PC或者平板电脑进行配置，配置完成后可以脱机运行。与其他视觉传感器不同，VDSR不提供镜头和光源，需要客户根据项目要求自行选配，VDSR可以提供函数库供客户二次开发以满足复杂的项目需求，可以看作一款简单的智能相机。作为一款优秀的一体化工业传感器，VDSR内置摄像头、处理器、网络连接、I/O接口等，所有这些元件都集成于一个体积小、可适应狭窄空间的工业外壳中。

VDSR视觉传感器技术参数如下：

◆ 32位DSP CPU。

◆ LAN以太网：100 Mb/s。

◆ I/O：2input/4output，每个output的输出电流最高可达400 mA。

◆ 像素：640 pix × 480 pix（30万像素）、1280 pix × 1024 pix（130万像素），CMOS Sensor。

◆ 供电电压：24(1±20%)V DC，最大电流300 mA。

◆ 工作温度：0～55 ℃，相对湿度0～80%，无冷凝。

◆ 保存环境：-20～60 ℃，相对湿度0～80%，无冷凝。

◆ 最大帧率：60 f/s。

◆ 功耗：约1.5 W。

二、应用场合

1. 应对难以检测的工件

在难以稳定检测的不正常反光的斜面等情形下，VDSR视觉传感器可稳定检测。图3.86所示，VDSR视觉传感器使用模板匹配工具来识别LOGO的有无。如果以面观测的范围内含有LOGO，即可不受表面凹凸、位置参差不齐的影响而稳定地进行识别。使用时可根据产品大小，选择相应型号的传感器。

选择工具:模板匹配

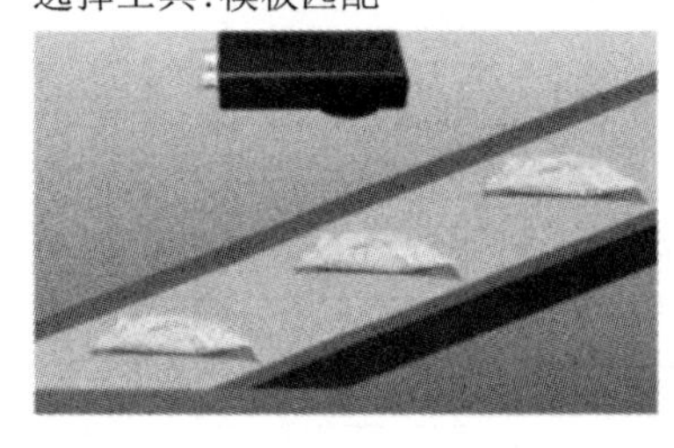

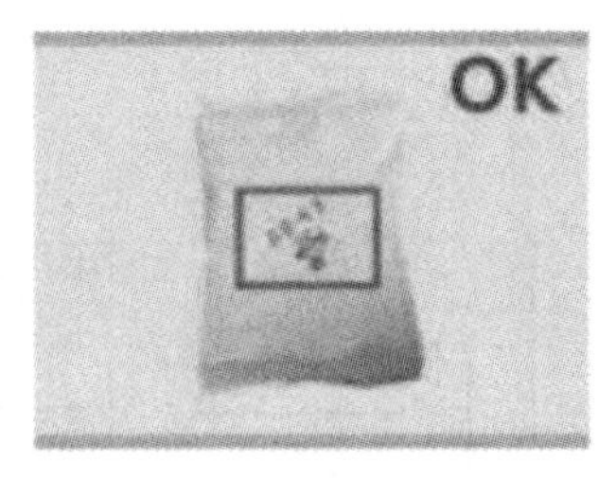

图3.86　VDSR视觉传感器识别有无LOGO

2. 一台检测多个点的有无

一台VDSR视觉传感器即可解决最多四个点的识别，也可同时识别多个点，同时检测多个点。VDSR视觉传感器同时检测多个点位，如图3.87所示。

VDSR视觉传感器使用轮廓匹配工具可同时检测多个目标，同时可与其他工具组合使用进行跟随检测，这样即使视内目标位置发生变化，也能正常使用。

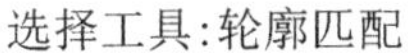

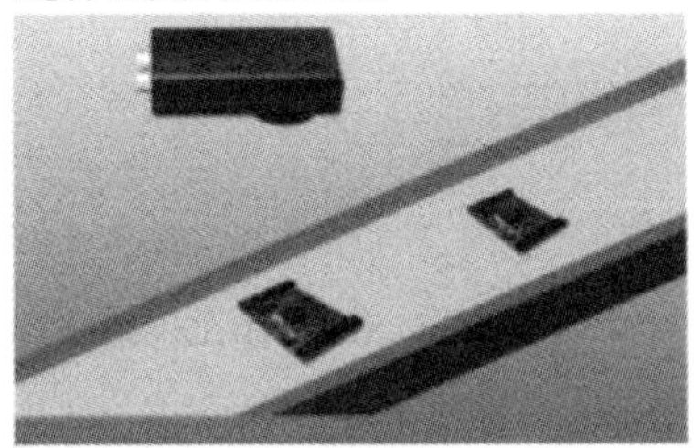

图 3.87 VDSR 视觉传感器同时检测多个点位

3. 应对位置不定的检测

利用 360°模板匹配功能，只须将检测部位控制在观测区域内就能够准确识别。例如，自动修正搬送错位，即使工件错位也无妨，视觉传感器自动修正搬运错位如图 3.88 所示。

选择工具:Blob工具、轮廓匹配工具

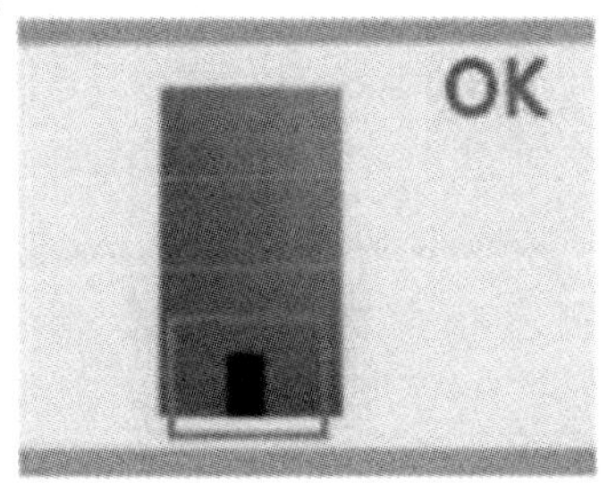

图 3.88 视觉传感器自动修正搬运错位

VDSR 视觉传感器使用 Blob 工具和轮廓匹配工具可进行跟随检测。即使对象在以面观测的范围内生产错位，也可使用轮廓匹配工具自动修正。无须再使用使产品排列整齐的设备，利于节约成本。

4. 识别工件形状

VDSR 视觉传感器识别工件形状如图 3.89 所示。VDSR 视觉传感器使用轮廓匹配工具进行形状识别。仅用一台 VDSR 视觉传感器即可完成对种类的识别。由于是通过对象轮廓来识别形状，因此即使金属表面的反射状态参差不齐，利用 VDSR 视觉传感器也可稳定地

选择工具:轮廓匹配工具

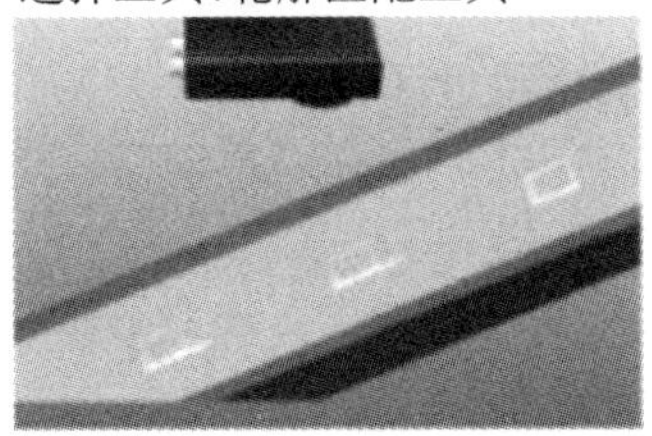

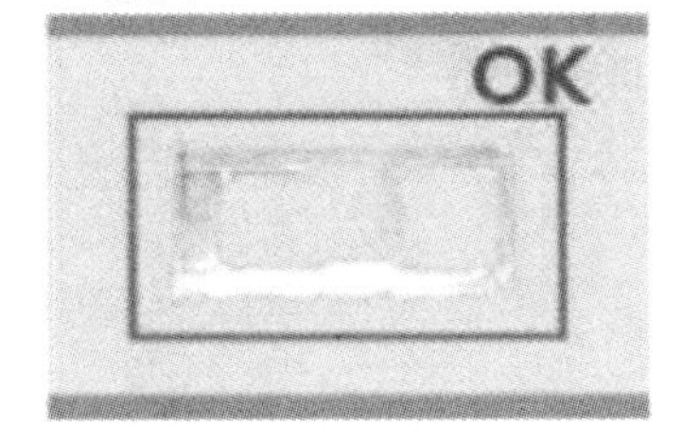

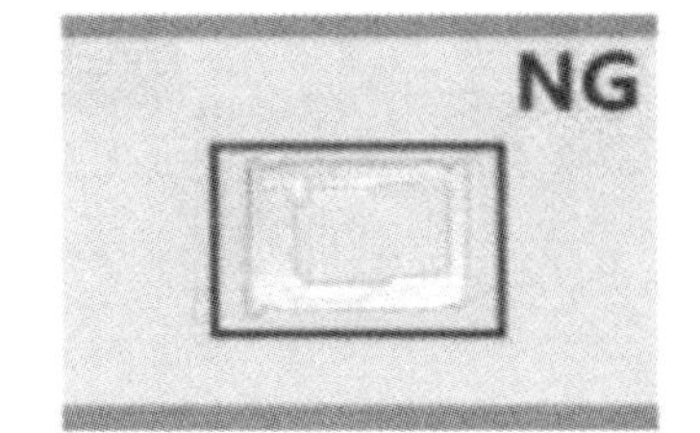

图 3.89 VDSR 视觉传感器识别工件形状

进行识别。

三、VDSR 视觉传感器接口

VDSR 视觉传感器与外围设备的连接如图 3.90 所示。

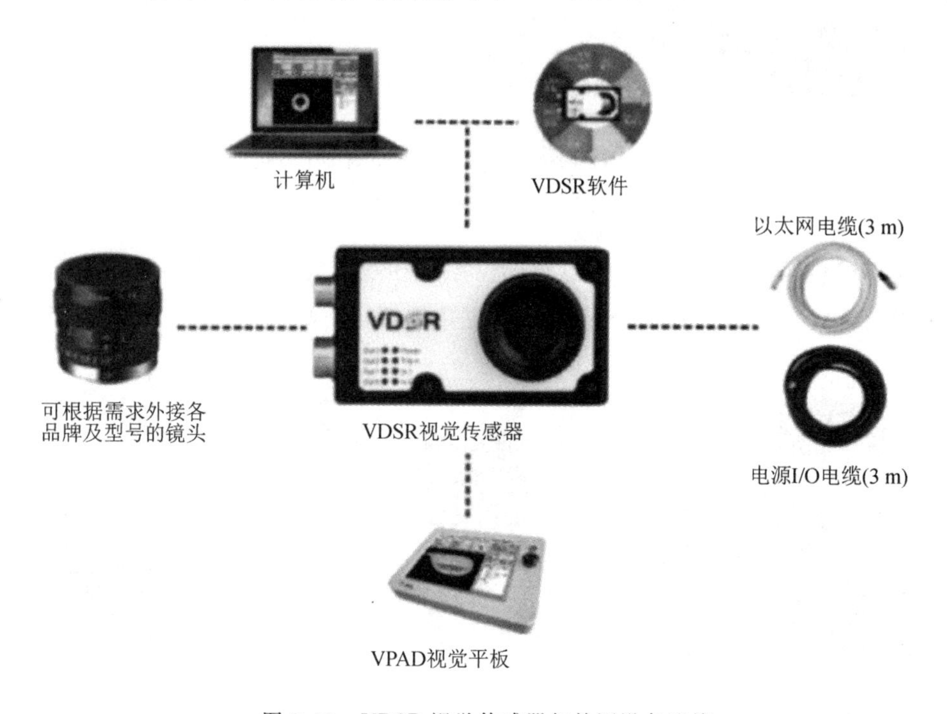

图 3.90 VDSR 视觉传感器与外围设备连接

1. 接口介绍

VDSR 视觉传感器的接口如图 3.91 所示，VDSR 采用与外界交换数据的物理 I/O 接口、电源和触发接口，以及用于编辑检测工具、参数、监测运行状态的以太网接口。

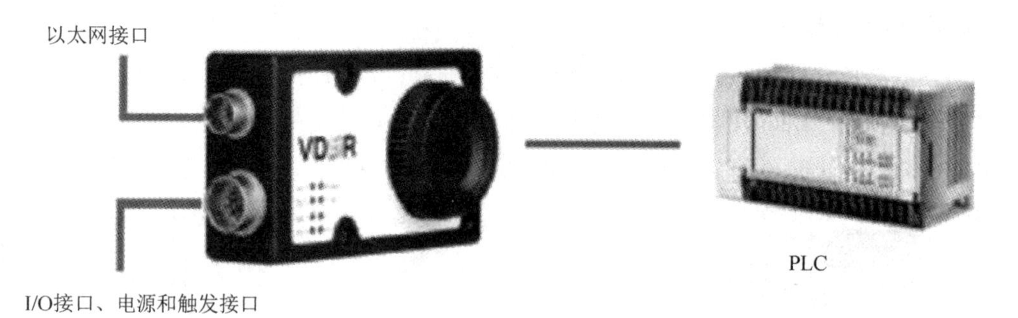

图 3.91 VDSR 视觉传感器的接口

2. VDSR 上的 LED 定义

VDSR 上的 8 个 LED 的功能是显示电源状态信息、I/O 和触发脉冲输入状态信息等，VDSR 视觉传感器上的 LED 定义如图 3.92 所示。

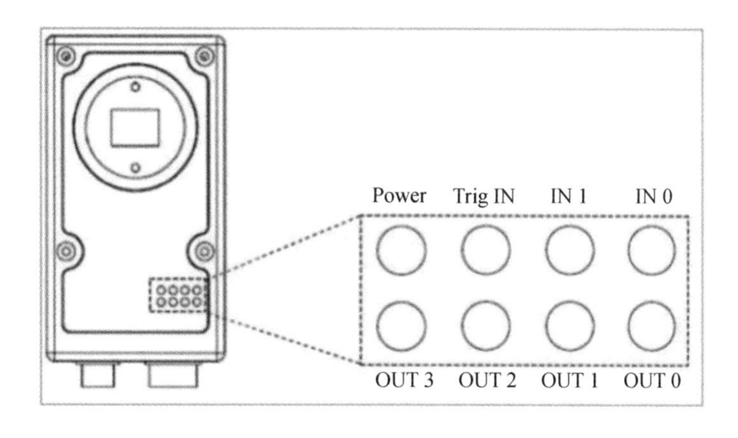

图 3.92　VDSR 视觉传感器上的 LED 定义

3. VDSR 与 PC 及各通信端的连接

VDSR 通过唯一一个以太网接口与外界连接，因而对于需要频繁切换通信端的应用场合，建议配合路由器使用。VDSR 的固定 IP 为 192.168.0.65，故路由器的 LAN 接口或 PC 的 IP 应配置为同一网段，网关统一为 255.255.255.0；对于仅有串口的通信端，可使用网口转串口设备进行转接。PC 端 IP 配置如图 3.93 所示，IP 地址只要在 192.168.0.xxx 网段内即可。

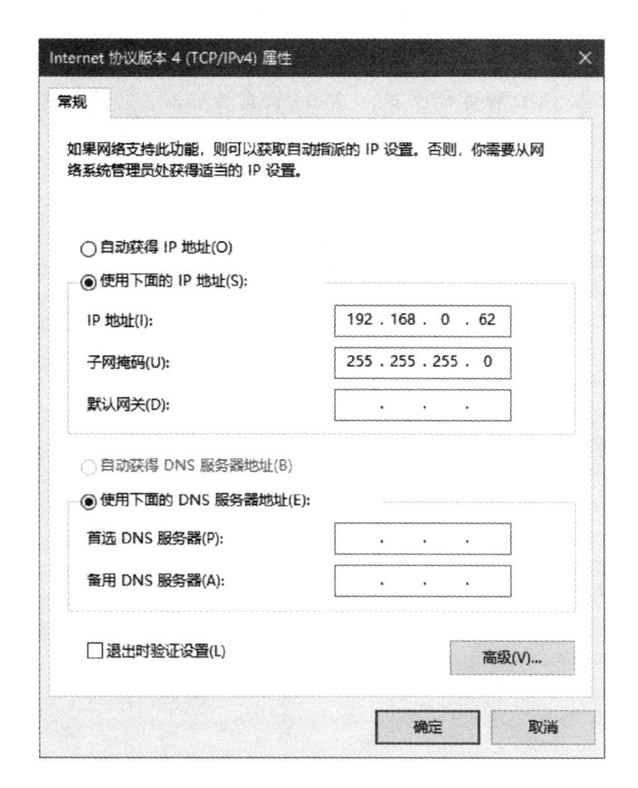

图 3.93　PC 端 IP 配置图

任务评价

教师根据学生阅读记录结果及接线情况给予评价，结果计入表 3.16 中。

表 3.16 任务评价表

实训项目			
项目内容		**配分**	**得分**
VDSR 视觉传感器的特点		20	
VDSR 视觉传感器的优势		20	
VDSR 视觉传感器有哪些应用场景		20	
VDSR 视觉传感器有哪些接口		20	
其他	安全操作规程遵守情况；纪律遵守情况	10	
	工具的整理与环境清洁	10	
工时：1 学时	**教师签字：**	**总分**	
理论项目			
项目内容		**配分**	**得分**
叙述光导视觉传感器 、CCD 视觉传感器、CMOS 视觉传感器、机器视觉的工作原理		50	
了解光导视觉传感器 、CCD 视觉传感器、CMOS 视觉传感器、机器视觉的应用		40	
机器视觉构成		10	
时间：1 学时	**教师签字：**	**总分**	

机电一体化伺服驱动技术

伺服(Servo)即“伺候服侍”，是在控制指令的指挥下，控制执行元件，使机械系统的运动部件按照指令运动。伺服系统是一种能够跟踪输入的指令信号进行动作，获得精确的位置、速度，以及动力输出的自动控制系统。

本项目包括认识机电一体化伺服系统、步进电动机驱动控制、直流伺服电动机驱动控制、交流伺服电动机驱动控制、直线电动机伺服驱动控制五个相对独立的任务。

任务 4.1 认识机电一体化伺服系统

任务描述

伺服系统主要用于机械设备位置和速度的动态控制。加工中心的机械加工过程就是一个典型的伺服控制过程，位移传感器不断地将刀具进给的位移传送给计算机，通过与加工位置目标比较，计算机输出继续加工或停止加工的控制信号。本任务介绍伺服驱动系统的组成、分类，以及执行元件与负载之间的连接方式。

任务目标

技能目标

能区分开环伺服系统、半闭环伺服系统、全闭环伺服系统。

知识目标

(1) 理解伺服驱动系统的组成及其作用；

(2) 了解伺服系统的分类；

(3) 了解执行元件与负载之间的连接方式。

知识准备

一、伺服驱动系统的组成

伺服驱动系统组成原理框图如图 4.1 所示。从自动控制理论的角度来分析，机电一体化的伺服控制系统一般由以下环节组成。

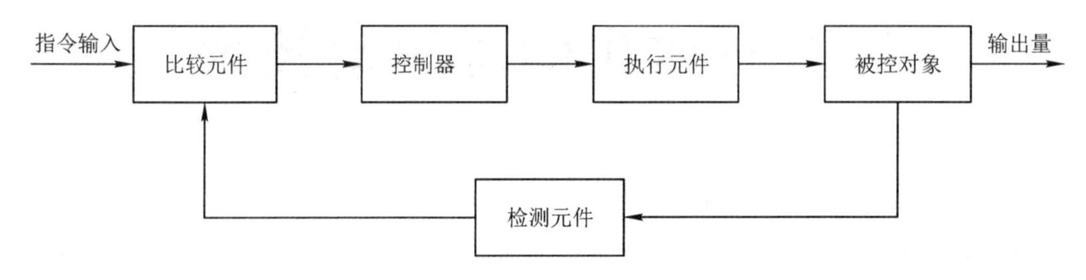

图 4.1 伺服驱动系统组成原理框图

(1) 比较元件：将输入的指令信号与系统的反馈信号进行比较，以获得输出与输入间的偏差信号的环节，通常由专门的电路或计算机来实现。

(2) 控制器：通常是计算机或 PID 控制电路，主要任务是对比较环节输出的偏差信号进行变换处理，以控制执行元件按要求动作。

在机电系统应用中，控制器主要控制以下几种物理量：

① 在机械系统中，控制力、扭矩、位移、速度等物理量；

② 在电气系统中，控制电压、电流等物理量；

③ 在液压系统中，控制流量、压力等物理量。

(3) 执行元件：其作用是按控制信号的要求，将输入的各种形式的能量转化成机械能，驱动被控对象工作。机电一体化系统中的执行元件一般是指各种电动机或液压、气动伺服机构等。

(4) 被控对象：被控制的机构或装置，是直接完成系统目的的主体，一般包括传动系统、执行装置和负载。

(5) 检测元件：能够对输出进行测量，并转换成比较环节所需要的量纲的装置。一般包括传感器和转换电路。无论采用何种控制方案，系统的控制精度总是低于检测装置的精度。

在实际的伺服控制系统中，上述的每个环节在硬件特征上并不独立，可能几个环节在一个硬件中，如测速直流电动机既是执行元件又是检测元件。

二、伺服系统的分类

1. 按伺服执行装置类型分类

伺服系统按伺服执行元件类型或其控制能源的不同，分为电动伺服系统、液动伺服系统和气动伺服系统三类。伺服系统按伺服执行元件分类如图 4.2 所示。

机电一体化伺服系统要求执行元件具有转动惯量小、输出动力大、便于控制、可靠性高和安装维护简便等特点。电气式、液压式和气动式执行元件是三种最常用的执行元件。

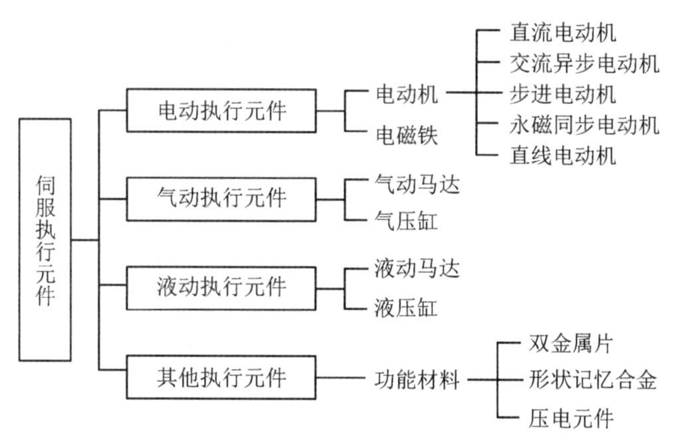

图 4.2 伺服系统按伺服执行元件分类图

1）电动伺服系统

（1）电动伺服系统执行元件的分类。

① 实现回转运动的执行元件：直流电动机、交流异步电动机、步进电动机。

② 实现直线运动的执行元件：直线电动机。

③ 实现开关或继电逻辑动作的执行元件：电磁阀、继电器等。

（2）电动伺服系统的特点。电动伺服系统获得能源容易，使用方便，与计算机接口方便。随着交流电动机变频调速与直线电动机新技术的发展，速度调整容易、响应快、范围宽，不需要设置或少设置齿轮、同步带等传动机构，大大简化了机械设计，使机械设计向轻、小、灵的方向发展，因而在机电一体化产品中获得了广泛应用。常见伺服驱动器与配套的电动机产品如图 4.3 所示。

图 4.3 常见伺服驱动器与配套的电动机产品

2）液动伺服系统

液动执行元件主要有液压控制器、液压伺服放大器、伺服阀、液压执行机构，如图 4.4 所示。液压伺服装置有液压油缸、液压马达、液压伺服调节阀等，如图 4.5 所示。液动伺服系统常用于大功率推动机械，如压延机、轧钢机、工程机械等。液动伺服系统的缺点是易漏油、占地面积大，以及动态响应不如伺服电动机。

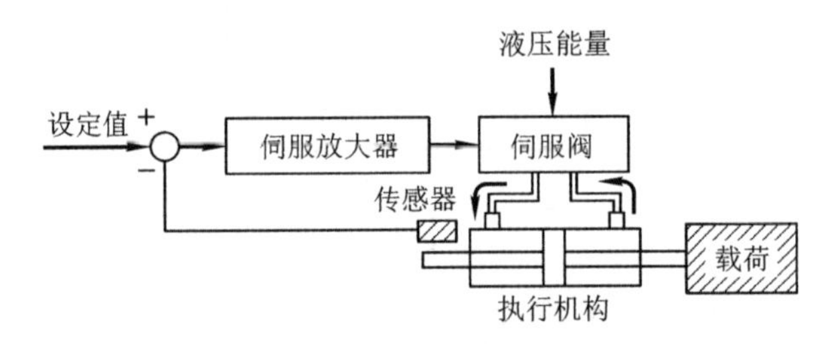

图 4.4　液动伺服系统的构成图

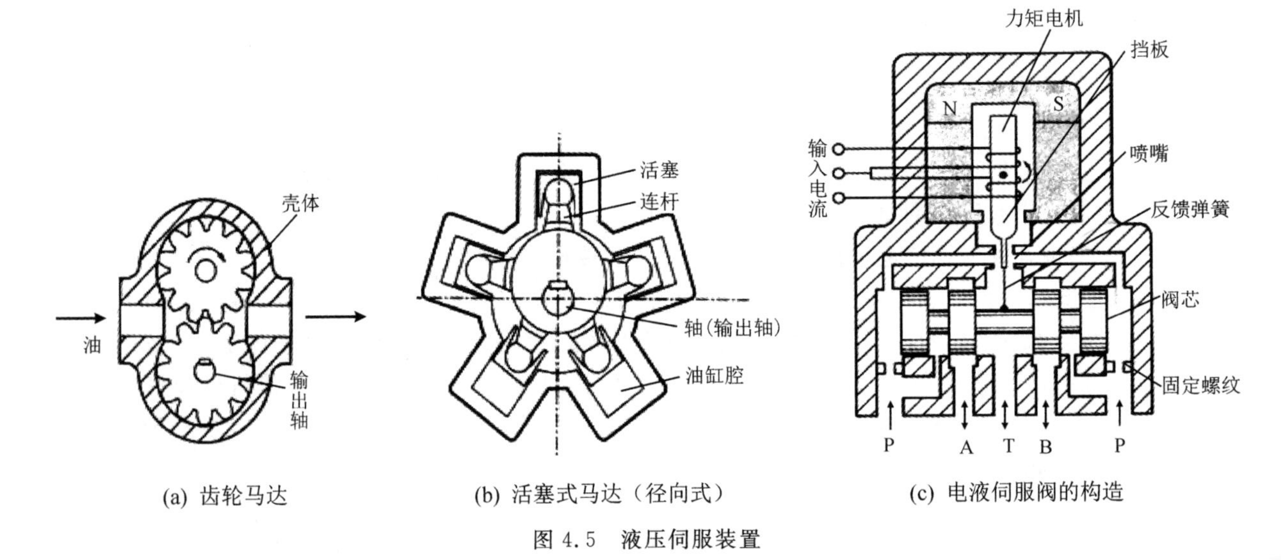

图 4.5　液压伺服装置

3）气动伺服系统

气动伺服系统由电源、空气压缩机、过滤器、气动控制器、执行器构成，如图 4.6 所示。气动执行元件有气压缸、气动马达、气动吸盘机、射钉枪等，如图 4.7 所示。

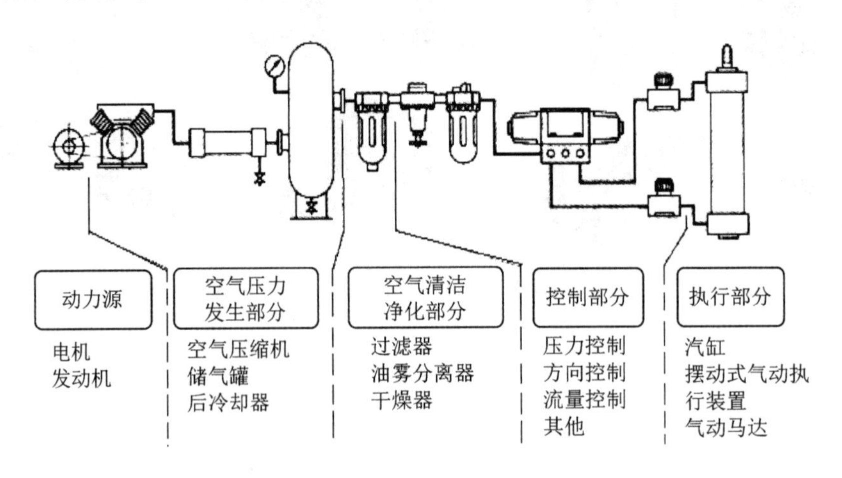

图 4.6　气动伺服系统的构成图

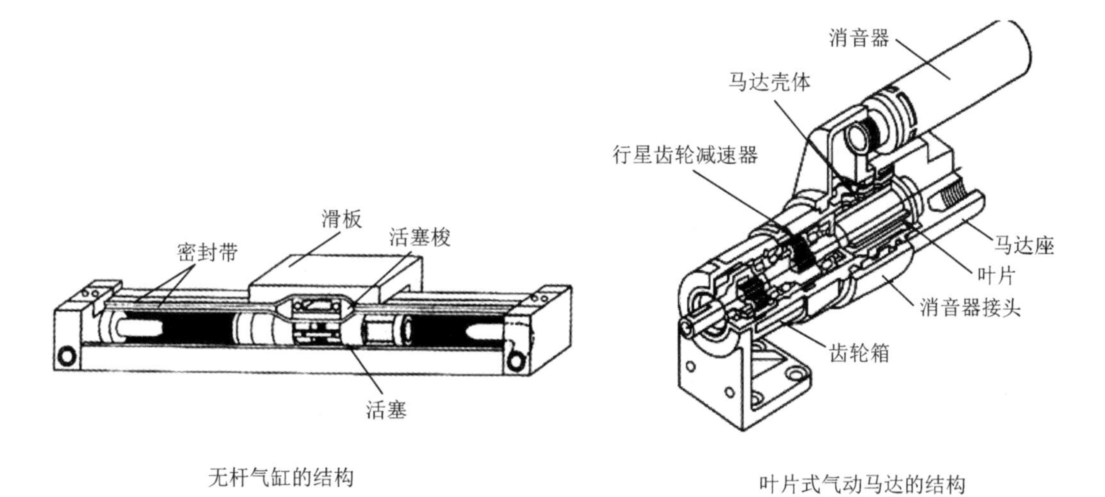

无杆气缸的结构　　叶片式气动马达的结构

图 4.7　气动执行元件

气动伺服系统的突出优点是气源方便，结构简单，动作快，不需要减速机构，适用于工件的夹紧、吸附、输送等自动生产线上，如图 4.8 所示。特别是在防燃、防爆要求高的地方得到了广泛应用。

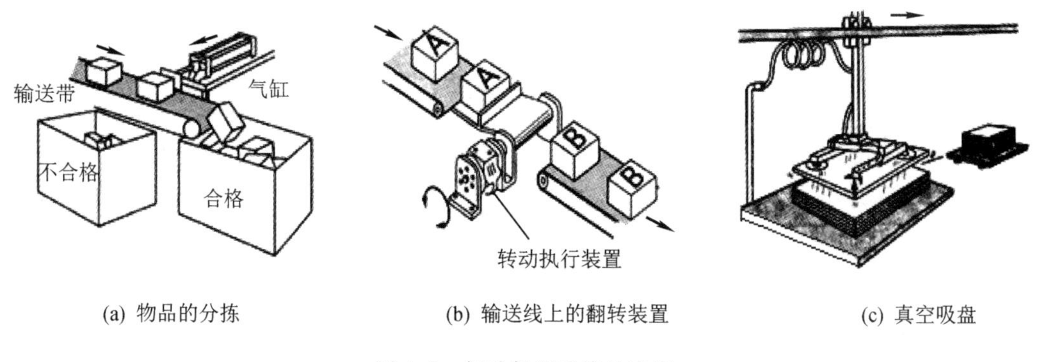

(a) 物品的分拣　　(b) 输送线上的翻转装置　　(c) 真空吸盘

图 4.8　气动伺服系统的应用

气动伺服系统的缺点是：输出功率小，体积大，工作噪声大，以及伺服控制难。

2. 按检测反馈装置分类

伺服系统按有无检测传感器以及传感器安装的位置可分为开环伺服系统、半闭环伺服系统和全闭环伺服系统三种。

开环伺服系统如图 4.9 所示。这种伺服系统未安装传感器，步进电动机作为执行元件，系统简单、经济。

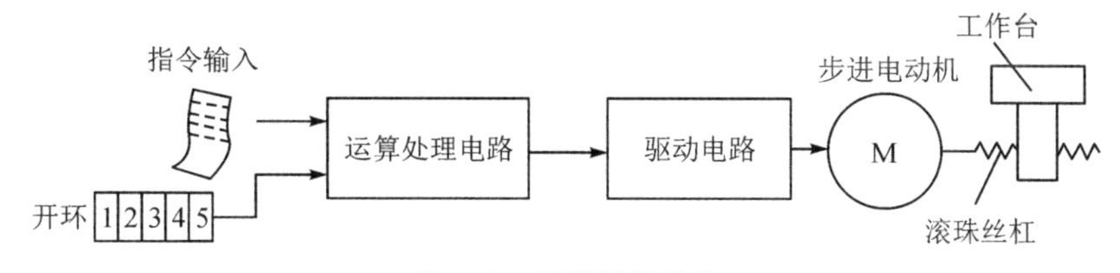

图 4.9　开环伺服系统

半闭环伺服系统如图 4.10 所示。这种伺服系统安装有位置或速度检测传感器(如光电编码器)，但是不直接安装在运动机械(如数控机床)的刀架或工作台上，而是安装在与交、直流电动机内尾端同轴上或传动机构(如滚珠丝杠副)的末端，间接反映运动机械位置或速度的变化量。这样在电动机同轴上安装传感器构成的半闭环系统，只间接反映执行机构的运动状态，所以称为半闭环系统。半闭环系统使用交、直流伺服电动机驱动，精度比开环的高，系统更稳定。

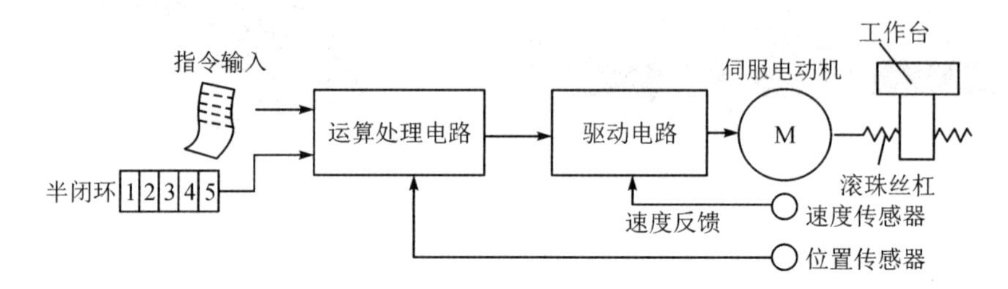

图 4.10　半闭环伺服系统

全闭环伺服系统如图 4.11 所示。这种伺服系统是在运动机械(如工作台)上安装传感器(如光栅尺)，包含传动机械误差，直接反映执行机构运动状态，故称全闭环系统。全闭环系统使用交、直流伺服电动机驱动，是精度最高的伺服系统。

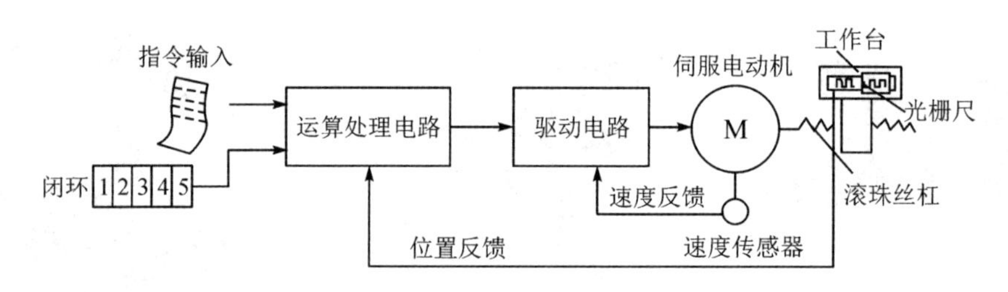

图 4.11　全闭环伺服系统

三、输出接口装置

执行元件与负载之间的连接方式一般有两种：一种是直接驱动，与负载固连；另一种是通过不同的机械传动装置(如齿轮传动链、带传动)与负载相连，这些机械传动装置就是执行元件的输出接口装置。

当执行元件选用直线运动的液压缸或气缸时，往往采用直接驱动方式。当选用回转运动的电动机或液压马达时，若负载惯量和负载力矩较小，则宜采用低速马达或采用低传动比的机械传动装置与负载相连，以得到较大的力矩惯量比，获得好的加速性能；若负载惯量较大，则宜采用高传动比的机械传动装置与负载相连，以便获得较高的驱动系统固有频率。

任务实施　认识机电一体化伺服驱动系统

结合图 4.9～图 4.11 所示的机电一体化系统或其他机电一体化系统，根据是否有反馈检测元件区分开环伺服系统、半闭环伺服系统、全闭环伺服系统。

任务评价

教师根据学生记录结果给予评价，结果计入表4.1中。

表4.1 任务评价表

实训项目			
项目内容		配分	得分
认识机电一体化伺服驱动系统	基本情况记录	100	
工时：1学时	教师签字：	总分	
理论项目			
项目内容		配分	得分
叙述机电一体化伺服控制系统一般由哪些环节组成，并指出各环节的作用		20	
叙述伺服系统按伺服执行元件类型或其控制能源分为哪三类，并指出各自的特点		40	
叙述伺服系统按有无检测传感器及传感器安装的位置可分为哪三类，并指出各自的特点		40	
时间：1学时	教师签字：	总分	

任务4.2 步进电动机驱动控制

任务描述

步进电动机驱动系统一般构成典型的开环系统，其驱动系统原理图如图4.12所示。在开环系统中，执行元件是步进电动机，它能将CNC装置输出的进给脉冲转换成机械角位移运动，并通过齿轮、丝杠带动工作台作直线移动。

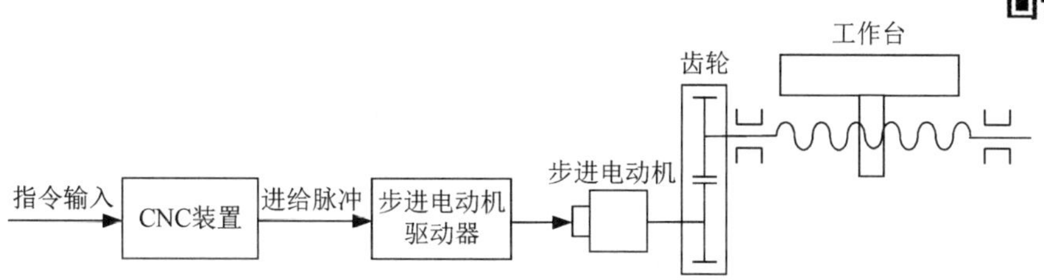

图4.12 步进电动机驱动系统原理图

步进电动机驱动系统中无位置、速度检测环节，其精度主要取决于步进电动机的步距角以及与之相连的传动链的精度。

步进电动机的最高转速通常要比直流伺服电动机和交流伺服电动机低，且在低速运转时容易产生振动，影响加工精度。

步进电动机驱动系统的控制比较容易，在速度和精度要求不太高的场合有一定的使用价值，特别适合于中、低精度的经济型数控机床和普通机床的数控化改造。本任务介绍步进电动机的结构、分类、工作原理、特点以及驱动控制等。

任务目标

技能目标

会步进电动机驱动控制接线。

知识目标

(1) 了解步进电动机的结构、分类；

(2) 掌握步进电动机的工作原理、特点以及驱动控制方式。

知识准备

一、步进电动机的结构

下面以单定子、径向分相、反应式(Variable Reluctance，VR)步进电动机为例介绍步进电动机的结构。单定子径向分相反应式步进电动机结构图如图 4.13 所示。

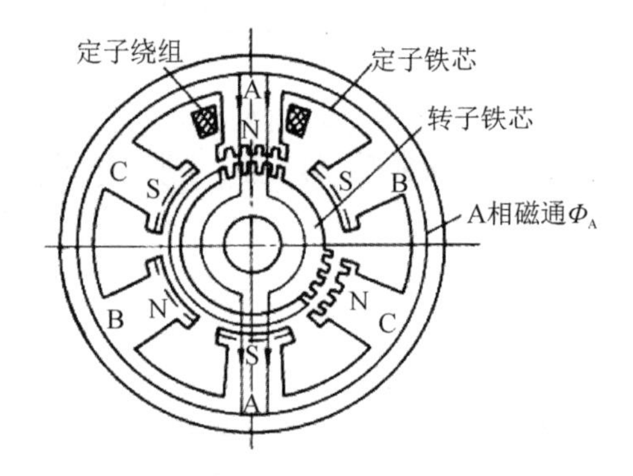

图 4.13 单定子径向分相反应式步进电动机结构图

步进电动机在结构上分定子和转子两部分。定子部分主要包括定子铁芯和定子绕组。定子铁芯由硅钢片叠压而成，定子绕组是绕置在定子铁芯上的线圈，在径向上相对的两个齿上的线圈串联在一起，构成一相控制绕组。图 4.13 所示的步进电动机可构成 A、B、C 三相控制绕组，故称三相步进电动机。转子是齿轮状导磁体铁芯。

任意一相绕组通电便形成一组定子磁极，其方向如图 4.13 所示的 N、S 极。在定子的每个磁极面向转子的部分，又均匀分布着 5 个小齿，这些小齿呈梳状排列，齿槽等宽，齿距角为 9°。转子上没有绕组，均匀分布着 40 个齿，其大小和间距与定子上的完全相同。

三相定子磁极上的小齿在空间位置上依次错开 1/3 齿距，即 3°，如图 4.14 所示。当 A 相磁极上的小齿与转子上的小齿对齐时，B 相磁极上的齿刚好超前(或滞后)转子齿 1/3 齿距角，C 相磁极上的齿超前(或滞后)转子齿 2/3 齿距角。

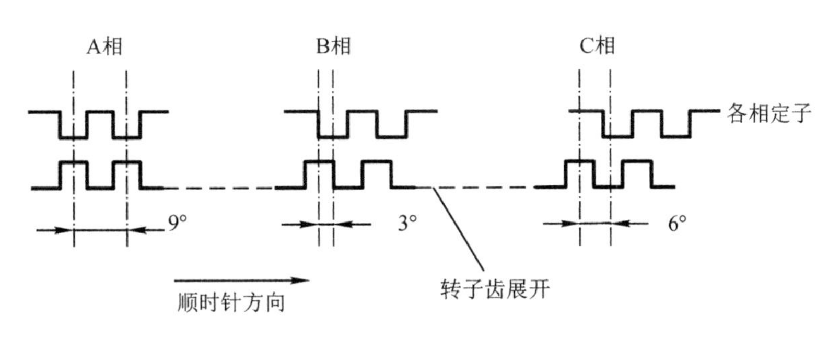

图 4.14　三相定子磁极上的小齿在空间位置图

步进电动机每走一步所转过的角度称为步距角，其大小等于错齿的角度。错齿角度的大小取决于转子上的齿数，磁极数越多，转子上的齿数越多，步距角越小，步进电动机的位置精度越高，其结构也越复杂。

二、步进电动机的分类

除反应式步进电动机之外，常见的步进电动机还有永磁式步进电动机和混合式步进电动机，它们的结构虽然不相同，但是工作原理相同。

1. 反应式步进电动机

反应式步进电动机结构图如图 4.13 所示。反应式步进电动机的转子为软磁材料，无绕组；定子、转子开小齿，步距角小，无自锁力矩，不能断电保持。

2. 永磁式步进电动机

永磁式步进电动机(Permanent Magnet，PM)结构图如图 4.15 所示。永磁式步进电动机的转子为永磁材料，转子的极数与每相定子极数相同，不开小齿，步距角较大，力矩较大，有自锁力矩，断电可保持。

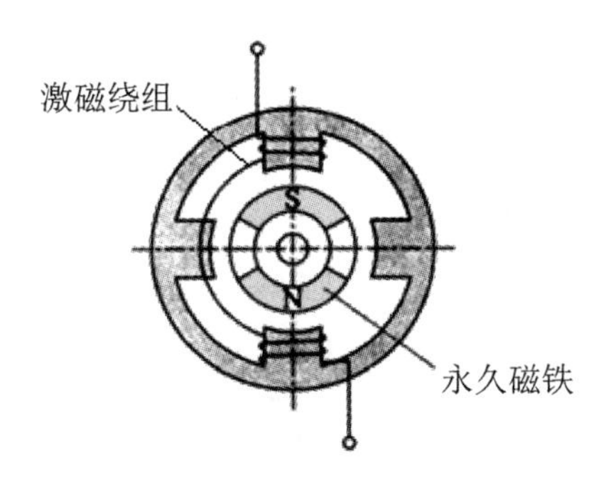

图 4.15　永磁式步进电动机结构图

3. 混合式步进电动机

混合式步进电动机外形及结构图如图 4.16 所示。混合式步进电动机的转子是反应式和永磁式转子的合体，其里面为永磁体，外面是软磁材料，轴向分为两段，在软磁材料表面开小齿。混合式步进电动机转矩大，动态性能好，步距角小，但结构复杂，成本较高，有自锁力矩，断电可保持。

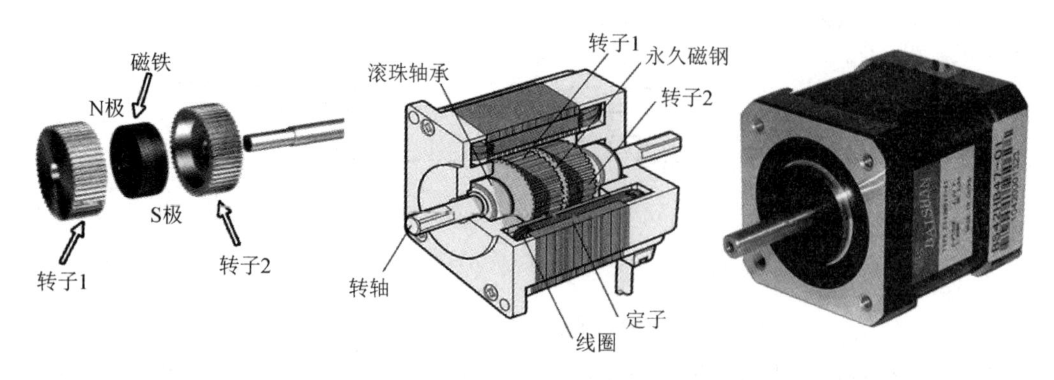

图 4.16 混合式步进电动机外形及结构图

三、步进电动机的工作原理

下面以三相反应式步进电动机为例介绍步进电动机的工作原理，如图 4.17 所示。步进电动机定子上有 A、B、C 三对磁极，在相应磁极上有 A、B、C 三相绕组，假设转子上有四个齿，相邻两齿所对应的空间角度称为齿距角，齿距角为 90°。当步进电动机的某相定子绕组通电励磁后，吸引转子转动，使转子的齿与该相定子磁极上的齿对齐。

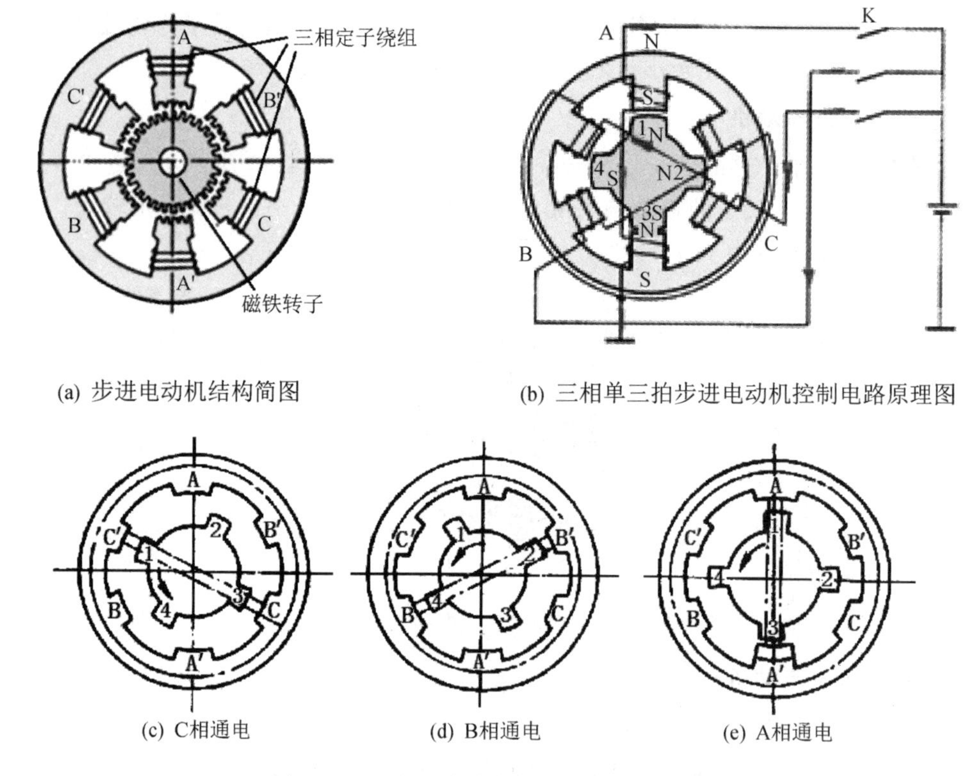

(a) 步进电动机结构简图　(b) 三相单三拍步进电动机控制电路原理图

(c) C相通电　(d) B相通电　(e) A相通电

图 4.17 三相反应式步进电动机工作原理图

假设先将电脉冲加到 A 相励磁绕组，B、C 相不加电脉冲，A 相绕组便产生磁场，在磁场力矩作用下，转子 1、3 的两个齿与定子 A 相的磁极对齐，如图 4.17(e)所示；如果将电脉冲加到 B 相励磁绕组，A、C 相不加电脉冲，B 相绕组便产生磁场，这时转子 2、4 的两个齿与定子 B 相的磁极靠得最近，转子便沿逆时针方向转过 30°，如图 4.17(b)所示，如果控制线路不停地按 A→B→C→A…的顺序控制步进电动机绕组的通断电，那么步进电动机的转子便不停地逆时针转动。若通电顺序改为 A→C→B→A…，则步进电动机的转子将反向转动。

在图 4.17 中，步进电动机是三相单三拍工作方式。“三相”是指定子绕组数有 A、B、C 三相；“单”是指每次只有一相绕组通电；从一相通电换接到另一相通电称为一拍，“三拍”是指通过通电换接三次完成一个通电周期。在三相单三拍通电方式中，由于每次只有一相绕组通电，在相邻节拍转换瞬间会失去自锁力矩，容易使转子在平衡位置附近产生振动，因此其稳定性不好，实际中很少采用。

除了三相单三拍的工作方式，三相反应式步进电动机还有另外两种工作方式，分别是三相单双六拍、三相双三拍(“双”是指两相绕组同时通电)。

三相单双六拍工作方式按照 A→AB→B→BC→C→CA→A…相序通电，其工作原理如图 4.18 所示。若 A 相通电，B、C 相不加电脉冲，则转子 1、3 的两个齿与定子 A 相的磁极对齐；当 A、B 两相同时通电时，A 极吸引 1、3 齿，B 极吸引 2、4 齿，转子逆时针旋转 15°。随后 A 相断电，只有 B 相通电，转子又逆时针旋转 15°，转子 2、4 的两个齿与定子 B 相的磁极对齐。如果继续按 BC→C→CA→A…相序通电，步进电动机就沿逆时针方向以 15°的步距角一步一步移动。这种通电方式采用单双相轮流通电，在通电换接时，总有一相通电，所以工作比较平稳。若通电顺序改为 A→AC→C→BC→B→BA→A…，步进电动机的转子将反转。

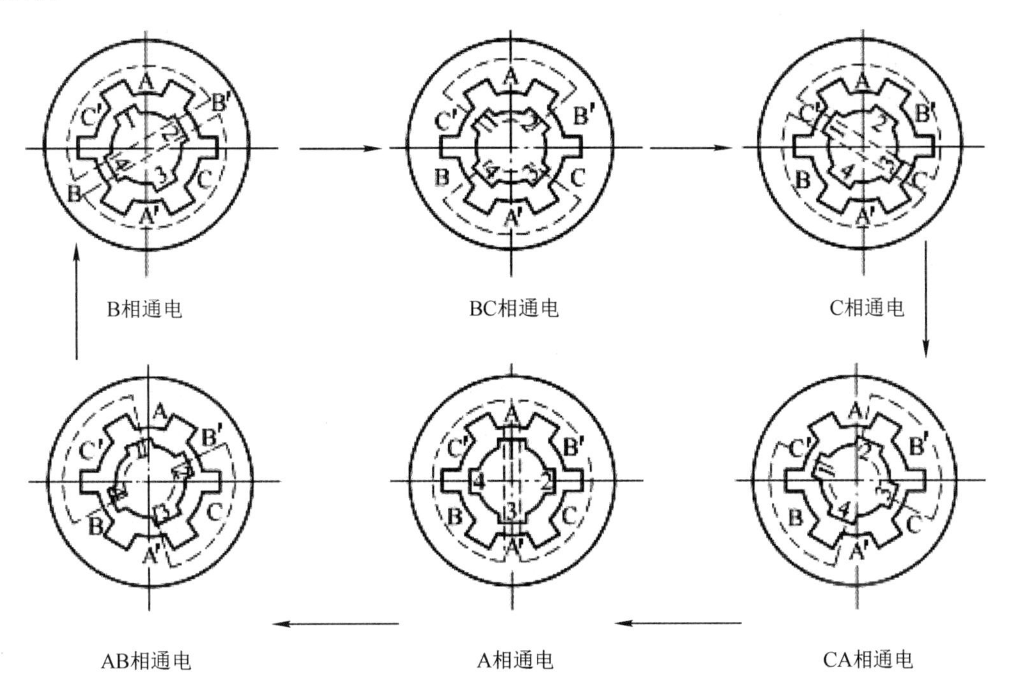

图 4.18　三相单双六拍工作方式原理图

三相双三拍工作方式时，通电的顺序 AB→BC→CA→AB …，每拍都有两相绕组通电，与三相单双六拍工作方式时相同，总有一相绕组持续通电，也具有阻尼作用，工作比较平稳。若通电顺序改为 AC→CB→BA→AC…，步进电动机的转子将反转。

实际使用的步进电动机一般都要求有较小的步距角。因为步距角越小，它所达到的位置精度越高。步距角 θ 与定子绕组相数 m、转子齿数 z、通电方式 k 有关，可用式(4.1)表示：

$$\theta = \frac{360^\circ}{mzk} \tag{4.1}$$

式中：k 为通电状态系数。

当采用单拍或双拍方式时，$k=1$；而采用单、双拍方式时，$k=2$。

若步进电动机通电的脉冲频率为 f(即每秒的拍数或每秒的步数)，则步进电动机的转速 n 为

$$n = \frac{60f}{mzk} \tag{4.2}$$

式中：f 的单位是 Hz；n 的单位是 r/min。

步进电动机除了可做成三相外，也可以做成二相、四相、五相、六相或更多的相数。由式(4.1)、式(4.2)可知，当脉冲频率一定时，电动机的相数和转子齿数越多，步距角 θ 就越小，转速也越低。但电动机相数越多，相应的电源就越复杂，造价也越高。所以，步进电动机一般最多做到六相，只有特殊用途的电动机才做成更多相数。

四、步进电动机的特点

从步进电动机的工作原理可知，步进电动机是一种可将电脉冲信号转换为机械角位移的控制电动机，利用它可以组成一个简单实用的全数字化驱动系统，并且不需要反馈环节。概括起来步进电动机主要有如下特点：

(1) 步进电动机定子绕组每接收一个脉冲信号，控制其通电状态改变一次，它的转子便转过一定角度，即转过一个步距角。

(2) 改变步进电动机定子绕组的通电顺序，转子的旋转方向随之改变。

(3) 步进电动机定子绕组通电状态的变化频率越高，转子的转速越高，但脉冲频率变化过快会引起失步或过冲(即步进电动机少走或多走)。

(4) 步进电动机的定子绕组所加电源要求是脉冲电流形式，故也称为脉冲电动机。

(5) 步进电动机有脉冲就走，无脉冲就停，角位移随脉冲数的增加而增加。

(6) 步进电动机的输出转角精度较高，一般只有相邻误差，但无累积误差。

当步进电动机连接滚珠丝杠时，若其导程为 L_0(单位：mm)，则电动机旋转一圈，丝杠螺母线性位移为 L_0；若进给速度为 F(单位：mm/min)，则可计算出步进电动机转速为 $n=F/L_0$。

五、步进电动机的驱动控制

步进电动机的运行性能不仅与步进电动机本身和负载有关，而且和与其配套的驱动控制装置有着十分密切的关系。STEPDRIVE C/C+步进电动机驱动器与 BYG 55 系列五相十拍混合式步进电动机如图 4.19 所示。步进电动机驱动控制装置主要由环形脉冲分配器和功率放大驱动电路两部分组成，步进电动机驱动控制电路原理图如图 4.20 所示。

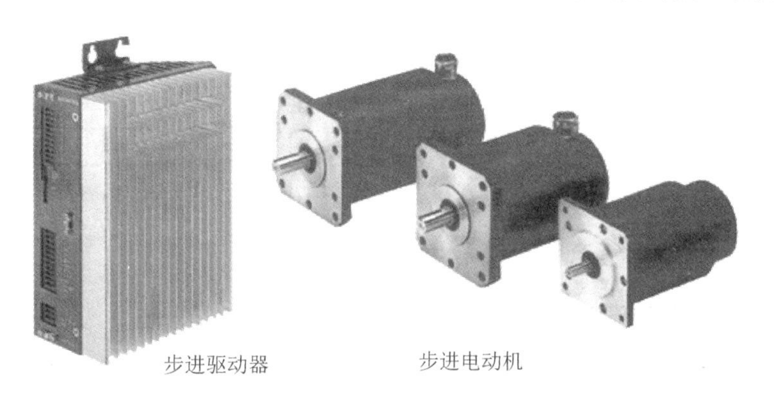

图 4.19 STEPDRIVE C/C+步进电动机驱动器与 BYG55 系列五相十拍混合式步进电动机

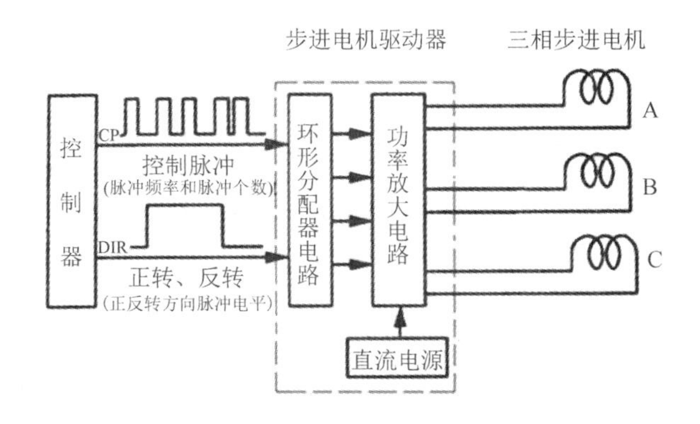

图 4.20 步进电动机驱动控制电路原理图

1. 功率放大驱动电路

功率放大驱动电路完成由弱电到强电信号的转换和放大，也就是将逻辑电平信号变换成电动机绕组所需的具有一定功率的电流脉冲信号。

一般情况下，步进电动机对驱动电路的要求主要是：能提供足够幅值、前后沿较好的励磁电流，功耗小、变换效率高，能长时间稳定可靠运行，成本低且易于维护。

2. 脉冲分配器

脉冲分配器完成步进电动机绕组中电流的通断顺序控制，即控制插补输出脉冲，按步进电动机所要求的通断电顺序分配给步进电动机驱动电路的各相输入端。例如，三相单三拍驱动方式，供给脉冲的顺序为 A→B→C→A 或 A→C→B→A，由于电动机有正反转要求，所以脉冲分配器的输出既是周期性的，又是可逆的，因此也称为环形脉冲分配。

脉冲分配有两种方式：一种是硬件脉冲分配(或称为脉冲分配器)；另一种是软件脉冲分配，通过计算机编程控制。

1) 硬件脉冲分配器

硬件脉冲分配器由逻辑门电路和触发器构成，其提供符合步进电动机控制指令所需的顺序脉冲。目前，已经有很多可靠性高、尺寸小、使用方便的集成电路脉冲分配器供选择，按其电路结构的不同，可分为 TTL 集成电路和 CMOS 集成电路。市场上提供的国产 TTL 脉冲分配器有三相、四相、五相以及六相，均为 18 个管脚的直插式封装；CMOS 集成脉冲分配器也有不同的型号，例如，CH250 型用来驱动三相步进电动机，封装形式为 16 脚直插式，它可工作于单三拍、双三拍、三相六拍等方式，图 4.21 所示为三相六拍脉冲分配器的接线图。

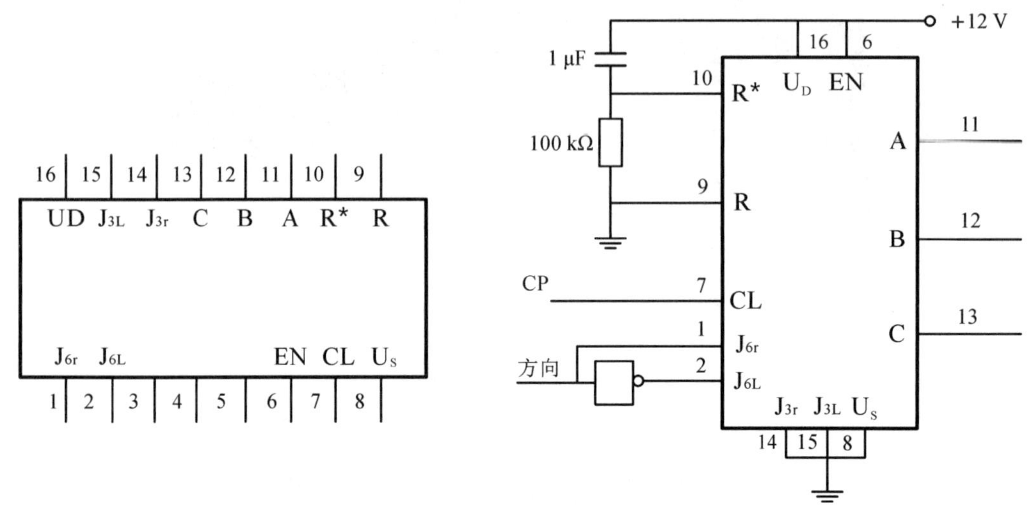

图 4.21　三相六拍脉冲分配器的接线图

硬件脉冲分配器的工作方法基本相同，按照图 4.21 所示连接各引脚。CP 脉冲输入端通过进给脉冲控制步进的速度，CP 的上升沿有效；“方向”输入端控制电动机的转向，方向信号为“1”则正转，为“0”则反转；与步进电动机相数同数目的输出端分别控制步进电动机的各相。

2）软件脉冲分配

在计算机控制的步进电动机驱动系统中，可以采用软件实现环形脉冲分配。软件环形分配器的设计方法有很多，如查表法、比较法、移位法等，它们各有特点，其中常用的是查表法。

图 4.22 所示是一个 89C51 单片机与步进电动机驱动电路接口连接的框图。P1 口的三个引脚经过光电隔离、功率放大之后，分别与电动机的 A、B、C 三相连接。当采用三相六拍工作方式时，电动机正转的通电顺序为 A→AB→B→BC→C→CA→A；电动机反转的通电顺序为 A→AC→C→CB→B→BA→A。它们的环形分配如表 4.2 所示，把表中的数值按顺序存入内存的 EPROM 中，并分别设定表头的地址为 2000H，表尾的地址为 2005H。若计算机的 P1 口按从表头开始逐次加 1 的地址依次取出存储内容进行输出，则电动机正向旋转；如果按从 2005H 逐次减 1 的地址依次取出存储内容进行输出，则电动机反转。

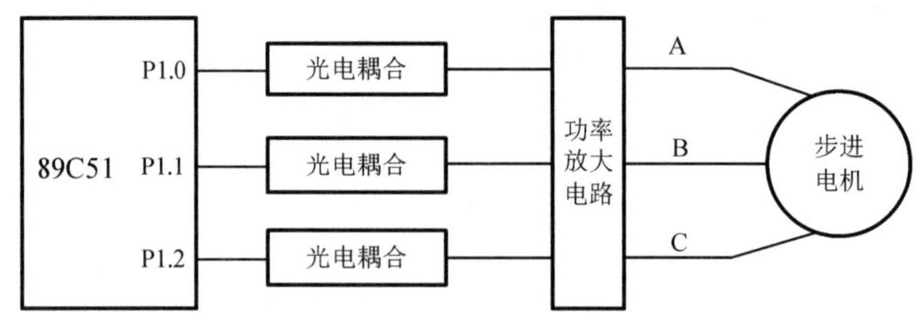

图 4.22　89C51 单片机与步进电动机驱动电路接口连接的框图

采用软件进行脉冲分配虽然增加了软件编程的复杂程度，但它省去了硬件环形脉冲分配器，减少了器件，降低了成本，也提高了系统的可靠性。

表 4.2　三相六拍环形分配表

序号	通电顺序	C	B	A	存储单元		方向	
		P1.2	P1.1	P1.0	地址	内容	正转	反转
1	A	0	0	1	2000H	01H	↓	↑
2	AB	0	1	1	2001H	03H		
3	B	0	1	0	2002H	02H		
4	BC	1	1	0	2003H	06H		
5	C	1	0	0	2004H	04H		
6	CA	1	0	1	2005H	05H		

3. 速度控制

对于任何一个驱动系统都要求能够对电动机速度实行控制，特别是在数控系统中，这种要求更高。在开环进给系统中，对进给速度的控制就是对步进电动机速度的控制。

由步进电动机的原理可知，通过控制步进电动机相邻两相励磁状态之间的时间间隔即可实现对步进电动机速度的控制。对于硬件环形分配器来讲，只要控制 CP 的频率就可控制步进电动机的速度；对于软件环形分配器来讲，只要控制相邻两次输出状态之间的时间间隔，也就是控制相邻两节拍之间延时时间的长短。其中，实现延时的方法又分为两种：一种是纯软件延时；另一种是定时中断延时。从充分利用时间资源来看，后者更理想一些。

六、步进电动机驱动系统的应用

步进电动机是由数字脉冲控制的，不需要 D/A 转换，I/O 接口简单，特别适合单片机、PLC 及计算机的控制，为构成开环控制系统提供了方便条件，这就是由步进电动机构成的开环控制系统仍有生命力的原因。

步进电动机通一个脉冲走一步，每一步的步距角基本恒定且无累记误差。基于这种独特的特性，只要注意动态矩频特性，传动机构设计得当不丢步，控制精度一般能达到 0.01 mm，并且不需要位置传感器反馈，即是开环控制系统。

由于步进电动机系统简单、价格便宜，控制精度能满足一般机电一体化设备的要求，因而它在机器人、经济型数控机床、办公设备、雕铣机等设备中得到了广泛应用。

为改善步进电动机的综合使用性能，可采用细分驱动技术。将“电动机固有步距角”细分成若干小步的驱动方法称为细分驱动。实现细分方式有多种方法，最常用的是脉宽调制式斩波驱动方式，大多数专用的步进电动机驱动芯片都采用这种驱动方式。细分是通过驱动器精确控制步进电动机的相电流实现的，与电动机本身无关。其基本原理是：使定子通电相电流并不是一次升到位，而断电时也不是一次降为 0(绕组电流波形不再是近似方波，而是 N 级近似阶梯波)，定子绕组电流所产生的磁场合力会使转子有 N 个新的平衡位置

(形成 N 个步距角)。两相式步进电动机的四细分微步进的各相电流波形如图 4.23 所示。各相电流值的峰值相等，相位偏差 90°。此电流的大小并非必须均等增加，通常其平均曲线会变成正弦波。

从本质上讲，步进电动机的细分控制是通过对步进电动机励磁绕组中电流的控制，使步进电动机内部的合成磁场为均匀的圆形旋转磁场，从而实现步进电动机步距角的细分。一般情况下，合成磁场矢量的幅值决定了步进电动机旋转力矩的大小，相邻两合成磁场矢量之间的夹角大小决定了步距角的大小，步进电动机半步工作方式就蕴含了细分的工作原理。

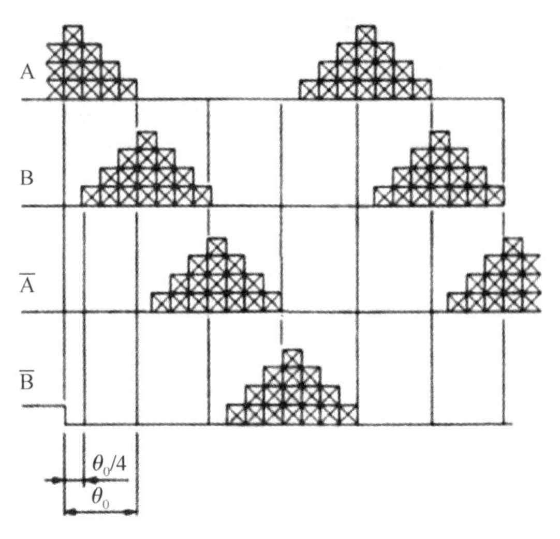

图 4.23 四细分微步进的各相电流波形图

国内外对细分驱动技术的研究十分活跃。对于高性能的细分驱动电路，其最新技术可以细分到上千甚至任意细分。目前，已经能够做到通过复杂的计算使细分后的步距角均匀一致，大大提高了步进电动机的脉冲分辨率，减小或消除了振荡、噪声以及转矩波动，使步进电动机更具有“类伺服”特性。

在没有细分驱动器时，用户主要靠选择不同相数的步进电动机来满足自己对步距角的要求。如果使用细分驱动器，则用户只需在驱动器上改变细分数，就可以大幅度改变实际步距角，而步进电动机的“相数”对改变实际步距角的作用几乎可以忽略不计。

任务实施 步进电动机及其驱动器接线

阅读步进电动机及其驱动器说明书，认识步进电动机及其驱动器接口，连接步进电动机及其驱动器。雷赛智能 57 步进电动机及其驱动器套装图如图 4.24 所示，其基本参数如表 4.3 所示。

图 4.24 雷赛智能 57 步进电动机及其驱动器套装图

表 4.3　雷赛智能 57 步进电动机及其驱动器基本参数表

57 步进电动机的基本参数	57 步进驱动器的基本参数
步距角：两相 1.8°	产品名称：M542C
机座号：57	外形尺寸：118×75.5×25.5
扭矩：0.6～3.1 N·M	脉冲信号：默认 5 V PLC24 V 可选
温升：85K MAX	电流设定：可在 0.71～3.0 A(有效值)之间任意选择
环境温度：−10～+50℃	脉冲响应：频率最高可达 200 kHz(更高可改)
耐压：500 V AC	保护功能：具有过压、短路等保护功能

一、驱动器控制信号接口

步进驱动器控制信号接口名称与功能表如表 4.4 所示。

表 4.4　步进驱动器控制信号接口名称与功能表

名 称	功　能
PUL+(+5 V)	脉冲控制信号：脉冲上升沿有效；PUL−高电平时 4～5 V，低电平时 0～0.5 V。为了可靠响应脉冲信号，脉冲宽度应大于 1.2 μs。如果采用+12 V 或+24 V 时需串电阻
PUL−(PUL)	
DIR+(+5 V)	方向信号：高/低电平信号，为保证电动机可靠换向，方向信号应先于脉冲信号至少 5 μs 建立。电动机的初始运行方向与电动机的接线有关，互换任一相绕组(如A+、A−交换)可以改变电动机初始运行的方向，DIR−高电平时 4～5 V，低电平时 0～0.5 V
DIR−(DIR)	
ENA+(+5 V)	使能信号：此输入信号用于使能或禁止。ENA+接+5 V；ENA−接低电平(或内部光耦导通)时，驱动器将切断电动机各相的电流使电动机处于自由状态，此时步进脉冲不被响应。当不需要此功能时，使能信号端悬空即可
ENA−(ENA)	

二、驱动器控制信号接口电路

M542C(V2.0)驱动器采用差分式接口电路，可适用差分信号，单端共阴及共阳等接法，内置高速光电耦合器，允许接收长线驱动器，集电极开路和 PNP 输出电路的信号。在环境恶劣的场合，用长线驱动器电路，抗干扰能力强。以集电极开路和 PNP 输出为例，接口电路如图 4.25 所示。

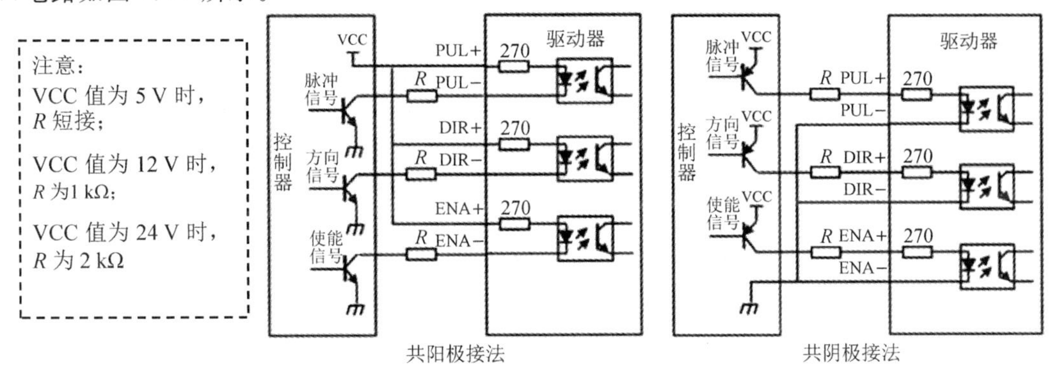

图 4.25　驱动器控制信号接口电路示意图

三、细分设定

M542C(V2.0)驱动器采用八位拨码开关设定细分精度、动态电流、静止半流以及实现电动机参数和内部调节参数的自整定。八位拨码开关功能如图 4.26 所示。

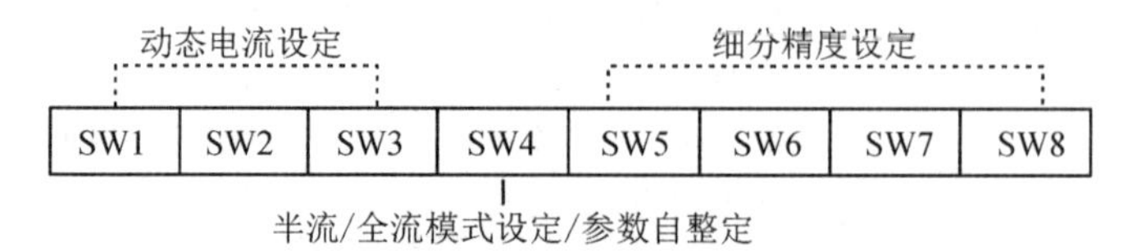

图 4.26 八位拨码开关功能图

动态电流与细分设定如图 4.27 所示。

动态电流设定

输出峰值电流	输出均值电流	SW1	SW2	SW3
1.00 A	0.71 A	on	on	on
1.46 A	1.04 A	off	on	on
1.91 A	1.36 A	on	off	on
2.37 A	1.69 A	off	off	on
2.84 A	2.03 A	on	on	off
3.31 A	2.36 A	off	on	off
3.76 A	2.69 A	on	off	off
4.20 A	3.00 A	off	off	off

静止 (静态) 电流设定

静态电流可用 SW4 拨码开关设定，off 表示静态电流设为动态电流的一半，on 表示静态电流与动态电流相同。一般用途中应将 SW4设成 off，使得电动机和驱动器的发热减少，可靠性提高。脉冲串停止后约 0.4 s 电流自动减至一半左右 (实际值的 60%)，发热量理论上减至 36%。

细分设定

步数/转	SW5	SW6	SW7	SW8
Default(400)	on	on	on	on
800	on	off	on	on
1600	off	off	on	on
3200	on	on	off	on
6400	off	on	off	on
12800	on	off	off	on
25600	off	off	off	on
1000	on	on	on	off
2000	off	on	on	off
4000	on	off	on	off
5000	off	off	on	off
8000	on	on	off	off
10000	off	on	off	off
20000	on	off	off	off
40000	off	off	off	off

图 4.27 动态电流与细分设定图

四、强电接口

强电接口名称与功能如表 4.5 所示。

表 4.5 强电接口名称与功能表

名 称	功 能
A+、A−	电动机 A 相线圈
B+、B−	电动机 B 相线圈
GND	直流电源地
+V	直流电源正极，范围+20～+50 V 推荐值 DC +24～+36 V

五、供电电源选择

电源电压在DC 20～50 V之间都可以正常工作，M542C(V2.0)驱动器采用非稳压型直流电源供电，或者采用变压器降压＋桥式整流＋电容滤波。使用24～48 V直流供电，避免电网波动超过驱动器电压工作范围。

如果使用稳压型开关电源供电，应注意开关电源的输出电流范围需设成最大。并注意以下几点：

(1) 接线时要注意电源正负极，切勿反接。

(2) 最好用非稳压型电源。

(3) 采用非稳压电源时，电源电流输出能力应大于驱动器设定电流的60%。

(4) 采用稳压开关电源时，电源的输出电流应大于或等于驱动器的工作电流。

(5) 为降低成本，两三个驱动器可共用一个电源，但应保证电源的功率足够大。

任务评价

教师根据学生阅读记录结果及接线情况给予评价，结果计入表中，见表4.6。

表4.6　任务评价表

实训项目			
项目内容		**配分**	**得分**
步进电动机的观察	基本情况记录	10	
步进电动机驱动器的观察	基本情况记录	10	
步进电动机与驱动器的接线	会正确接线	60	
其他	安全操作规程遵守情况；纪律遵守情况	10	
	工具的整理与环境清洁	10	
工时：1学时	**教师签字：**	**总分**	
理论项目			
项目内容		**配分**	**得分**
叙述步进电动机的结构分类、工作原理		40	
叙述步进电动机的脉冲分配有哪两种方式		30	
叙述步进电动机的特点		20	
叙述步进电动机驱动控制细分的意义		10	
时间：1学时	**教师签字：**	**总分**	

任务 4.3 直流伺服电动机驱动控制

任务描述

直流伺服电动机实质是直流电动机，通过调节转子绕组的电流和电压很容易实现电动机转角、转速、转矩的控制。在机电一体化系统中，直流伺服电动机常用作半闭环和全闭环伺服系统的伺服驱动执行元件。位置和速度检测传感器常装于电动机内部尾端的同轴上。按有无电刷结构，直流伺服电动机分为有刷直流伺服电动机和无刷直流伺服电动机两类。本任务介绍有刷直流伺服电动机和无刷直流伺服电动机的工作原理、结构、特点、驱动控制等。

任务目标

技能目标

会直流伺服电动机驱动控制接线。

知识目标

(1) 掌握有刷直流伺服电动机的工作原理、结构、特点、驱动控制方法。

(2) 掌握无刷直流伺服电动机的工作原理、结构、特点、驱动控制原理。

知识准备

一、有刷直流伺服电动机

直流伺服电动机实物图如图 4.28 所示。直流伺服电动机的结构和工作原理与他励直流电动机相同，只是为了减小转动惯量，电动机做得细长一些。电枢电阻大，机械特性软，可弱磁起动或直接起动。

图 4.28 直流伺服电动机实物图

按励磁方式的不同，直流伺服电机分为他励式和永磁式两种。他励式直流伺服电动机的磁场由励磁绕组产生，永磁式直流伺服电动机的磁场由永久磁铁产生。电磁式直流伺服电动机接线图如图4.29 所示。

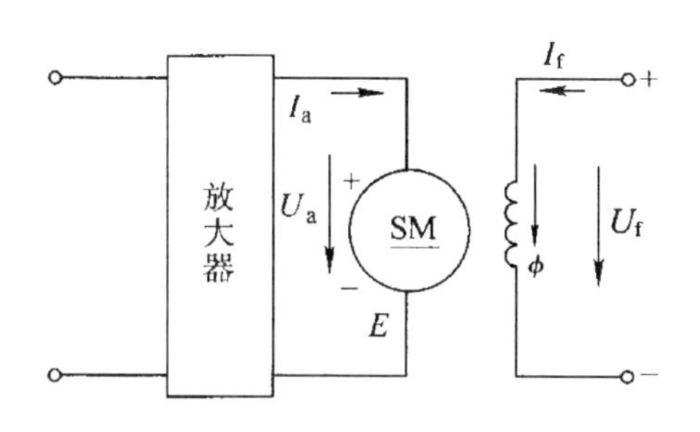

图 4.29　电磁式直流伺服电动机接线图

1. 直流电动机的工作原理

图 4.30 所示是一台简单的直流电动机模型。N 和 S 是一对固定的磁极，可以是电磁铁，也可以是永久磁铁。磁极之间有一个可以转动的铁质圆柱体，称为电枢铁芯。铁芯表面固定一个用绝缘导体构成的电枢线圈 abcd，线圈的两端分别接到相互绝缘的两个半圆形铜片(换向片)上，它们组合在一起称为换向器，在换向器上放置固定不动而与换向片滑动接触的电刷 A 和 B，线圈 abcd 通过换向器和电刷接通外电路。电枢铁芯、电枢线圈和换向器构成的整体称为电枢。

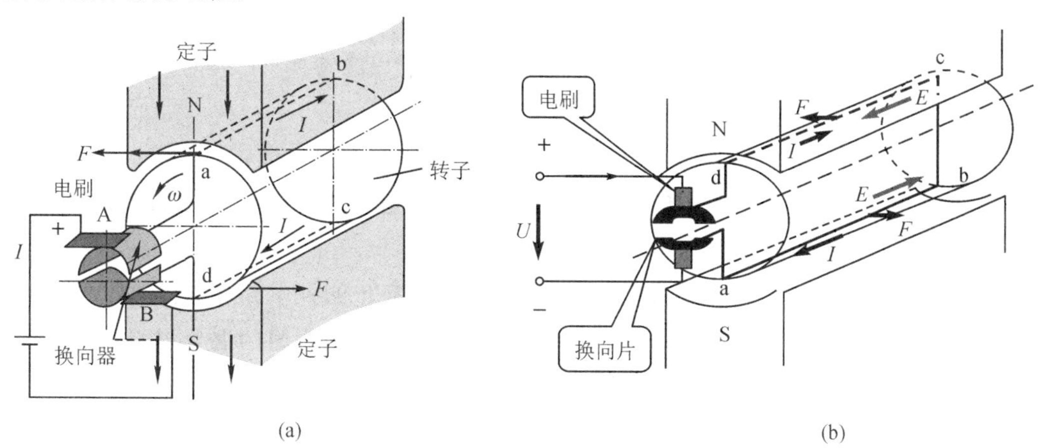

图 4.30　直流电动机工作原理示意图

此模型作为直流电动机运行时，将直流电源加于电刷 A 和 B 上，如图 4.30(a)所示，将直流电源正极加于电刷 A，电源负极加于电刷 B，则线圈 abcd 中流过电流，在导体 ab 中，电流由 a 流向 b，在导体 cd 中，电流由 c 流向 d。载流导体 ab 和 cd 均处于 N、S 极之间的磁场当中，受到电磁力的作用，电磁力的方向用左手定则确定，可知这一对电磁力形成一个转矩，称为电磁转矩，转矩的方向为逆时针方向，使整个电枢逆时针方向旋转。当电枢旋转 180°，导体 cd 转到 N 极下，ab 转到 S 极下，如图 4.30(b)所示，由于电流仍从电刷 A 流入，使 cd 中的电流变为由 d 流向 c，而 ab 中的电流由 b 流向 a，从电刷 B 流出，用左手定则判断可知，电磁转矩的方向仍是逆时针方向。

由此可见，加于直流电动机的直流电源，借助于换向器和电刷的作用，使直流电动机电枢线圈中流过的电流方向是交变的，从而使电枢产生的电磁转矩的方向恒定不变，确保直流电动机在确定的方向连续旋转。这就是直流电动机的基本工作原理。

实际的直流电动机，电枢圆周上均匀地嵌放许多线圈，相应的换向器由许多换向片组成，使电枢线圈所产生的总的电磁转矩足够大并且比较均匀，电动机的转速也就比较均匀。

2. 有刷直流伺服电动机的结构

由直流电动机的工作原理示意图4.30可知，直流电动机由定子和转子两大部分组成。直流电动机运行时静止不动的部分称为定子，定子的主要作用是产生磁场，由机座、主磁极、换向极、端盖、轴承、电刷装置等组成。运行时转动的部分称为转子，其主要作用是产生电磁转矩和感应电动势，是直流电动机进行能量转换的枢纽，所以通常又称为电枢。它由转轴、电枢铁芯、电枢绕组、换向器、风扇等组成。直流电动机结构图如图4.31所示。

1）定子部分

（1）主磁极。主磁极的结构如图4.31(c)所示，由主磁极铁芯和励磁绕组组成，在大多数直流电动机中，主磁极是电磁铁，为了尽可能减小涡流和磁滞损耗，主磁极铁芯用1～1.2 mm厚的低碳钢板叠压而成。整个磁极用螺钉固定在机座上。

当励磁绕组中通以直流电流后，在定子、转子之间的气隙中建立磁场，使电枢绕组在此磁场的作用下感应电动势和产生电磁转矩。由于主磁极成对出现，相邻主磁极极性按N极和S极交替排列。

（2）换向极。换向极又称附加极或间极，其作用是用以改善换向。换向极装在相邻两主极之间，它也是由铁芯和绕组构成的，如图4.31(c)所示。

（3）机座。机座一是作为电动机磁路系统的一部分；二是用来固定主磁极、换向极、端盖等，起机械支撑的作用。因此要求机座有良好的导磁性能以及足够的机械强度与刚度。机座通常用铸钢或厚钢板焊成。

（4）电刷装置。电刷的作用是把转动的电枢绕组与静止的外电路相连接，并与换向器相配合，起到整流或逆变器的作用。电刷用导电性能好的铜和石墨的混合材料制成，也有用磷铜网卷制而成的。电刷盒装置结构如图4.31(d)所示。

（5）端盖。端盖把定子和转子连为一个整体，两个端盖分别固定在定子机座的两端，并支撑着转子。电刷杆也固定在端盖上。

2）转子部分

转子又称为电枢，直流电动机电枢结构如图4.31(e)所示。

（1）电枢铁芯。电枢铁芯即转子铁芯，是电动机主磁路的一部分，是用来嵌放转子绕组的。为了减少电枢旋转时电枢铁芯中因磁通变化而引起的磁滞及涡流损耗，电枢铁芯通常用0.5 mm厚两面涂有绝缘漆的硅钢片叠压而成。

（2）电枢绕组。电枢绕组即转子绕组，是由许多按一定规律连接的线圈组成的，它是直流电动机的电路部分，通过电流和产生感应电动势。电枢绕组是实现机电能量转换的关键性部件。

（3）换向器。换向器是直流电动机最重要的部件之一，其结构如图4.31(f)所示。对于电动机，与电刷相配合将电枢绕组元件中的交变电势转换为电刷间输出的直流电势。

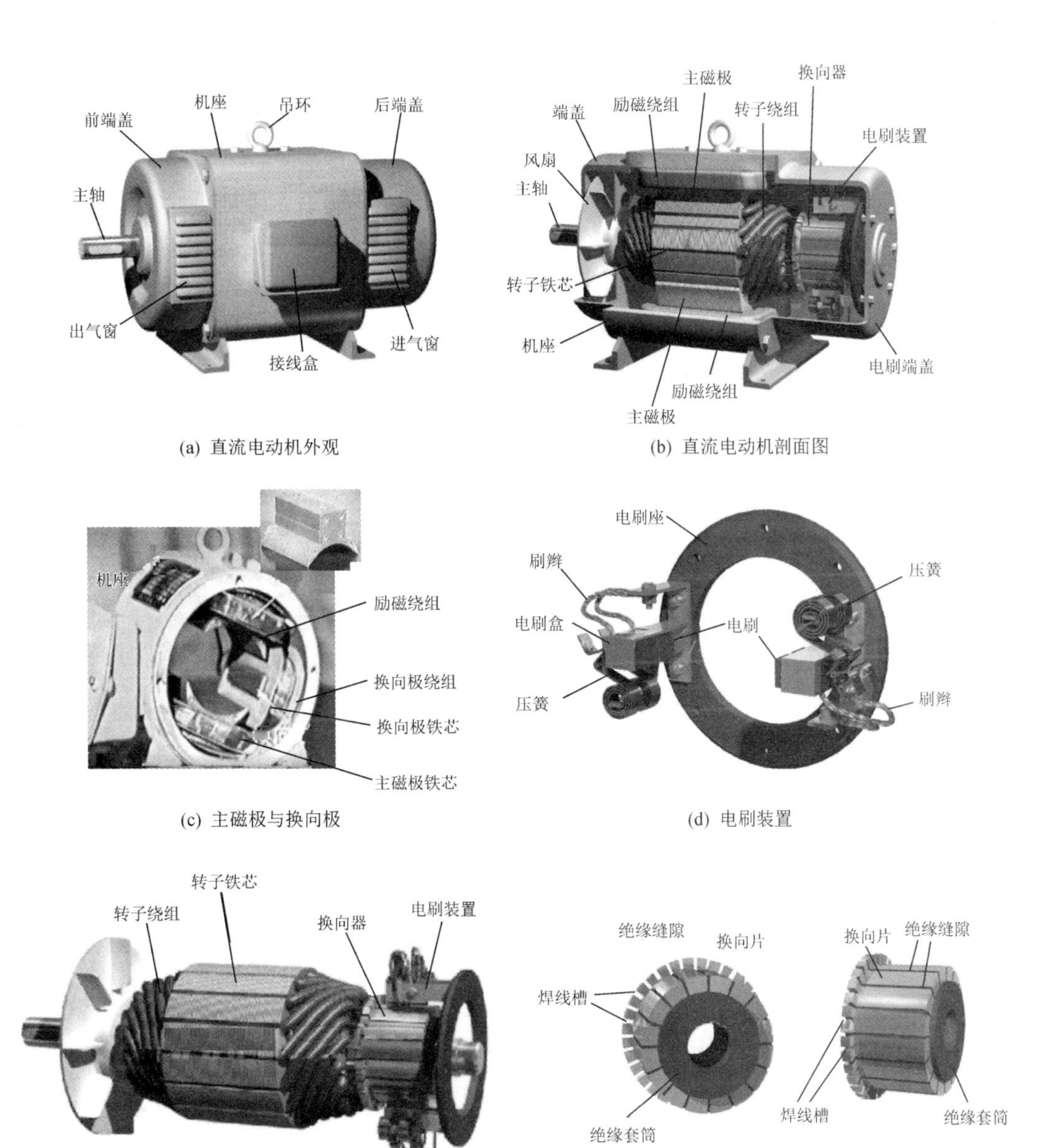

(a) 直流电动机外观

(b) 直流电动机剖面图

(c) 主磁极与换向极

(d) 电刷装置

(e) 有风扇的直流电动机电枢

(f) 换向器

图 4.31 直流电动机结构图

对于电动机，与电刷相配合则是将输入的直流电流转换为电枢绕组元件中的交变电流，产生恒定方向的电磁转矩。换向器安装在转轴上，主要由多个换向片(铜材料)组成，每两个相邻的换向片中间是绝缘片。换向片数与线圈元件数相同。

转子上还有轴承和风扇等。

3) 气隙

定子和转子之间的空隙，称为气隙。在小容量电动机中，气隙为 0.5～3 mm。气隙数值虽小，磁阻却很大，是电动机磁路的主要部分。

3. 直流伺服电动机的驱动控制

一般用电压信号控制直流伺服电动机的转向与转速大小。改变电枢绕组电压的方向与大小的控制方式，称为电枢控制；改变电磁式直流伺服电动机励磁绕组电压的方向与大小的控制方式，称为磁场控制。后者的性能不如前者，因此很少采用。目前，电枢控制常用的驱动控制电路有两种方式：

1）线性驱动方式

利用运算放大器驱动大功率晶体管组成的线性驱动电路，如图 4.32 所示。对控制器发出的弱电信号 U_{in}（几伏、几毫安），进行功率放大（放大为几百毫安的电流），输出足够大的电压与电流，直接驱动控制小功率直流伺服电动机转速与转矩。

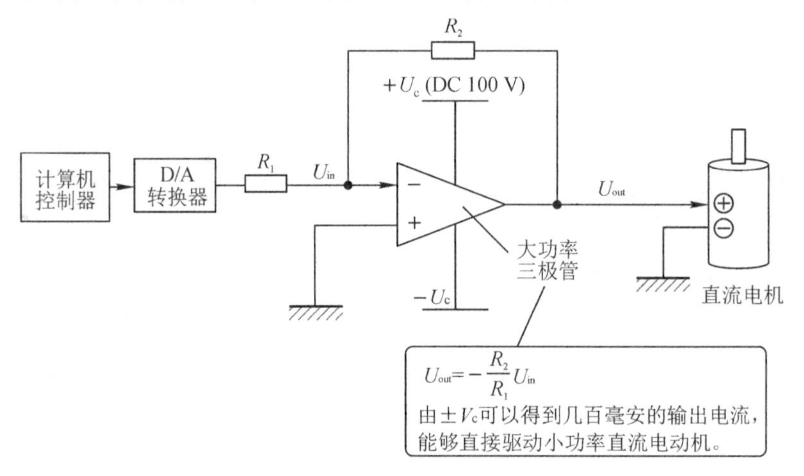

图 4.32 直流电动机线性驱动电路原理图

2）晶体管脉宽调制(PWM)开关驱动方式

PWM 直流调速驱动系统原理如图 4.33 所示，图中开关 S 周期性地开和关，转子绕组两端的电压成周期性变化。图 4.34 所示，天关 S 的开与关的周期不同，占空比 $\mu(\mu=\tau_i/t)$ 不同，直流电动机转子绕组中的平均电压 U_{VD} 也随之变化。在图 4.34 中，当 $\mu_1=1:2$ 和 $\mu_2=1:4$ 时，$U_{VD1}>U_{VD2}(U_{VD}=\mu U)$。

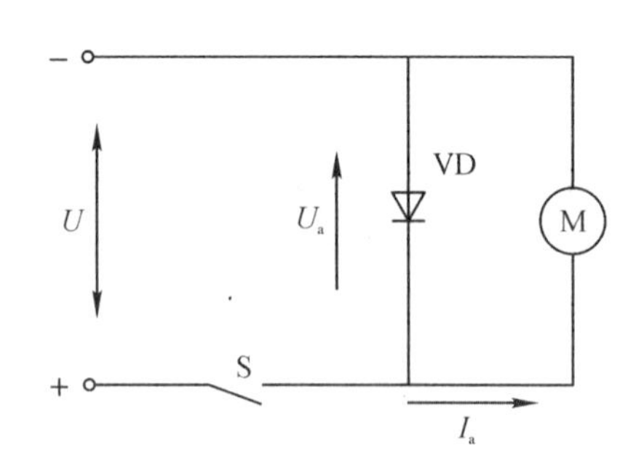

图 4.33 PWM 直流调速驱动系统原理图

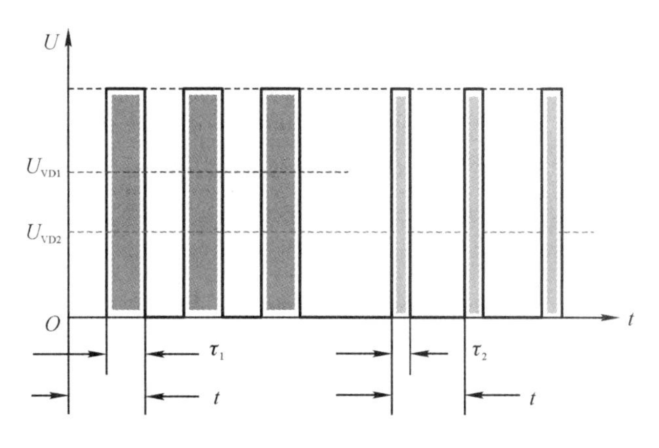

图 4.34　PWM 直流调速驱动系统不同占空比图

目前，常用 PWM 晶体管脉宽调制电路，作为开关驱动电路来代替图 4.33 中的开关 S，PWM 电路主要由比较运算放大器、三角波或锯齿波发生器、大功率晶体管组成。PWM 晶体管脉宽调制开关驱动方式电路原理如图 4.35 所示。当计算机控制器传来的弱电控制信号 U_{in} 与标准三角波信号(脉冲周期相等)经过比较运算放大器叠加后，输出脉宽调制波 PWM。随着 U_{in} 的变化，切割三角波，得到的脉宽调制波的 PWM 占空比也随之变化，从而控制如 MOSFET 场效应型大功率晶体管开关的时间，即可输出随计算机控制器控制信号变化而变化的直流电压，直流电动机转速与转动方向也随之变化。

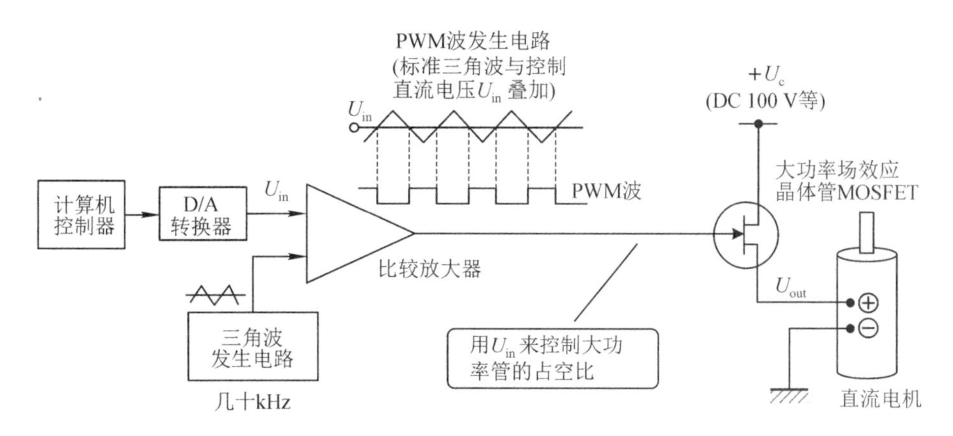

图 4.35　PWM 晶体管脉宽调制开关驱动方式电路原理图

二、无刷直流伺服电动机

无刷直流伺服电动机(Brushless DC Motor，BLDCM)由电动机主体和驱动器组成，是一种典型的机电一体化产品。无刷直流伺服电动机外形图如图 4.36 所示。

无刷直流伺服电动机无电刷和换向器(或集电环)，电动机的控制需要位置信息反馈，又称为无换向器电动机。

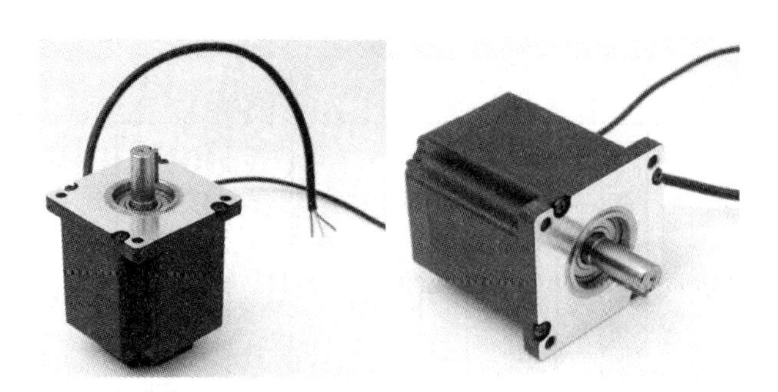

图 4.36　无刷直流伺服电动机外形图

1. 无刷直流伺服电动机结构与原理

从电动机理论来讲，直流无刷伺服电动机与交流永磁同步伺服电动机相似。普通直流电动机的电枢在转子上，定子产生固定不动的磁场。为了使直流电动机旋转，需要通过换向器和电刷不断改变电枢绕组中电流的方向，从而产生恒定的电磁转矩驱动电动机不断旋转。无刷直流伺服电动机为了去掉电刷，将电枢放在定子上，而转子制成永磁体，称为永磁无刷直流电动机，这样的结构正好和普通直流电动机相反，无刷直流伺服电动机与有刷直流伺服电动机的结构比较如图 4.37 所示。无刷直流伺服电动机有两种结构形式：一种是内转子外定子结构形式，内转子无刷直流电动机结构图如图 4.38 所示，霍尔传感器的磁体分布与转子磁极的分布一致；另一种是外转子内定子结构形式，外转子无刷直流电动机结构图如图 4.39 所示。

无刷直流电动机

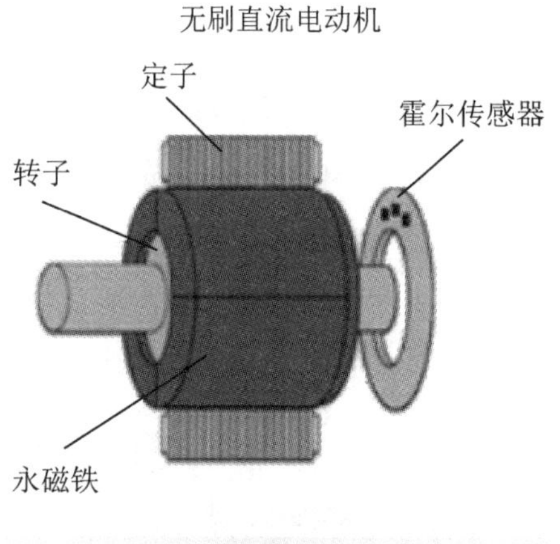

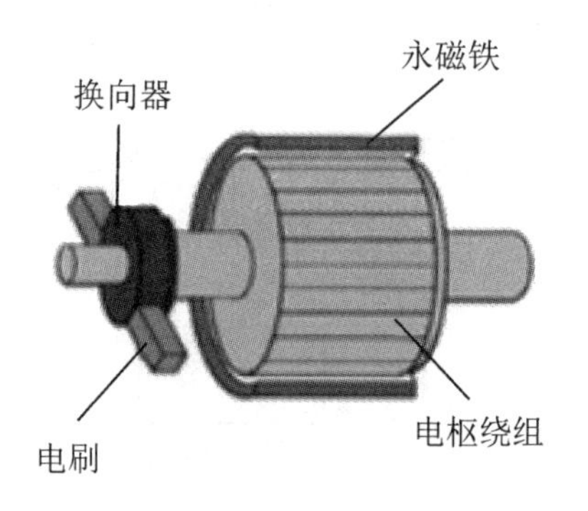

图 4.37　无刷直流伺服电动机与有刷直流伺服电动机的结构比较图

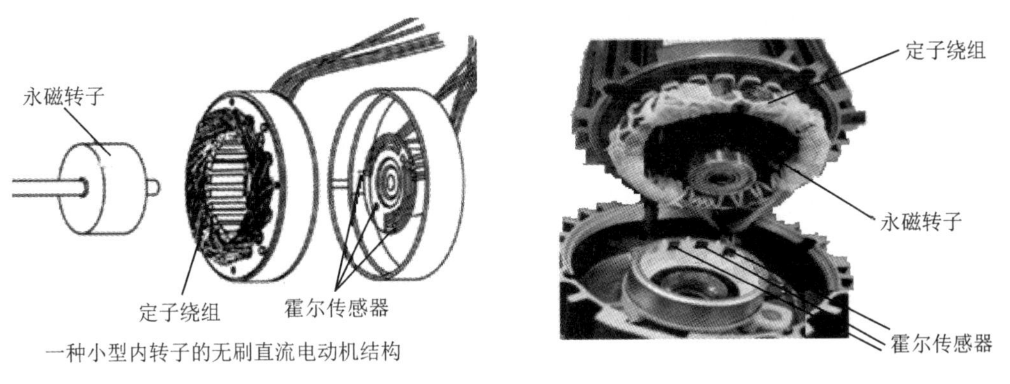

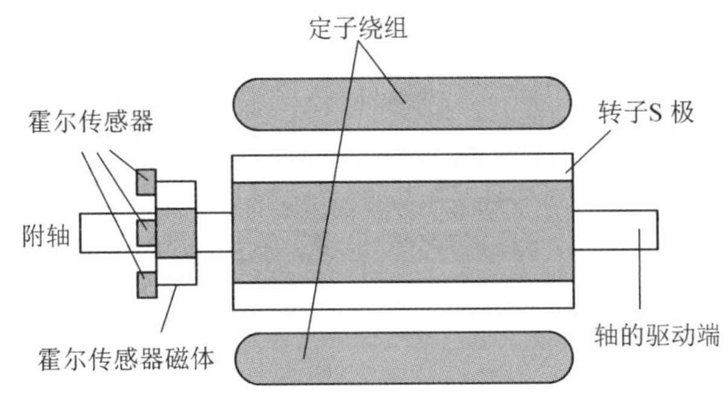

图 4.38　内转子无刷直流电动机结构图

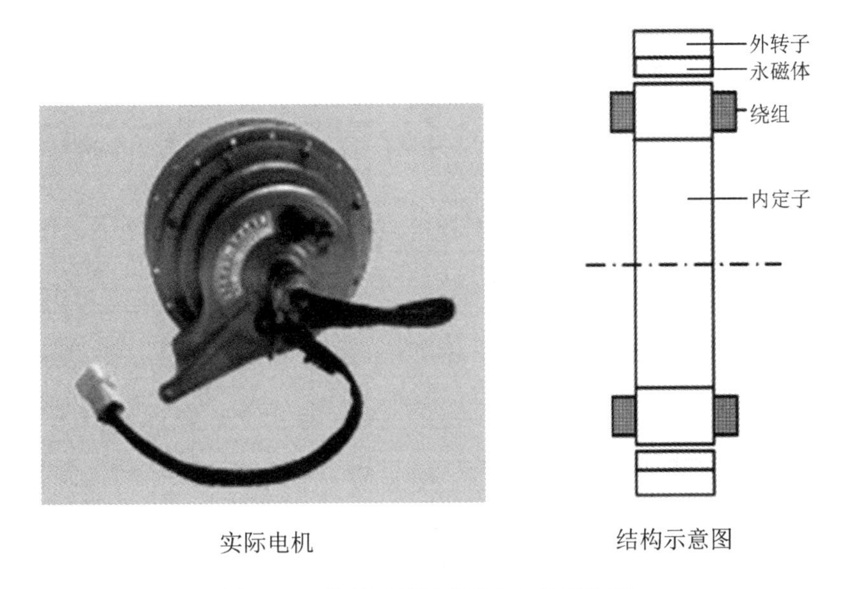

图 4.39　外转子无刷直流电动机结构图

2. 永磁无刷直流电动机伺服控制系统构成及工作原理

永磁无刷直流电动机伺服控制系统基本结构框图如图 4.40 所示，永磁无刷直流电动机伺服控制系统图如图 4.41 所示。图中，M 为永磁无刷直流电动机本体，PS 为与电动机转子同轴连接的转子位置传感器，实时检测转子位置；控制电路是无刷直流电动机正常运行并实现各种调速伺服功能的指挥中心，把转子位置传感器检测到的信号进行逻辑变换后产生脉宽调制的PWM信号，经过驱动电路放大后送到逆变器各功率开关管，控制电动机定子各相绕组通电顺序和时间，并在气隙中产生跳跃式旋转磁场，转子磁场受到气隙中旋转磁场的作用，转子将沿固定方向连续转动。图4.41所示的逆变器(由大功率开关管VT1～VT6组成)、位置传感器、控制器(控制电路)三者共同组成换相装置，起到电子换向器作用。

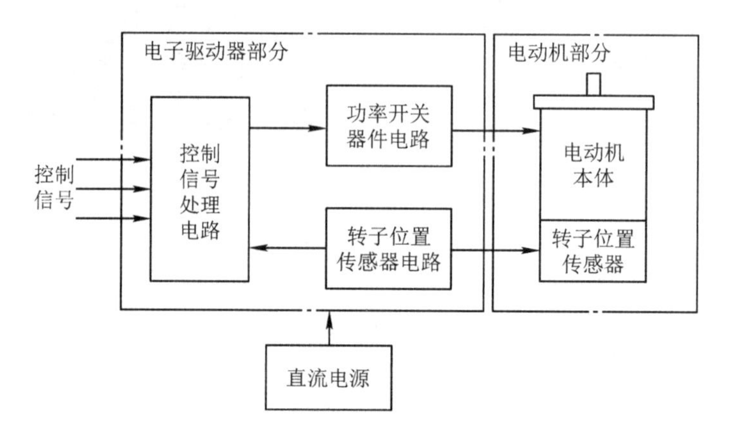

图4.40　永磁无刷直流电动机伺服控制系统基本结构框图

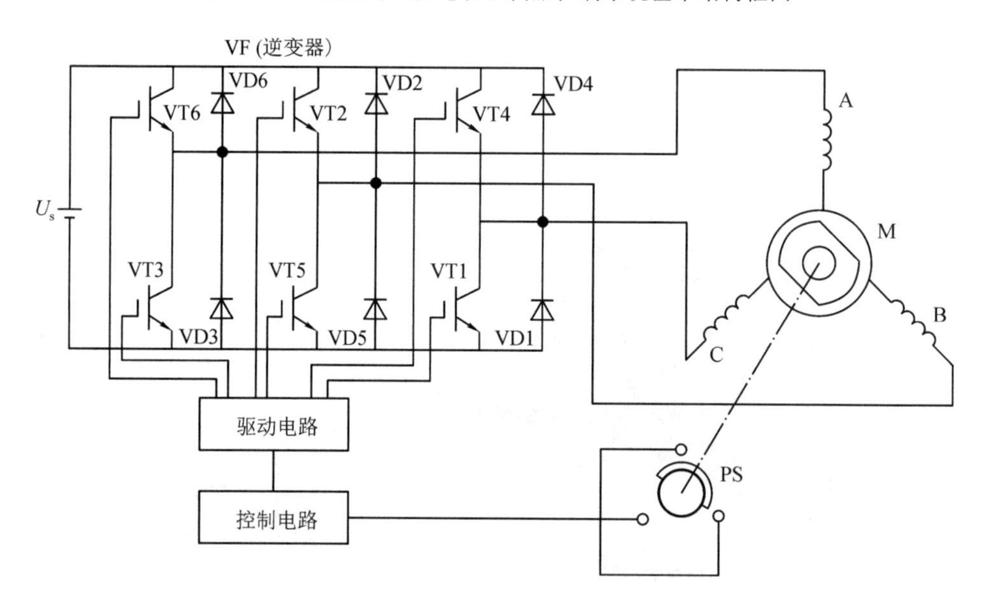

图4.41　永磁无刷直流电动机伺服控制系统图

无刷直流电动机大多采用三相对称绕组，三相对称绕组既可以星形连接，也可以角形连接；功率逆变器有桥式和非桥式两种。实际上，无刷直流电动机的主电路主要有星形连接三相半桥式、星形连接三相桥式、角形连接三相桥式三种形式。图4.41所示的永磁无刷直流电动机主电路是星形连接三相桥式形式。

图4.41中，开关管的导通顺序共有6种导通状态，如图4.42所示，间隔60°电角度改变一次导通状态，每个状态有两相绕组通电。每改变一次状态更换一个开关管，每个开关管导通120°电角度(称逆变器为120°导通型)，每相绕组通电120°。例如，当VT1、VT2导

通时，电流的线路为

电源正极 → VT2 → B 相绕组 → C 相绕组 → VT1 → 电源负极

其中：B 相绕组和 C 相绕组相当于串联，同时定义三相绕组星型连接点为中点，当电流从绕组的端点流向中点时，电流为正(也可以说电压为正)；当电流从中点流出绕组的端点时，电流为负(也可以说电压为负)。这种工作形式称为二相导通星型三相六状态通电方式。

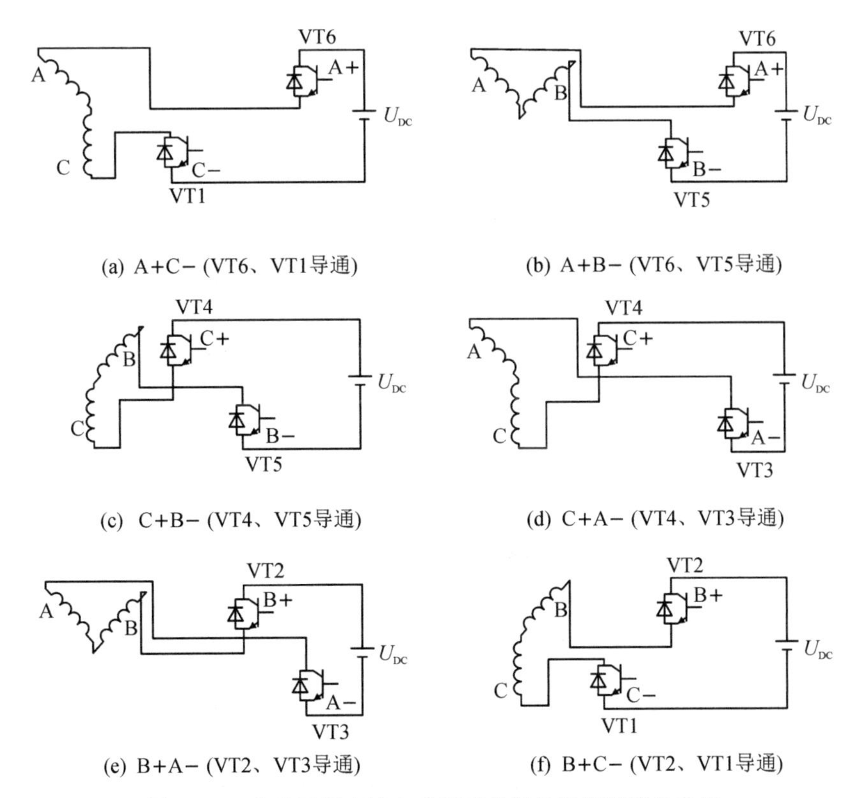

图 4.42　永磁无刷直流电动机开关管的导通顺序状态图

下面就以二相导通星型三相六状态永磁无刷直流电动机系统为例来说明其工作原理。当转子永磁体位于图 4.43(a)所示位置时，转子位置传感器输出磁极位置信号，经过控制电路逻辑变换后驱动逆变器，使功率开关管 VT5、VT6 导通，即绕组 A、B 通电，A 正(+)B 负(−)，电枢绕组在空间合成磁动势 Fa 如图 4.43(a)所示，此时定转子磁场相互作用拖动转子顺时针方向转动，电流流通路径为

电源正极→VT6 管→A 相绕组→B 相绕组→VT5 管→电源负极

当转子转过 60°电角度，到达如图 4.43(b)位置时，位置传感器输出信号，经逻辑变换后开关管 VT5 截止，VT1 导通，此时 VT6 管仍导通，则绕组 A、C 通电，A 正(+)C 负(−)，电枢绕组在空间合成磁动势 Fa 如图 4.43(b)所示，此时，定转子磁场相互作用拖动转子继续沿顺时针方向转动。电流流通路径为，电源正极→VT6 管→A 相绕组→C 相绕组→VT1 管→电源负极，以此类推。

由以上分析可知，当转子沿顺时针每转过 60°电角度，功率开关管的导通逻辑顺序为

VT1、VT2 → VT2、VT3 → VT3、VT4 → VT4、VT5 → VT5、VT6 → VT6、VT1 → VT1、VT2，对应图 4.42 中 6 个状态顺序为(f)→(e)→(d)→(c)→(b)→(a)→(f)，转子磁场始终受到定子合成磁场的作用并沿顺时针方向连续转动。

在图 4.43(a)到(b)的 60°电角度范围内，转子磁场顺时针连续转动，而定子合成磁场 Fa 在空间保持图 4.43(a)位置不动，只有当转子磁场 F_f 转过 60°电角度到达图 4.43(b)位置时，定子合成磁场 Fa 才从图 4.43(a)位置顺时针跃变成图 4.43(b)位置。可见，定子合成磁场在空间不是连续旋转磁场，而是一种跳跃式旋转磁场，每个步进角是 60°电角度。

改变功率开关管的导通顺序，就可以改变电动机的转向。

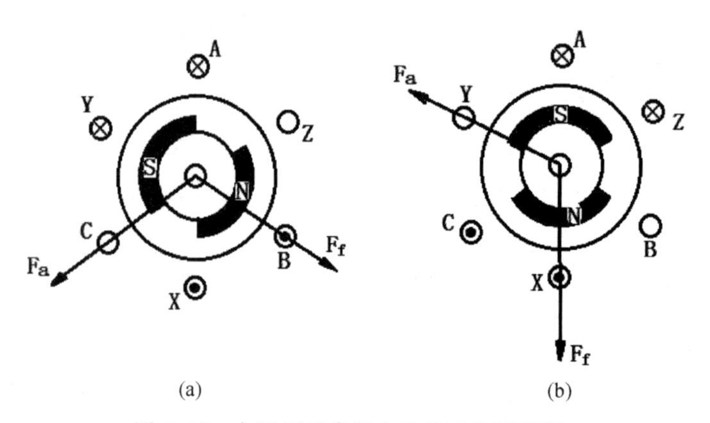

图 4.43　永磁无刷直流电动机工作原理图

3. 永磁无刷直流电动机伺服驱动控制原理

控制六个 IGBT (Insulated Gate Bipolar Transistor)管的通断情况就可以让电动机旋转起来。一般 IGBT 管控制是需要专用的 IGBT 管驱动 IC 来实现的。当前时刻要选择图 4.42 中的“哪一步”，即换相，什么时候要给哪相绕组正电压、给哪相绕组负电压以及哪相绕组悬空。一般通过获取当前转子所处位置信号完成换相，控制电动机旋转。转子位置信息的获取方法有两种：有传感器模式和无传感器模式。实时检测转子位置的位置传感器有以下三种：

1) 电磁式传感器

优点是具有较高的强度，可经受较大的振动冲击，故多用于航空航天领域；电磁式位置传感器输出信号较大，一般不需要经过放大便可直接驱动开关管，但因输出电压是交流的，必须先整流和滤波；缺点是传感器过于笨重，因而大大限制了其在普通条件下的应用。现在已逐渐退出。

2) 光电式传感器

光敏三极管或光敏二极管属于光电式传感器，其输出电信号一般都较弱，需要经过放大和整形才能控制功率晶体管。

3) 磁敏式传感器

霍尔元件属于磁敏式传感器，霍尔无刷直流电动机结构简单，体积小，但安置和定位不便，元件片薄易碎，对环境及工作温度有一定要求，耐振差。

以永磁无刷电动机中霍尔传感器实时检测转子位置为例，介绍转子有传感器模式位置信息的获取方法，了解永磁无刷直流电动机伺服控制系统原理。

永磁无刷直流电动机中一般安装 3 个霍尔传感器，霍尔传感器的输出波形及编码原理图如图 4.44 所示，图 4.44(a)中的 a、b、c，间隔 120°或 60°按圆周分布。如果间隔 120°，则三个霍尔传感器的输出波形相差 120°。

由于转子旋转 180°后转子磁极极性转换，致使每个霍尔传感器输出信号中高、低电平各占 180°。如果规定输出信号高电平为“1”，低电平为“0”，则三个霍尔传感器输出的三个信号可用 3 位二进制编码表示。每 60°编码改变一次，如图 4.44(b)所示。

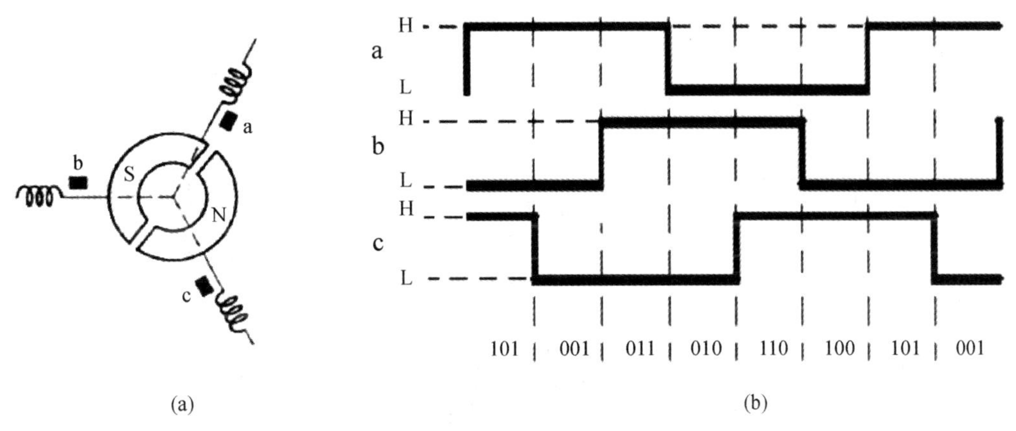

图 4.44　霍尔传感器的输出波形及编码原理图

根据霍尔传感器检测到的转子位置输出编码驱动 IGBT 的导通状态(每一种电动机的开关导通表会有差别)，永磁无刷直流电动机伺服驱动控制系统及开关导通表如图 4.45 所示。

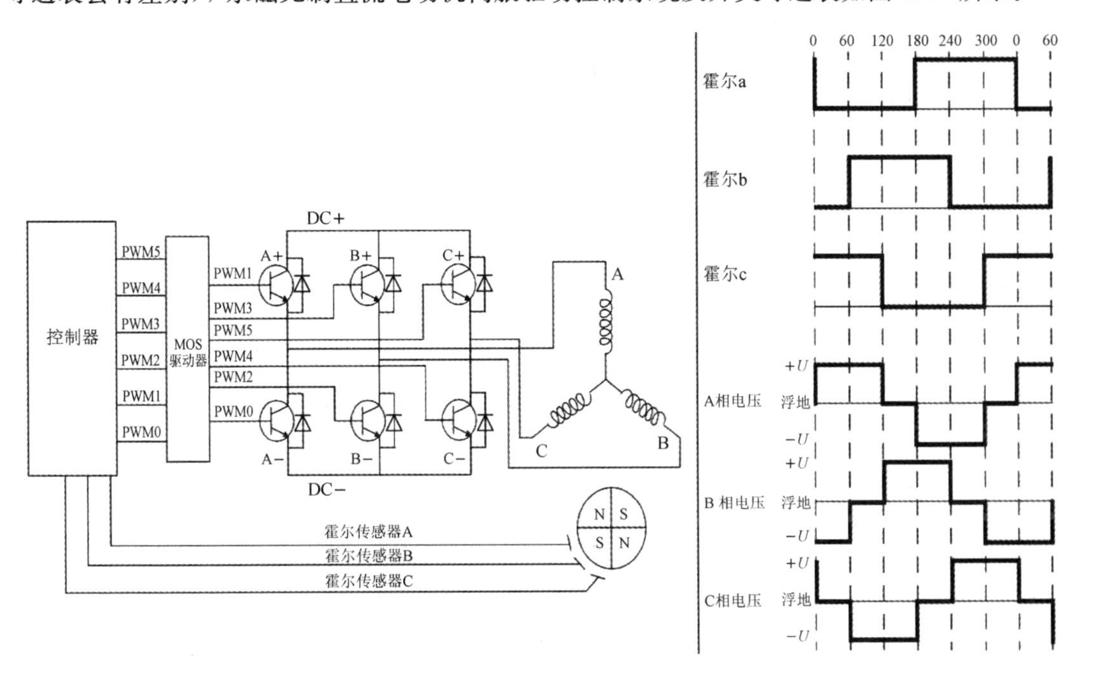

图 4.45　永磁无刷直流电动机伺服驱动控制系统及开关导通表

4. 无刷直流电动机(BLDC)调速原理

无刷直流电动机的速度正比于电压，其控制特性和机械特性均与有刷直流电动机基本相同。通常用脉冲宽度调制技术(PWM)实现无刷直流电动机的速度控制，无刷直流电动机定子绕组上施加的电压波形如图4.46所示。以图4.42(d)的状态为例，VT4、VT3导通，这个状态为A－和C＋。100%直接导通A－和C＋，绕组中电流大，转子转动速度高。把开关管VT4和VT3连续的开通，转变为开/关交替的PWM形式，如图4.46所示，无刷直流电动机定子绕组A相和C相上施加的电压为脉宽调制波，改变脉宽调制波PWM的占空比，就可以改变定子绕组电压的平均值，整体加在电动机绕组上的电压就是0 V到电源正电压(24 V)之间，最终实现电动机转速的控制。

改变脉宽调制波PWM的占空比，即改变PWM波的频率(一般十几kHz或几十kHz)，并且保证A－和C＋的PWM频率相等，且周期起始位置相同。

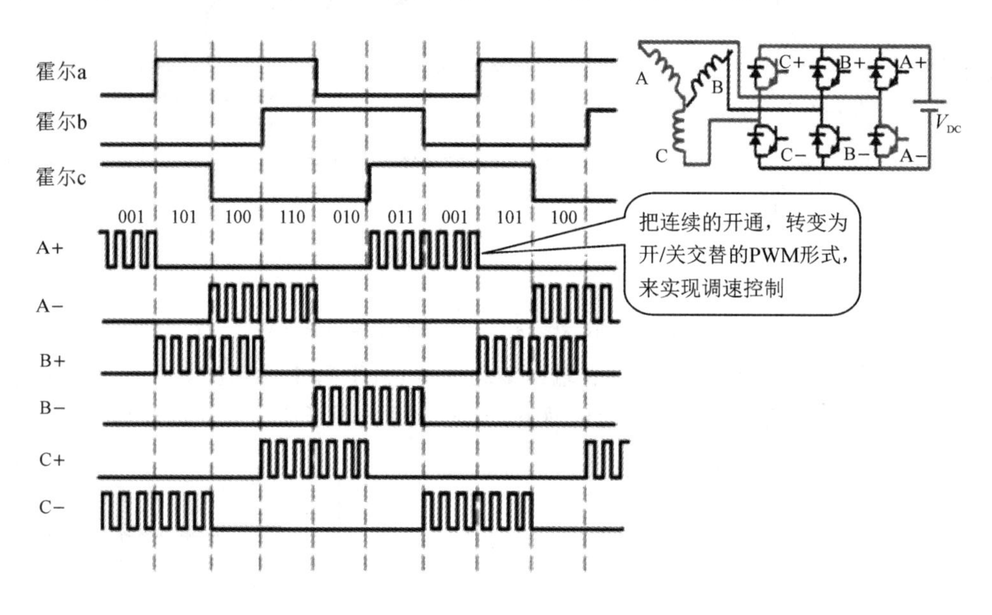

图4.46 永磁无刷直流电动机PWM调速原理

三、直流伺服电动机的特点及主要应用领域

无刷直流电动机是一种利用电子换向的小功率电动机。其既具有交流电动机结构简单、运行可靠、维护方便等一系列的优点，又具有直流电动机运行效率高(96%以上)、寿命长(2万小时以上)、噪音低、调速性能好等诸多的优点。

无刷直流电动机驱动器可以控制转子维持在一定的转速，性能更加稳定。其广泛应用于现代生产设备、仪器仪表、计算机外围设备和高级家用电器中。

现代化的数控机床对精度、稳定性、耐磨性要求更高，只有高质量的直流伺服电动机才能满足数控机床领域的各种生产需求。

雕刻机都是采用高速运转的电动机来驱动的，使用直流伺服电动机也是最佳选择，精密度越高，转速越快所雕刻的质量才能达到最好。

医疗行业内一些仪器使用需要具有低噪音的特点，直流伺服电动机就能符合高静音运转的医院设备的需求，而且运转速也能达到更高要求，满足各种不同设备的需求。

地铁屏蔽门的开门、关门指令动作，也是由直流伺服电动机来实现的。另外，在各种家用电器、高铁闸机控制、轮船汽车行业等都有用到直流伺服电动机。

任务实施　直流伺服电动机及其驱动器接线

本任务实施的目标是阅读无刷直流电动机及其驱动器说明书，认识无刷直流电动机及其驱动器的接口和功能，会连接无刷直流电动机及其驱动器。

市面上常见的直流伺服电动机有两种：一种是伺服电动机与控制器在结构上是各自独立的；另一种是一体化无刷电动机，伺服电动机与控制器在结构上是一体的。本任务以北京时代超群的无刷直流伺服电动机及其驱动器为例，进行无刷直流伺服电动机与驱动器的接线。

无刷直流电动机及其驱动器外形图如图 4.47 所示。

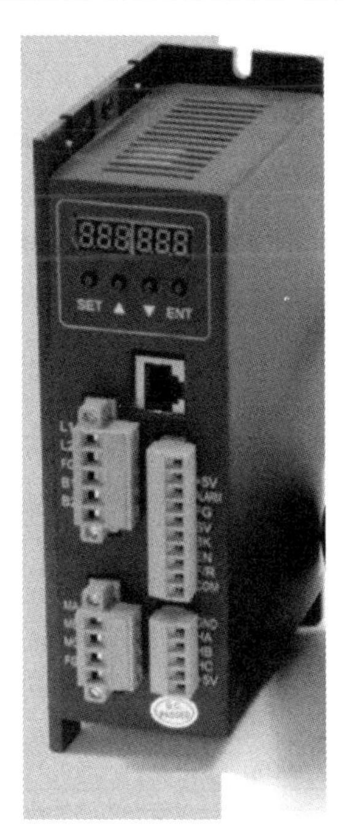

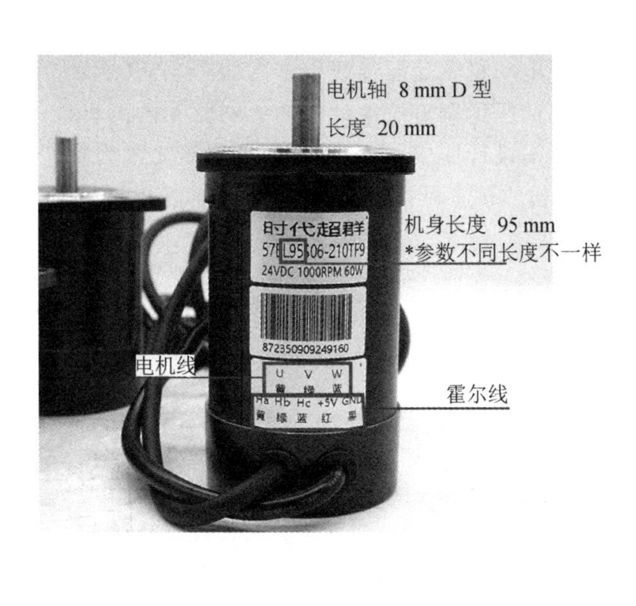

图 4.47　无刷直流电动机及其驱动器外形图

一、电动机主要技术参数

电动机主要技术参数如表 4.7 所示，电动机的接线端子如图 4.48 所示。

表 4.7　电动机主要技术参数

电机型号	额定电压/V DC	额定功率/W	额定转矩/N·M	额定转速/(r·min^{-1})	空载转速/(r·min^{-1})	额定电流/A	空载电流/A	极对数
57BL95S06—210	24	60	0.5	1000	2000	3.6	0.4	4

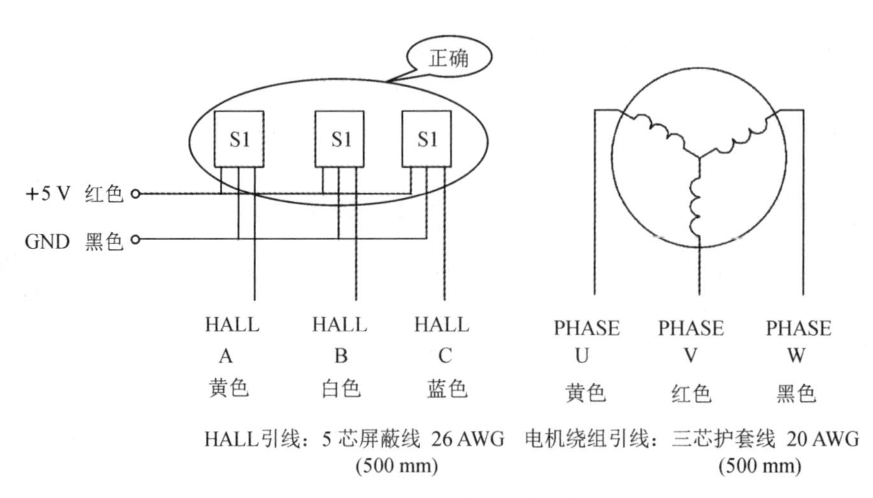

图 4.48　电动机的接线端子图

二、无刷直流电动机驱动器

无刷直流电动机驱动器接线端子图如图 4.49 所示。BLD-300B 无刷直流电动机驱动器是针对中功率低压无刷直流电动机的无刷驱动的高性能产品。该无刷直流驱动器采用高性价比的解决方案设计而成。BLD-300B 适用于功率为 48 V、440 W 或 24 V、300 W 的三相无刷直流电动机的转速调节。BLD-300B 无刷直流电动机驱动器端口信号说明如表 4.8 所示。

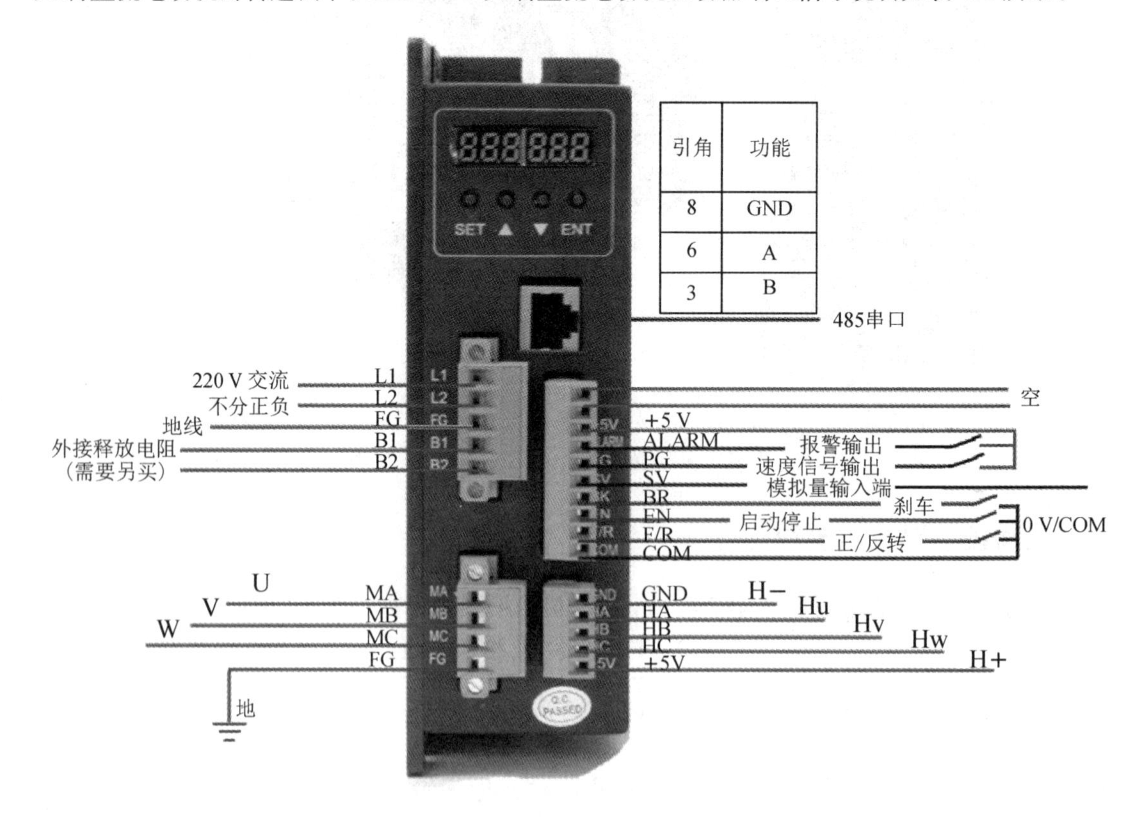

图 4.49　无刷直流电动机驱动器接线端子图

表 4.8　BLD-300B 无刷直流电动机驱动器端口信号

信号	端　子	内　容
电源输入	L1	交流 220 VAC
	L2	交流 220 VAC
	FG	地线
	B1	外接释放电阻
	B2	外接释放电阻
电动机连接	MA	无刷直流电动机 U 相
	MB	无刷直流电动机 V 相
	MC	无刷直流电动机 W 相
	FG	地线
霍尔信号	GND	无刷直流电动机霍尔信号接地线
	HA	无刷直流电动机霍尔信号 HW
	HB	无刷直流电动机霍尔信号 HV
	HC	无刷直流电动机霍尔信号 HU
	+5V	无刷直流电动机霍尔信号电源线
控制信号	SV	(1) 外接调速电位器； (2) PWM 调速信号输入
	COM	公共端口(0 V 参考电平)
	F/R	F/R 端与 COM 端断开时电机顺时针运行(面对电机轴)； 短接时电机逆时针方向运转
	EN	EN 端与 COM 端断开时电机自然停止；短接时电动机运行
	BRK	BRK 端与 COM 端断开时电动机运行；短接时快速制动停止
输出信号	+5V	+5V 电源输出端口
	PG	输出频率与电机转速成正比的固定脉宽(50 μs)负脉冲串，可以计算出电机的转速。电机每转的输出脉冲个数为 $3\times N$，N 为电机的极数。例如：2 对极即四极电机每转 12 个脉冲，当电机转速为 500 r/min 时，端子 PG 的输出脉冲为 6 000 个
	ALARM	报警时该端与 COM 导通(低电平)，同时驱动器自行停止工作处于报警状态

三、显示窗及键盘操作

显示窗及键盘按键位置如图 4.50 所示：

“SET”：表示启动/停止(返回键)。

“△”：设置参数时参数数值加 1。

“▽”：设置参数时参数数值减 1。

“ENT”：“ENTER” 确认键（调出系统参数)。

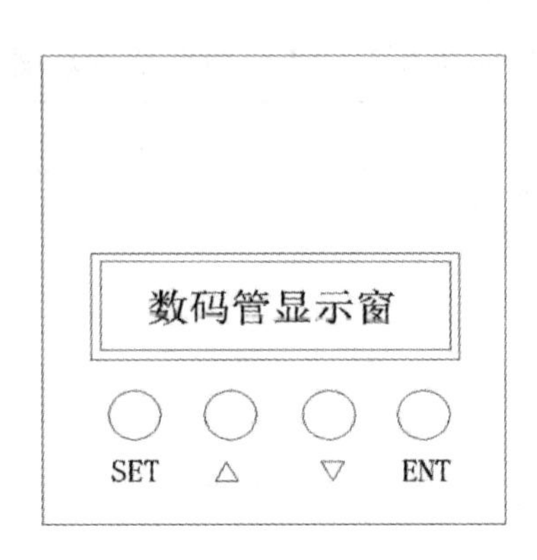

图 4.50　显示窗及键盘按键位置图

1. 系统参数设定方式

(1) 系统参数设定必须在电机停机状态，即面板模式时电机为停止状态或是外部端口模式时处于使能断开状态。在待机情况下，按“ENTER”键，会调出系统参数；再按“ENTER”键，会调出系统参数的设置值。

(2) 按“△”或“▽”键调到希望修改的参数。如果不想修改按“SET”键跳出设定，回到待机状态。

(3) 再按“ENTER”键会见到参数内容。如果不想修改按“SET”键跳出设定，回到待机状态。

(4) 按“△”或“▽”键调整希望修改的参数数值。

(5) 按“ENTER”键存储参数，按“SET”键回到待机状态。

说明：在设置状态，如果一分钟内没有按键按下系统会自动跳到转速显示界面。

2. 保护模式

当电机在运行过程中出现异常，数码管显示“Err×”。

(1) Err1 表示电机堵转。

(2) Err2 表示过电流。

(3) Err3 表示霍尔故障。

(4) Err4 表示输入欠压。

(5) Err5 表示输入过压。

四、驱动器工作模式

驱动器的工作模式有两种，可通过面板设置。一种是面板工作模式；另一种是外部端口工作模式。电机按照设定方式工作，数码管显示电机运转转速。在面板工作模式下，按“SET”键启动、停止电机，长按住“△”(“▽”)键增加(降低)电机转速，按“ENTER”键确定电机转速。电机按设定转速运行。

任务评价

教师根据学生阅读记录结果及接线情况给予评价，结果计入表 4.9 中。

表 4.9 任务评价表

<table>
<tr><th colspan="5">实训项目</th></tr>
<tr><td colspan="3">项目内容</td><td>配分</td><td>得分</td></tr>
<tr><td>无刷直流伺服电动机的观察</td><td colspan="2">基本参数、接线端子</td><td>10</td><td></td></tr>
<tr><td>无刷直流伺服电动机驱动器的观察</td><td colspan="2">基本参数、接线端子、功能选择设定与运行</td><td>10</td><td></td></tr>
<tr><td>无刷直流伺服电动机与驱动器的接线</td><td colspan="2">会正确接线，通电调试</td><td>60</td><td></td></tr>
<tr><td rowspan="2">其他</td><td colspan="2">安全操作规程遵守情况；纪律遵守情况</td><td>10</td><td></td></tr>
<tr><td colspan="2">工具的整理与环境清洁</td><td>10</td><td></td></tr>
<tr><td colspan="2">工时：1 学时</td><td>教师签字：</td><td>总分</td><td></td></tr>
<tr><th colspan="5">理论项目</th></tr>
<tr><td colspan="3">项目内容</td><td>配分</td><td>得分</td></tr>
<tr><td colspan="3">叙述有刷直流电动机的结构、工作原理</td><td>25</td><td></td></tr>
<tr><td colspan="3">叙述无刷直流电动机的结构、工作原理</td><td>25</td><td></td></tr>
<tr><td colspan="3">叙述有刷直流电动机的调速方法</td><td>25</td><td></td></tr>
<tr><td colspan="3">叙述无刷直流电动机的调速方法</td><td>25</td><td></td></tr>
<tr><td colspan="2">时间：1 学时</td><td>教师签字：</td><td>总分</td><td></td></tr>
</table>

知识拓展 一体化无刷直流伺服电动机的接线

北京立迈胜(NiMotion)公司生产的高性能、小功率、无刷伺服产品 BLM42 一体化无刷电动机为例，进行一体化无刷直流伺服电动机的接线。BLM42 一体化无刷电动机集无刷直流电动机、编码器、伺服驱动器于一体，支持 CANopen/RS485 总线控制。此电动机高度集成设计，降低了安装复杂度，节省了空间。

BLM42 一体化无刷直流电动机外形图及结构示意图如图 4.51 所示，其规格参数如表 4.10 所示，BLM42 一体化无刷直流电动机产品功能特点如图 4.52 所示。

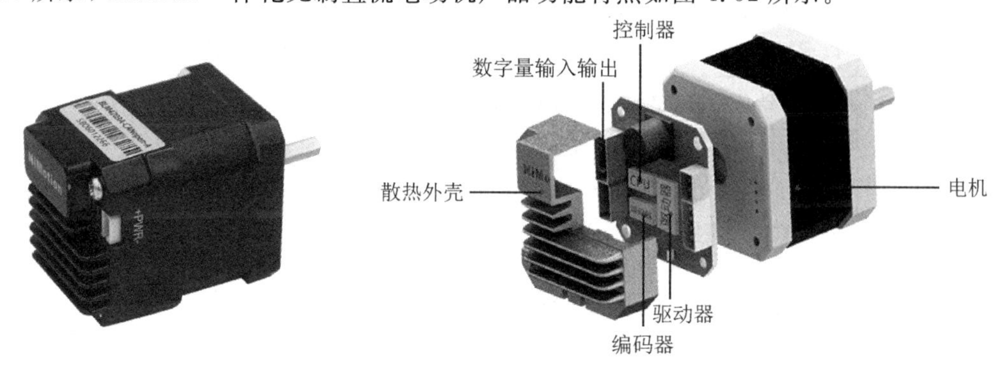

图 4.51 BLM42 一体化无刷直流电动机外形图及结构示意图

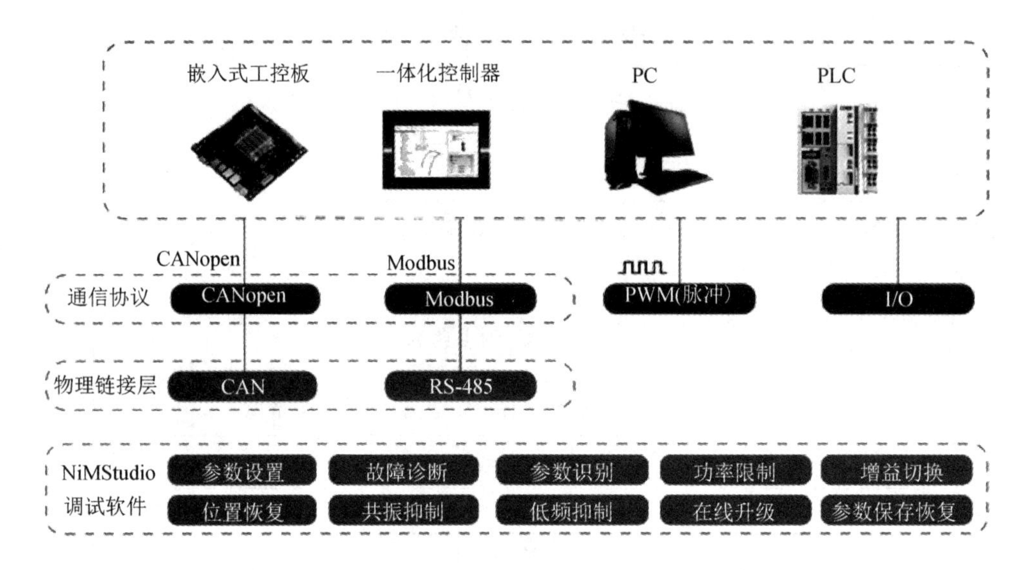

图 4.52 BLM42 一体化无刷直流电动机产品功能特点

表 4.10 BLM42 一体化无刷直流电动机规格参数

输入电压	10～36 V DC
驱动方式	采用 FOC 磁场定向控制技术和 SVPWM
CiA402 模式	支持 PP、VM、PV、PT、HM、IP、CSP、CSV、CST 标准模式
NiMotion 模式	支持位置模式、速度模式、力矩模式
数字量输入/输出	可配置 3 个数字量输入，2 个数字量输出：数字量输入支持 5 V 和 24 V 两种电平输入，均采用高速双向光耦。 可配置多种功能、步进使能、报警复位、暂停、正限位开关、负限位开关、原点开关、清除故障、脉冲输入、占空比调速、增量 AB 脉冲输入、报警输出、目标到达输出、运行停止输出等
故障诊断	过压、欠压、过温、硬件故障/堵转过载超速初始化故障存储故障/超限检测/原点回归超时/跟踪故障/目标位置溢出故障/曲线规划参数过小故障等
通信方式	CANopen、Modbus
编码器	内部集成，集成 2500 线高分辨率单圈绝对值编码器；上电即知当前绝对位置，可以选择角度反馈或脉冲数反馈；灵活设置禁止进入范围，让回零方向避开限制区域
电流控制频率	1 kHz 位置环、2 kHz 速度环、20 kHz 电流环
特色功能	参数识别：具备参数辨识和 PI 参数自整定功能 限功率：当供电电压大于额定电压时，开启限功率功能，将电动机的运行功率限制在额定功率以下 位置恢复：可配置为单圈位置值恢复或者多圈绝对位置值恢复 参数保存恢复：实现参数的保存和恢复默认参数功能
工作环境	温度：0～40℃；相对湿度：10%～85% RH；海拔高度：－300～3 000 m； 安装环境：无腐蚀性气体易燃物、油雾等，无强振动；安装方式：水平或垂直

任务4.4　交流伺服电动机驱动控制

任务描述

近年来，随着交流驱动技术的飞速发展，交流伺服电动机的转速和转矩控制性能，已经达到可以与直流伺服电动机相当的水平。交流伺服电动机与直流伺服电动机相比有以下特点：

(1) 没有碳刷与换向器，不易产生火花，因而维护少、寿命长；

(2) 转子重量轻、体积小，转动惯量小、响应快；

(3) 适宜高速度、高精度、频繁启动的场合。

交流伺服电动机分为感应型交流伺服电动机(异步电动机)和同步型交流伺服电动机(交流永磁同步电动机)。本任务介绍交流伺服电动机的结构、工作原理、驱动控制原理。

任务目标

技能目标

会交流伺服电动机驱动控制接线。

知识目标

(1) 掌握感应型交流伺服电动机的结构、工作原理、驱动控制原理。

(2) 掌握交流永磁同步伺服电动机的结构、工作原理、驱动控制原理。

(3) 了解交流伺服电动机的特点及应用。

知识准备

一、感应型交流伺服电动机(异步电动机)

感应电动机价格低廉、结构坚固、维护简单，随着电力电子技术、微处理器技术、磁场定向控制技术的快速发展，使感应电动机可以达到与他励式直流电动机相同的转矩控制特性，逐渐在高速度及位置控制系统中得到越来越广泛的应用。

1. 感应型交流伺服电动机的结构与工作原理

感应型交流伺服电动机一般是单相交流电动机，主要由定子和转子构成。定子铁芯通常用硅钢片叠压而成。定子铁芯槽内嵌有两个绕组，一个绕组是励磁绕组 f，另一个绕组是控制绕组 k，两个绕组在空间位置上互差 90°电角度。工作时，励磁绕组 f 与交流励磁电源 $\dot{U}_f$ 相连，控制绕组 k 加控制电压 $\dot{U}_k$。感应型交流伺服电动机外形如图 4.53(a)所示，工作原理如图 4.53(b)所示。其转子一般分为鼠笼转子和杯形转子两种结构形式。鼠笼转子和三相鼠笼型异步电动机的转子结构相似，如图 4.53(c)所示，杯形转子结构如图 4.53(d)所示。杯形转子通常用铝合金或铜合金制成空心薄壁圆筒，为了减小磁阻，在空心杯形转子内放置固定的内定子。不同结构形式的转子都制成具有较小惯量的细长形。

(a) 感应型交流伺服电动机外形　　(b) 感应型交流伺服电动机工作原理图

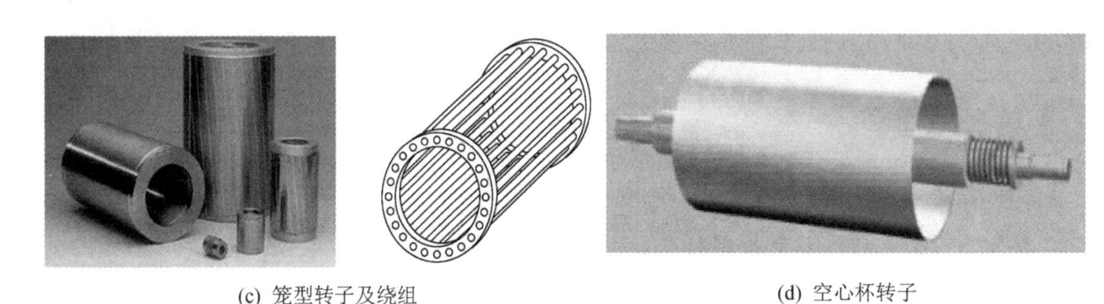

(c) 笼型转子及绕组　　(d) 空心杯转子

图 4.53　感应型交流伺服电动机结构原理示意图

交流伺服电动机在没有控制电压时，气隙中只有励磁绕组产生的脉动磁场，转子上没有启动转矩，转子静止不动。当有控制电压且控制绕组电流和励磁绕组电流不同相时，则在气隙中产生一个旋转磁场，转子导体切割这个旋转磁场的磁力线产生感应电动势，由于转子绕组是短路的，转子导体中便有电流流过。转子载流导体在磁场中受到电磁力 f 的作用，并相对于转轴产生电磁转矩，使转子沿着旋转磁场的方向旋转。当励磁绕组和控制绕组所加的交流电压幅值相等、相位互差 90°时，在气隙中形成的是圆形旋转磁场。幅值不相等或者相位互差不等于 90°时，在气隙中形成的是椭圆形旋转磁场。

对伺服电动机的要求不仅是在控制电压作用下就能启动，且电压消失后电动机应能立即停转。如果伺服电动机控制电压消失后，像一般的单相异步电动机那样继续转动，则出现失控现象，我们把这种因失控而自行旋转的现象称为自转。

为消除交流伺服电动机的自转现象，必须加大转子电阻 r_2，这是因为当控制电压消失后，伺服电动机处于单相运行状态，若转子电阻很大，转子会产生一个方向与电动机旋转方向相反的制动性质的转矩，保证当控制电压消失后，电动机将被迅速制动而停止。另外，当转子电阻加大后，不仅可以消除自转，还具有扩大调速范围、改善调节特性、提高反应速度等优点。

2. 感应型交流伺服电动机的控制方式

感应型交流伺服电动机的控制方式有三种，分别是幅值控制、相位控制、幅相控制。

1）幅值控制

控制电压和励磁电压保持相位差 90°，只改变控制电压幅值，这种控制方法称为幅值控制。当励磁电压为额定电压、控制电压为零时，伺服电动机转速为零，电动机不转；当励磁电压为额定电压、控制电压也为额定电压时，伺服电动机转速最大，转矩也为最大；当励磁电压为额定电压、控制电压在额定电压与零电压之间变化时，伺服电动机的转速在最高转速与零之间变化。

2）相位控制

与幅值控制不同，当相位控制时控制电压和励磁电压均为额定电压，通过改变控制电压和励磁电压相位差，实现对伺服电动机的控制。设控制电压与励磁电压的相位差为 β，$\beta=0°\sim90°$，根据 β 的取值可得出气隙磁场的变化情况。当 $\beta=0°$时，控制电压与励磁电压同相位，气隙总磁通势为脉振磁通势，伺服电动机转速为零不转动；当 $\beta=90°$时，气隙总磁通势为圆形旋转磁通势，伺服电动机转速最大，转矩也为最大；当 β 在 0°～ 90°之间变化时，磁通势从脉振磁通势变为椭圆形旋转磁通势，最终变为圆形旋转磁通势，伺服电动机的转速由低向高变化。β 值越大越接近圆形旋转磁通势。

3）幅相控制

幅相控制是对幅值和相位差都进行控制，通过改变控制电压的幅值及控制电压与励磁电压的相位差控制伺服电动机的转速。图 4.53(b)所示的接线中，当控制电压的幅值改变时，电动机转速发生变化，此时励磁绕组中的电流随之发生变化，励磁电流的变化引起电容的端电压变化，使控制电压与励磁电压之间的相位角改变。

幅相控制的机械特性和调节特性不如幅值控制和相位控制，但由于其电路简单，不需要移相器，因此实际应用较多。

二、交流永磁同步伺服电动机

1. 交流永磁同步伺服电动机(Permanent Magnet Synchronous Motor, PMSM)的结构

同步型交流永磁伺服电动机结构图如图 4.54 所示，其结构主要由定子、转子、检测元件(转子位置传感器和测速发电动机等)三部分组成，定子与转子之间的气隙比异步电动机宽。使用在重力轴场合的电动机还包括制动器部分，较大型电动机还含有辅助散热的冷却风扇来提高电动机的使用性能。

1）定子

定子由铁芯、铜线绕组、前法兰组成。定子铁芯主要是由硅钢片叠压而成，硅钢片内圆开槽，槽内嵌放三相绕组，与一般的三相感应电动机类似，其采用三相对称绕组结构，它们的轴线在空间彼此相差 120°。同步型交流伺服电动机定子绕组与定子铁芯如图 4.55 所示。但其外圆多呈多边形，且无外壳，以利于散热，避免电动机发热对机床精度的影响。

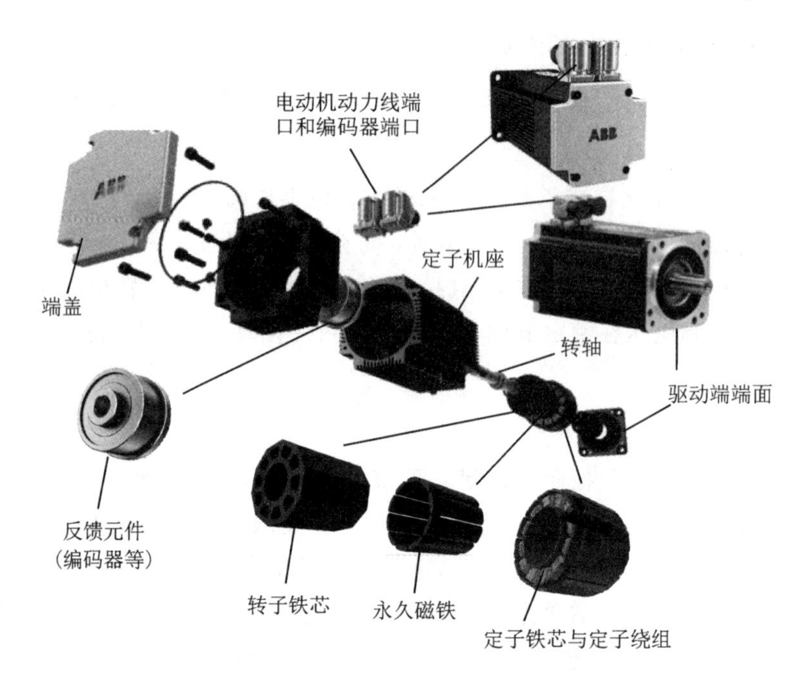

图 4.54　同步型交流伺服电动机结构图

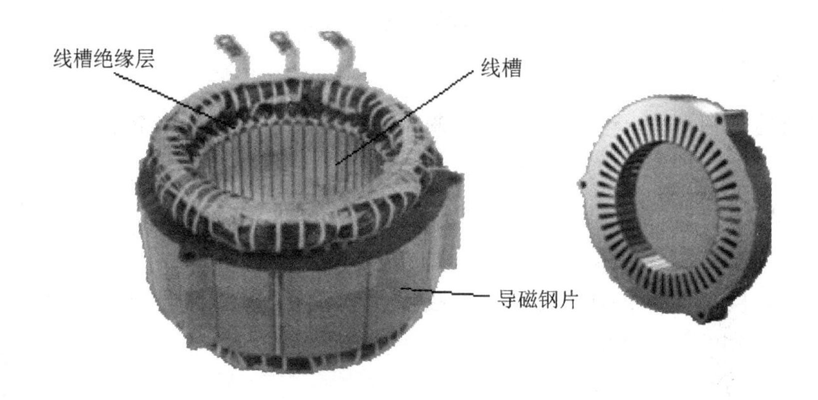

图 4.55　同步型交流伺服电动机定子绕组与定子铁芯

2）转子

转子部件主要由永磁磁铁、铁芯、转轴组成。永磁磁铁一般有两对以上的磁极，贴在转子铁芯表面，或者嵌放在转子铁芯内部，分别称为表面永磁同步电动机和内置式永磁同步电动机。永磁同步电动机转子如图 4.56 所示。

3）检测元件

在电动机的后端装有编码器或旋转变压器等检测元件，用来检测电动机的转速及作为位置检测信号的反馈。

4）制动器

使用在重力轴场合的电动机，在报警、断电或急停状态下，伺服使能断开，重力轴会下滑，此时通过电动机制动器的制动作用防止重力轴下滑。

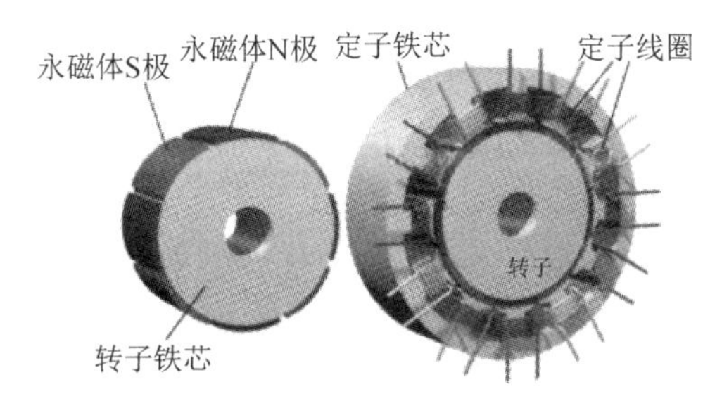

表面永磁同步电动机

内置式永磁同步电动机

图 4.56 永磁同步电动机转子

5）冷却风扇

当使用转矩功率较大的伺服电动机时，电动机本身产生的热量无法完全通过自冷方式散热，此时通过加装风扇或者采用液冷方式达到提高电动机使用性能的目的。同步型交流伺服电动机冷却方式如图 4.57 所示。

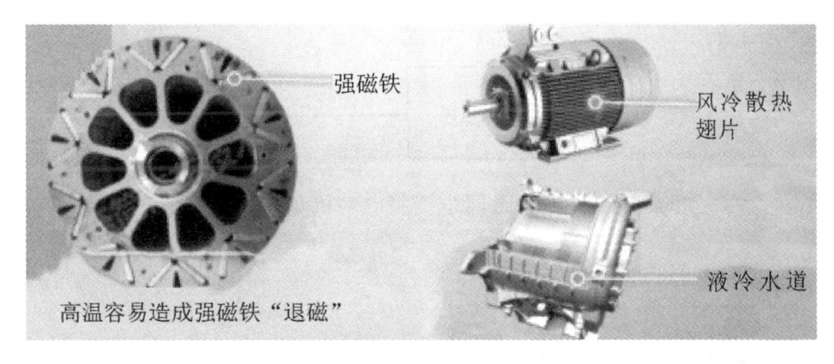

图 4.57 同步型交流伺服电动机冷却方式

2. 交流永磁同步伺服电动机的工作原理

当交流永磁同步电动机定子三相绕组通以三相对称交流电流时，在气隙中建立一个旋转磁场，旋转磁场的转速称为同步转速，用 n_1 表示。同步转速 $n_1=60f_1/p$，其中：p 是磁极对数；f_1 是定子电流频率；同步转速 n_1 的单位是 r/min。当极对数为 1 时，此旋转磁场可以看成是由一对等效永磁磁铁以同步转速 n_1 旋转产生，同步型交流伺服电动机工作原理如图 4.58 所示。假设气隙磁场逆时针方向旋转，定子绕组产生的旋转磁场与转子永磁磁铁产生的磁场相互作用产生转矩，旋转磁场吸引转子的磁极随其一起旋转，转子的转速与同步转速 n_1 相同，故称为同步电动机。改变定子交流电流的频率，可改变同步电动机的转速大小。磁场的旋转方向取决于定子绕组电流的相序，改变定子绕组通以交流电的相序就可以改变电动机的转向。

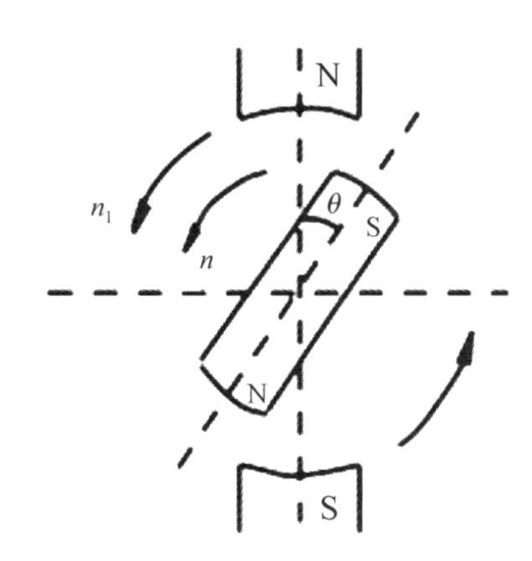

图 4.58 同步型交流伺服电动机工作原理

3. 交流永磁同步伺服电动机的驱动控制

交流永磁同步伺服电动机驱动控制系统图如图 4.59 所示。由三相逆变器为定子三相绕组提供三相对称交流电流，在气隙中产生旋转磁场，拖动永磁转子同步旋转；定子绕组的通电频率以及旋转磁场的转速取决于转子的实际位置和转速；转子的实际位置和转速由光电式编码器或旋转变压器获得。为了实现对交流永磁同步伺服电动机的准确控制，需要确定电动机转子的位置。获得转子位置的方法除了在电动机中嵌入真正的轴编码器外，还有两个主要选择：一是使用霍尔效应传感器(称为传感器控制)；二是检测电动机的反电动势(称为无传感器控制)。无传感器控制由于成本较低最为常见，但两者都需要电动机转动才能感应真实位置。

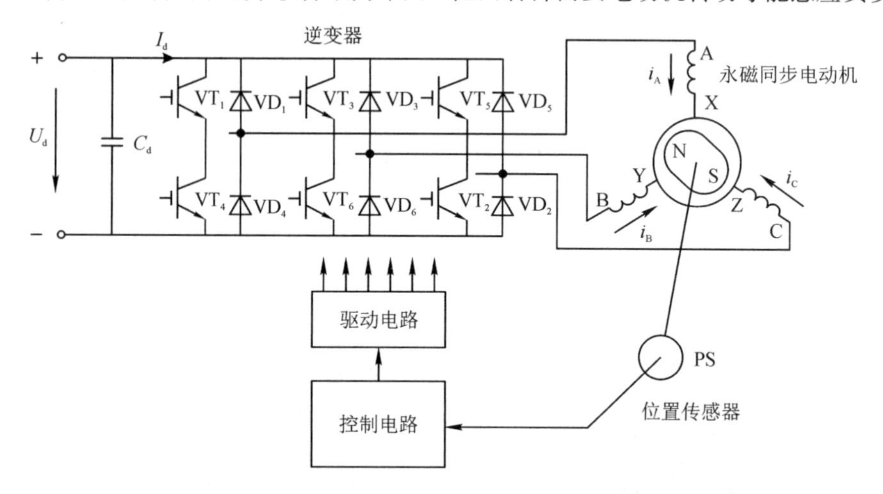

图 4.59 交流永磁同步伺服电动机驱动控制系统图

三、变频调速原理

通常，用变频器改变交流伺服电动机供电电源的频率实现电动机的变频调速。变频器将恒压、恒频交流电变成变压、变频交流电。有交-交变频和交-直-交变频两种变频方式。

交-交变频又称为直接变频(如图 4.60(a)所示)，用晶闸管整流器将工频交流电直接变成频率较低的脉动交流电，其正组输出正脉冲，反组输出负脉冲，这个脉动交流电的基波就是所需的变频电压。这种方法获得的交流电波动较大。

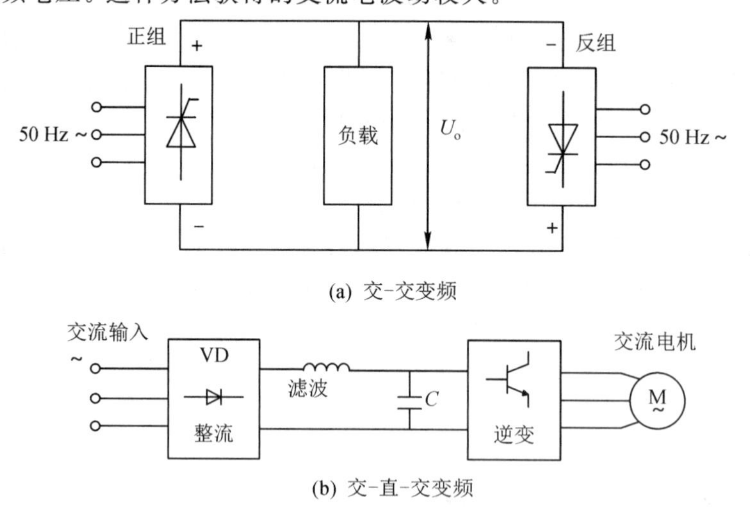

(a) 交-交变频

(b) 交-直-交变频

图 4.60 交-交变频和交-直-交变频原理示意图

交-直-交变频器也称作间接变频器(如图4.60(b)所示)，先将固定频率的交流电整流成直流电，然后将直流电压逆变成矩形脉冲波动电压，这个脉动交流电的基波就是所需的变频电压。这种方法获得的交流电波动小，调频范围宽，调节线性度好。数控机床常采用这种方法。

1. 三相SPWM变频调速控制

在机电一体化设备中，因为中、小功率电动机居多，多采用交-直-交变频技术。为避免定子由于激磁绕组过励磁及欠励磁对电动机产生不利影响，通常采取既变压又变频的技术。即在变频的同时，协调改变电动机的供电电压，这就是 u/f 方式变频调速，即交流变压变频技术(Variable Votage Variable Friquency，VVVF)。

正弦波脉冲宽度调制(Sinusoidal Pulse Width Modulation，SPWM)变频器是目前应用较广泛的一种交-直-交变频器。其实质是先把固定频率、固定电压的三相交流电整流成直流电，再把直流电逆变为频率、电压连续可调的三相交流电。

图4.61所示单极式SPWM波形图，其基本原理是以正弦波作为基准波(称为调制波)，再用一列等幅的三角波(称为载波)与其比较，输出一系列等幅、等距、不等宽、频率可调的脉冲序列方波，用来控制逆变器中大功率晶体管的开关。当正弦波高于三角波时，输出高电平；当正弦波低于三角波时，输出低电平。所得到的脉冲方波宽度随正弦波改变，中间宽、两边细，总面积与正弦波所围的面积等效，并且单位周期内方波脉冲数愈多，等效的精度就愈高，其谐波分量就愈小。

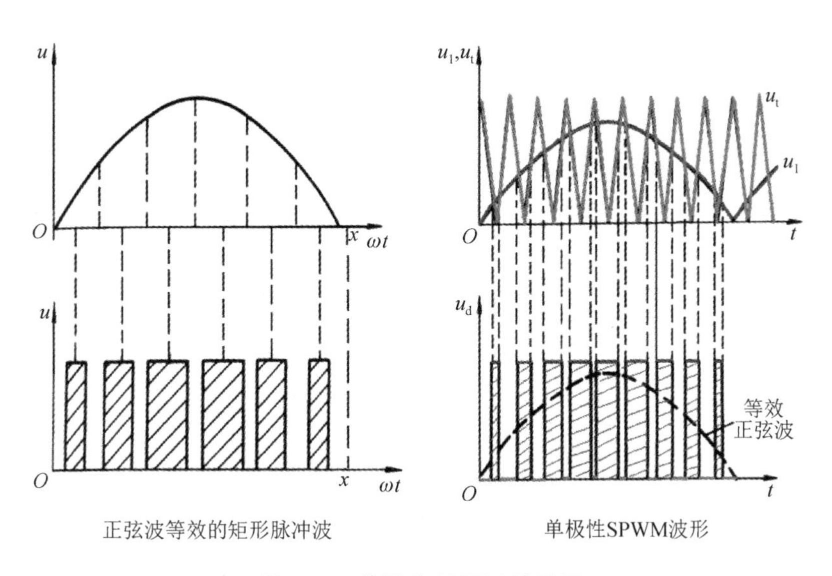

图4.61　单极式SPWM波形图

当用计算机软件改变三角波的载波频率时，可以改变逆变器中大功率开关管的导通与截止频率，使加在电动机定子的频率与电压同时改变，实现调频调速控制。

在三相SPWM调制中三角波 u_t 是共用的，每一相有一个输入正弦波信号和一个SPWM调制器，三相SPWM波形调制原理框图如图4.62所示。图中输入的 u_a、u_b、u_c 信号是相位相差120°的正弦交流信号，其幅值和频率都是可调的。改变正弦调制波的幅值时，SPWM脉冲信号的脉宽(占空比)将随之改变，从而改变了输出信号 u_{b1} ~ u_{b6} 电压的大小；

改变正弦调制波的频率时，输出信号 $u_{b1}\sim u_{b6}$ 的基波频率也随之改变，这样可以实现既调压又调频的目的，用 $u_{b1}\sim u_{b6}$ 控制逆变器中6个大功率晶体开关管 $T_1\sim T_6$ 的通断，从而控制加在电动机定子绕组上电压的大小和频率，实现电动机的变频调速。

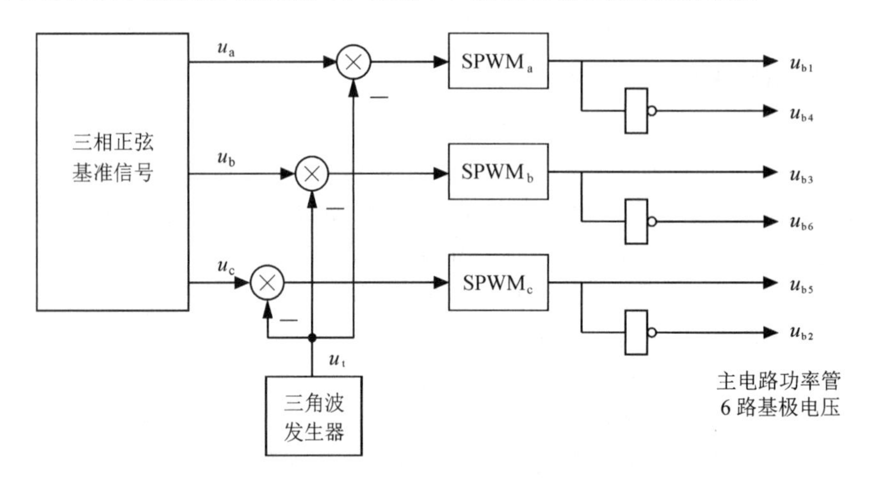

图4.62　三相SPWM波调制原理框图

2. 三相SPWM变频器的主电路

三相SPWM变频器的主电路(如图4.63所示)由整流器、滤波器、能耗电路和逆变器组成。将380 V、50 Hz的三相交流电，通过 $VD_1\sim VD_6$ 这六个二极管组成的三相不可控整流桥，将交流电变成直流电；经L型或C型滤波器滤去整流后的脉动电压，使交流电压变成直流高电压 U_D($U_D=1.35\times380=513$ V)。滤波电容器 C_{F1} 有两个功能：一是滤平全波整流后的电压纹波；二是当负载变化时，使直流电压保持平稳。该直流高压加在由6个大功率晶体开关管 $VT_1\sim VT_6$ 组成的逆变器上，逆变器将直流电又逆变为电压幅值可变(如0～500 V以上)、频率可调(如0～2 kHz或几十kHz)的交流电，加在交流电动机定子的三相绕组上，使交流电动机速度可调，并具有良好的力矩特性。常用大功率晶体管开关模块有：MOSFET金属氧化物半导体场效应晶体管和IGBT绝缘栅双极型等大功率晶体管。与6个

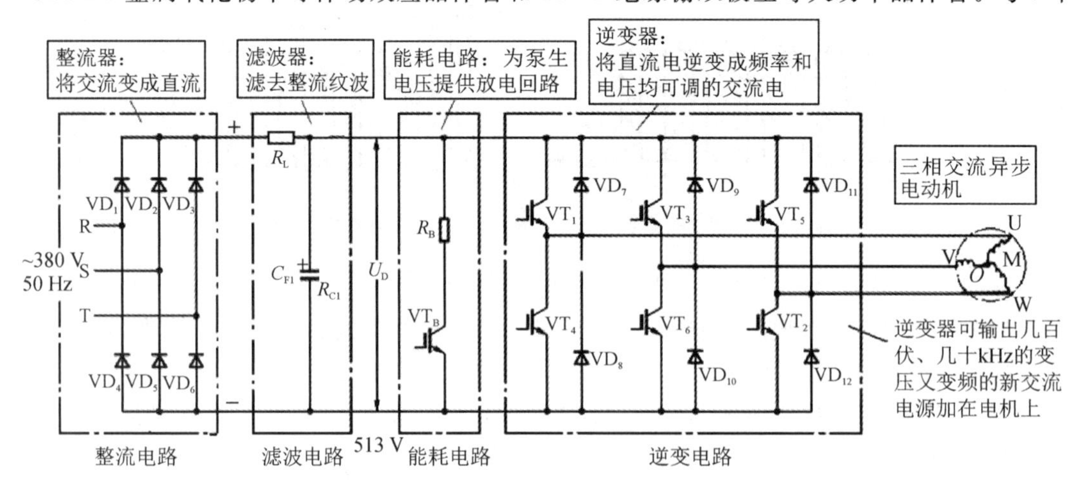

图4.63　三相SPWM变频器的主电路

大功率开关晶体管分别并联的二极管是续流二极管，在大功率晶体管通断时为产生的反电势提供旁通电路，以保护大功率晶体管。

图4.63所示的能耗电路，其作用是当电动机在工作频率下调转速降低时，交流电动机的转子转速可能超过此频率下的同步转速$\left(n=\frac{60f}{p}\right)$而处于再生制动(发电)状态，拖动系统将减少的动能反馈到直流电路中，使直流母线(滤波电容两端)电压U_D不断上升(即所说的泵升电压)，过电压可能会损坏变频器，因此需将反馈能量消耗掉，制动电阻就是用来消耗这部分能量的。制动单元由开关管VT_B与驱动电路构成，其功能是用来控制流经R_B的放电电流I_B。

3. 正弦脉宽调制波的调制方法

SPWM逆变器中，载波(三角波)频率f_c与调制波(正弦波)频率f_r之比称为载波比R，即$R=f_c/f_r$。正弦脉宽调制过程中，视载波比R的变化与否，可将调制方式分为同步调制、异步调制、分段同步调制。

1) 同步调制

变频时，三角载波频率f_c和正弦调制波频率f_r同步变化，变化过程中保持载波比R为常数，这就是同步调制。同步调制的优点是可以始终保持载波比R等于3的倍数，从而保持逆变器输出波形对称，使电动机平稳运行。但是，当输出频率较低时，由于相邻两脉冲间的间距增大，谐波分量显著增加，会造成电动机产生较大的脉动转矩和较强的噪声。如果为了降低谐波而提高载波比，那么逆变器输出频率较高时，逆变器功率开关器件的工作频率也较高，会产生较大的开关损耗。

2) 异步调制

为消除同步调制的缺点，可采用异步调制方式，即载波比R不是常数的调制方式。一般是在改变调制波频率f_r时，保持三角波载波频率f_c不变。这样，逆变器输出频率较低时会有较大的载波比，使输出波半周内矩形脉冲数可随着输出频率的降低而增加，有助于减少谐波，从而减小电动机脉动转矩和噪声，改善低频时的工作性能。但异步调制在改善低频工作性能的同时也失去了同步调制的优点，即在异步调制过程中，载波比R是变量，不能保证频率变化时载波比R始终都为3的倍数，这样就不能保证逆变器三相输出波形的对称，引起电动机工作不平稳。不过，在使用IGBT等高速功率开关器件的情况下，由于载波频率可以做得很高，上述缺点实际上已小到完全可以忽略。此外，由于载波频率是固定的，使得这类问题的数字化处理也比较容易。

3) 分段同步调制

对于GTR和GTO等开关频率不太高的功率器件，采用同步调制和异步调制都有其缺点。为了扬长避短，可将同步调制和异步调制两种方式结合起来，构成分段同步调制方式。即在额定工作频率范围内，把频率分成若干个频段，在每个频段内采用同步调制以保持输出波形对称。对于不同频段则取不同的载波比，频率低的频段取载波比较大的数值，保持异步调制的优点。

例如，德国西门子公司生产的1PH6型交流主轴异步感应电动机，其变频调速范围宽达1∶1000，额定转速2000 r/min，最大转速达8000 r/min，额定转矩从几十牛·米至几百牛·米，恒功率范围宽(如在2000～8000 r/min转速范围内仍保持恒功率)，并且定位精度高(要装高精度光电编码器)，该电动机广泛用于数控机床主轴电动机。伺服进给电动机则多用交流永磁同步电动机，例如西门子公司生产的1FK6系列交流永磁同步电动机，其调速范围可达1∶10 000，额定转速2000～4000 r/min，额定转矩几牛·米至几十牛·米。这两种电动机由于性能优良，价格也较高，多用于要求高精度、高响应、宽广调速范围的伺服系统中。

四、交流伺服电动机的特点及其应用

交流伺服电动机的速度控制特性良好，在整个速度区内可实现平滑控制，几乎无振荡，效率高达90%以上，发热少，高精确度位置控制(取决于编码器精度)，额定运行区域内，可实现恒力矩，惯量低，低噪音，无电刷磨损，免维护(适用于无尘、易爆环境)。

目前，运动控制中一般用交流永磁同步伺服电动机，其功率范围大，惯量大，最高转速低，适用于低速平稳运行场合。

交流伺服电动机的缺点是控制较复杂，驱动器参数需要现场调整参数确定，而且需要更多的连线来支持其运行工作。

凡是对位置、速度、力矩的控制精度要求比较高的场合，都可以采用交流伺服电动机。如机床、印刷设备、包装设备、纺织设备、激光加工设备、机器人、电子、制药、金融机具、自动化生产线等应用领域。由于多用在定位、速度控制场合，所以伺服又称为运动控制。

图4.64所示的是交流伺服系统应用于机床数控系统控制原理图。该系统由位置环、速度环、电流环组成。机床数控系统中的交流伺服电动机调速控制系统是一个双环控制，外环是速度环，保持速度稳定；内环是电流环，保持转矩恒定；中间是磁场矢量变换单元，目的是把交流电动机的速度与转矩控制变换为像控制直流电动机那样，通过分别控制定子电流的磁通分量和转矩分量，达到控制转子驱动负载的输出转矩与转速的控制。电动机磁极

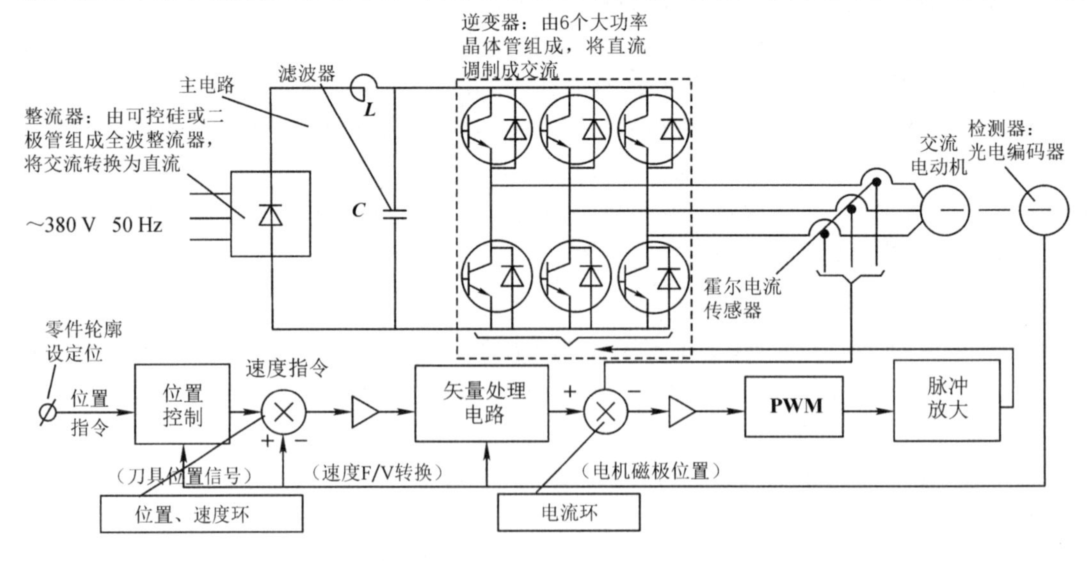

图4.64 交流伺服系统应用于机床数控系统控制原理图

位置由装于电动机同轴上的光电编码盘精确测量，一方面给矢量处理电路计算定子电流矢量值，作为电流环的给定值，以达到控制转子电流进而控制转矩的目的；另一方面通过F/V 转换，获得电动机速度的实时值。

在该控制系统中，位置环调节器将接收的刀具或工作台上工件进给的实际位置(用光电编码盘与光栅尺等传感器测量)与零件轮廓编程指令位置比较，然后将偏差进行放大、计算处理。同时进行 PID 自动调节，输出新的速度控制信号到伺服系统中的速度调节器中。新的速度控制值与电动机转速信号实时值比较后，经放大并综合电动机转子磁极实时位置信号进行矢量运算处理，将结果送到电流环与实时测量的电动机电流值比较后(可用霍尔电流传感器测量)，用其偏差控制 PWM 脉宽调制器，以输出幅度不变、宽度可变的开关脉冲，控制主电路上的 6 个大功率晶体管的通断。从而将原先频率与电压都固定的三相交流电源输入，经整流、滤波变成加在大功率晶体开关管上的直流电压，又逆变成电压与频率皆可变的新的交流脉冲电压，加在电动机定子绕组上，以控制电动机转速(通过速度环自动调节)、转矩(通过电流环自动调节)，并达到精确控制刀具或工作台工件位置的目的(通过位置环自动调节)，使电动机驱动刀具或工作台上工件跟随数控系统零件轮廓编程位置指令变化，从而精确加工出所需要的机械零件。

西门子 802S 和 802C 经济型数控系统分别与步进电动机控制系统和交流伺服电动机伺服系统图如图 4.65 所示，因为 802S 和 802C 数控计算机控制面板、显示屏、键盘、背面通信接口是同样型式，故两张图合一。

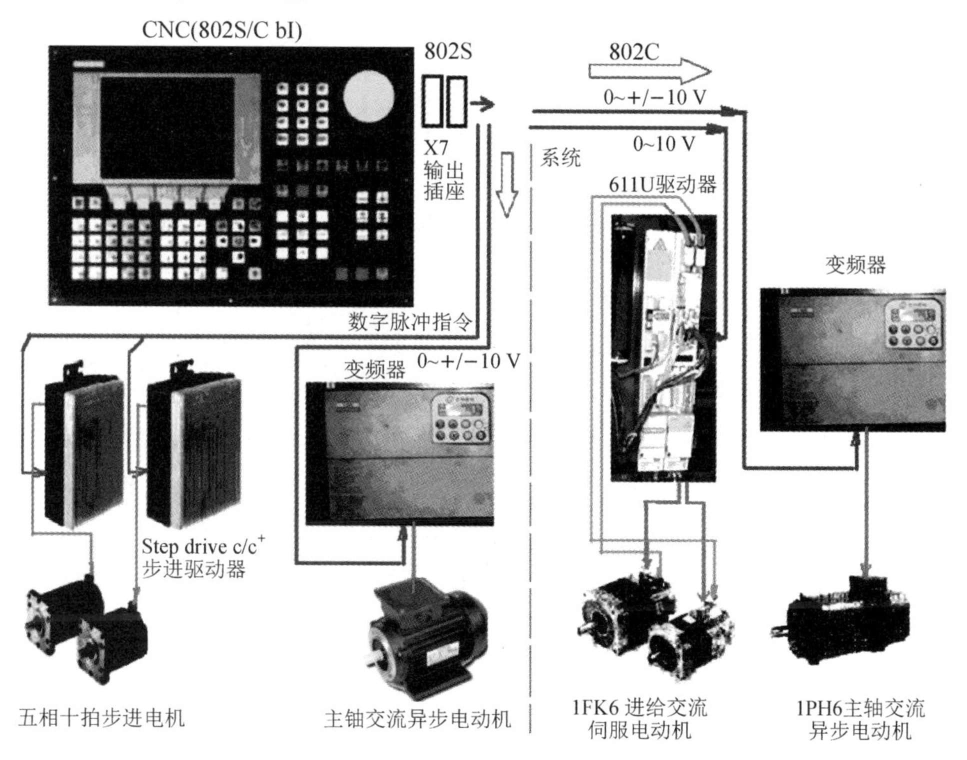

图 4.65 与西门子 802S/C 经济型数控系统配套的伺服系统图

802S 从 X7 相关芯线输出的零件轮廓插补指令是数字脉冲量，经步进驱动器功率放大后，驱动五相十拍步进电动机运转。从 X7 另一组芯线输出 −10～10 V 模拟电压经变频器交-直-交变频与功率放大后，驱动笼型异步主轴电动机运转。而 802C 输出的零件轮廓插补指令是 0～10 V 模拟电压，经西门子 611U 伺服驱动器功率放大后，驱动 1FK6 交流永磁同步进给伺服电动机运转，主轴则与 802S 一样，输出 −10～10 V 电压经矢量变频器驱动 1PH7 型主轴电动机运转。

任务实施 交流伺服电动机 JOG(空载)模式运行

一、组装一台交流伺服电动机驱动控制系统，并由信号发生器控制交流伺服电动机运行

伺服电动机需要配合伺服驱动器共同使用，接线的关键主要是驱动器与控制器和电机的连接。图 4.66 所示为台达伺服系统配线图。

伺服电动机的引线有两种：一种是由伺服驱动器供应的动力线；另外一种是伺服电动机内部的编码器将检测信号反馈给伺服驱动器。这两类引线在一般情况下都由厂商给出标准引线，只要认准接头，并使用其中的螺钉固定即可。本实训用的电机型号是 ECMA-C10602RS 台达伺服电动机，其中符号意义：

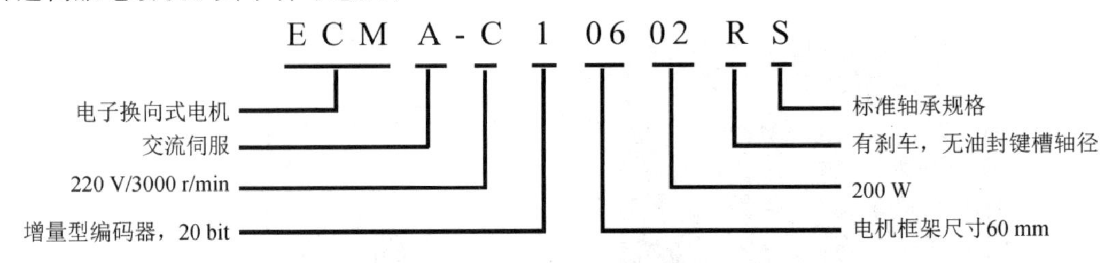

伺服驱动器与电源的连接见图 4.66，主要依据电动机的容量和工作载荷。通常情况下，使用接触器和断路器即可，而在大容量电动机和有刹车的情况下，用回生电阻能够保护电路避免产生电流过大的现象。

现代伺服电动机的控制方式有多种，其中最常用的是采用如图 4.67 所示的 CN1 端口，即输入和输出端口，并且可以利用此端口和其他控制器(如 PLC 或者运动控制器)相连接。

图 4.67 为位置模式下的标准接线图(台达 ASDAA2 系列)。在 CN1 端，36、37、41 和 43 引脚定义了两路差分信号(相互反相的信号)进行脉冲输入，伺服电动机的转速取决于 PULSE 信号的频率，伺服电动机的旋转方向取决于 SIGN 信号。

较为先进的控制方式是采用网络总线形式进行连接，如图 4.67 中的 CAN 总线和 485/232 总线形式连接，这些应用均可以通过伺服驱动器的显示窗口进行设定使用。

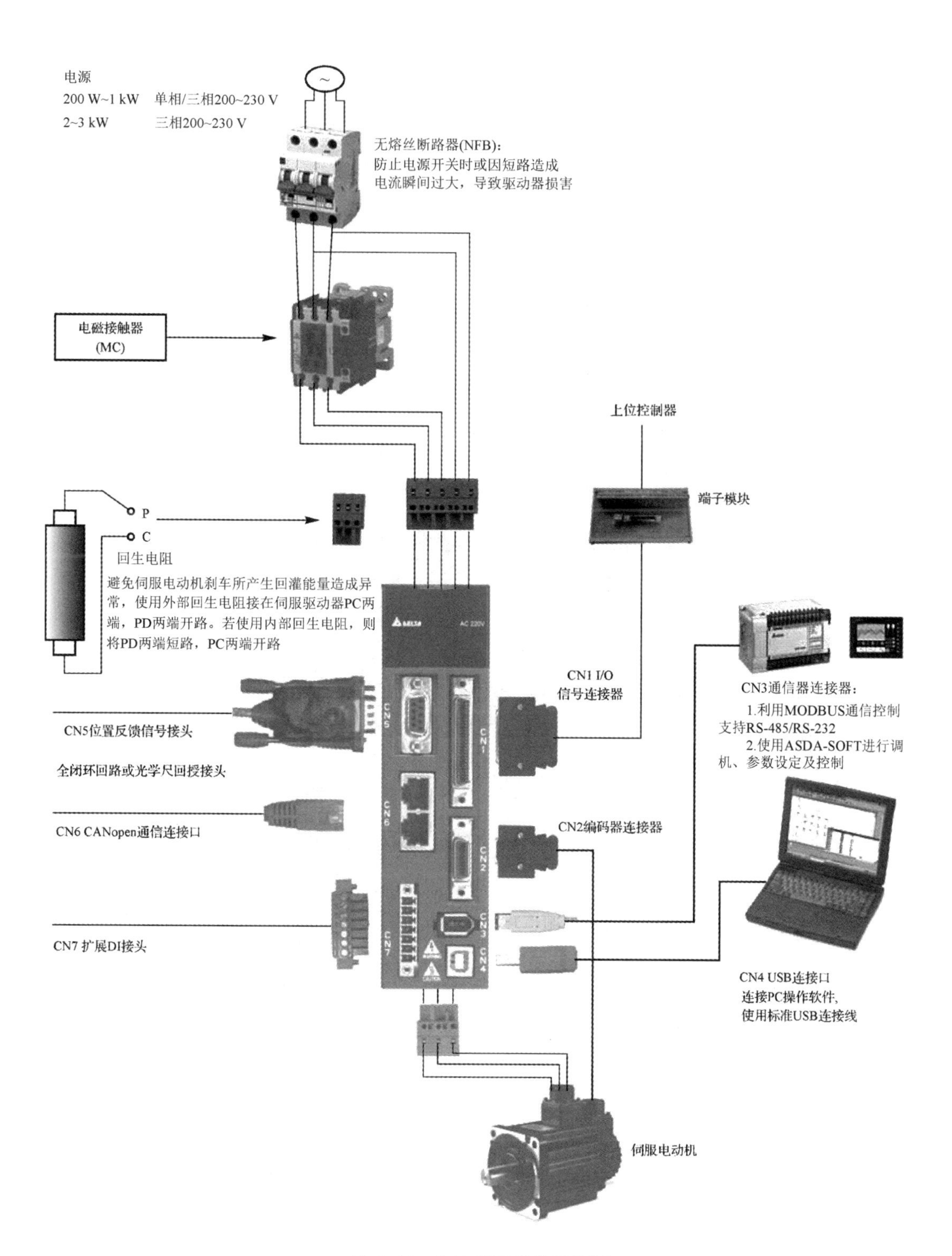

图 4.66　台达伺服系统配线图

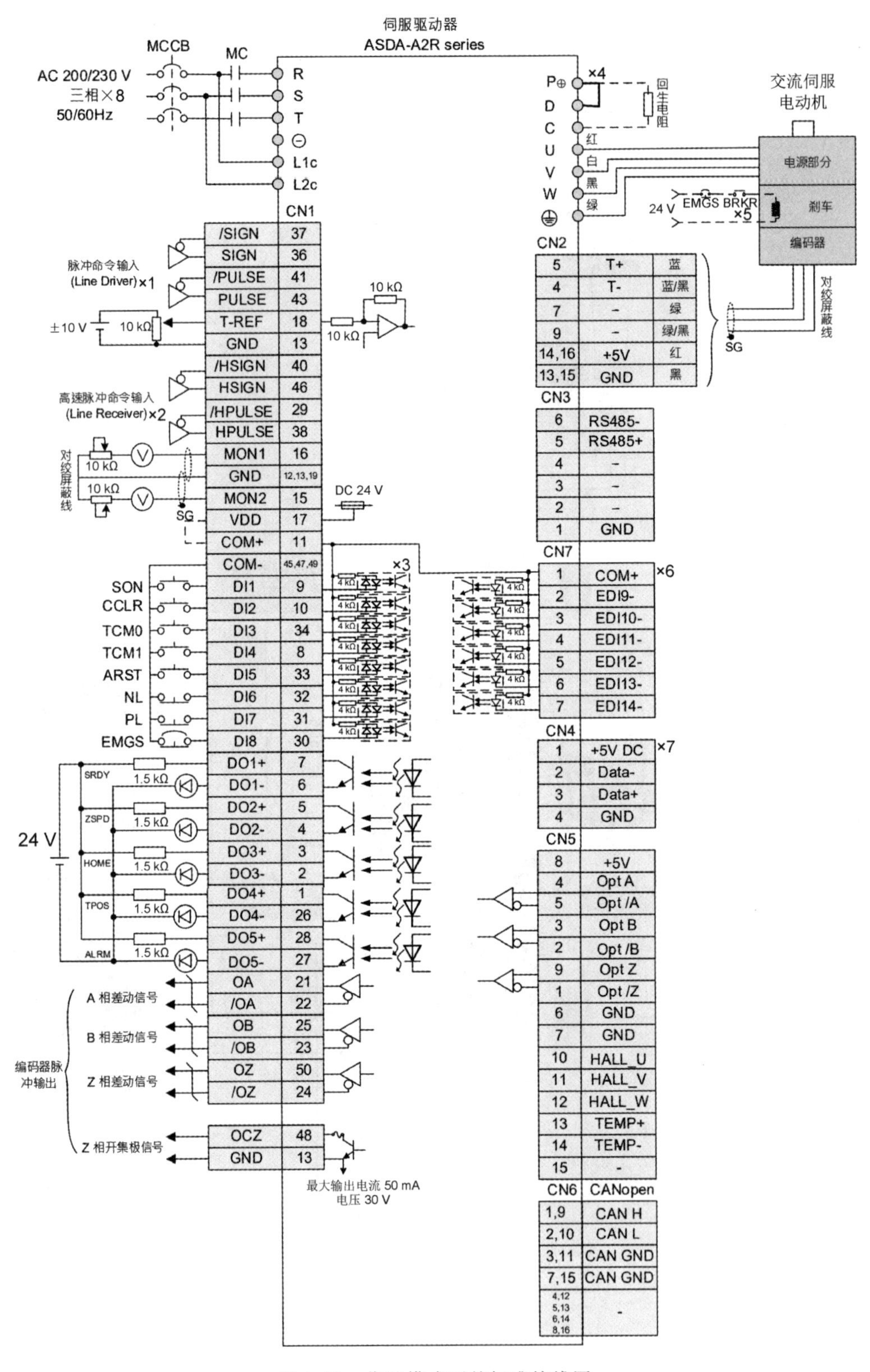

图 4.67　位置模式下的标准接线图

伺服驱动器的显示窗口如图 4.68 所示，台达伺服驱动器上方有一个显示窗口，在其下方的按钮可用于设置各种性能参数，具体可以参照台达伺服驱动器的说明书，各个生产厂家的显示窗口大同小异，只要掌握一种伺服驱动器性能参数的设置方法就可以很方便地应用其他厂家的驱动器。

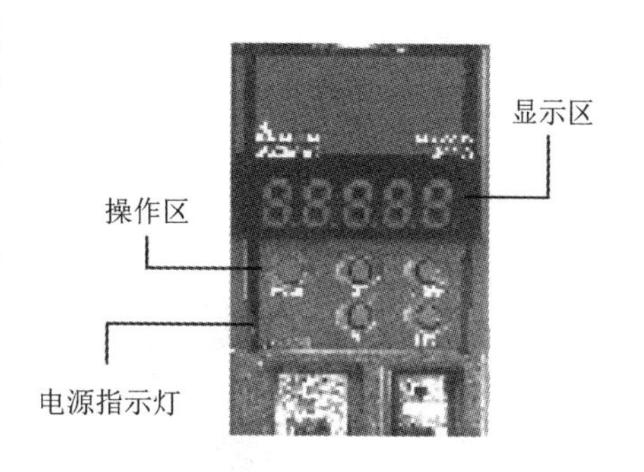

图 4.68　伺服驱动器的显示窗口

参照图 4.67 所示的 CN1 接线，驱动器的 R、S、T、L1c、L2c 接交流电源，驱动器的 U、V、W 接伺服电动机。驱动器的 CN2 接伺服电动机的编码器的信号端。为此完成硬件上的连接。

设置伺服驱动器的性能参数需要从显示窗口入手。进行空载 JOG 点动(寸动)测试，用 JOG 方式来试转电动机及驱动器，用户不需要接额外配线。为了安全起见，JOG 方式速度在低速度下进行。

二、需用器材

实训需用器材如表 4.11 所示。

表 4.11　实训需用器材清单

器　材	选 型 建 议
交流伺服电动机以及驱动器	ECMA-C10602RS 台达伺服电动机 220 V、3000 r/min、400 W，台达 ASDA-A2R 驱动器
信号发生器	60 Hz～128 kHz
5 V、12 V、24 V 开关电源	50 W
万用表	1 台，连接线路时使用
多股导线和电线	多股导线在 25 芯以上
磁力表架	含杠杆百分表
螺钉、螺母	若干
电烙铁、焊锡	若干

三、操作步骤

1. 连接交流伺服电动机

首先连接伺服驱动器和伺服电动机，使用伺服电动机本身配置的引线连接相应的接口，包括动力线和编码线，然后连接伺服驱动器的外接电源，由于没有载荷，为了方便起见，可以不使用接触器和断路器，直接将电源接至 R、S、T 和相应的 L1c、L2c 端口。

2. 通电测试

如果没有报警并在显示窗口中显示 0000，则为正常，否则查询报警信号，如 AL013，并按照厂家提供的解决问题方法逐一解决。

3. 设置性能参数

将 P1-01 的值设置成 00，即位置模式。

4. 空载 JOG 测试

参数设置说明如图 4.69 所示。

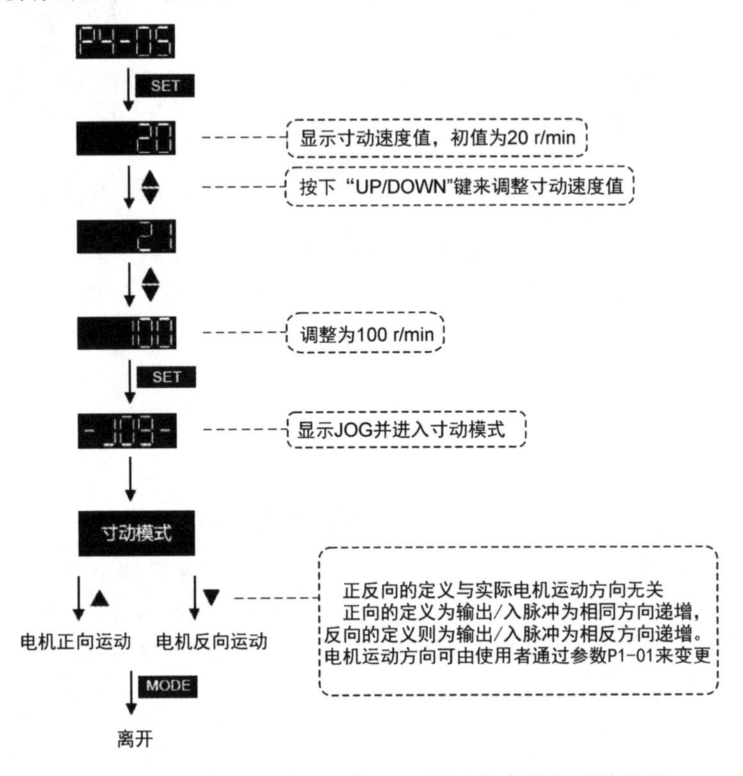

图 4.69　交流伺服电动机空载 JOG 测试的参数设置说明图

STEP 1：使用软件设定伺服启动，设定参数 P2-30 辅助机能设为 1，此设定为软件强制伺服启动(此时电动机轴就不能转动了)。

STEP 2：设定参数 P4-05 为寸动速度(假设设置为 50 r/min)，按下“SET”键后，驱动器将进入 JOG 模式。

STEP 3：按下“MODE”键时，即可脱离 JOG 模式。

5. 用外部脉冲控制电动机

根据图 4.67 中的引脚定义，连接 CN1 端口。将信号发生器的脉冲输出端引脚与 CN1 中 41 和 43 引脚接在一起。

调节信号发生器输出脉冲的频率，观察电动机转速的变化，信号频率高，电动机转速高；信号频率低，电动机转速低。注意不要超过电动机的最高转速 3000 r/min。

给 CN1 端口的 36、37 引脚接一个直流电源，观察电动机的转向。接通这个直流电源相当于给驱动器一个正转信号，电动机正转；断开这个直流电源，电动机反转。

四、注意事项

(1) 伺服驱动器在通电前要检查 R、S、T 相是否有短路现象。

(2) 电源一般为三相 220 V 的交流电，必要时需要使用变压器。

(3) 如果出现报警现象，需要记下报警信息，然后对照出错信息表进行排查和修复。

任务评价

教师根据学生阅读记录结果及接线情况给予评价，结果计入表 4.12 中。

表 4.12 任务评价表

实训项目			
项目内容		**配分**	**得分**
熟悉交流伺服电动机的接线方法		10	
熟悉伺服驱动器的接线方法		10	
了解 JOG 模式		10	
熟悉参数设置的方法		10	
运用信号发生器控制伺服电动机的运行		10	
交流伺服电动机与驱动器的接线	会正确接线，通电试运行	30	
其他	安全操作规程遵守情况；纪律遵守情况	10	
	工具的整理与环境清洁	10	
工时：1 学时	**教师签字：**	**总分**	
理论项目			
项目内容		**配分**	**得分**
叙述感应型交流伺服电动机(异步电动机)，交流永磁同步伺服电动机的结构和工作原理		60	
简述交流伺服电动机的调速方法		40	
时间：1 学时	**教师签字：**	**总分**	

任务 4.5 直线电动机伺服驱动控制

任务描述

直线电动机驱动实际上是将“旋转伺服电动机＋滚珠丝杠”构成的直线运动传统进给模式，变成“直接驱动”方式，也称“零驱动”，如图 4.70 所示。丝杠与电动机合一后使传动更直接，避免了机械磨擦、粘滞、间隙等影响；响应更快，传动精度更高，适应了当前数控机床向高速进给(60～200 m/min)、高加速度(1～10 g)、高精度(纳米插补)的“三高”方向发展的需要。

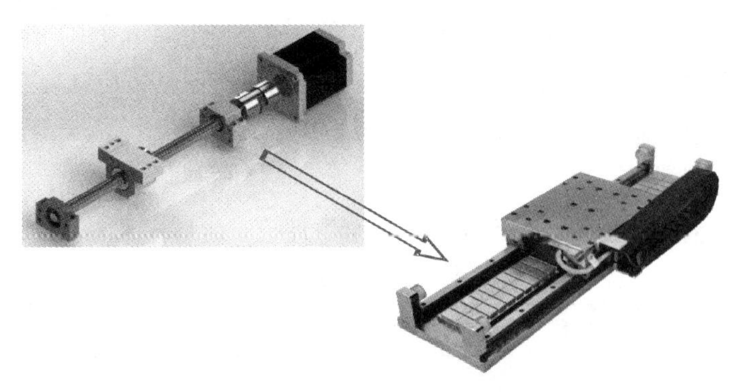

图 4.70 “旋转伺服电动机＋滚珠丝杠”与“直接驱动”方式示意图

本任务介绍空芯直线电动机(U 形结构)、铁芯直线电动机(扁平结构)、轴式直线电动机(管状结构)的结构和工作原理、直线电动机的驱动控制，直线电动机的特点及应用领域。

任务目标

技能目标

会直线电动机驱动控制接线。

知识目标

(1) 掌握空芯直线电动机(U 形结构)、铁芯直线电动机(扁平结构)、轴式直线电动机(管状结构)的结构和工作原理。

(2) 了解直线电动机的特点及应用领域。

(3) 了解我国直线电动机的发展现状。

知识准备

直线电动机的结构可以看作是将一台旋转电动机沿其径向剖开，并将电动机的圆周展开成直线而形成的，直线电动机的结构示意图如图 4.71 所示。对应于旋转电动机的定子称为直线电动机的初级(定子)，对应于旋转电动机的转子称为直线电动机的次级(动子或滑子)。直线电动机的运动方式可以是固定初级、次级运动，称为动次级；也可以是固定次级、初级运动，称为动初级。

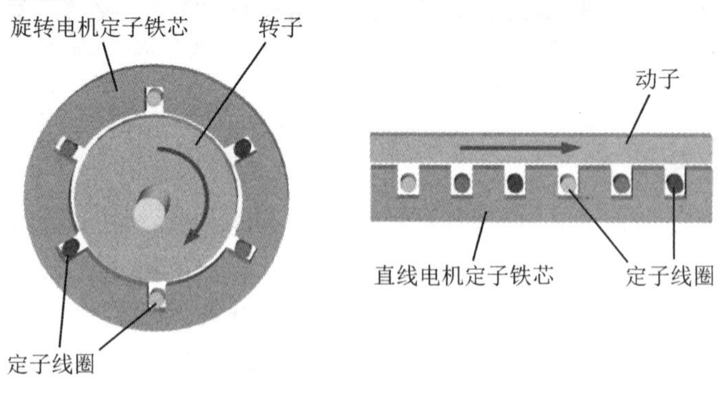

图 4.71 直线电动机的结构示意图

当初级通入电流后，在初次级之间的气隙中产生行波磁场，在行波磁场与次级永磁体的作用下产生驱动力，从而实现运动部件的直线运动。

实际平板型直线感应电动机初级长度和次级长度并不相等，有短初级长次级结构和长初级短次级结构，实际平板型直线感应电动机初级长度和次级长度示意图如图4.72所示。为了抵消定子磁场对动子的单边磁吸力，平板型直线感应电动机通常采用双边结构，即用两个定子将动子夹在中间的结构形式。

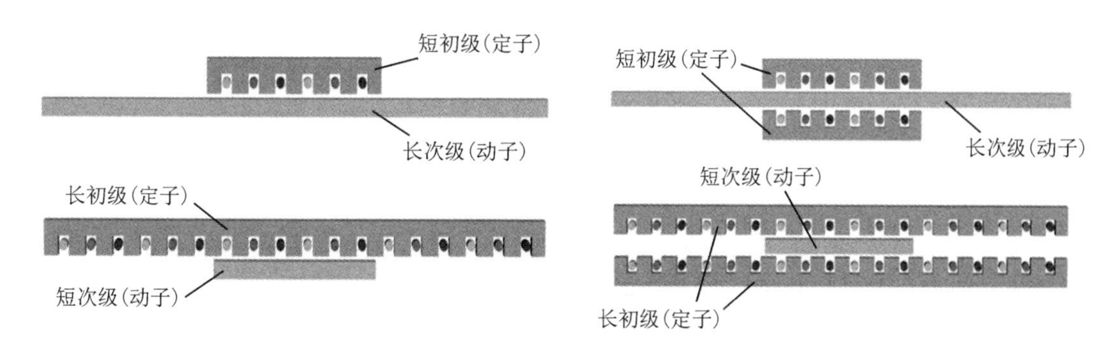

图4.72　实际平板型直线感应电动机初级长度和次级长度示意图

圆筒型直线电动机也称为管型直线电动机，把平板型直线电动机沿着直线运动相垂直的方向卷成筒形，就形成了圆筒型直线电动机，管型直线电动机结构示意图如图4.73所示。

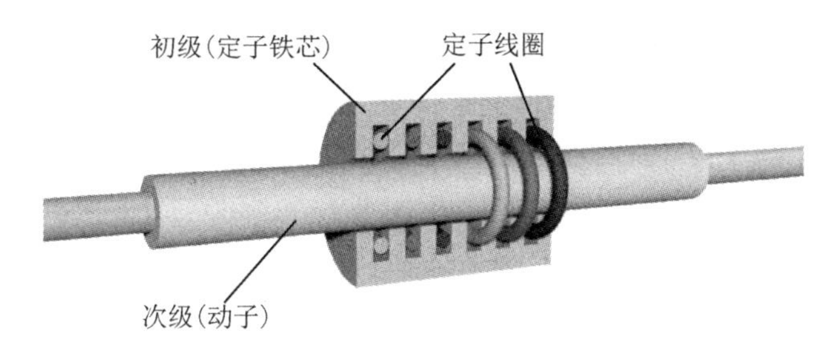

图4.73　管型直线电动机结构示意图

常见的直线电动机有三种形式，分别是U形结构的空芯直线电动机、扁平结构的铁芯直线电动机、管状结构的轴式直线电动机(或称为柱状直线电动机)。

一、空芯直线电动机

空芯直线电动机(U形结构)磁铁排列在U形板两侧，形成两个相对的平行磁道，空芯直线电动机外形及结构图如图4.74所示，线圈包裹在环氧树脂中，充当动力器，线圈组件是无铁芯的，需要通过轴承支撑在磁道中来回运动。因为线圈组件无铁芯，所以它和和磁轨之间不会产生吸引力，也不会产生干扰力，这种线圈组件的质量很轻，可以实现很高的加速度。空芯直线电动机应用于X、Y运动平台示意图，如图4.75所示。

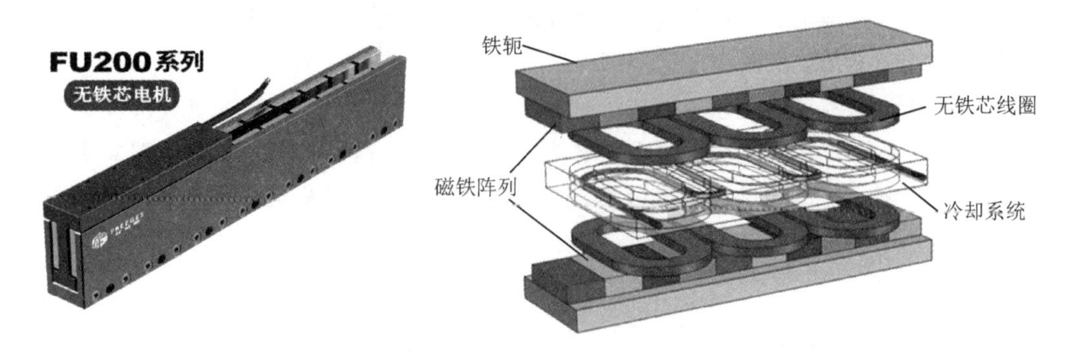

图 4.74　空芯直线电动机外形及结构图

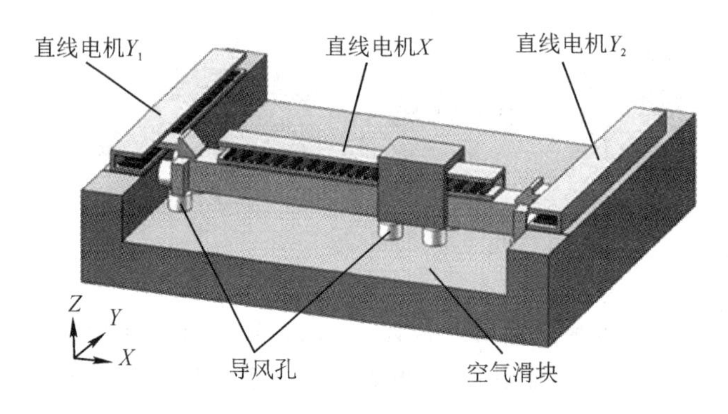

图 4.75　空芯直线电动机应用于 X、Y 运动平台示意图

U 形结构的空芯直线电动机磁场方向，以及通电时线圈和磁道受力示意图如图 4.76 所示，图中的直线电机有 8 对磁铁组件和 3 个线圈，图示位置，由导线在磁场中受力分析可知，线圈受力在左右方向，使电动机左右做直线运动。结合位移传感器，实时监测线圈或者磁铁组件的位置，来更换通电线圈的相，比如是 1、2，还是 2、3，还是 1、3 线圈通电，来达到持续运动的效果。

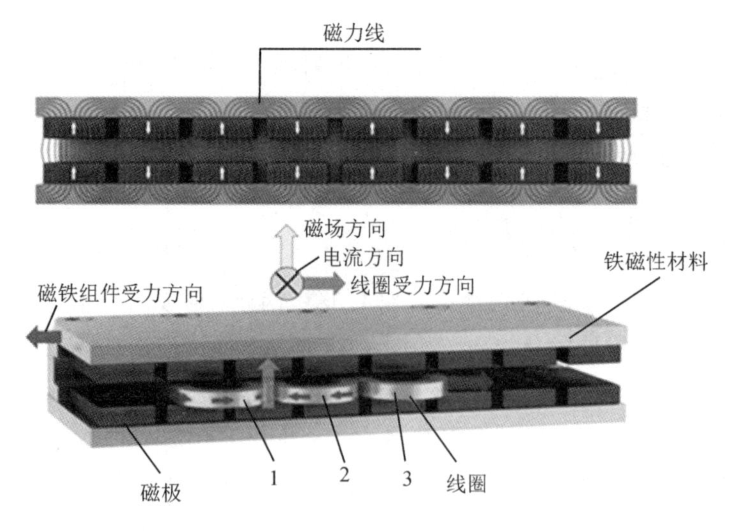

图 4.76　U 形结构的空芯直线电动机磁场方向以及线圈和磁道受力示意图

常见的直线电动机磁铁排列方式是海尔贝克阵列(Halbach Array)排列，可以在单侧产生最高的磁场强度，从而增加电动机出力。通常，线圈绕组为三相，通过无刷换相(电子换相)。由于磁体彼此相对并容纳在U形通道中，因此这种电动机磁通量泄漏小。

由于磁道安装在固定件上，因此行程可以做得很长。由于动力器由缠绕的线圈制成，并和环氧树脂保持在一起，则大部分热量必须通过它及线圈安装板散发，少部分热量也可以通过气隙进入磁体轨道。这两个路径都具有较高的热阻，因此使电动机的热管理变得困难，这是这种电动机的缺点。

另外，线圈组件由线圈和环氧树脂制成，力在线圈上产生。这意味着所有施加的力都作用在绕组和环氧树脂上，与铁芯直线电动机相比，这是一个薄弱的结构，这种弱点限制了电动机最大尺寸和输出功率。

U形无刷直线电动机可以直接驱动，获得线性运动，机械结构简单可靠。电动机运行超平稳，无齿槽效应，动态响应速度极快，惯量小(加速度可达20 g，速度达到10～30 m/s，低速1 μm/s)，运动平滑，刚性高，结构紧凑，可选配直线编码器做高精度位置控制，其位置精度取决于所选编码器。

二、铁芯直线电动机：扁平结构

铁芯直线电动机结构示意图如图4.77所示。铁芯直线电动机的线圈先安装到铁叠片上，然后再安装到铝制底座上。铁叠片用于导磁，增强电动机的出力性能，叠片设计可以减小涡流发生。而磁铁排列在磁道上，通常为了减小齿槽效应而倾斜放置。

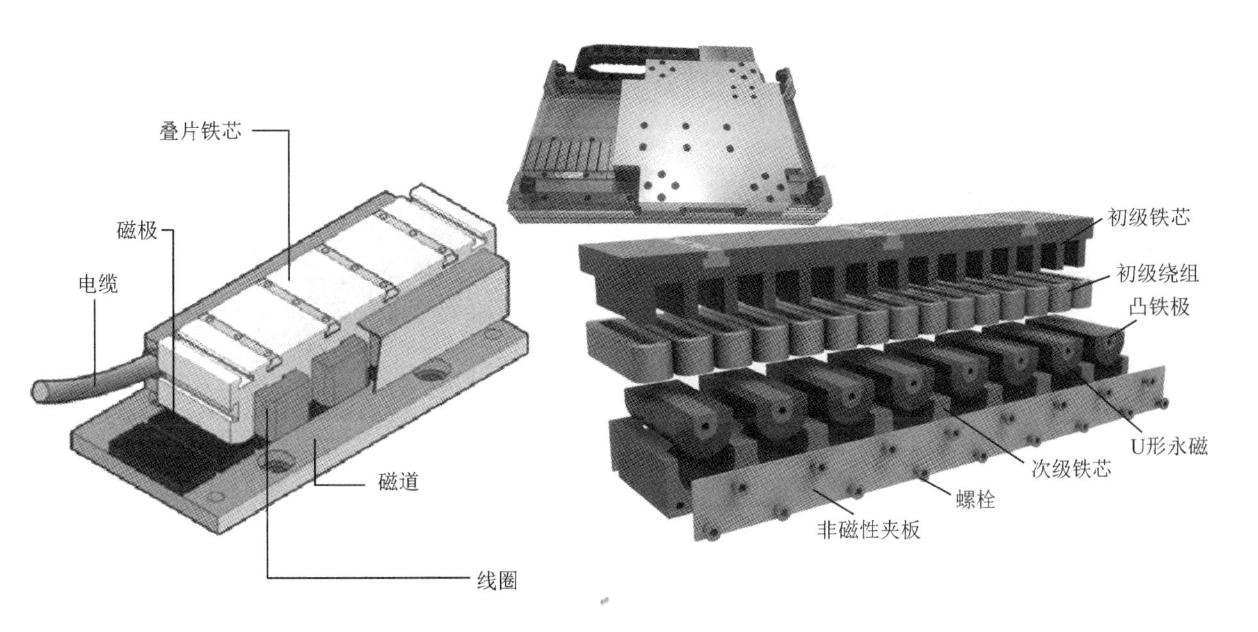

图4.77　扁平结构的铁芯直线电动机结构示意图

扁平直线电动机应用于单轴运动平台，磁铁组件固定，线圈组件带动上面的平板运动，如图 4.78 所示。

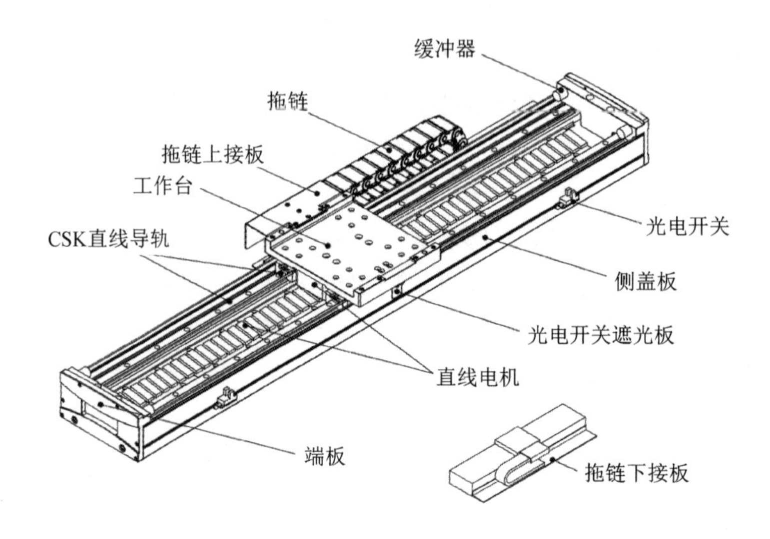

图 4.78　扁平直线电动机应用于单轴运动平台

三、轴式直线电动机：管状结构

轴式直线电动机结构示意图如图 4.79 所示，电动机由磁轴和线圈两部分组成。轴式直线电动机中，线圈和磁铁都呈圆柱状，磁铁通过圆柱不锈钢管包裹，或者穿过不锈钢轴形成磁铁组件，磁铁组件穿过线圈内孔，线圈相对磁铁组件作轴向运动。

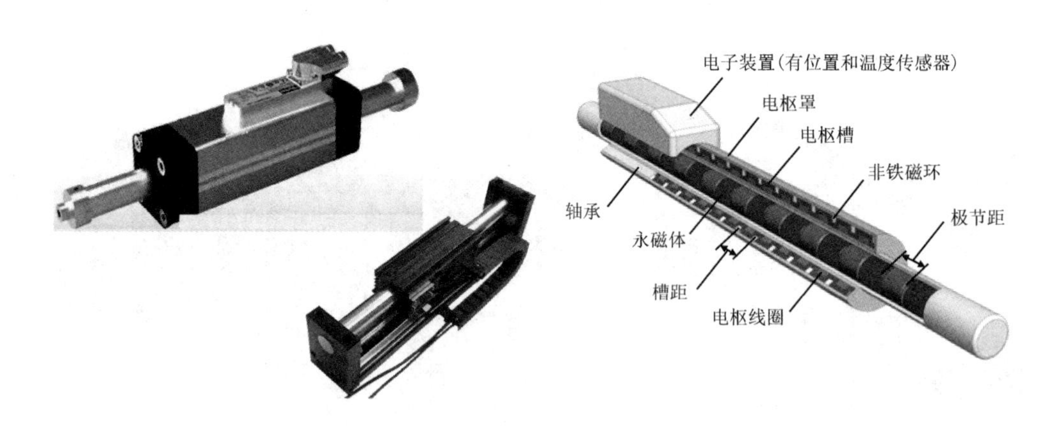

图 4.79　轴式直线电动机实物图及结构示意图

线圈绕组通常由三相组成，使用霍尔效应器件或线性编码器进行无刷换相，用温度传感器检测线圈温度。

三相通电导线在磁场中受力情况如图 4.80 所示，三相圆柱形直线电动机磁场向外发散，垂直于线圈。电流则垂直于屏幕，线圈和磁铁组件受力沿杆方向，也就是左右方向。

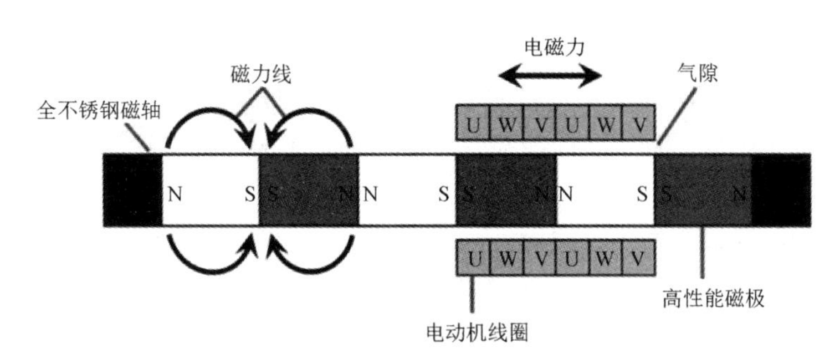

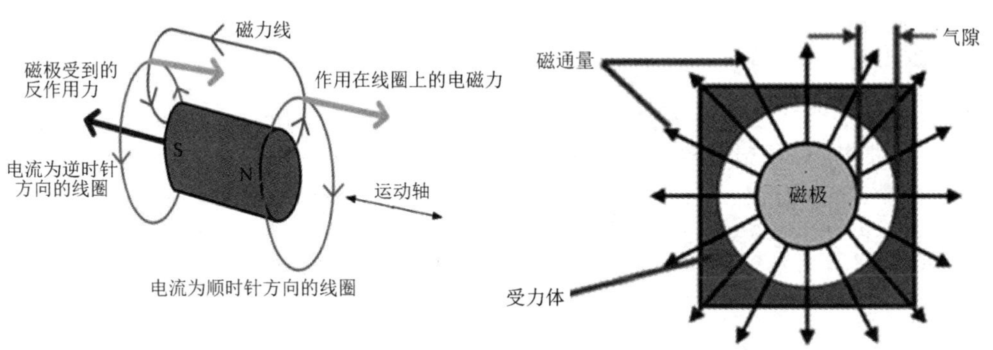

图 4.80　轴式直线电动机通电导线在磁场中受力情况

轴式直线电动机应用于单轴运动平台，双电动机驱动，电动机轴两端固定，线圈组件运动，光栅尺及读数头布置在中央，导轨分布在光栅尺两侧，轴式直线电动机应用于单轴运动平台示意图如图 4.81 所示。线圈运动轴式直线电动机在 Z 轴驱动应用时需要重力平衡器。

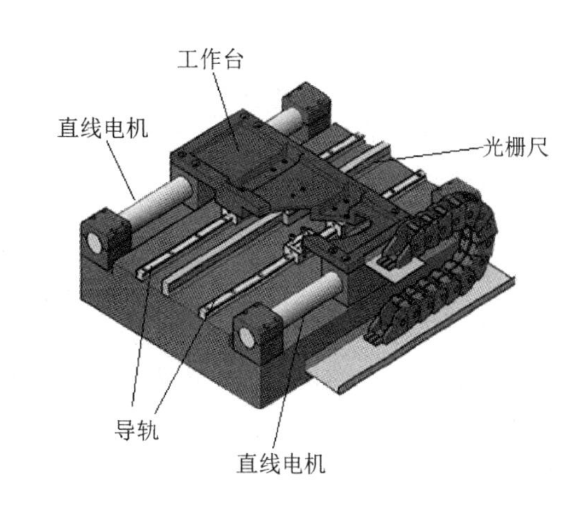

图 4.81　轴式直线电动机应用于单轴运动平台示意图

轴式直线电动机的线圈构成出力器，提供上述铁芯电动机所期望的刚度。由于线圈完全包裹在磁体周围，因此可以有效利用所有磁通量，且允许较大的(0.5 mm 至 2.5 mm)标称环形气隙，在整个设备行程中，随着气隙的变化，力不会发生变化。相比 U 形和扁平铁芯直线电动机，它更占空间，这种电动机不适用于对磁通泄漏敏感的应用场合。因为这种电动机唯一的支撑点是在末端，刚性有限，所以行程不能制作得太长。

四、直线电动机的特点及应用领域

1. 直线电动机的特点

(1) 高速响应。由于系统中直接取消了一些响应时间常数较大的(如丝杠等)机械传动件，使整个闭环控制系统动态响应性能大大提高，反应异常灵敏快捷。

(2) 定位精度高。直线驱动系统取消了由于丝杠等机械机构引起的传动误差，减少了插补时因传动系统滞后带来的跟踪误差。通过直线位置检测反馈控制，即可大大提高机床的定位精度。

(3) 传动环节。无弹性变形、摩擦磨损、反向间隙造成的运动滞后现象，同时提高了其传动刚度。

(4) 速度快、加减速过程短。

(5) 行程长度不受限制。在导轨上通过串联直线电动机，就可以无限延长其行程长度。

(6) 噪音低。由于取消了传动丝杠等部件的机械摩擦，且导轨又可采用滚动导轨或磁垫悬浮导轨(无机械接触)，其运动时噪音将大大降低。

(7) 效率高。由于无中间传动环节，消除了机械摩擦时的能量损耗。

2. 直线电动机的应用领域

直线电动机广泛应用于OEM(俗称代工)市场的电子与半导体设备、喷绘行业、印染行业、印刷行业、玻璃行业、精密数控机床、高端医疗器械、手机检测行业、玻璃检测行业等。

(1) 直线电动机地铁(直线电动机电动列车)。直线电动机地铁即直线电动机电动列车所行驶的地铁，是在非悬浮状态下，用铁车轮在铁轨上行驶的交通工具。

(2) 对于控制精度高于2 μm的数控机床，直线电动机是优先或必需的功能部件。

(3) 数码相机的防手抖结构。随着数码相机越来越变得高精细，防止手抖的图像对策就变得不可或缺了。在相机镜筒内部搭载直线电动机，控制振动补偿镜片，由此来消除手抖。

(4) 超大型印刷设备用驱动器。随着液晶显示器用的基板玻璃大型化，传统的轮转印刷法被超精密喷雾法替代。具有超低速稳定性和无污染这些特点的直线电动机被用作这种印刷设备驱动器。

3. 直线电动机产品现状

直线电动机国外发展比国内早，德玛吉早在2000年左右，就开始用直线电动机提高机床的精度。目前，国内机床行业中直线电动机的普及率较低，而在欧美日等国，直线电动机的普及率则高达20%～50%。国内之所以还没有大规模替代，是因为直线电动机的成本要比丝杠模组高很多。

国外品牌占据了中国直线电动机60%以上的市场份额，主要品牌有新加坡雅科贝思、日本沙迪克、台湾上银、大族电动机等。其中，新加坡雅科贝思市场占比最高。

目前，国内品牌占据30%左右的市场份额，还处于起步阶段，相关技术人员在直线电动机的应用方面还不太熟悉、欠缺经验。国内厂家生产的直线电动机，主要匹配以色列高创伺服驱动器。长沙一派直驱的直线电动机，是中国直线电动机研发领域的佼佼者，不仅做到了替代进口，甚至综合技术指标赶超进口产品。

任务实施　直线电动机的驱动控制

以松下A6 L直线驱动及直线电动机系统为例了解直线电动机与驱动器的接线方法。松下A6 L伺服驱动器如图4.82(a)所示。

一、认识直线电动机系统图

直线电动机驱动器系统图如图 4.82(b)所示。

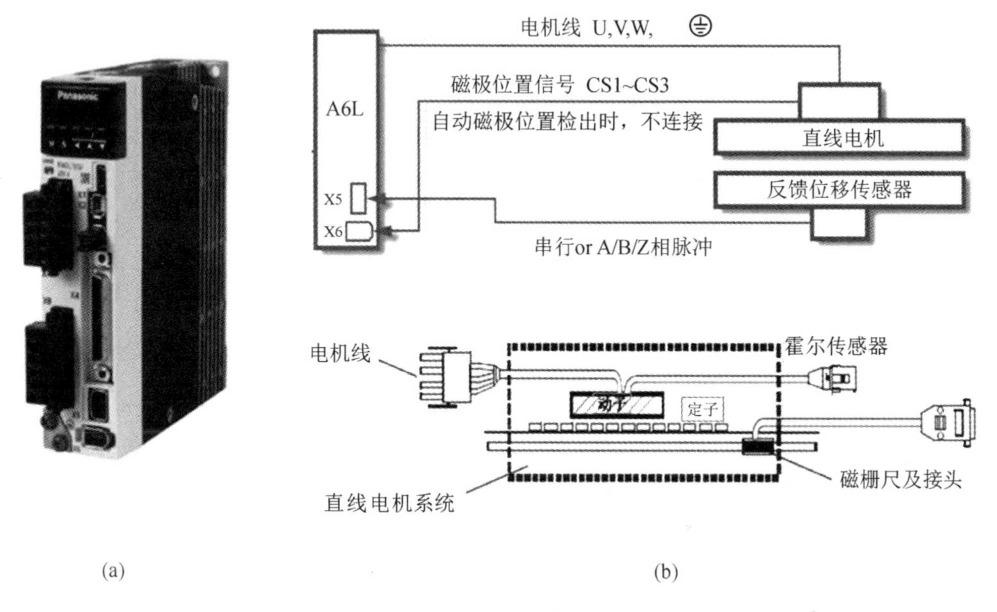

图 4.82　直线电动机驱动器及系统图

二、熟悉驱动器系统图

松下 A6L 驱动器系统图如图 4.83 所示。

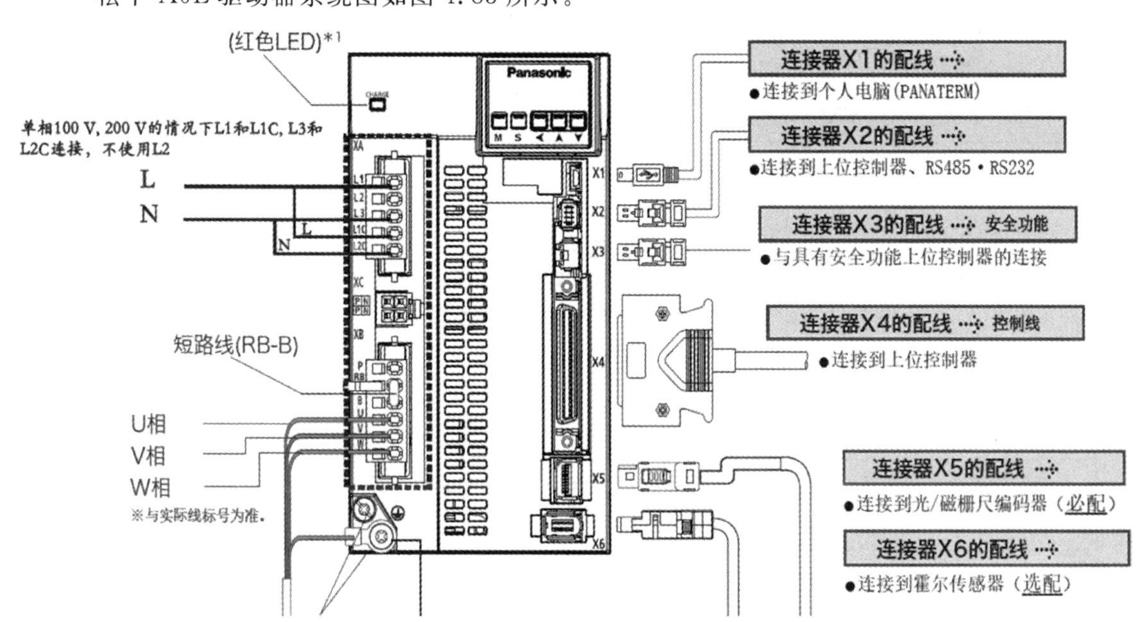

图 4.83　松下 A6L 驱动器系统图

三、了解直线电动机系统接线须知

直线电动机系统接线须知如表 4.13 所示。

表 4.13 直线电动机系统接线须知

接口	接 线 须 知
XA：	电源输入连接器：当电源为单相 220 V AC 时，主电源接 L1 和 L3，控制电源接 L1 C 和 L2 C
XB：	电动机用连接器：接入对应的电动机相线即可，屏蔽或地线也需接入下方相应的接地引脚
X4：	控制端连接器：接入控制器中，需注意合理规范的接线和走线，避免干扰问题
X5：	编码器连接器：与电动机反馈尺连接，如布入拖链应注意，请勿将连接处放入弯折部分
X6：	霍尔连接器：与电动机内霍尔传感器连接，霍尔为特殊用途，若无请忽略

四、了解 X5 编码器引脚定义

X5 编码器引脚定义如表 4.14 所示。

表 4.14 X5 编码器引脚定义

使用	符号	引脚 No	内 容	PIN 端子示意图
电源输出	EX5V	1	供给外部位移传感器或 A、B、Z 相编码器的电源	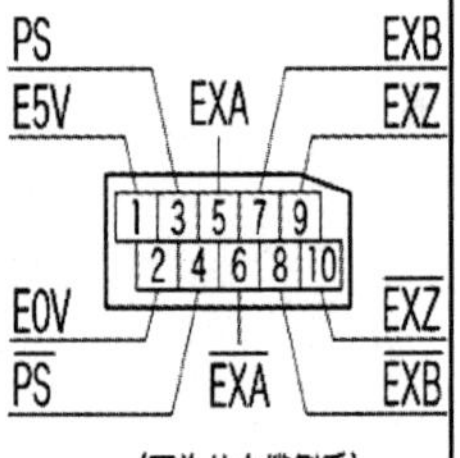 PS E5V EXA EXB EXZ 1 3 5 7 9 2 4 6 8 10 E0V $\overline{PS}$ $\overline{EXA}$ $\overline{EXZ}$ $\overline{EXB}$ (图为从电缆侧看)
	EX0V	2	与控制电路的 GND 相连	
外部位移传感器信号输入输出	EXPS	3	串行信号，收发信号	
	/EXPS	4		
A B Z 相编码器信号输入	EXA	5	并行信号 收发信号 对应速度：～4 Mpulse/s （4 倍频后）	
	/EXA	6		
	EXB	7		
	/EXB	8		
	EXC	9		
	/EXC	10		
外壳接地	FG	外壳	在伺服驱动器内部和地线端子连接	

五、X6 霍尔传感器引脚定义

X6 霍尔传感器引脚定义如表 4.15 所示。

表 4.15 X6 霍尔传感器引脚定义

Pin No	符号	内 容	PIN 端子示意图
1	E5 V	信号用电源输出	
2	E0 V		
3	～	请勿连接	
4	W	CS3 信号输入	
5	V	CS2 信号输入	
6	U	CS1 信号输入	
外壳	FG	外壳地	

六、接线并通电运行

按图 4.83 进行接线，并注意以下几点，通电运行。

(1) X1-X6 为二次电路，一次电源(控制电源用直流电源 DC 24，再生电阻用直流电源 DC 24 V 等其他电源)之间需要进行绝缘，请勿连接相同电源。此外，请勿连接地线。

(2) 控制电源(特别是 DC 24 V)和外部的操作电源分开使用电源，特别注意勿将两个电源的地线相互连接，布线时也要合理分配外部操作电源和控制电源的布线路径，遵循强弱电分开的原则布线。

(3) 信号线使用屏蔽线，屏蔽线两端接地。

任务评价

教师根据学生阅读记录结果及接线情况给予评价，结果计入表 4.16 中。

表 4.16 任 务 评 价 表

<table>
<tr><th colspan="4">实 训 项 目</th></tr>
<tr><td colspan="2">项目内容</td><td>配分</td><td>得分</td></tr>
<tr><td colspan="2">直线电动机系统图的观察和认识</td><td>10</td><td></td></tr>
<tr><td colspan="2">伺服驱动器系统图的观察和认识</td><td>10</td><td></td></tr>
<tr><td>直线电动机与伺服驱动器的接线</td><td>会正确接线，通电试运行</td><td>60</td><td></td></tr>
<tr><td rowspan="2">其他</td><td>安全操作规程遵守情况；纪律遵守情况</td><td>10</td><td></td></tr>
<tr><td>工具的整理与环境清洁</td><td>10</td><td></td></tr>
<tr><td>工时：1 学时</td><td>教师签字：</td><td>总分</td><td></td></tr>
<tr><th colspan="4">理 论 项 目</th></tr>
<tr><td colspan="2">项目内容</td><td>配分</td><td>得分</td></tr>
<tr><td colspan="2">叙述空芯直线电动机(U 形结构)、铁芯直线电动机(扁平结构)、轴式直线电动机(管状结构)的结构和工作原理</td><td>60</td><td></td></tr>
<tr><td colspan="2">就我国直线电动机的发展现状，谈谈自己的感想</td><td>40</td><td></td></tr>
<tr><td>时间：1 学时</td><td>教师签字：</td><td>总分</td><td></td></tr>
</table>

项目 5

机电一体化控制及接口技术

控制器是机电一体化系统的中枢，其任务是按编制的程序指令，完成机械工作状态或工业现场其他各种物理量的实时信息采集、加工和处理、分析和判断、作出相应的调节校正与控制决策，发出模拟或数字形式的控制信号，控制执行机构动作，实现机电一体化系统的目标动作。控制器通常分为三种类型：单片机控制器或嵌入式单片机控制器、可编程控制器(PLC)、总线型工业控制计算机。

本项目包括单片机控制及接口技术、PLC 控制及接口技术、工业计算机控制及接口技术、变频器及接口技术、HMI 人机接口技术五个相对独立的任务。

任务 5.1 单片机控制及接口技术

任务描述

单片机是指一个集成在一块芯片上的完整计算机系统。它具有一个完整计算机所需要的大部分部件：CPU、内存、内部和外部总线系统，同时集成诸如通信接口、定时器，实时时钟等外围设备。由于该系统是由单一芯片构成的，所以简称单片机(Singlechip)。图 5.1 为 80C51 单片机的结构框图，可以看出，其是在一块芯片上集成了一个微型计算机的主要部件。

本任务介绍单片机的应用，了解以 ARM 单片机为微控器组成的控制系统及其接口技术。

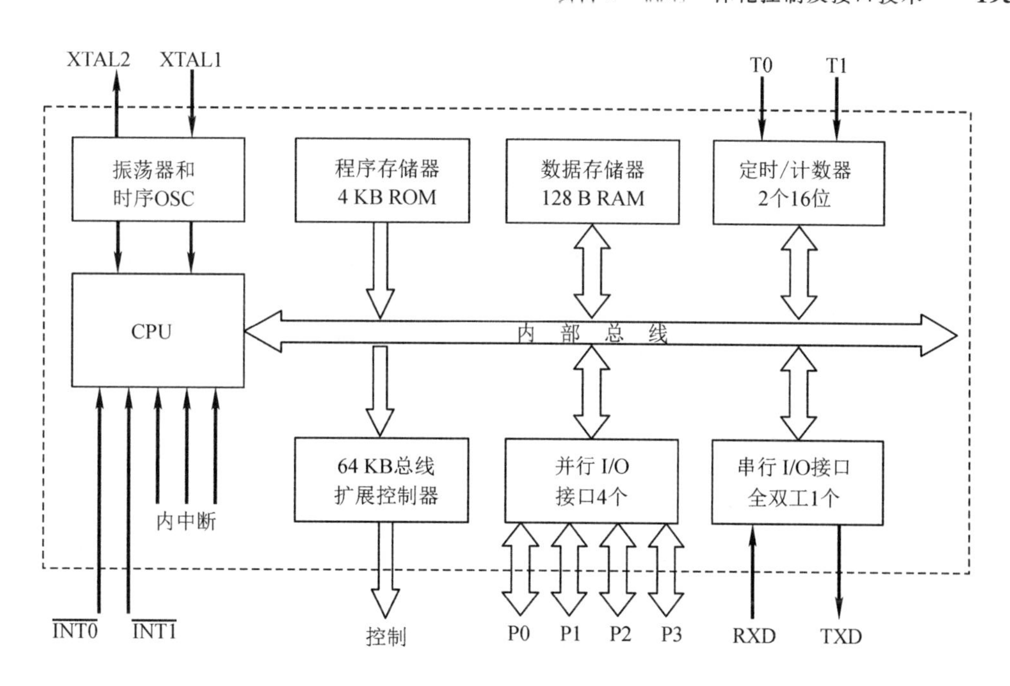

图 5.1　80C51 单片机的结构框图

任务目标

技能目标

会以 ARM 单片机为微控器组成的控制系统的接线。

知识目标

(1) 了解单片机的应用。

(2) 了解以 ARM 单片机为微控器组成的控制系统的接口。

知识准备

一、单片机的应用及其种类

目前，单片机已经渗透到我们生活的各个领域，飞机上各种仪表的控制，计算机的网络通信与数据传输，工业自动化过程的实时控制和数据处理，广泛使用的各种智能 IC 卡，民用豪华轿车的安全保障系统，录像机、摄像机、全自动洗衣机的控制，程控玩具、电子宠物、自动控制领域的机器人、智能仪表、医疗器械，以及各种智能机械等，都离不开单片机。

此外，单片机在工商、金融、科研、教育，以及国防、航空、航天等领域都有着十分广泛的应用。

单片机依靠程序运行，通过不同的程序实现不同的功能。单片机自动完成赋予它的任务的过程，也就是单片机执行程序的过程。单片机的编程软件有汇编语言、C 语言。

按单片机处理的字长，即每次能够处理的二进制数的位数，有 4 位、8 位、16 位、32 位单片机，位数越多，处理速度越快，运算能力越高，价格也越高。单片机的选用不是位数越多，功能越多就越好，它们各自有各自的应用领域，各有专长。

4位单片机主要应用在计算器、家用电器上，典型的产品有NEC公司的UPD75XX系列、NS公司的COP400系列、夏普公司的SMXX系列等。

8位单片机控制功能较强，品种最为齐全，应用最广泛，主要应用在工业控制、智能仪表、家用电器、办公自动化等，代表产品有Intel公司的MCS-51系列，Microchip公司的PIC16CXX系列和PICI7CXX系列以及PIC1400系列，荷兰Philips公司的80C51系列，Atmel公司的AT89系列(同MCS-51兼容)，Motorola公司的M6811C05系列、Zilog公司的Z8系列等。

16位单片机的运算速度高于8位机，主要用在过程控制、智能仪表、家用电器等，主要产品有Intel公司的MCS-96、98系列，Motorola公司的M68HC16系列，TI公司的MSP430系列。其中，以MSP430性能优越，应用广泛。

32位单片机是单片机的顶级产品，具有极高的运算速度，主要应用于汽车、航空航天、高级机器人、军事装备等领域，代表产品有Inetel公司的MCS-80960系列、Motorola的M68300系列、ARM系列单片机等。其中，ARM单片机占了绝大部分的市场，应用最广泛。

由单片机组成的控制器系统的特点：

(1) 受集成度限制，片内存储量较小。

(2) 可靠性高。单片机芯片是按工业测控环境要求设计的，常用信号通道均集成在片内，传输可靠，受干扰小；程序指令、常数、表格等均固化在ROM中，不易损坏。

(3) 易扩展。单片机芯片外部有许多供扩展用的总线及并行、串行I/O接口，很容易构成所需规模的计算机控制系统。

(4) 控制功能强。为满足工控要求，其指令系统有丰富的条件转移指令、I/O接口逻辑操作、位处理功能。

(5) 一般片内无通用管理软件和监控程序，软件开发量大。

二、ARM单片机

ARM单片机是以ARM处理器为核心的一种单片微型计算机(如图5.2所示)，是近年来随着电子设备智能化和网络化程度不断提高而出现的新兴产物。

图5.2 ARM单片机

1. ARM(STM32F103XX)单片机引脚

LQFP是薄型QFP(Low-profile Quad Flat Package)的一种，根据封装本体厚度分为QFP(2.0～3.6 mm厚)、LQFP(1.4 mm厚)、TQFP(1.0 mm厚)三种。LQFP64封装的STM32F103XX一共有51个I/O口，分为PA、PB、PC、PD四组，如图5.3所示。PA～PC每组16个(PX 0～PX 15)，PD组只有三个引脚PD0、PD1、PD2。

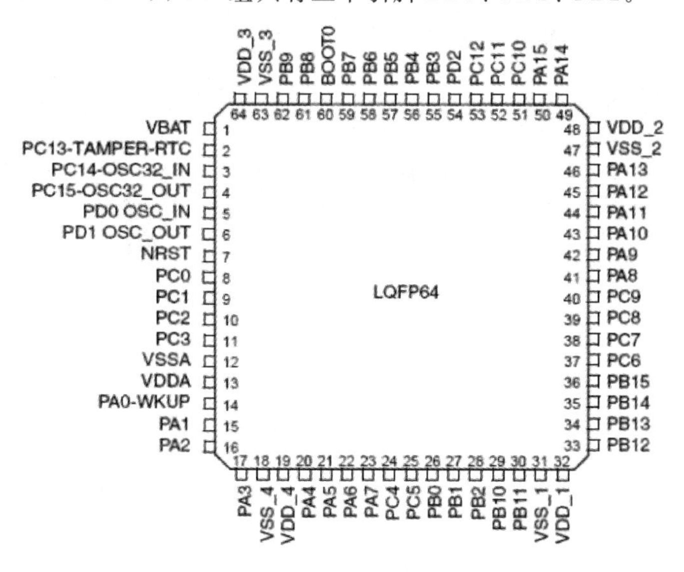

图5.3　ARM(STM32F103XX)单片机引脚图

STM32F103XX增强型系列使用高性能的ARMCortex-M3 32位的RISC内核，工作频率为72 MHz，内置高速存储器(高达128 KB的闪存和20 KB的SRAM)，具有丰富的增强I/O端口和连接到两条APB总线的外设。所有型号的器件都包含2个12位的ADC(模拟数字转换器：Analog-to-digital Converter)、3个通用16位定时器和一个PWM定时器，还包含标准和先进的通信接口：2个I2C和SPI、3个USART、一个USB、一个CAN。

三、单片机控制系统接口技术(以ARM单片机为微控器组成的控制系统为例)

ARM单片机为微控器组成的STM32F407ZGT6工控板控制步进电动机系统，如图5.4所示。STM32F407ZGT6工控板的接口如图5.5所示。

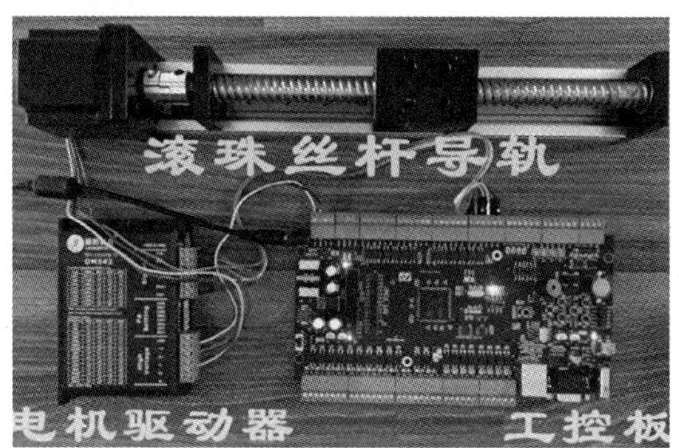

图5.4　STM32F407ZGT6工控板控制步进电动机系统图

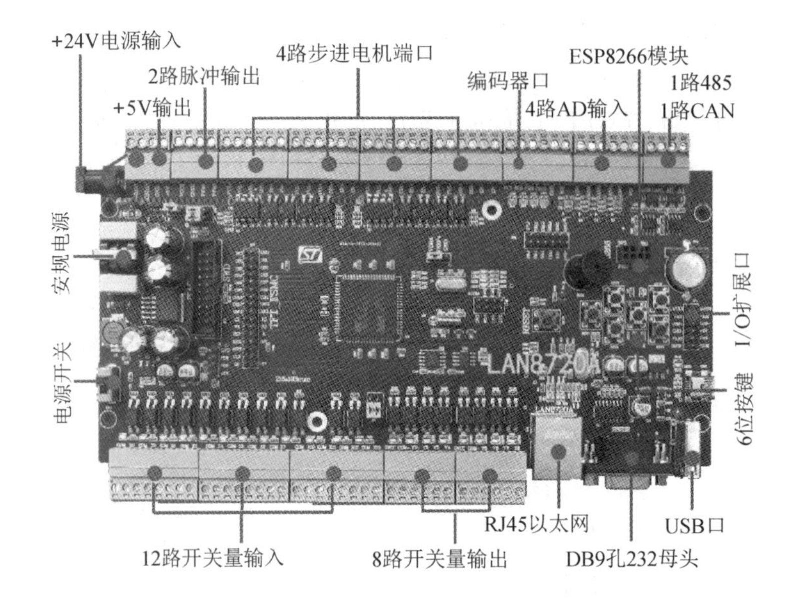

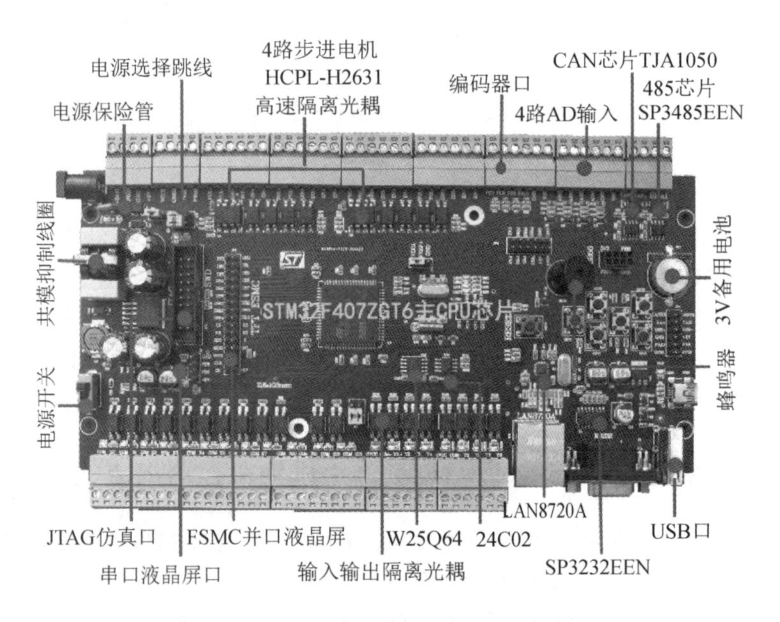

图 5.5 STM32F407ZGT6 工控板的接口

1. USB 接口技术

许多 ARM 芯片内置有 USB 控制器，有些芯片甚至同时有 USB Host 和 USB Slave 控制器。USB Host 是主机，实现控制功能，也可以存取数据，如电脑(PC)。USB Slave 是从设备，属于被控制设备，可输入/输出数据，如 U 盘、移动硬盘、MP3、MP4、鼠标、键盘、游戏手柄、网卡、打印机、读卡器等 USB 设备。USB Host 主机只可以和 USB Slave 设备连接。

通用串行总线(Universal Serial Bus，USB)既是一种串口总线标准，也是一种输入/输出接口的技术规范，被广泛应用于个人电脑和移动设备等信息通信产品，并扩展至摄影器材、数字电视(机顶盒)、游戏机，以及其他相关领域。最新一代是 USB 4，传输速度为 40 Gb/s，三段式电压 5 V/12 V/20 V，最大供电 100 W，新型 Type C 接口允许正反盲插。各种 USB 接口外形如图 5.6 所示。

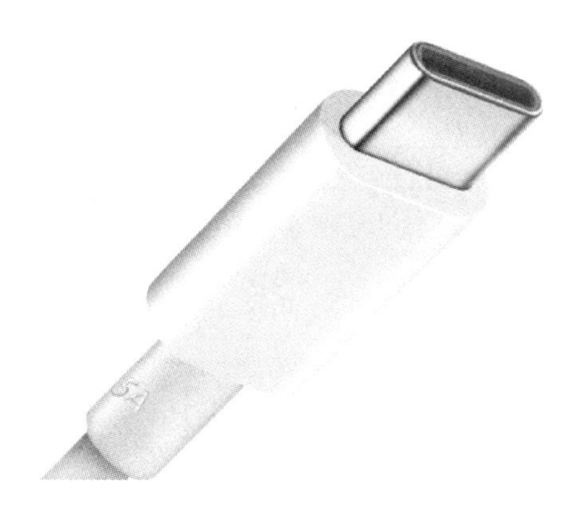

Type-C接头采用无缝钢管一体化成型接口，抗压抗扭能力更强

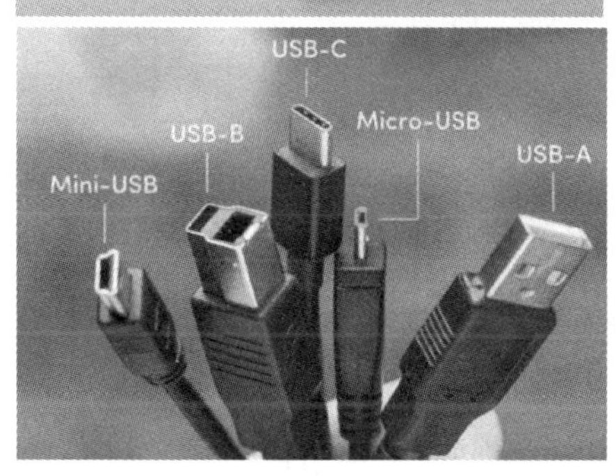

图 5.6　USB 接口

Type-A USB 接口如图 5.7 所示，Type-B USB 接口如图 5.8 所示，Micro USB 接口如图 5.9 所示，Mini USB 接口如图 5.10 所示，Type-C USB 接口如图 5.11 所示，S+、S−代表电源线正、负，D+、D−代表数据线正、负。

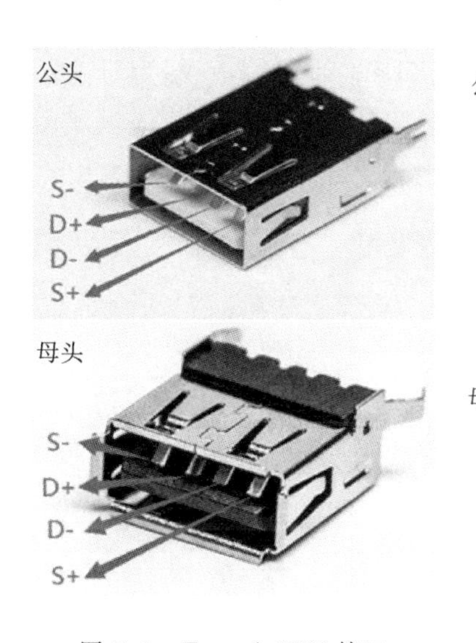

图 5.7　Type-A USB 接口

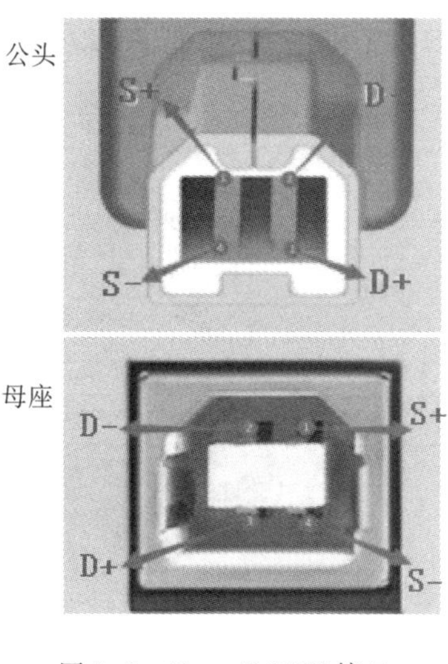

图 5.8　Type-B USB 接口

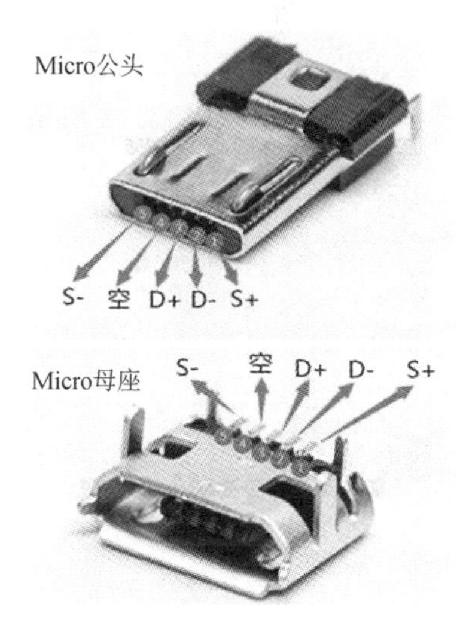

图 5.9　Micro USB 接口

Mini 型公头

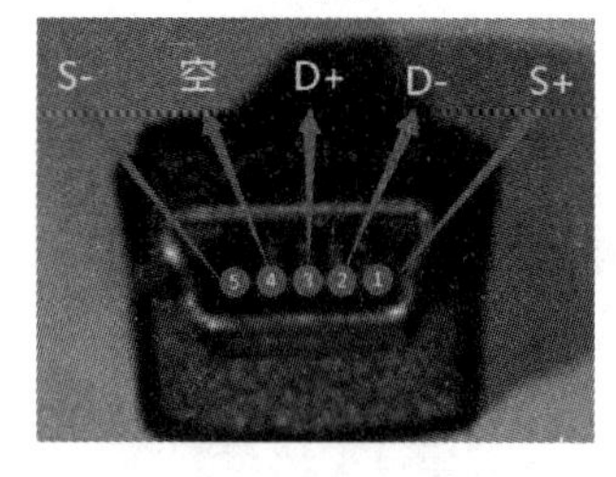

常规USB Type C接口公头

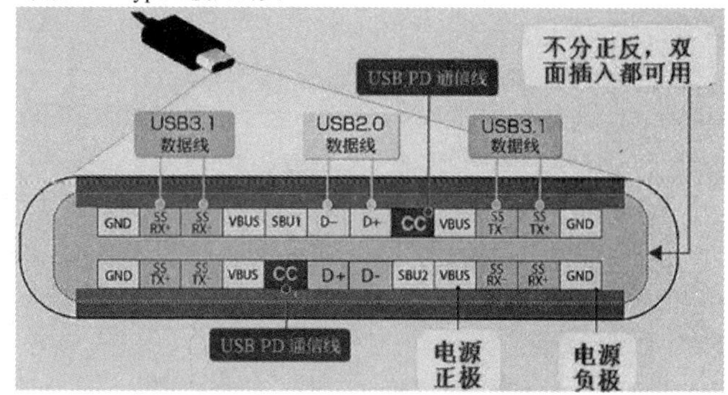

Mini 型母座

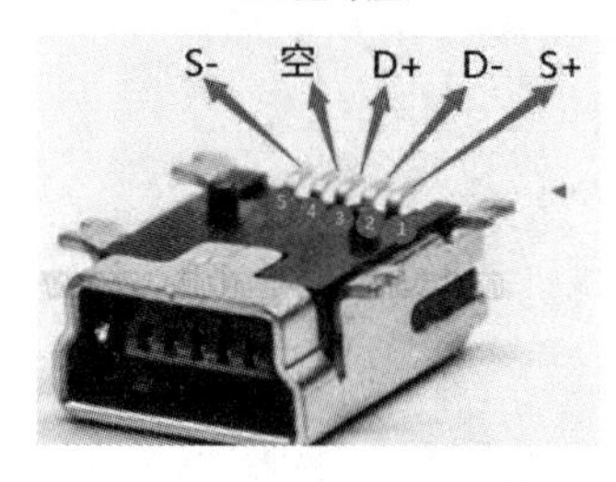

常规USB Type C接口母座

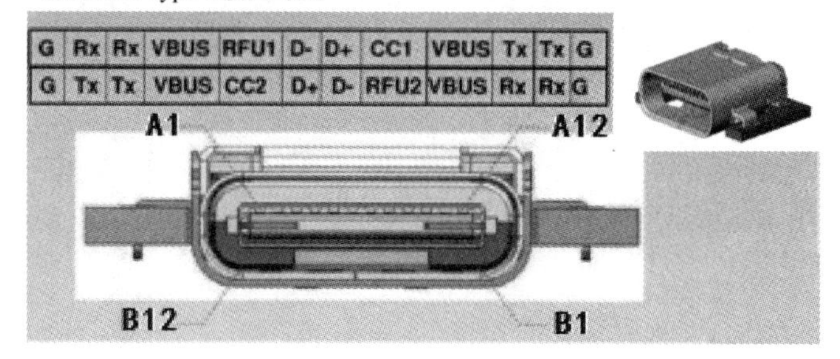

图 5.10　Mini USB 接口

图 5.11　Type-C USB 接口

2. RS-232 串行通信接口技术

RS-232 接口，是现在主流的计算机通用串行接口之一，是符合美国电子工业联盟(EIA)制定的串行数据通信的接口标准；原始编号全称是 EIA－RS-232(简称 232，RS-232)，也就是通常我们所说的 COM 接口，主要用于计算机与外部设备之间的通信连接。RS 是推荐标准的简称。RS-232 电缆的两端，一端为公头(DB9 针式)，一端为母头(DB9 孔式)，如图 5.12 所示。

图 5.12　RS-232 接口外形

RS-232 接口有 DB25 接口和 DB9 接口两种，现在普遍使用的基本上都是 DB9 接口，DB25 接口基本上不再使用。RS-232 引脚定义如图 5.13 所示。

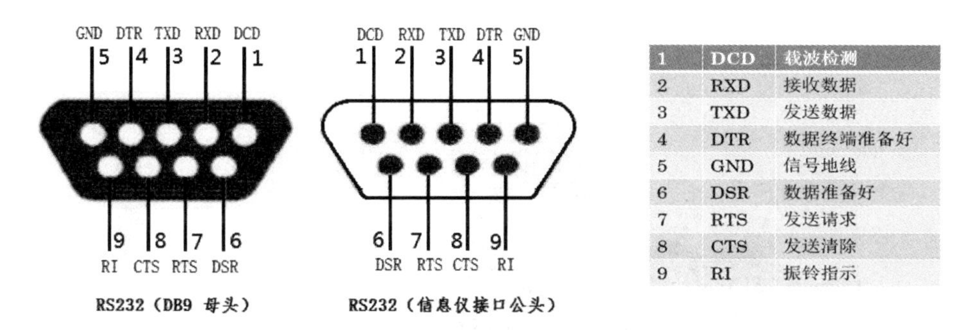

1	DCD	载波检测
2	RXD	接收数据
3	TXD	发送数据
4	DTR	数据终端准备好
5	GND	信号地线
6	DSR	数据准备好
7	RTS	发送请求
8	CTS	发送清除
9	RI	振铃指示

图 5.13　RS-232 引脚定义

3. RS-485 串行通信接口技术

随着数字技术的发展，由单片机构成的控制系统日益复杂，尤其是使用多个单片机结合 PC 机构成分布式系统，可以满足响应速度快、实时性强、控制量多的要求，多个单片机结合 PC 机构成分布式系统如图 5.14 所示。RS-232 接口因其传输速率慢、传送距离短而无法满足通信系统的要求，实际系统中往往使用 RS-485 接口标准。

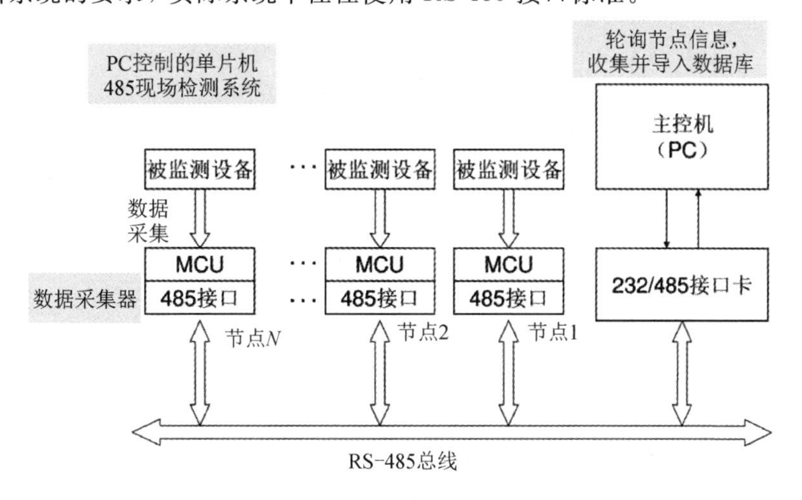

图 5.14　多个单片机结合 PC 机构成分布式系统

为改进 RS-232 通信距离短、速率低的缺点，EIA 在基于 RS-422 的基础上制定了 RS-485 接口标准。RS-485 是平衡发送和差分接收，因此具有抑制共模干扰的能力，它的最大传输距离为 1200 米，实际可达 3000 米，传输速率最高可达 10 Mb/s。所以，一般在要求通信距离为几十米到上千米时，会广泛采用 RS-485 串行通信。

RS-485 通信方式有两种：一种是半双工模式，只有 DATA＋和 DATA－两线；另一种是全双工模式，有四线传输信号：T＋，T－，R＋，R－。全双工模式时可认为是 RS-422。RS-485 接口外形如图 5.15 所示。

RS-485 两线一般定义为“A、B”或“Date＋、Date－”，即常说的“485＋ 、485－”；

RS-485 四线一般定义为“Y、Z、A、B”；

另外，RS-485（或 RS-422 ）通信一般要有接地线，因为 RS-485（或 RS-422）通信要求通信双方的地电位差小于 1 V。为了安全起见，一般是通信机器的外壳接地。RS-485 通信方式实际为

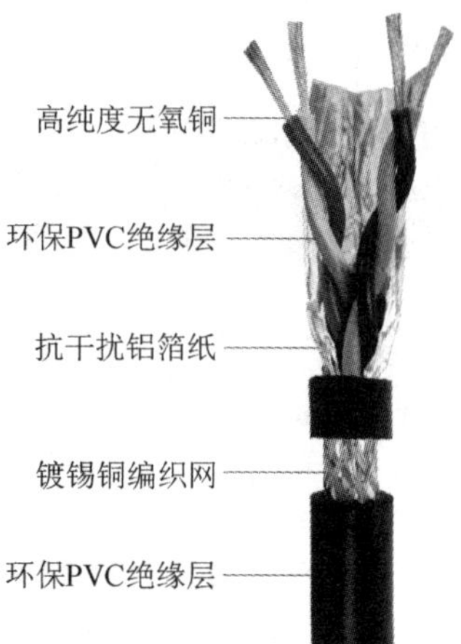

图 5.15　RS-485 接口外形图

半双工通信接 3 根线(＋A、－B、地)，即

RS-485 的＋A 接对方的＋A、

RS-485 的－B 接对方的－B、

RS-485 的 GND(地)接对方的 GND(地)；

全双工通信接 5 根线(＋发、－发、＋收、－收、地)。RS-422 的接线原则：

“＋发” 接对方的“＋收”

“－发”接对方的“－收”

“＋收”接对方的“＋发”

“－收”接对方的“－发”

GND(地)接对方的 GND(地)

一定要将 GND(地)线接到对方的 GND(地)，除非确保通信双方都已经良好共地。典型的全双工多机通信如图 5.16 所示。

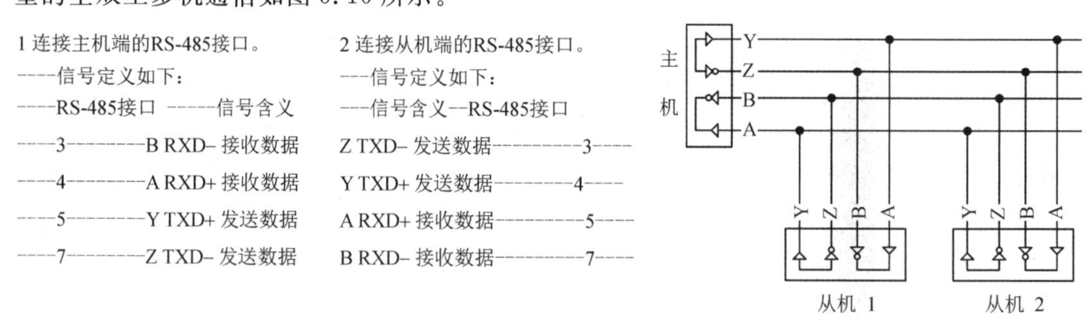

图 5.16　RS-485 典型的全双工多机通信

4. CAN 接口技术

CAN 控制器局域网络(Controller Area Network，CAN)是由德国 Bosch 公司在 1986 年为汽车监测和控制而设计的。它属于现场总线的范畴，是一种高性能、高可靠性、易于开发、低成本的串行总线。

在工业领域，CAN 总线可作为现场设备级的通信总线，如图 5.17 所示。而且与其他总线相比，CAN 具有很高的可靠性和性价比。这将是 CAN 技术开发应用的一个主要方向。

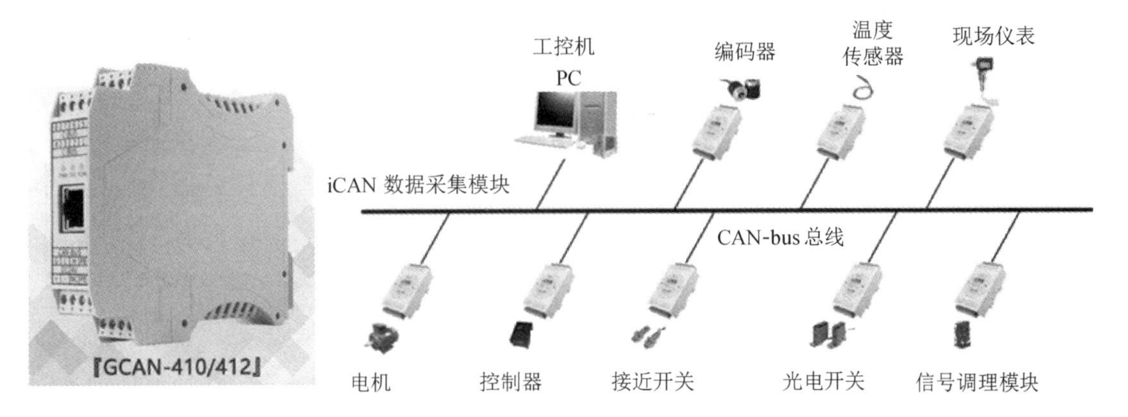

图 5.17　CAN 接口及 CAN 总线

图 5.18 所示的 USBCAN-II FD 接口卡是集成 2 路 CAN FD 接口的高性能型总线通信接口卡。该型号 CAN 卡符合 USB 2.0 总线高速规范，具有两条独立的 CAN/CAN FD 通道，且信号间相互隔离，PC 可以通过 USB 接口快速连接至 CAN(FD)-bus 网络，构成现场总线实验室、工业控制、智能小区、汽车电子网络等。

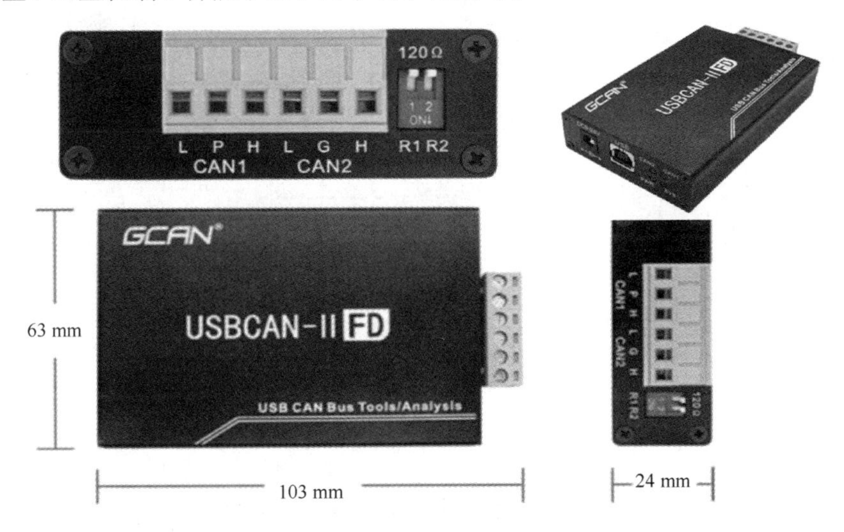

图 5.18　USBCAN-II FD 接口卡

USB CAN-II FD 高性能 CAN 接口卡是 CAN(FD)-bus 产品开发、CAN(FD)-bus 数据分析的强大工具，同时具有体积小、即插即用等特点，也是便携式系统用户的最佳选择。USBCAN-II FD 接口卡上自带 USB 接口，集成 CAN 接口电气隔离保护模块，使其避免由于瞬间过流/过压而对设备造成损坏，增强系统在恶劣环境中使用的可靠性。

任务实施　用运动控制卡控制步进电动机

采用 3D 打印机 32 位主板 MKS Robin Nano V1.2 控制板(配置 TFT35 显示屏触)作为控制器，控制步进电动机。实训设备如表 5.1 所示。

表 5.1　实训设备表

实训设备名称	规　　格	数量
步进电动机	42 系列两相四线步进电动机	1
单片机控制器	3D 打印机 32 位主板 MKS Robin Nano V1.2 控制板(配置 TFT35 显示触屏)	1
步进电动机驱动器	数字式 DM542 驱动器	1
直流电源	输入 AC220V，输出 DC24V	1
导线		若干

(1) 阅读控制器、步进电动机及其驱动器使用说明书，认识各自的接口及其功能。

(2) 按照图 5.19 连接直流电源、控制器、驱动器、步进电动机。接线完成的实物如图 5.20 所示。

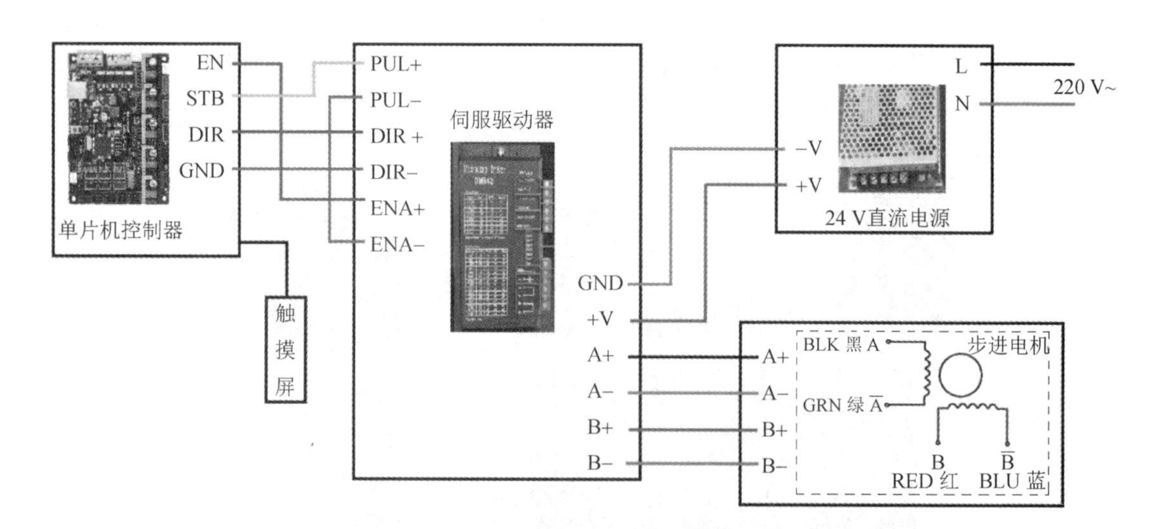

图 5.19　用运动控制卡控制步进电动机的接线图

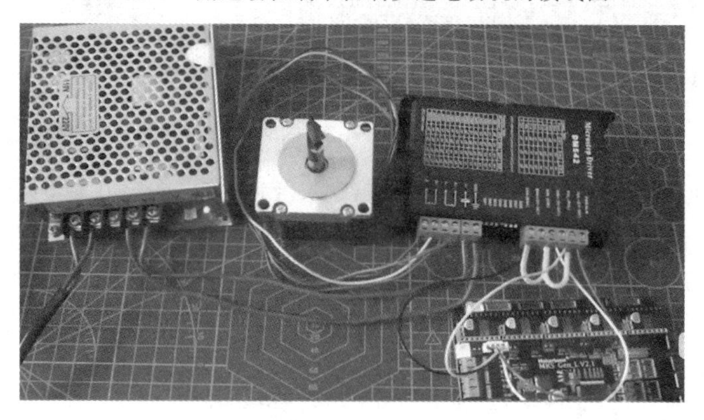

图 5.20　用运动控制卡控制步进电动机的实物连接图

(3) 通电调试，按触摸屏上面的“正转”按键或“反转”按键观察电动机的转向和转速。

任务评价

教师根据学生阅读记录结果及接线情况给予评价，结果计入表中，见表 5.2。

表 5.2　任务评价表

实训项目			
项目内容		**配分**	**得分**
步进电动机的观察	认识各个接线端子	10	
步进电动机驱动器的观察	认识各个接线端子	10	
单片机控制器的观察	认识各个接线端子	10	
24 V 直流开关电源的观察	认识各个接线端子	10	
直流电源、控制器、步进电动机、驱动器的接线	会正确接线	40	
其他	安全操作规程遵守情况；纪律遵守情况	10	
	工具的整理与环境清洁	10	
工时：1 学时	**教师签字：**	**总分**	
理论项目			
项目内容		**配分**	**得分**
叙述单片机的编程软件有哪两种？按单片机处理的字长分为哪几种，各有什么特点？应用最为广泛的是哪种		20	
叙述 USB 接口类型		20	
简述 RS-232 串行通信接口技术		20	
简述 RS-485 串行通信方式		20	
简述 CAN 接口技术		20	
时间：1 学时	**教师签字：**	**总分**	

任务 5.2　PLC 控制及接口技术

任务描述

可编程控制器(Programmable Logic Controller，PLC)，由于程序编制修改方便，能适应现代制造业对复杂多变的用户市场，具有快速响应能力，其

已被广泛应用于数控机床、机器人、各种自动生产线等顺序控制中。

本任务介绍 PLC 等效电路，PLC 典型控制系统的构成，PLC 的接口。

任务目标

技能目标

会以 PLC 为控制器组成的控制系统的接线。

知识目标

(1) 了解 PLC 等效电路与典型控制系统的构成。

(2) 了解 PLC 的接口及接线图。

知识准备

一、PLC 等效电路与典型控制系统的构成

PLC 的硬件结构原理框图如图 5.21 所示，其由输入电路、内部程序控制电路、输出电路构成。典型的 PLC 应用控制系统由编程设备(包括编程软件)、PLC 控制器、外部控制电路(操作面板、电控箱、电动机或电磁阀伺服执行装置等电路)、控制对象(如机器人、数控机床等)构成，典型 PLC 应用控制系统构成图如图 5.22 所示。

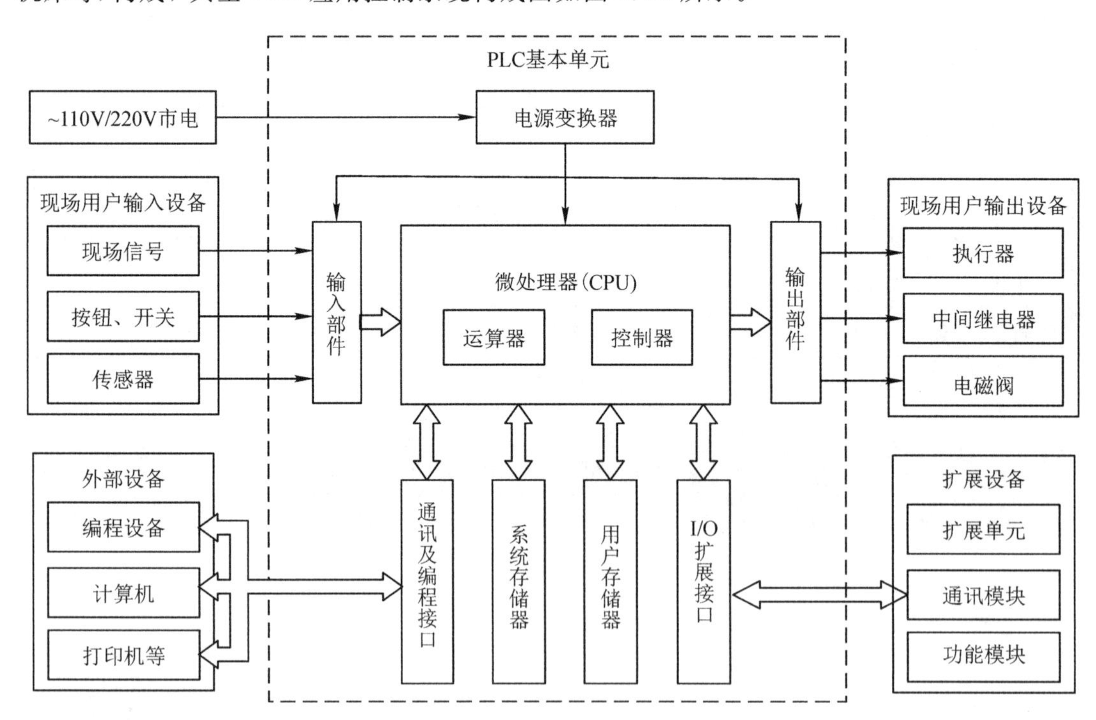

图 5.21 PLC 的硬件结构原理框图

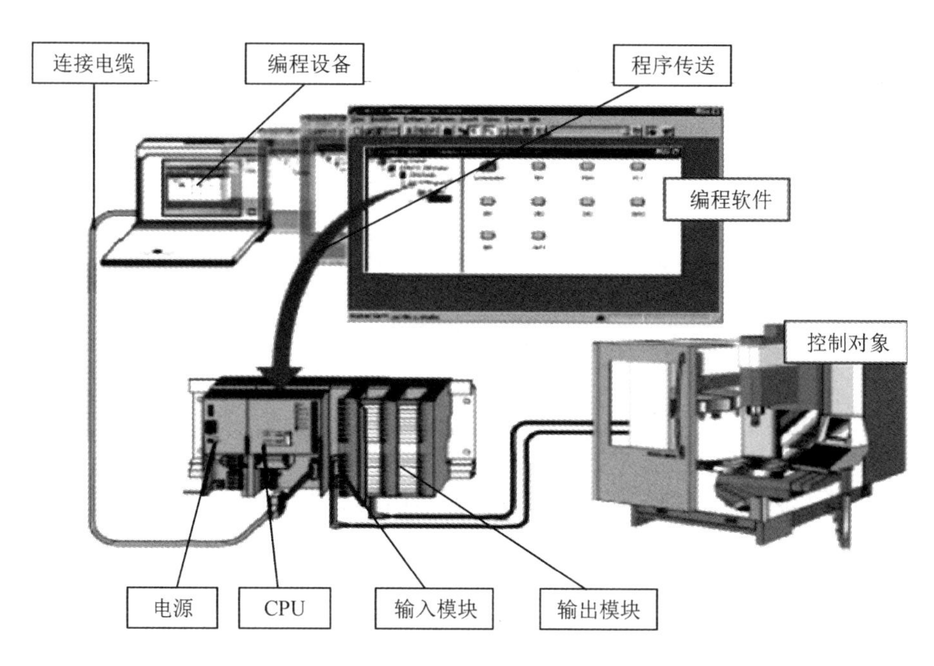

图 5.22　典型 PLC 应用控制系统构成图

二、PLC 的 CPU 模块(以西门子 S7-1200PLC 为例)

CPU 是“Central Processing Unit”的缩写，译为“中央处理器”。工控中 PLC 的 CPU 是一个模块。1200 CPU 共有 5 个系列，分别是 1211C、1212C、1214C、1215C、1217C。字母“C”是英文“Compact”的缩写，译为“紧凑型”。CPU1214C，CPU1215C 外形如图 5.23 所示。

CPU1215C (DC/DC/DC)　　CPU1214C (DC/DC/RLY)

图 5.23　CPU 外形图

紧凑型 PLC 在 CPU 模块上集成了 I/O 点，可以进行少量的 I/O 控制。每一个系列的 CPU，根据供电方式和 I/O 方式的不同分为三类：AC/DC/RLY，DC/DC/RLY 和 DC/DC/DC。如图 5.24 所示。

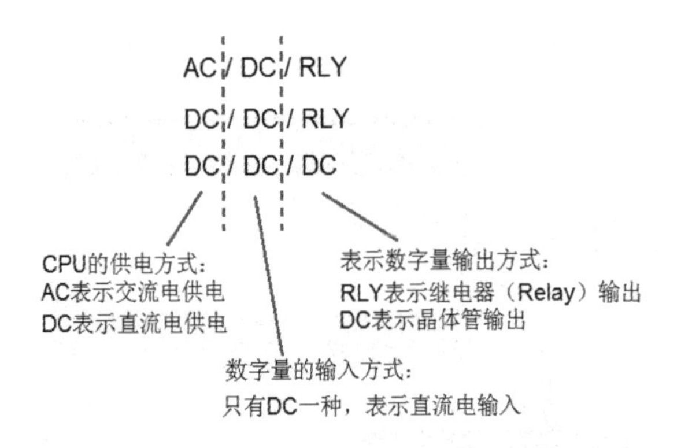

图 5.24　CPU 的类型符号意义图

例如：CPU1214C-DC/DC/RLY，其含义是 CPU 的型号是 1214，它属于紧凑型(C)，供电方式是直流电(DC)，输入端子要接直流电(DC)，输出方式是继电器输出(Relay)。

三、PLC 的接口(以西门子 S7－1200PLC 为例)

以西门子 S7－1200 PLC 为例介绍 PLC 的接口，如图 5.25 所示。S7－1200PLC 硬件组成如图 5.26 所示。

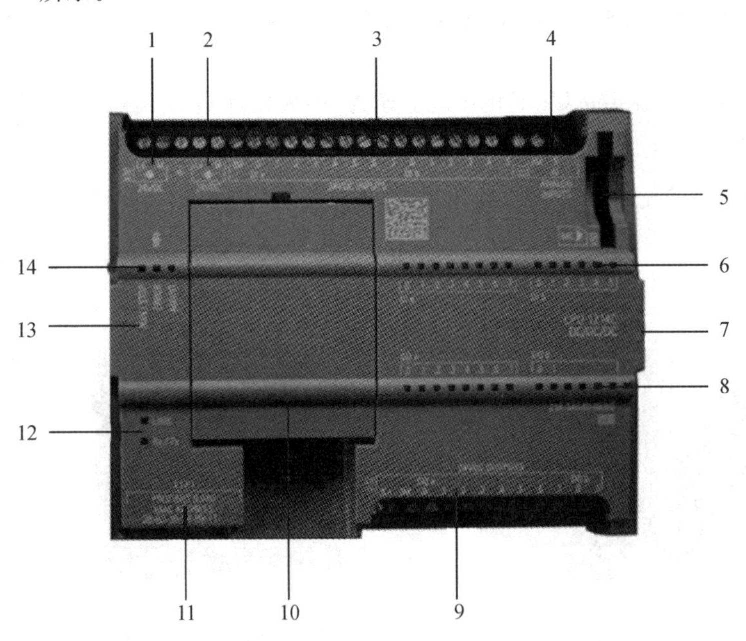

1—CPU 供电接线端子；2—传感器供电接线端子；3—数字量输入接线端子；4—模拟量输入接线端子；5—存储卡插口；6—输入端子指示灯；7—信号扩展模块接口；8—输出端子指示灯；9—数字量输出接线端子；10—选择器件：信号板或是通信板或是电池板；11—以太网通信接口；12—以太网通信指示灯：LINK、Rx/Tx；13—通信扩展模块接口；14—运行状态指示灯：运行/停止、报错、维护。

图 5.25　S7－1200PLC 接口

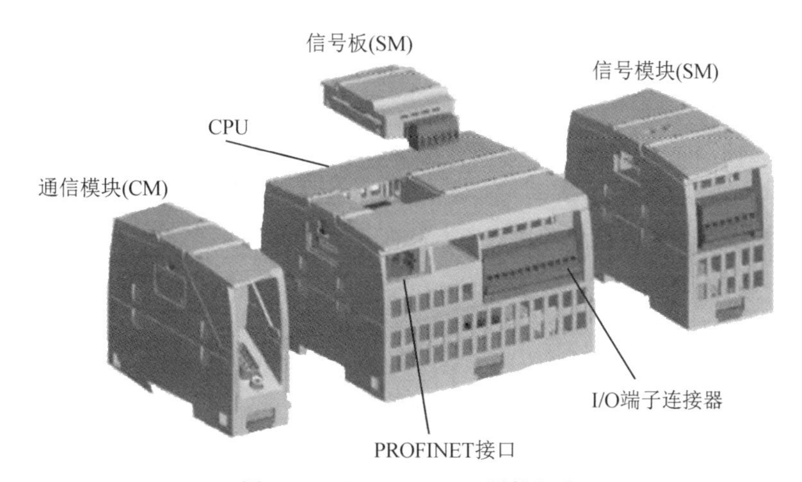

图 5.26　S7－1200PLC 硬件组成

1. Profinet 的接口

Profinet 是基于工业以太网的现场总线，是开放式工业以太网的标准。西门子 PLC S7-1200CPU 上面集成的 Profinet 接口，如图 5.27 所示。支持以太网通信和 TCP/IP 通信，用户通过这个接口可以实现与西门子 HMI 触摸屏以及其他系列 CPU 之间的通信。Profinet 接口上面有运行的指示灯：LINK 和 Rx/Tx。

图 5.27　Profinet 接口

西门子 1200PLC 与 ABB 机器人实现 Profinet 通信，西门子 1200PLC 作为 Profinet 控制器，ABB 机器人作为 Profinet 的 I/O 设备。PLC 与 ABB 机器人实现 Profinet 通信如图 5.28 所示。

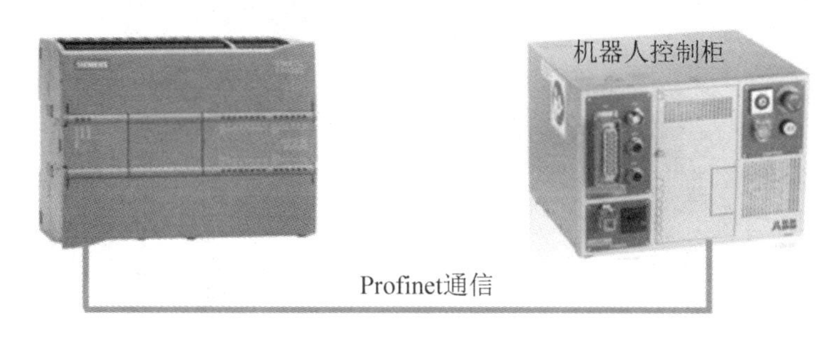

图 5.28　PLC 与 ABB 机器人实现 Profinet 通信

在制造业企业，客户在中控室使用西门子1200 PLC实时监控台达伺服驱动器(电动机)启停、速度、位置、电流值等参数，保证伺服驱动器正常稳定工作。PLC具有Profinet接口，连接10个台达驱动器(电动机)，伺服驱动采用CANopen通信协议(作为CANopen从站)。为了搭建西门子PLC与台达驱动器之间的通信，以实现中控室实时控制电动机启停并采集速度、位置、电流值等数据，采用CAN/CANopen转Profinet总线网关TCO-151，PLC实时监控台达伺服驱动器(电动机)的接线如图5.29所示。

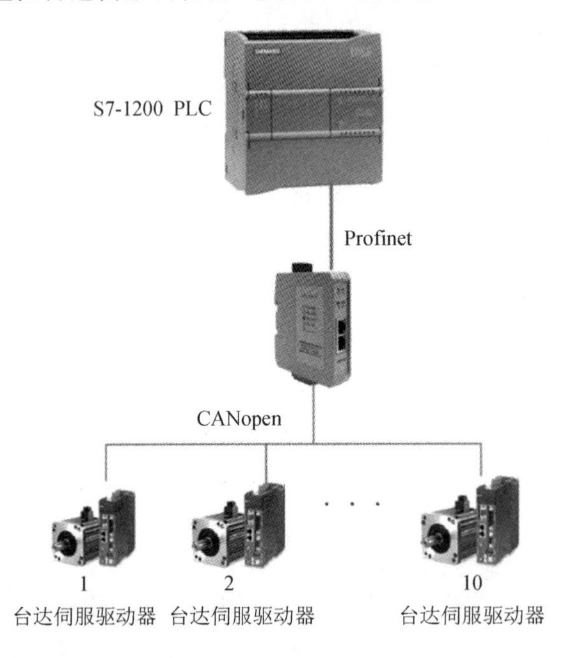

图5.29　PLC实时监控台达伺服驱动器(电动机)的接线

2. 通信扩展模块接口

在CPU模块的左侧是CPU与通信模块(CM)的接口，通信模块(如CM1241-RS485)通过插针插接到该通信口，实现通信的电气连接，通信扩展模块接口如图5.30所示。S7-1200最多可以增加3个通信模块。通信模块有CM1241R-S232、CM1241RS-485、CP1241RS-232、CP1241RS-485、CB1241RS-485，它们安装在CPU模块的左边。

图5.30　通信扩展模块接口

3. CPU供电电源及数字量、模拟量输入接线端子

CPU供电接线端子、传感器供电接线端子以及数字量、模拟量输入接线端子如图5.31所示。

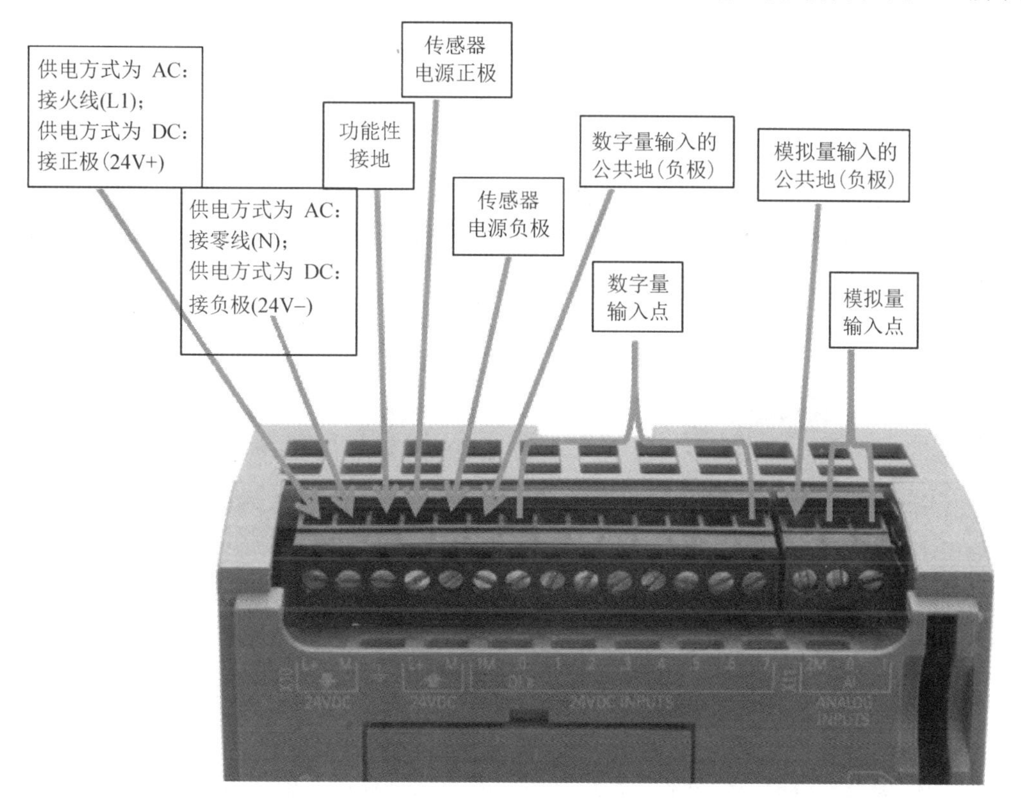

图5.31　CPU供电电源及数字量、模拟量输入接线端子图

不同系列的CPU集成的数字量输入点和模拟量输入点的数量有所差别。

4. 数字量输出接线端子

在CPU模块的右下角，是数字量输出接线端子。不同系列的CPU集成的数字量输出点的数量也不相同，如图5.25所示。

5. 存储卡插口

在模拟量输入接线端子的旁边有个卡槽，是用来插存储卡的，存储卡插口如图5.32所示。S7-1200内部有存储器，所以该存储卡并不是必须的。不能将存储卡插到一个正在运行的CPU中，否则会造成CPU停机。

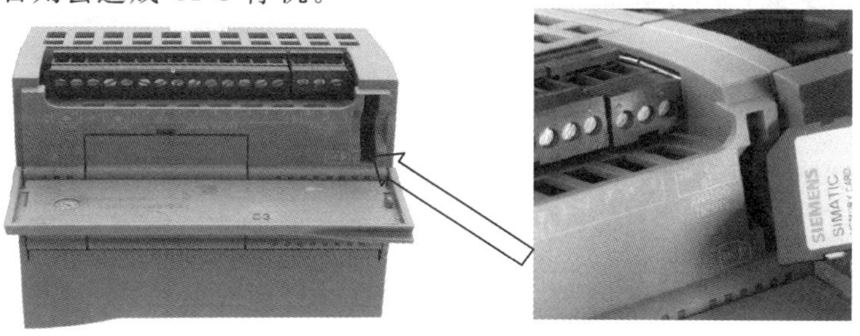

图5.32　存储卡插口

存储卡有三种功能：

(1) 可以作为外部装载存储器，从而扩大装载存储器的空间。

(2) 可以利用该存储卡将某一个 CPU 内部的程序复制到一个或多个 CPU 内部的装载存储区。

(3) 24M 存储卡可以作为固件更新卡，升级 S7－1200 的固件。

6. 信号板插槽

在 CPU 模块的中央可以插接信号板(Signal Board)，如图 5.33 所示。利用这个插槽，可以连接输入/输出或通信板，信号板只适用于少量附加 I/O 的情况，装于 1200 本体上，不增加硬件的安装空间，可以很容易地更换。

图 5.33　信号板插槽

7. 信号扩展模块接口

CPU 模块最右边的一个插槽，是用来插信号模块 SM 的。按住信号模块前面的插销可以把连接器推出来，插到 CPU 的插槽中，从而实现电气上的连接，信号扩展模块接口如图 5.34 所示。CPU 1212 C 可连接 2 个信号模块；CPU 1214C、CPU1215C、CPU1217C 可连接 8 个信号模块。

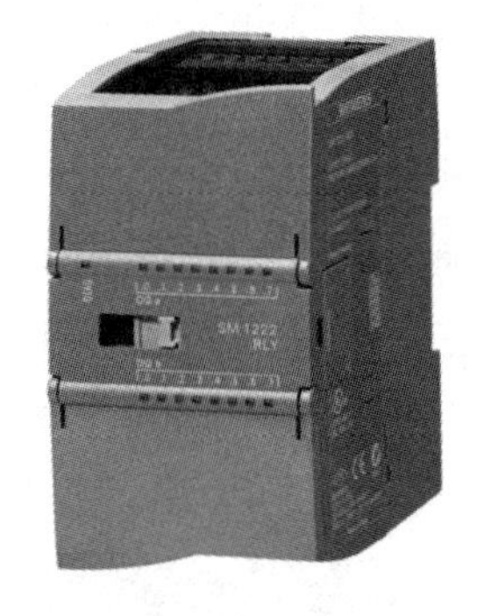

图 5.34　信号扩展模块接口

任务实施　用西门子 S7-1200 PLC 实现剪板机系统的控制

一、剪板机系统的控制要求

剪板机系统的结构示意图如图 5.35 所示。

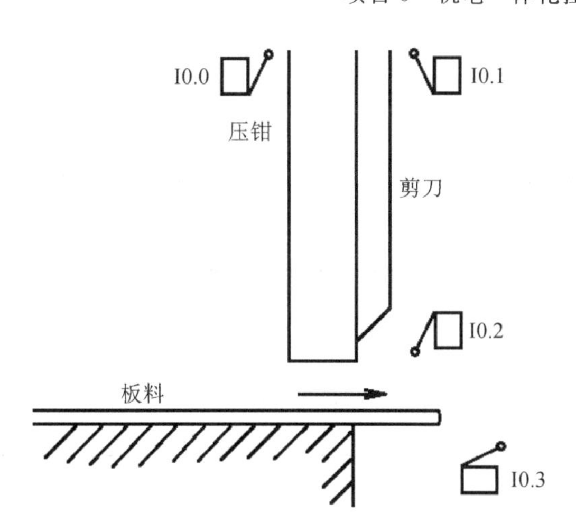

图5.35 剪板机系统的结构示意图

(1) 开始时，压钳和剪刀都在上限位，限位开关I0.0和I0.1都为ON。

(2) 按下压钳下行按钮I0.5后：首先板料右行(Q0.0为ON)至限位开关I0.3动作，然后压钳下行(Q0.3为ON并保持)，压紧板料后，压力继电器I0.4为ON，压钳保持压紧，剪刀开始下行。

(3) 剪断板料后，剪刀限位开关I0.2变为ON，Q0.1和Q0.3为OFF，延时2 s后，剪刀和压钳同时上行(Q0.2和Q0.4为ON)，它们分别碰到限位开关I0.0和I0.1后，分别停止上行。

当再次按下压钳下行按钮，方才进行下一个周期的工作。为简化程序工作量，在此省略了液压泵和压钳驱动。

二、PLC控制器的接口及其功能

阅读PLC控制器的使用说明书，认识其接口及功能。

三、I/O地址分配

按照图5.35所示系统的控制要求，根据PLC输入/输出点分配原则，对本案例进行I/O地址分配，如表5.3所示。

表5.3 剪板机系统的PLC控制I/O分配表

输入		输出	
输入继电器	元件	输出继电器	元件
I0.0	压钳上限位SQ1	Q0.0	板料右行KM1
I0.1	剪刀上限位SQ2	Q0.1	剪刀下行KM2
I0.2	剪刀下限位SQ3	Q0.2	剪刀上行KM3
I0.3	板料右限位SQ4	Q0.3	压钳下行YV1
I0.4	压力继电器KP	Q0.4	压钳上行YV2
I0.5	压钳下行按钮SB		

四、硬件接线图

根据控制要求及 I/O 接口分配表，绘制剪板机系统的 PLC 接线图，如图 5.36 所示。

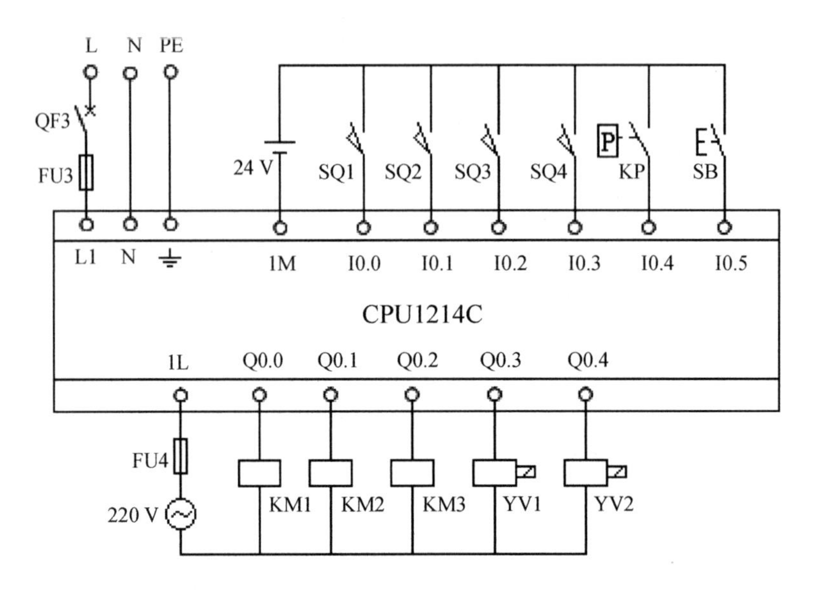

图 5.36　剪板机系统的 PLC 接线图

五、创建工程项目

双击TIA V15图标，打开博途编程软件。在 Portal 视图中选择“创建新项目”，输入项目名称“J_ janban”，选择项目保存路径，然后单击“创建”按钮创建项目完成。

在项目视图的项目树窗口中双击“添加新设备”图标，添加设备名称为 PLC_ 1 的设备 CPU1214C。启用系统存储器字节 MB1，位 M1.0 首次扫描为 ON。

六、通电调试

编写 PLC 程序，通电调试。

任务评价

教师根据学生阅读记录结果及接线情况给予评价，结果计入表中，见表 5.4。

表 5.4　任务评价表

实训项目		
项目内容	配分	得分
认识 PLC 控制器的接口及功能	40	

续表

实 训 项 目			
剪板机的 PLC 控制系统的硬件接线		20	
编写剪板机控制系统的 PLC 程序		20	
其他	安全操作规程遵守情况；纪律遵守情况	10	
	工具的整理与环境清洁	10	
工时：1 学时	**教师签字：**	**总分**	
理 论 项 目			
项目内容		**配分**	**得分**
叙述你了解的 PLC 种类		50	
解释 Profinet 接口		50	
时间：1 学时	**教师签字：**	**总分**	

任务 5.3　工业计算机控制及接口技术

任务描述

总线结构型的工业控制计算机，根据功能要求把控制器划分成具有一种或几种独立功能的电路模板，从内总线入手把各功能模块设计制作成“标准”的模块，像搭积木一样将硬件模板插入一块公共的称为“底板”的电路板插槽上，组成一个模块网络系统。每块模板之间的信息都通过底板进行交换，从而达到控制系统的整体功能，其作为主控制计算机用于工厂过程自动化系统中。

本任务介绍工业控制计算机的接口，以及由 Profibus 现场总线构成的工厂三级计算机自动控制系统。

任务目标

技能目标

会以工业控制计算机为控制器组成的控制系统的接线。

知识目标

(1) 了解工业控制计算机的接口。

(2) 了解工业控制计算机的总线。

(3) 了解现场总线对工业控制计算机的要求。

知识准备

一、工业控制计算机接口

以研华10串口H61芯片组工控主板为例介绍工业控制计算机接口。研华10串口H61芯片组工控机外形图如图5.37所示，工控机主板接口如图5.38所示，其接口如下：

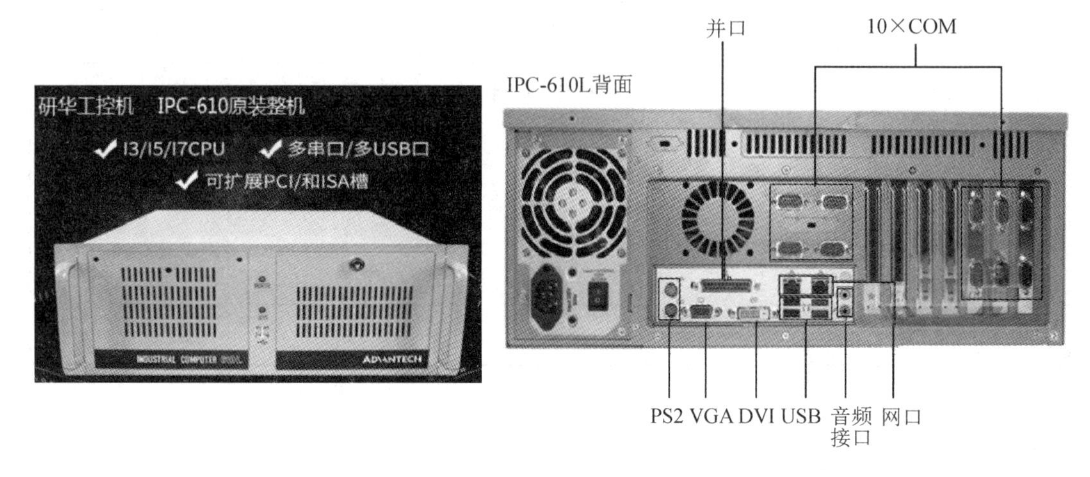

图5.37　工控机外形图

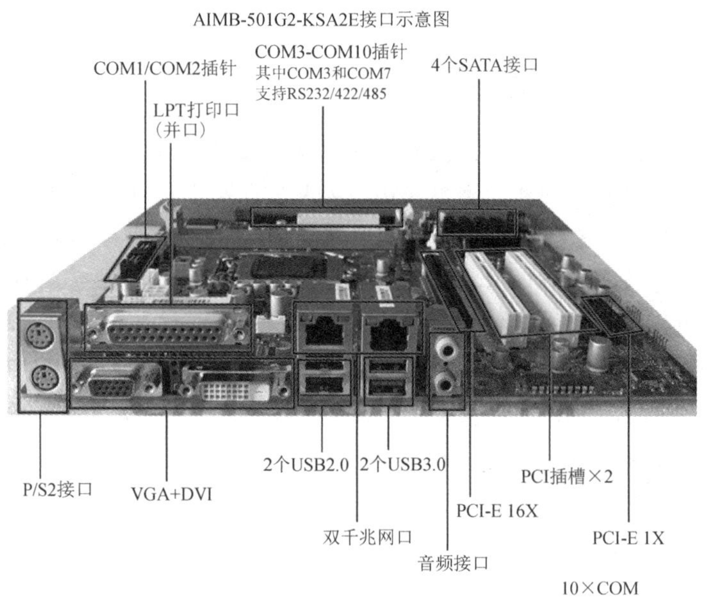

图5.38　工控机主板接口示意图

(1) COM1～COM10都是COM口，即串行通信端口，简称串口。

(2) SATA是Serial ATA的缩写，即串行ATA。这是一种计算机总线，其主要功能是用于主板和大量存储设备(如硬盘及光盘驱动器)之间的数据传输。

(3) p/s2 接口是 PlayStation 2 的缩写，俗称“小口”。这是一种 6 针的圆形接口，是鼠标和键盘的专用接口。

(4) VGA(Video Graphic Array)是视频绘图阵列缩写，VGA 接口就是显卡上输出模拟信号的接口，也叫 D-Sub 接口，共有 15 针脚，分成 3 排，每排 5 个。

(5) DVI(Digital Visual Interface)是数字可视化界面的缩写，DVI 接口是连液晶显示器的接口，输出的是数字信号，接口上有 3 排 8 列共 24 个针脚。

(6) USB(Universal Serial Bus)是通用串行总线的缩写，是一个外部总线标准，用于规范计算机与外部设备的连接和通信；USB 2.0 为普通的颜色，理论最大传输速率为 480 Mb/s；USB 3.0 为蓝色接口，传输速率为 5.0 Gb/s。

(7) PCI-E 16X 是现在显卡的主流接口。

(8) PCI 插槽是基于 PCI 局部总线(Pedpherd Component Interconnect，周边元件扩展接口)的扩展插槽，可插接显卡、声卡、网卡、内置 Modem、内置 ADSL Modem、USB 2.0 卡、IEEE1394 卡、IDE 接口卡、RAID 卡、电视卡、视频采集卡，以及其他种类繁多的扩展卡。

二、工业控制计算机总线

所谓总线，就是在器件与器件之间、电路板与电路板之间或者设备与设备之间传送数据信息的一组公用共享信号线。总线通常通过使用一组印制线、一定芯数的双绞线、带屏蔽套的同轴电缆甚至光缆和相应接口，在总线控制器指挥下遵照约定的通信协议，互相传输数字信号。总线型工业控制计算机是具有总线结构的计算机，它主要应用于工业过程测量、数据采集与控制。按功能总线可分为内总线与外总线。

1. 内总线

内总线是连接元器件内、电路板内等计算机内部各部件间信号的通道，完成信息的传递，这些信息包括地址、数据、控制信息，所对应的总线为地址总线 AB(Address Bus)、数据总线 DB(Data Bus)及控制总线 CB(Control Bus)，这些总线常见于个人计算机设备。此外在总线型工业控制计算机机箱中，除主板外还有插入扩展槽中的各种功能卡，如显示卡、声卡、MODEM 卡等模块电路板。为通用及扩展便利，对这些插槽的每一个引脚的信号名称及其电气特性都要做统一规定，以便使这些板卡电路板能与主板电路连在一起，这就是总线型工业控制计算机。在总线型工业控制计算机领域中，有很多总线标准，如 MultiBus、STD、PC/AT，以及目前流行的 PC-104 总线、ISA、PCI、USB 总线。有的厂家还有自定义总线，如专业生产机床数控系统的 FANUC 公司、SIEMENS 公司等。

2. 外总线

外总线又称现场总线。现场总线是将主站的主控计算机设备与现场各种从站设备如传感器、变送器、执行器、现场分控制器(如 PLC、调节器)等设备链接起来，进行数据传输与通信，形成一个完整的自动化网络控制系统，多用于化工、冶金、炼油、智能楼宇等大型工厂自动化系统。常用的现场总线与通信接口主要有：

（1）RS-232C 与 RS-485 串行异步通信接口：用于近距离的外设与主控计算机之间传输数字信息。

（2）IEEE-488 仪器测量总线：用于连接现场测量仪表如变送器、调节器、调节阀等信号传送到主控制室。

（3）Profibus 过程现场通信总线：由西门子公司推出，用于工厂过程自动化。

（4）CC-Link 控制与通信链路系统：由三菱电机公司推出，主要用于亚洲。

（5）CAN 控制器局域网总线：由德国 BOSH 公司推出，最初用于汽车内部测量与执行部件间数据通信。

（6）Lonworks 局部操作网络总线：由美国 Echelon 公司推出，最初用于楼宇自动化等。

由 Profibus 现场总线构成的工厂三级计算机自动控制系统图，如图 5.39 所示。

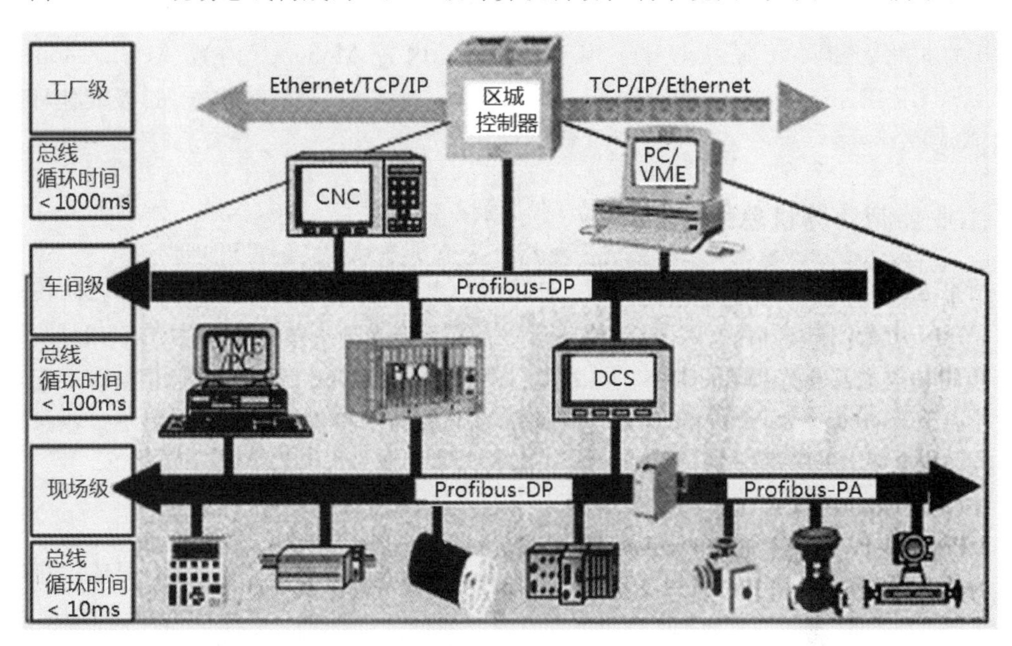

图 5.39　由 Profibus 现场总线构成的工厂三级计算机自动控制系统图

① 工厂级：是系统核心部分。完成对工厂过程控制各部分管理和控制，并实现厂级办公自动化。主要由主控制计算机、监控计算机、网络管理站、大型模拟显示屏，以及办公自动化设备等构成。

② 车间级：是实现工厂自动化的关键，也是工厂级与现场级之间的枢纽层，主要由 CNC、分布式计算机、PLC 构成。

③ 现场级：是实现工厂自动化的基础，主要由传感器、变送器、控制器、执行机构如气动调节阀、电动机等构成。

工业计算机的 CPU、存储器、I/O 接口、数据采集卡、运动控制卡和工业继电器控制卡等通过电源总线、数据总线、地址总线和控制总线连接，实现信息的传输，控制简易数控机床的各个执行部分。工业计算机组成的控制系统框图，如图 5.40 所示。

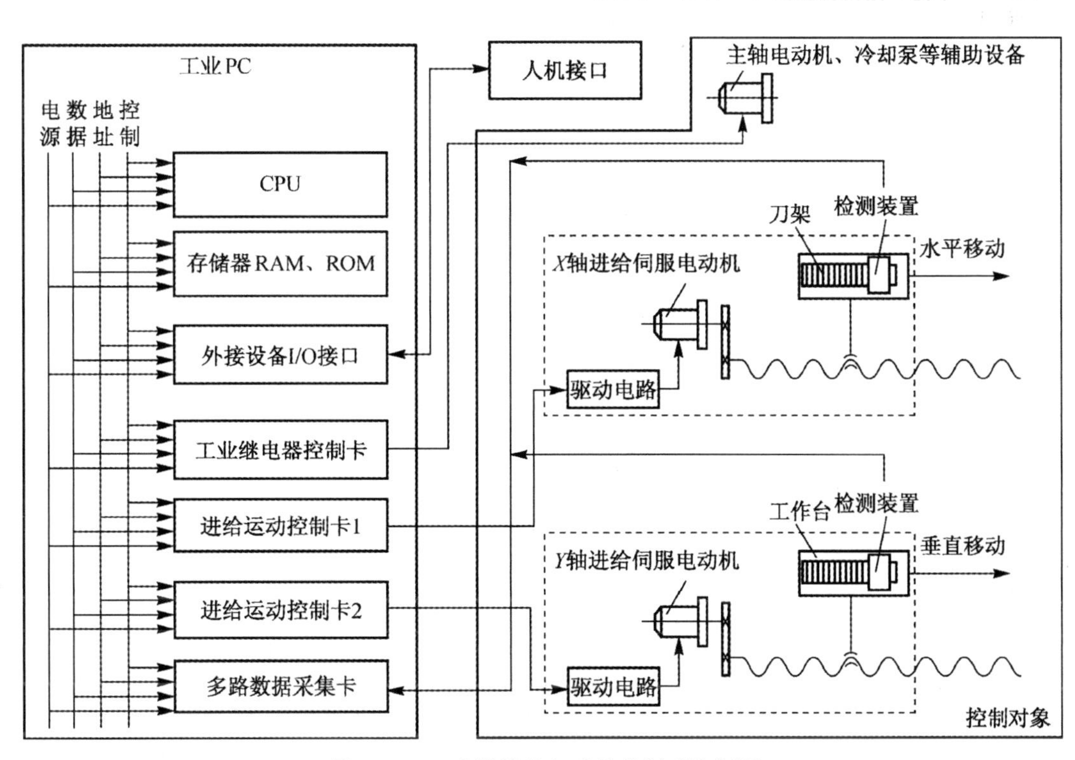

图 5.40 工业计算机组成的控制系统框图

三、现场对工业控制计算机的要求

现场对工业控制计算机的一般要求：温度、湿度适用范围大，防尘、防腐蚀、防振动冲击能力高，较好的电磁兼容性、共模抑制能力和抗干扰能力，平均无故障工作时间长，故障修复时间短等，以达到很高的运行效率。为适应工业现场的要求，总线型工业控制计算机已经普遍采用如下措施：

(1) 特殊设计的高可靠性电源装置。除了能适应较宽的电压波动范围外，还能承受瞬间冲击，保证能在电网不稳、电气干扰较大的环境中可靠地运行。

(2) 高功率双冷风扇配置，解决高温下的散热问题，并使机箱内部空气保持正压，以减少粉尘侵入。

(3) 全钢结构标准机箱(带滤网)和减振加固压条装置，在振动较大环境中仍能可靠运行。

(4) 采用大母板结构，留给用户尽可能多的插槽供I/O扩展用。总线驱动能力加强，一台工控机上可插入多达10～12块I/O模板。

(5) 采用标准化部件，元器件经过严格筛选，确保整机质量。

任务实施 认识工业控制计算机的接口

以研华10串口H61芯片组工控主板为例，认识工业控制计算机的接口。研华10串口H61芯片组工控机外形如图5.37所示，工控机主板接口如图5.38所示。

任务评价

教师根据学生阅读记录结果及接线情况给予评价，结果计入表5.5中。

表5.5　任务评价表

实训项目			
项目内容		配分	得分
认识工业计算机的接口及功能		80	
其他	安全操作规程遵守情况；纪律遵守情况	10	
	工具的整理与环境清洁	10	
工时：1学时	教师签字：	总分	
理论项目			
项目内容		配分	得分
什么是工业控制计算机总线		50	
解释由Profibus现场总线构成的工厂三级计算机自动控制系统图中各级的作用		50	
时间：1学时	教师签字：	总分	

任务5.4　变频器应用及接口技术

任务描述

变频器将供电电网的工频交流电，变为适合交流电动机调速的电压可变、频率可调的交流电，同时由于使用了脉宽调制器的弱电电路控制大功率晶体管，驱动与之相匹配功率的交流电动机，因此又是控制器与交流电动机的功率接口电路。

本任务介绍变频器的类型、变频器容量的选择、变频器的应用。

任务目标

技能目标

会变频器控制电动机的接线。

知识目标

(1) 了解变频器的类型、变频器容量的选择。

(2) 掌握变频器的应用。

知识准备

在交流电动机变频调速系统中，变频器本身就是成型的功率驱动接口，市场上有适合各种需要的定型产品，并已规格化、系列化，按设计要求正确选用即可。各产品特性、与控制器连接、控制算法等，详见相关变频器产品说明书。部分变频器产品图，如图5.41所示。

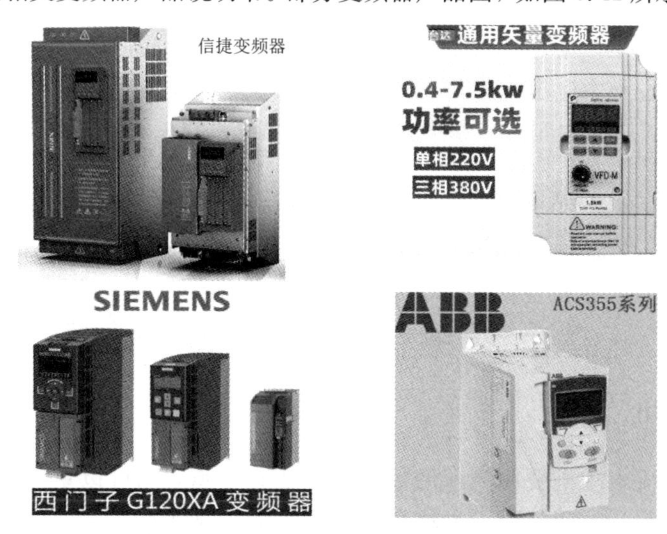

图5.41　部分变频器产品图

一、变频器的类型

目前，市场上常用的变频器类型如下：

(1) 通用变频器：俗称风机、泵类变频器，调速范围不大，控制精度要求不高。主要用于风机、水泵等能源供给调节系统，根据使用负荷的变化，自动调节供应量，其节能、节电、节气效果明显。这类变频器同样可用于传输机械、升降机、搬运机械等。一般是SPWM控制、V/F控制，输出频率范围有0.2～120 Hz和0.2～400 Hz等。

(2) 电梯专用矢量变换变频器：这类变频器可实现电梯平滑升降速。

(3) 矢量控制变频器：用于冶金、印刷、印染、胶片等机械中。能实现高精度转矩控制、加速度大、能与上位机通信等要求。

(4) 数控机床专用变频器：专用于机床伺服电动机控制，能实现机床主轴和要求加减速转矩大、恒功率调速宽广、定位精度高的伺服进给轴的控制，价格也较高。

二、变频器的容量选择

电动机的容量及负载持性是变频器选择的基本依据。在选择变频器前，首先要分析控制对象的负载特性并选择电动机容量，然后根据用途先选择变频器类型，再进一步确定变频器容量。一般考虑原则如下：

1. 连续运行时变频器容量选择

变频器容量(KW)要满足式(5.1)：

$$\text{变频器容量} \geqslant \frac{kP_{\mathrm{M}}}{\eta\cos\phi} \tag{5.1}$$

式中：P_{M}为负载要求的电动机输出功率(kW)；η为电动机效率，通常为0.85左右；$\cos\phi$为电动机功率因素，通常为 0.75 左右；k 为电动机波形的修正系数，$k=1.05\sim1.1$。

连续运行时，通常选择变频器容量为电动机功率的 1.5 ～1.7 倍。

2. 启动时所需考虑的变频器容量选择

在启动和加速过程中应考虑电动机的动态加速转矩，即为克服机械转动惯量 J_L，电动机所需的动态转矩，此时变频器容量满足式(5.2)：

$$\text{变频器容量}\geqslant\frac{kn}{973\eta\cos\phi}\left(T_{fz}+\frac{J_L}{375}\times\frac{\eta}{t_A}\right)\tag{5.2}$$

式中：J_L 为机械传动系统折算到电动机轴上的飞轮惯量($kg\cdot m^2$)；T_{fz} 为负载转矩($N\cdot m$)；n 为电动机转速(r/min)；t_A 为电动机加速时间(s)。

选择变频器除选择容量外，还应确定变频器的输入电源、输出特性、操作功能等。

三、变频器的应用

变频器作为交流电动机变频调速的标准功率驱动接口，既可以单独使用，也可与控制器连接进行在线控制，如数控机床主轴调速或纺织业印染车间的卷、放布张力控制，均接受计算机的控制，可根据工艺要求适时调速。

以无锡信捷电气股份有限公司开发生产的 VH5 系列变频器为例介绍变频器的应用。VH5 系列变频器是信捷公司开发的一款简易型变频器，其铭牌信息如图 5.42 所示。VH5 系列变频器适配电机功率范围覆盖 0.75～5.5 kW。VH5 系列变频器外形如图 5.43 所示。

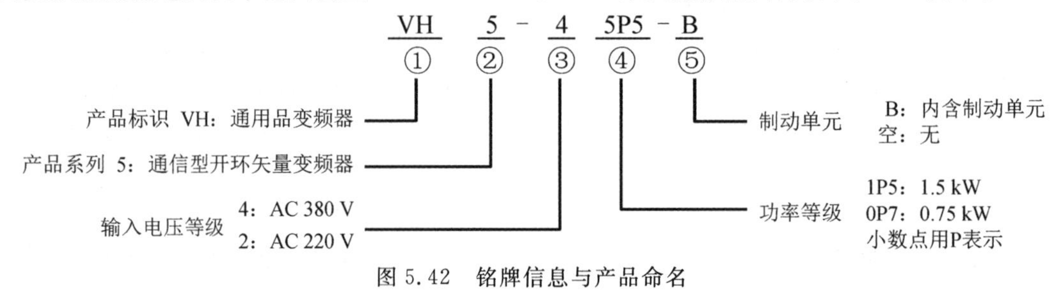

图 5.42　铭牌信息与产品命名

图 5.43　信捷 VH5 系列变频器外形图

1. 变频器与外围设备的连接说明

变频器的接线如图 5.44 所示。在主回路侧，无熔丝断路器或漏电断路器安装在输入回

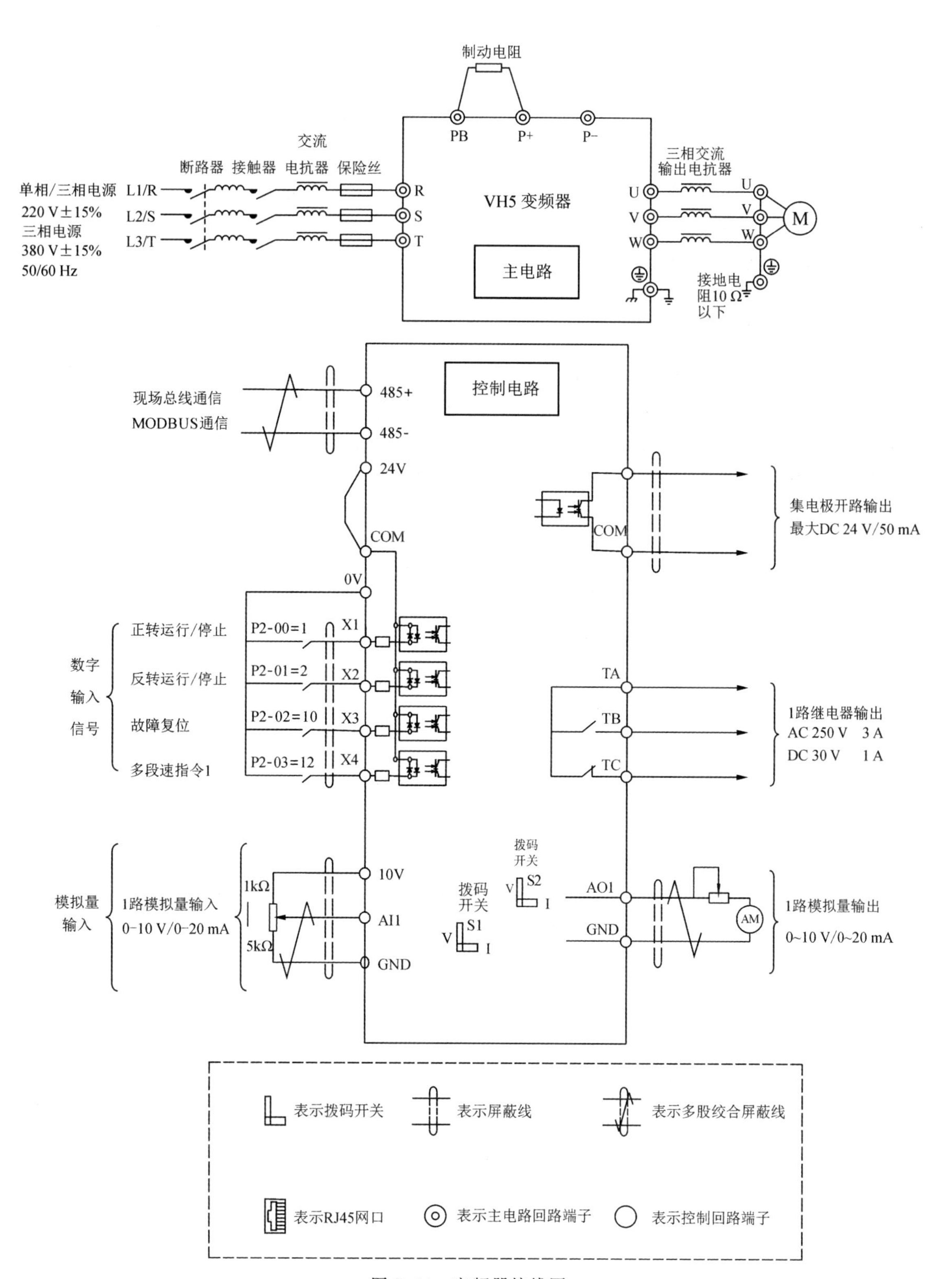

制动电阻
PB
P+
P−
交流
断路器 接触器 电抗器 保险丝
三相交流
输出电抗器
单相/三相电源
220 V±15%
三相电源
380 V±15%
50/60 Hz
L1/R
L2/S
L3/T
R
S
T
VH5 变频器
主电路
U
V
W
M
接地电阻10 Ω以下
控制电路
现场总线通信
MODBUS通信
485+
485-
24V
COM
0V
集电极开路输出
最大DC 24 V/50 mA
数字输入信号
正转运行/停止
反转运行/停止
故障复位
多段速指令1
P2-00=1
P2-01=2
P2-02=10
P2-03=12
X1
X2
X3
X4
TA
TB
TC
1路继电器输出
AC 250 V 3 A
DC 30 V 1 A
模拟量输入
1路模拟量输入
0-10 V/0-20 mA
1kΩ
5kΩ
10V
AI1
GND
拨码开关
S1
S2
V
I
AO1
AM
1路模拟量输出
0~10 V/0~20 mA
表示拨码开关
表示屏蔽线
表示多股绞合屏蔽线
表示RJ45网口
表示主电路回路端子
表示控制回路端子

图5.44 变频器接线图

路前端，防止触电事故及保护可能引发漏电流火灾的对地短路；交流接触器安装在断路器和变频器输入侧之间，用于变频器通断电操作，应避免通过接触器对变频器进行频繁上下电操作(每分钟少于两次)或进行直接启动操作。输入电抗器安装在变频器输入侧靠近变频器侧，适用于改善变频器输入侧功率因数，抑制高次谐波电流；输出电抗器安装在变频器输出侧靠近变频器侧，输出电抗器用于延长变频器的有效传输距离，有效抑制变频器IGBT模块开关时产生的瞬间高压；制动电阻用电阻或电阻单元消耗电机的再生能量以缩短减速时间和避免变频器过压报警。

2. 变频器接线端子说明

图5.44所示，端子“◎”表示主回路端子，“○”表示控制回路端子，前者连接供电电源，电源接一次输入侧R、S、T端子，交流电动机接二次输出侧U、V、W端子以及外部能耗制动电阻PB、P+端子，制动电阻根据用户需要选择，后者连接控制开关或控制器；信号线与动力线必须分开走线，如果控制电缆和电源电缆交叉，应尽可能使它们按90°角交叉。模拟信号线最好选用屏蔽双绞线，动力电缆选用屏蔽的三芯电缆(其规格要比普通电动机的电缆大一档)或遵从变频器的用户手册；标准RS-485通信接口，使用双绞线或屏蔽线。主回路端子功能见表5.6所示。控制回路端子功能见表5.7所示。

表5.6　主回路端子功能表

标记	端子名称	功能说明
R、S、T	三相电源输入端子	交流输入三相电源连接点
L1、L2、L3	单相/三相电源输入端子	交流输入单相/三相电源连接点
U、V、W	变频器输出端子	连接三相电机
PE	接地端子	保护接地
P+、PB	制动电阻连接端子	制动电阻连接点
P+、P−	直流母线正、负端子	共直流母线输入点

表5.7　控制回路端子功能表

类别	端子	名称	端子功能说明
通信	485+、485−	RS485通信接口	标准RS485通信接口，使用双绞线或屏蔽线；
电源	10 V—GND	+10 V电源	对外提供+10 V电源，最大输出电流：20 mA； 一般用于外接电位器调速使用
	24 V—0 V	DC 24 V电源	给端子提供+24 V电源，最大输出电流：100 mA； 一般用作数字输入输出端子工作电源； 不可外接负载

续表

类别	端子	名称	端子功能说明
公共端	COM	输入X公共端	当使用内部电源驱动X端子时： COM与24 V短接形成NPN输入； COM与0 V短接形成PNP输入。 当利用外部电源驱动X端子时： NPN型输入接法，COM接电源24 V+，且与变频本体24 V端子断开； PNP型输入接法，COM接电源0 V，且与变频本体0 V端子断开
模拟量输入	AI-GND	模拟量输入AI	由拨码开关选择电压/电流输入： 输入电压范围：0～10 V(输入阻抗：22 kΩ)； 输入电流范围：0～20 mA(输入阻抗：500 Ω)
模拟量输出	AO-GND	模拟量输出AO	由拨码开关选择电压/电流输出： 电压输出范围：0～10 V，外部负载2 kΩ～1 MΩ； 电流输出范围：0～20 mA，外部负载小于500 Ω
数字输入端子	X1	数字输入端子X1	光耦隔离输入： 输入阻抗：$R=2$ kΩ； 输入电压范围9～30 V； 兼容双极性输入。 注：VH5全系列不支持高速脉冲输入
	X2	数字输入端子X2	
	X3	数字输入端子X3	
	X4	数字输入端子X4	
数字输出端子	Y1	数字输出端子1	集电极开路输出： 输出电压范围:0～24 V 输出电流范围:0～50 mA
继电器输出端子	TA　TB　TC	输出继电器	可编程定义为多种电器输出端子： TA-TB：开； TA-TC：常闭 触点容量： AC 250 V/2 A ($\cos\phi=1$)； AC 250 V/1 A ($\cos\phi=0.4$)； DC 24 V/1 A

3. 操作与显示界面介绍

变频器的操作面板及控制端子可对电动机的起动、调速、停机、制动、运行参数设定及外围设备等进行控制，操作面板的外观如图5.45所示。

1）功能指示灯说明

变频器操作面板上有4个状态指示灯。4个状态指示灯位于LED数码管的上方，自左到右分别为RUN、REV、REMOT、TUNE。指示灯的说明如表5.8所示。

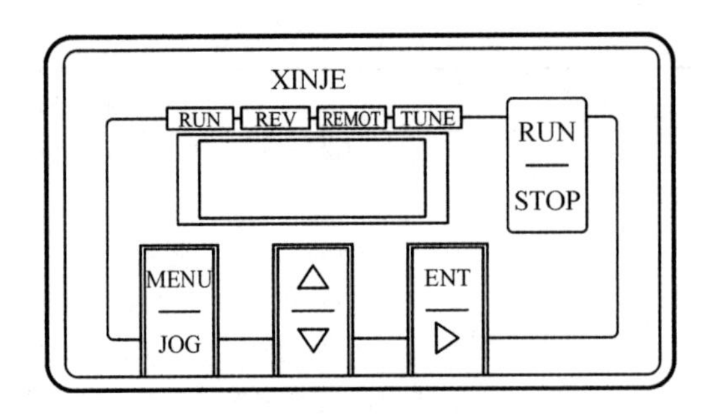

图 5.45　操作面板示意图

表 5.8　指示灯的说明

指示灯	含　义	功能说明
RUN	运行指示灯	灯亮：运转状态； 灯灭：停机状态
REV	正反转指示灯	灯亮：反转运行状态； 灯灭：正转运行状态； 灯闪：切换状态
REMOT	命令源指示灯	熄灭：面板启停； 常亮：端子启停； 闪烁：通信启停
TUNE	调谐指示灯	灯慢闪：调谐状态； 灯快闪：故障状态； 灯常亮：转矩状态

2）数码显示区

变频器操作面板上有五位 7 段 LED 数码管，可显示设定频率、输出频率，各种监视数据以及报警代码等。

3）键盘按钮

键盘按钮说明如表 5.9 所示。

表 5.9　键盘按钮说明表

按　键	名　称	功能说明
MENU	编程/退出键	进入或退出编程状态
RUN	存储/切换键	在编程状态时，用于进入下一级菜单或存储参数数据
ENT	正向运行键	在操作键盘运行命令方式下，按该键即可正向运行

续表

按 键	名 称	功 能 说 明
STOP	停止/复位键	停机/故障复位
JOG	多功能按键	通过 P8-00 设置
▲	增加键	数据和参数的递增或运行中暂停频率
▼	减少键	数据和参数的递减或运行中暂停频率
▶	移位/监控键	在编辑状态时，可以选择设定数据的修改位；在其他状态下，可切换显示状态监控参数

4）面板操作

通过操作面板可对变频器进行各种操作，举例如下：

（1）状态参数的显示切换。

方法一：

按下 ▶ 键后，切换 LED 显示参数，运行显示参数设置 P8-07 和 P8-08，停机显示参数设置 P8-09。在查询状态监控参数时，可以按 END 键直接切换回默认监控参数显示状态。停机状态默认监控参数为设定频率，运行状态默认监控参数为输出频率。

方法二：

查看 U0 组参数，假设查看 U0-02。

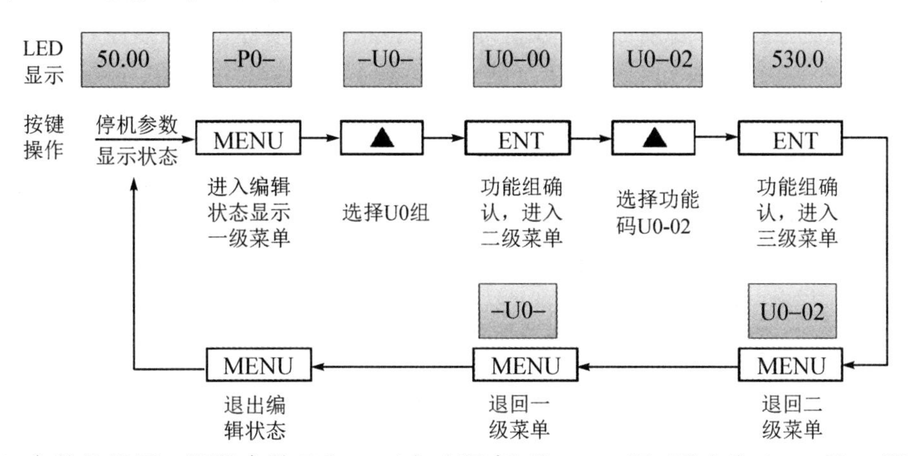

（2）参数的设置。假设参数 PC-00（点动频率）从 5.00 Hz 更改为 8.05 Hz，以此为例进行说明。

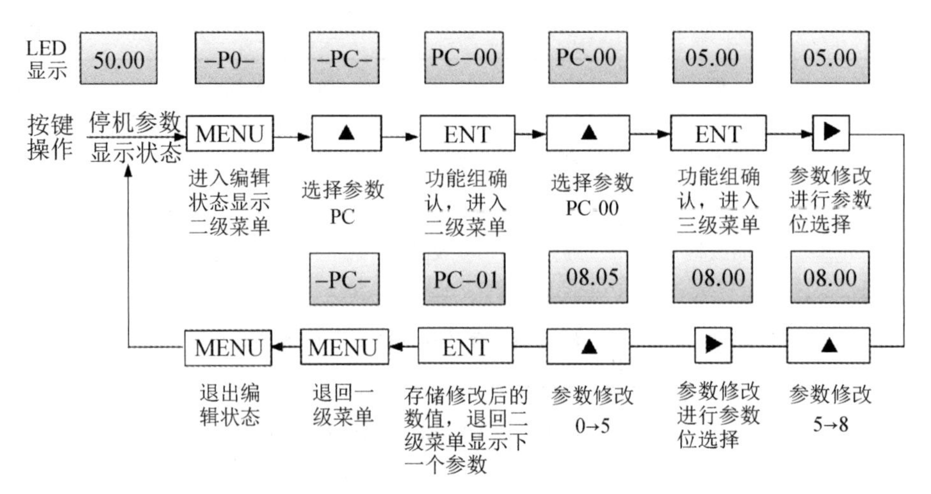

在三级菜单状态下，若参数没有闪烁位，表示该参数不能修改，可能原因有两点：一是该参数为不可修改参数；二是该参数在运行状态下不可修改，需停机后才能进行修改。

(3) 点动运行操作。假设当前运行命令通道为操作面板，停机状态，JOG功能键选择为正转点动(P8-00=2)，点动运行频率 2 Hz，举例说明：

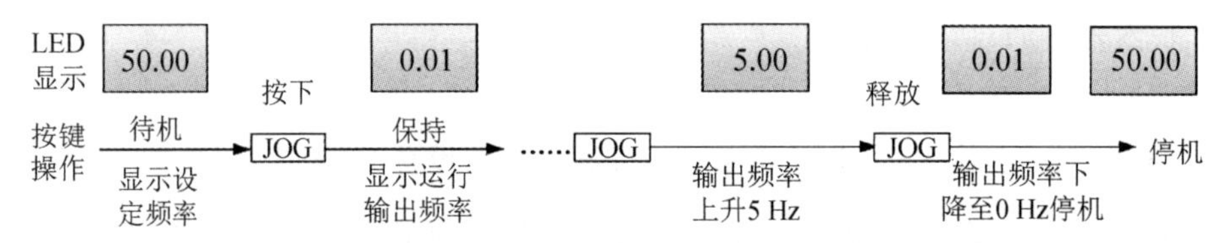

通过操作面板还可进行以下操作：在二级菜单下可以实现一级菜单修改功能码组号的功能、设置用户密码的验证解锁操作、故障状态查询故障参数等。具体方法参照说明书。

4. 变频器的启停控制

变频器的启停信号来源有三种，分别为面板启停、端子启停、通信启停，通过功能参数 P0-02 选择。

1) 面板启停控制

由面板上的按键进行命令控制，按下键盘上“RUN”键，变频器即开始运行；在变频器运行的状态下，按下键盘上“STOP”键，变频器即停止运行，如表 5.10 所示。

表 5.10　面板启停控制参数设置

参数	名　称	设定值	说明
P0-02	运行命令通道选择	0	面板命令

2) 端子启停控制

VH5 变频器提供了多种端子控制方式，通过功能码 P2-10 确定开关信号模式，功能码 P2-00～P2-09 确定启停控制信号的输入端口。

【例1】 两线控制，正转信号接X1，反转信号接X2，如表5.11所示。

表5.11 两线控制参数设置

参数	名 称	设定值	说 明
P0-02	运行命令通道选择	1	端子命令
P2-10	XI端子命令方式	0	两线模式1
P2-00	X1功能选择	1	正转运行(FWD)
P2-01	X2功能选择	2	反转运行(REV)

【例2】 三线控制，正转信号接X1，反转信号接X2，停止信号接X3，如表5.12所示。

表5.12 三线控制参数设置

参数	名 称	设定值	说 明
P0-02	运行命令通道选择	1	端子命令
P2-10	XI端子命令方式	2	三线式1
P2-00	X1功能选择	1	正转运行
P2-01	X2功能选择	2	反转运行
P2-02	X3功能选择	3	三线式运行控制

3）通信启停控制

VH5支持Modbus-RTU模式与上位机通信，变频器通信口内置的是Modbus-RTU从站协议，上位机必须以Modbus-RTU主站协议才能与之通信。通信参数设置举例如表5.13所示。

表5.13 通信启停控制参数设置

参数	名 称	设定值	说 明
P0-02	运行命令通道选择	2	通信命令
P9-00	通信协议选择	0	Modbus-RTU
P9-01	本机地址	1	站号1
P9-02	波特率	6	19200b/s
P9-03	数据格式	1	8-E-1

5. 启动模式

变频器的启动模式有三种，分别为直接启动、速度跟踪再启动、异步机预励磁启动，可通过功能参数P4-00进行设置。

1）直接启动

设定P4-00=0，直接启动方式，适用于大多数小惯性负载，其启动前的“直流制动”功能适用于电梯、起重型负载的驱动；“启动频率”适用于需要启动力矩冲击启动的设备驱动，如水泥搅拌机设备。

2）速度跟踪再启动

设定P4-00=1，速度跟踪再启动方式，适用于大惯性机械负载的驱动，若变频器启动运行时，负载电机仍在靠惯性运转，采取转速跟踪再启动可以避免启动过流的情况发生。

3）*预励磁启动*

设定 P4－00＝2，异步机预励磁启动的方式，该方式只适用于异步电机负载。启动前对电机进行预励磁，可以提高异步电机的快速响应特性，满足要求加速时间比较短的应用要求。

6. 停机模式

变频器的停机模式有两种，分别为减速停机、自由停机，由功能码 P4－22 选择，如表5.14 所示。

表 5.14　停机模式参数设置

参数	名 称	设定值	说　明
P4－22	停机方式	0	减速停机，该方式变频器根据减速时间进行停机
		1	自由停机，变频器立即停止输出，电机靠惯性自由停止

本节介绍了信捷 VH5 系列变频器的功能特性及其使用方法、其他功能参数的设置等，使用前务必认真阅读产品说明书。

任务实施　变频器端子启动、频率源为模拟量控制电动机

一、参数设置

（1）变频器采用直接启动模式，设定 P4－00＝0。变频器采用自由停机模式，设定P4－22＝1，变频器立即停止输出，电机靠惯性自由停止。

（2）按照表 5.11 设置参数，P0－02＝1、P2－10＝0、P2－00＝1、P2－01＝2，采用端子启停控制。按最常使用的两线模式 1 实现电机的正、反转启停，接线如图 5.46 所示。

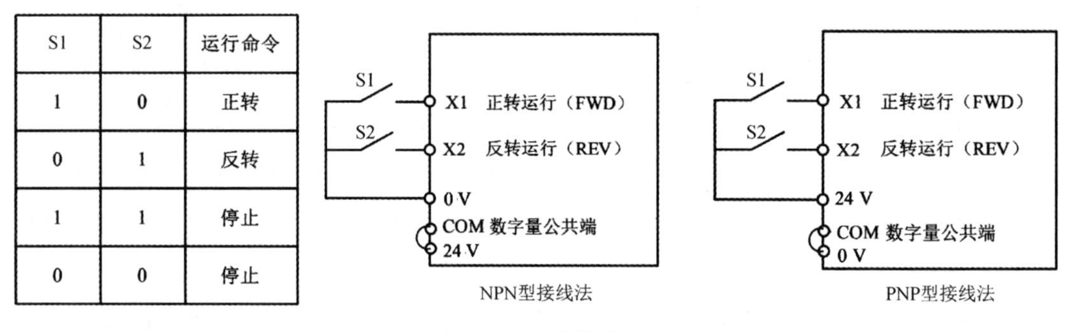

图 5.46　两线模式 1

（3）主频率源的设定。按照表 5.15，设置主频率源 P0－03＝3；频率来源为 AI 模拟量输入端子，在AI－GND 端可接受 0～10 V 电压信号和 0～20 mA 电流信号，本任务选择电压输入。

AI 作为变频器使用外部电压作为频率源给定，电压值对应实际给定的物理量关系通过P2－18～P2－45 设定：

P2－18＝0，AI 曲线 1 最小给定；

P2－19＝0，AI 曲线 1 最小给定对应频率百分比；

P2－20＝10，AI 曲线 1 最大给定；

P2-21 为 100，AI 曲线 1 最大给定对应频率百分比；

P0-13 为 50（最大输出频率 50.00 Hz），即 0～10 V 对应 0～50 Hz，电位器可选 5 kΩ～10 kΩ。

表 5.15　主频率源的设定

参数	名　　称	设定	选择给定频率
P0-03	主频率源 A 输入通道选择	0	数字设定（掉电不记忆）
		1	数字设定（掉电记忆）
		3	AI
		6	通信给定
		7	多段指令
		8	PID 给定
		9	简易 PLC 运行
		10	拉丝收卷专用模式
		11	带旋钮 LED 面板旋钮给定

二、接线

1. 主电路接线

三相交流电源经低压断路器接变频器一次输入 R、S、T 端；三相异步电动机接变频器二次输出 U、V、W 端子及外部能耗制动电阻 P+、PB 端子，制动电阻根据表 5.16 选择。

表 5.16　变频器制动组件选型表

变频器型号	制动单元	推荐制动电阻规格		
		制动阻值/Ω	制动电阻功率/W	制动电阻数量
VH5-40P7-B	标准内置	≥300	≥150	1
VH5-41P5-B	标准内置	≥220	≥150	1
VH5-42P2-B	标准内置	≥200	≥250	1
VH5-43P7-B	标准内置	≥130	≥300	1
VH5-45P5-B	标准内置	≥90	≥500	1
VH5-20P7-B	标准内置	≥150	≥200	1
VH5-21P5-B	标准内置	≥100	≥320	1
VH5-22P2-B	标准内置	≥60	≥530	1

2. 控制回路接线

按图 5.46 所示进行如下接线：

（1）X1 经 S1 与 24 V 连接；

（2）X2 经 S2 与 24 V 连接；

（3）COM 与 0 V 短接。

3. 电位器接线

AI 端子接受模拟信号输入，AI 拨码选择输入电压(0～10 V)或电流(0～20 mA)，电位器按图 5.47 接线。

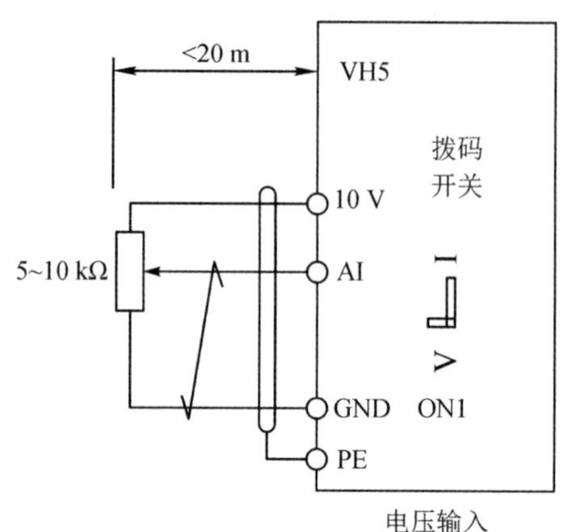

图 5.47 模拟量输入端子接线示意图

注意：

(1) 拨码开关说明：

AI OFF＝0～10 V，ON＝0～20 mA，默认 OFF。

(2) 使用模拟输入时，AI 与 GND 之间安装滤波电容或共模电感。

(3) 控制端子 10 V 与 GND 之间所接电位器阻值范围为 5～10 kΩ。

(4) 模拟输入信号容易受到外部干扰，配线时必须使用屏蔽电缆，并良好接地，配线长度应尽可能短，不大于 20 m。

三、电气元件选型

1. VH5 系列变频器电气规格

VH5 系列变频器电气规格如表 5.17 所示。

表 5.17 VH5 系列变频器电气规格

电压等级	变频器型号	输入电源容量/kVA	输入电流/A	输出电流/A	适配电机/kW
380 V 50 Hz/60 Hz	VH5-40P7	1.5	3.4	2.1	0.75
	VH5-41P5	3.0	5.0	3.8	1.5
	VH5-42P2	4.0	5.8	5.1	2.2
	VH5-43P7	5.9	10.5	9.0	3.7
	VH5-45P5	8.9	14.6	13.0	5.5
220 V 50Hz/60Hz	VH5-20P7	1.5	5.6	4.0	0.75
	VH5-21P5	3.0	9.3	7.0	1.5
	VH5-22P2	4.5	12.7	9.6	2.2

2. 断路器、接触器、熔断器选型

为防止过载给变频器造成损坏，需要在进线端增加熔断器。在交流电源和变频器之间需要安装一个手动操作的电源断路设备(MCCB)。该断路器设备必须能锁死在断开位置，以方便安装和维修。断路器的容量一般为变频器额定电流1.5～2 倍。

为了在系统故障时，能有效切断变频器的输入电源，可以在输入侧安装交流接触器控制主回路电源的通断，以保证安全。断路器、接触器、熔断器选型见表 5.18。

表 5.18　断路器、接触器、熔断器选型

变频器型号	断路器额定电流/A	接触器额定电流/A	熔断器额定电流/A
VH5-20P7-B	16	12	2.5
VH5-21P5-B	25	18	4.0
VH5-22P2-B	32	25	4.0
VH5-40P7-B	6	9	6.0
VH5-41P5-B	10	9	10
VH5-42P2-B	10	9	10
VH5-43P7-B	16	12	16
VH5-45P5-B	20	18	20

3. 电抗器选型

为防止电网高压输入时，瞬时大电流流入输入电源回路而损坏整流部分元器件，需在输入侧接入交流电抗器，同时也可改善输入侧的功率因数。

当变频器和电机之间的距离超过 50 m 时，由于长电缆对地的寄生电容效应导致漏电流过大，变频器容易发生过流保护，同时为了避免电机绝缘损坏，需加输出电抗器补偿；当一台变频器带多台电机时，考虑每台电机的线缆长度之和作为总的电机线缆长度，当总长度大于 50 m 时，需在变频器输出侧增加输出电抗器。电抗器选型如表 5.19 所示。

表 5.19　电抗器选型

变频器型号	输入电抗器	输出电抗器
VH5-40P7-B	ACLSG-5 A/4.4 V	OCLSG-5 A/2.2 V
VH5-41P5-B	ACLSG-6 A/4.4 V	OCLSG-6 A/2.2 V
VH5-42P2-B	ACLSG-6 A/4.4 V	OCLSG-6 A/2.2 V
VH5-43P7-B	ACLSG-10 A/4.4 V	OCLSG-10 A/2.2 V
VH5-45P5-B	ACLSG-15 A/4.4 V	OCLSG-15 A/2.2 V

注意：上述选配件为正泰电器品牌，用户可根据型号去采购。

任务评价

教师根据学生阅读记录结果及接线情况给予评价，结果计入表 5.20 中。

表 5.20 任务评价表

实训项目			
项目内容		配分	得分
VH5 变频器接线端子的认识		20	
VH5 变频器功能参数的设定		20	
VH5 变频器控制电动机的正反转控制接线		40	
其他	安全操作规程遵守情况；纪律遵守情况	10	
	工具的整理与环境清洁	10	
工时：1 学时	教师签字：	总分	
理论项目			
项目内容		配分	得分
叙述变频器的类型		30	
简述变频器的容量的选择		30	
以 VH5 变频器为例分析变频器的控制方法		40	
时间：1 学时	教师签字：	总分	

任务 5.5 HMI 人机接口技术

任务描述

由于计算机控制系统与机械系统在性质上有很大差别，二者之间的联系必须通过接口进行调整、匹配、缓冲，同时计算机控制系统也离不开人的操作、监控、管理，所以人机接口也是必不可少的。人机接口(Human Machine Interface, HMI)也称作人机界面。下面以 SIMATIC HMI 为例介绍人机接口技术。

借助 Profinet 或 Profibus 接口及 USB 接口，HMI 的连通性也有了显著改善。借助 WinCC(TIA Portal)的最新软件版本可进行简易编程，从而实现新面板的简便组态与操作。

本任务主要介绍 HMI 的应用、HMI 设备的结构、电源的连接、设备的连接、关闭设备的操作。

任务目标

技能目标

会 HMI 设备的接线。

知识目标

了解 HMI 设备的应用。

知识准备

人机界面(HMI)可以承担下列任务：

(1) 可视化。设备工作状态显示在HMI设备上，显示画面包括指示灯、按钮、文字、图形、曲线等，画面可根据过程变化动态更新。

(2) 操作员对过程的控制。操作员通过图形界面来控制过程。如操作员可以用触摸屏画面上的输入域来修改系统的参数，或者用画面上的按钮来启动电动机等。

(3) 显示报警。过程的临界状态会自动触发报警。例如，当超出设定值时显示报警信息。

(4) 记录功能。顺序记录过程值和报警信息，用户可以检索以前的生产数据。

(5) 输出过程值和报警记录。如可以在某一轮班结束时打印输出生产报表。

(6) 过程和设备的参数管理。HMI系统可以将过程和设备的参数存储在版本中。例如，可以一次性将这些参数从HMI设备下载到PLC，以便改变产品版本进行生产。

人机界面的组态步骤如下：

对监控画面组态→人机界面的通信功能→编译和下载项目文件→运行阶段

一、WinCC Flexible简介

西门子的人机界面以前使用ProTool组态，SIMATIC WinCC Flexible是在被广泛认可的ProTool组态软件上发展起来的，并且与ProTool保持了一致性。ProTool适用于单用户系统，WinCC Flexible可以满足各种需求，从单用户、多用户到基于网络的工厂自动化控制与监视。大多数SIMATIC HMI产品可以用ProTool或WinCC Flexible组态，某些新的HMI产品只能用WinCC Flexible组态。我们可以非常方便地将ProTool组态的项目移植到WinCC Flexible中。WinCC Flexible具有开放简易的扩展功能，带有VB脚本功能，集成了ActiveX控件，可以将人机界面集成到TCP/IP网络。

WinCC Flexible带有丰富的图库，提供了大量的对象供用户使用，其缩放比例和动态性能都是可变的。使用图库中的元件，可以快速方便地生成各种美观的画面。

WinCC Flexible系统组态的基本结构如图5.48所示。

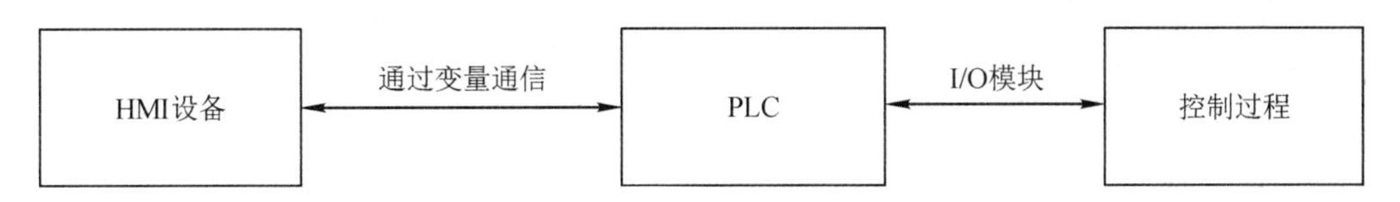

图5.48　WinCC Flexible系统组态的基本结构图

WinCC Flexible监控系统组态通过PLC以“变量”方式实现HMI与机械设备或过程之间的通信。过程值通过I/O模块存储在PLC中，触摸屏通过变量访问PLC相应的存储单元。

二、HMI监控系统的设计步骤

(1) 新建HMI监控项目。在WinCC Flexible组态软件中创建一个HMI监控项目。

(2) 建立通信连接。建立HMI设备与PLC之间的通信连接，HMI设备与组态PC机之间的通信连接。

(3) 定义变量。在 WinCC Flexible 中定义需要监控的过程变量。

(4) 创建监控画面。绘制监控画面，组态画面中的元素与变量建立连接，实现动态监控生产过程。图 5.49 所示为建立的灌装生产线监控项目的组态监控画面和组态运行画面。

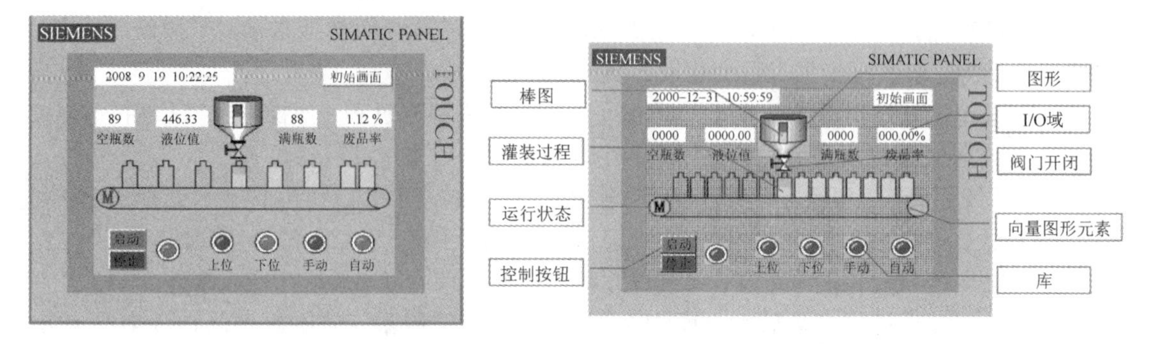

图 5.49 组态监控画面和组态运行画面

(5) 编辑报警消息。编辑报警消息，组态离散量报警和模拟量报警。

(6) 组态配方。组态配方以快速适应生产工艺的变化。

(7) 用户管理。分级设置操作权限。

三、HMI 设备的接线

1. HMI 设备的结构

以 SIMATIC HMI KTP700 Basic 为例的 Profinet 设备的结构如图 5.50(a)所示。

以 SIMATIC HMI KTP700 Basic DP 为例的 Profibus 设备的结构如图 5.50(b)所示。

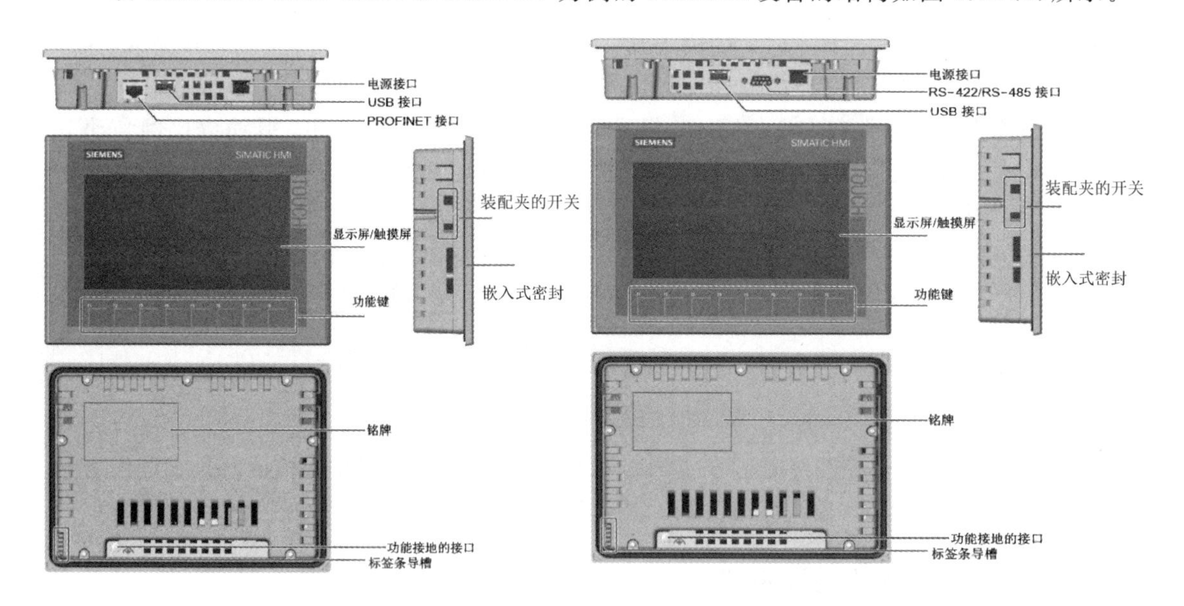

(a) Profinet 设备结构　　(b) Profibus 设备结构

图 5.50 SIMATIC HMI KTP700 设备结构图

通过 Profinet 或 Profibus 接口及 USB 接口，借助 WinCC(TIA Portal)的最新软件版

本可进行简易编程，从而实现新面板的简便组态与操作。

2. 连接电源

HMI 连接电源的步骤如图 5.51 所示(注意极性是否正确)。

① 将两条电源线连接到电源插头上。使用一枚有槽螺钉固定电源线。

② 将电源插头与 HMI 设备相连。根据 HMI 设备背面的接口标记检查电线的极性是否正确。

③ 关闭电源。

④ 将余下的电缆两端接入电源的接口，并用一字螺丝刀固定。

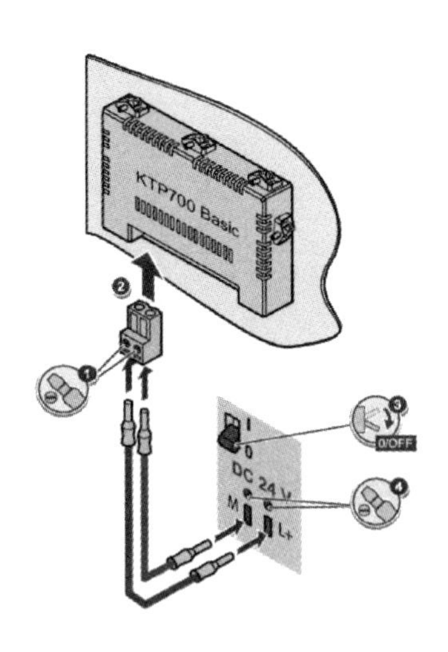

图 5.51　HMI 连接电源图

3. 连接设备

1) 连接编程装置

使用编程装置可以传输项目和操作设备镜像。将编程装置连接到 Basic Panel DP。HMI 连接编程装置的步骤如图 5.52 所示。

① 关闭操作设备。

② 将一个 RS-485-Profibus 插头与操作设备相连。

③ 将一个 RS-485-Profibus 插头与编程装置相连。

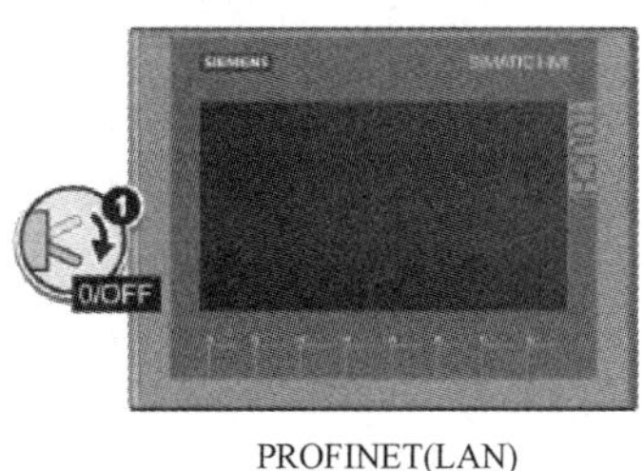

图 5.52　HMI 连接编程装置

2) 连接组态 PC

使用组态 PC 可以传输项目操作设备镜像。连接组态 PC 的步骤如图 5.53 所示：首先将操作设备复位为出厂设置，然后将组态 PC 连接到带 Profinet 接口的精简系列面板上，使用 CAT5 或更高版本以太网电缆连接组态 PC。

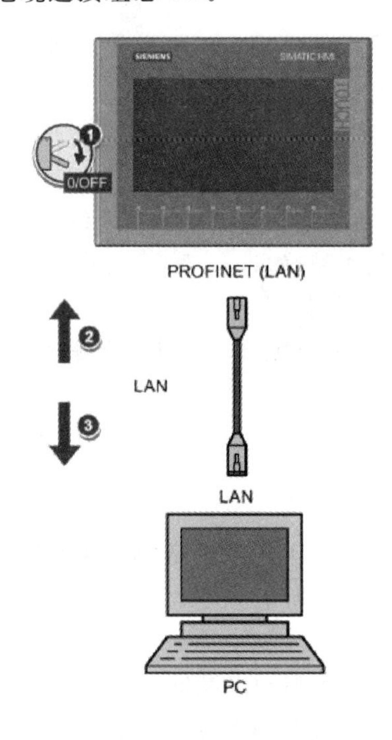

图 5.53 连接组态 PC 的步骤

3）连接控制器

若在操作设备上已有操作系统和可运行项目，将操作设备连接至控制器。将控制器连接到 Basic Panel DP 的步骤如图 5.54 所示：可通过 RS-422/485 接口将 Basic Pane（精简系列面板）DP 连接到 SIMATIC 控制器。

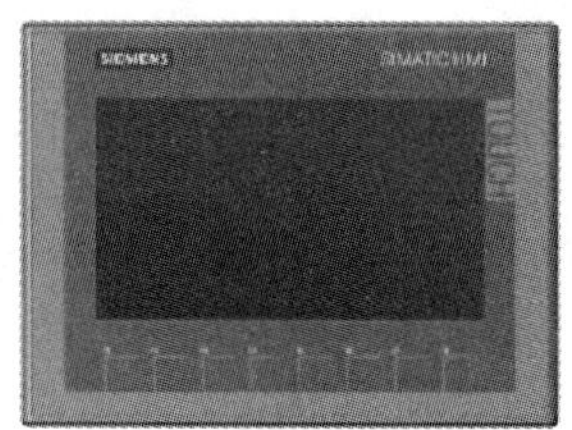

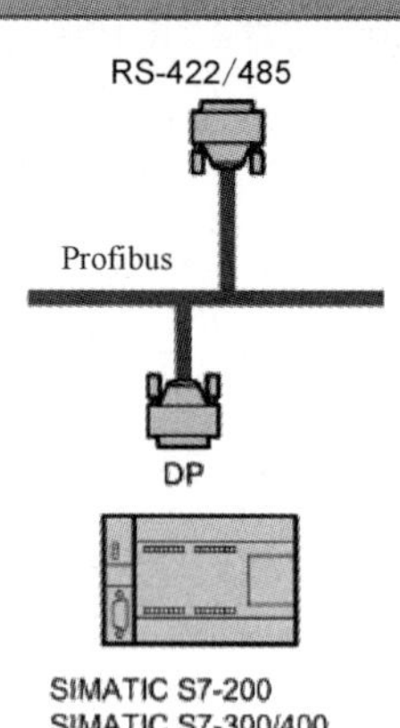

图 5.54 连接控制器

4）连接 USB 设备

在操作设备的 USB A 型接口上可连接以下工业用途的设备：外接鼠标、外接键盘、U 盘 、4 口工业 USB 集线器。

4. 接通电源

接通电源之后，屏幕马上亮起。如果 HMI 设备未启动，可能是电源插头上的电线连接错误。检查连接的线缆，必要时更改其接口。

运行系统后，显示 Start Center。通过触摸屏上的按钮或所连接的鼠标或键盘操作启动中心：

（1）利用“Transfer”按钮将操作设备切换至“Transfer”运行模式；只有当至少一条用于传输的数据通道被释放时，才能激活“Transfer”运行模式。

（2）利用“Start”按钮启动操作设备上现有的项目。

(3) 利用“Settings”按钮启动 Start Center 的“Settings”页面，可以在此页面中进行各种设置，例如用于传输的设置，HMI 接通电源如图 5.55 所示。

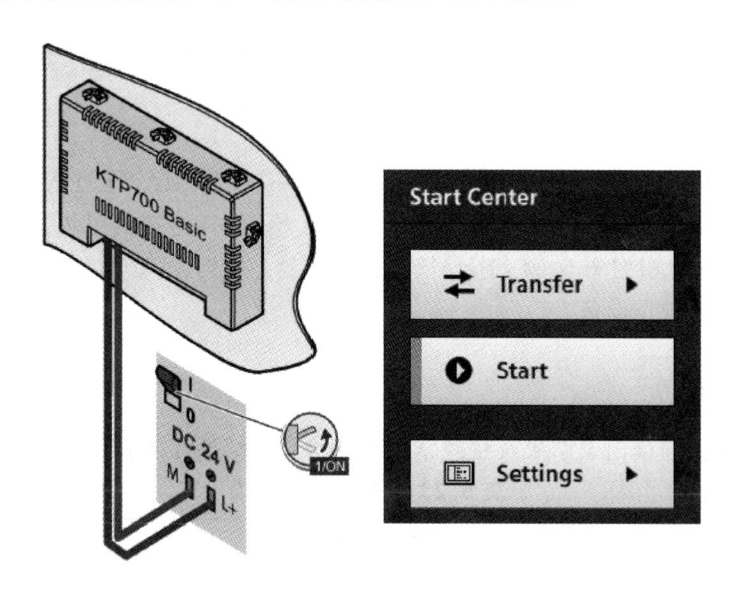

图 5.55　HMI 接通电源

HMI 屏幕键盘的一般功能如表 5.21 所示。表中按键在所有含触摸功能的 Basic 操作设备的屏幕键盘上都有。

表 5.21　HMI 屏幕键盘的一般功能

按键	功能
←	光标向左
→	光标向右
←	删除左侧字符
Esc	取消输入
Del	删除右侧字符
↵	确认输入
⇧	将下一个输入字符切换为大写
⇩	持续切换为大写，等同于“CAPSLOCK”功能
123	切换为数字键盘
ABC	切换为数字字母键盘
Help	显示帮助文本 显示针对操作对象组态的帮助文本

5．关闭操作设备

（1）如果有项目在操作设备上运行，应先结束该项目。

（2）关闭操作设备。关闭时可以关闭电源或从 HMI 设备上拔下电源插头。

任务实施　熟悉 HMI 端子并会 HMI 的接线

学习教材“HMI 设备的接线”部分，根据图 5.50 认识 SIMATIC HMIKTP 700 设备的结构，根据图 5.51 给 HMI 连接电源，根据图 5.52 给 HMI 连接编程装置，根据图 5.53 给 HMI 连接组态 PC，根据图 5.54 给 HMI 连接控制器，根据图 5.55 给 HMI 接通电源，最后关闭电源以关闭操作设备。

任务评价

教师根据学生阅读记录结果及接线情况给予评价，结果计入表中，见表 5.22。

表 5.22　任务评价表

<table>
<tr><th colspan="5">实训项目</th></tr>
<tr><th colspan="3">项目内容</th><th>配分</th><th>得分</th></tr>
<tr><td colspan="3">SIMATIC HMI　KTP 700 设备接线端子的认识</td><td>30</td><td></td></tr>
<tr><td colspan="3">SIMATIC HMI　KTP 700 设备与其他设备的连接</td><td>30</td><td></td></tr>
<tr><td colspan="3">SIMATIC HMI　KTP 700 设备的启动与停止</td><td>20</td><td></td></tr>
<tr><td rowspan="2">其他</td><td colspan="2">安全操作规程遵守情况；纪律遵守情况</td><td>10</td><td></td></tr>
<tr><td colspan="2">工具的整理与环境清洁</td><td>10</td><td></td></tr>
<tr><td colspan="2">工时：1 学时</td><td>教师签字：</td><td>总分</td><td></td></tr>
<tr><th colspan="5">理论项目</th></tr>
<tr><th colspan="3">项目内容</th><th>配分</th><th>得分</th></tr>
<tr><td colspan="3">简述 HMI 的功能</td><td>30</td><td></td></tr>
<tr><td colspan="3">说明 ProTool 与 WinCC flexible 的区别</td><td>30</td><td></td></tr>
<tr><td colspan="3">简述 HMI 监控系统的设计步骤</td><td>40</td><td></td></tr>
<tr><td colspan="2">时间：1 学时</td><td>教师签字：</td><td>总分</td><td></td></tr>
</table>

项目 6

机电一体化技术的综合应用案例

本项目主要展示机电一体化技术相关案例，通过对 THWMZT-1B 型数控铣床装调维修实训系统、汽车发动机压装气门锁夹系统、全自动旋盖机系统案例的学习，拓展与深化机电一体化技术所涉及的各学科知识，识读机电一体化装置图样资料，会机电一体化系统的安装、接线、调试、维护等工作，也为将来从事机电一体化设备的改造和新产品的开发工作奠定基础。

案例 6.1 THWMZT-1B 型数控铣床装调维修实训系统

THWMZT-1B 型数控铣床装调维修实训系统是专门为职业学校、职业教育培训机构研制的数控铣床装调维修技能实训考核设备。

THWMZT-1B 型数控铣床装调维修实训系统实物如图 6.1 所示。

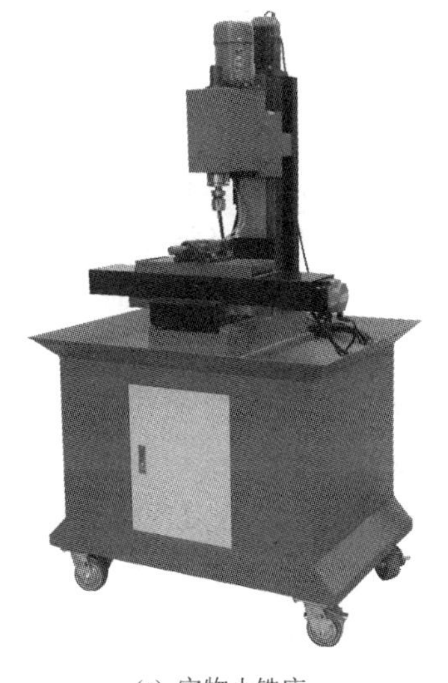

(a) 实物小铣床

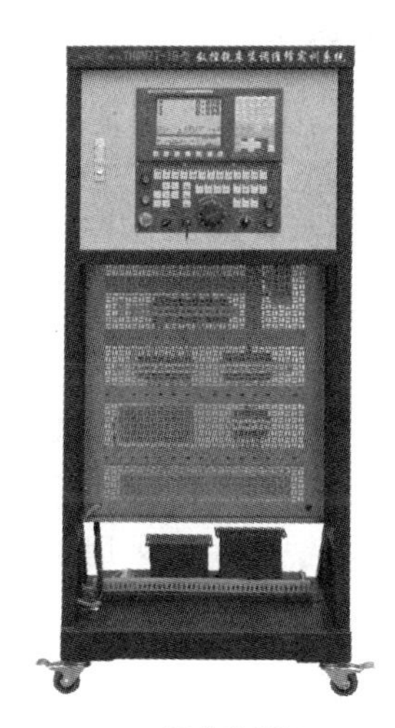

(b) 机床实训柜

图 6.1 THWMZT-1B 型数控铣床装调维修实训系统实物图

一、THWMZT-1B 型数控铣床装调维修实训系统简介

1. 产品特点

(1) 产品依据数控机床装调维修工职业及其岗位的技能要求，结合数控机床维修技术领域的特点，能让学生在较为真实的环境中进行训练，以锻炼学生的职业能力，提高职业素养。

(2) 产品结合目前国内数控系统的使用情况，以及数控教学和设备的现状，提供了西门子、发那科、华中等多种数控系统，符合目前国内数控教学的现状和特点，为数控教学和实操训练提供支撑。

(3) 以实际工作任务为载体，根据工作任务开展过程中的特点划分实施环节，分系统设计、电气安装与连接、机械装配与调整、机电联调与故障排除、机床精度检测与补偿、机床试加工等几个真实工作过程的职业实践活动，再现典型数控机床电气控制及机械传动的学习领域情境，着重培养学生对数控机床的机械装调、电器安装接线、机电联调、故障检测与维修、数控机床维护等综合能力。

(4) 与实际应用技术相结合，包含数控系统应用、PLC 控制、变频调速控制、传感器检测、伺服驱动控制、低压电气控制、机械传动等技术，培训学生对数控机床装调的基本工具和量具的使用能力，强化学生对数控机床的安装、接线、调试、故障诊断与维修等综合能力。

2. 技术性能

(1) 输入电源：三相四线 AC 380 V±10%，50 Hz。

(2) 装置容量：<2 kV·A。

(3) 外形尺寸：机床实训柜——800 mm×600 mm×1800 mm，实物小铣床——1000 mm×660 mm×1655 mm，操作台——1200 mm×600 mm×780 mm。

(4) 安全保护：具有漏电压、漏电流保护，符合国家安全标准。

3. 产品结构和组成

(1) 系统由机床实训柜、仿真实物小铣床和操作台等组成。

(2) 机床实训柜采用铁质亚光密纹喷塑结构，正面装有数控系统和操作面板，背面为机床电气柜，柜内元器件的布局与实际机床厂的布局一致。电气柜内的电气安装板为不锈钢网孔式结构，上面装有变频器、伺服驱动器、交流接触器、继电器、保险丝座、断路器、开关电源、接线端子排、走线槽等；电气柜底部还设有变压器和接地端子等。配套电气元器件均采用国内外知名品牌，如施耐德公司的接触器、欧姆龙公司的继电器、台湾明纬的开关电源、民扬的断路器等。数控铣床电气柜元器件布局如图 6.2 所示。

(3) 仿真实物小铣床底座采用铁质亚光密纹喷塑结构，上方设有仿真实物小铣床安装平台，采用铸件结构，表面磨削加工；底座四周设有围边，可接溢出的润滑油和方便清理加工时留下的废屑。

(4) 操作台为钢木结构，用于机床部件的装配与测量；下方设有工具柜和电源箱，电源箱提供机床实训柜所需的三相四线 AC 380 V 电源，并设有电源隔离保护措施。

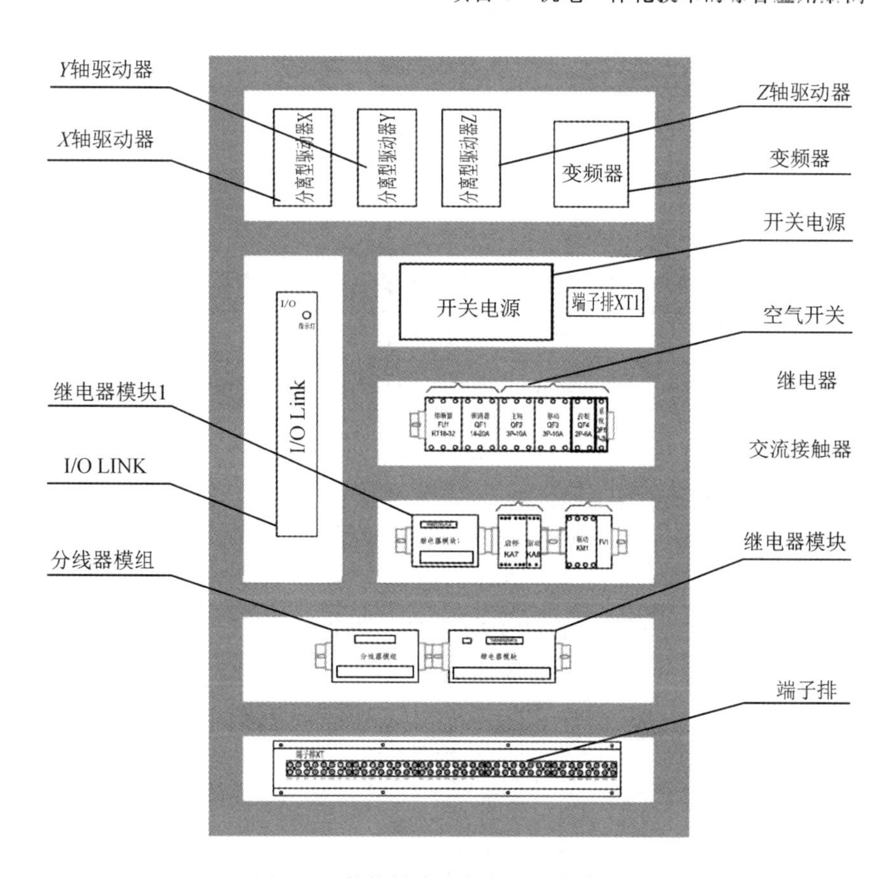

图 6.2 数控铣床电气柜元器件布局图

(5) 系统采用三相四线 AC 380 V 电源供电，并设有漏电保护器、指示灯指示和保险丝等，具有过载保护、短路保护和漏电保护装置，在电压异常或出现短路情况时自动动作，保护人身和设备安全。

(6) 数控系统采用西门子、发那科、华中等厂家的主流数控系统(用户可选)，能满足不同类型机床的实训教学。

(7) X、Y、Z 轴由交流伺服电动机驱动，运动方向上设有正负限位、参考点等开关，采用 JAS5-1K 型接近式传感器；主轴由三相异步电动机驱动，变频调速控制。

(8) 仿真实物小铣床由底座、立柱、主轴箱、进给传动系统和辅助装置等组成，具有实际加工能力，可对铁、铝、铜、PVC、有机玻璃等材料进行铣削加工。通过对数控小铣床的拆装训练，学生可掌握数控铣床水平度、平行度和垂直度的装调方法等，同时学会百分表、直角尺、游标卡尺、塞尺等工量具的使用方法和机床机械精度的测量方法。

① 底座、立柱、主轴箱、工作台等均采用铸件结构，铸件经过时效处理、表面机加工和铲刮工艺等，确保机床精度稳定。

② 主轴箱由箱体、主轴、主轴电动机、同步带等组成，可进行主轴电动机的安装与调整等技能训练。主轴与主轴电动机采用同步带连接，可进行张紧力调整。

③ X、Y 轴进给传动系统由滚珠丝杠螺母副、方形直线导轨副、轴承、轴承支座、电动机支座、E 型调节块和工作台等组成，可进行滚珠丝杠的装配与调整、直线导轨的装配与调整、工作台的装配与调整等技能训练。

④ Z 轴进给传动系统由滚珠丝杠螺母副、燕尾导轨、轴承、轴承支座、电动机支座和运行平台等组成，可进行导轨预紧力调整、滚珠丝杠的装配与调整等技能训练。

⑤ 辅助装置由润滑系统、防护罩、气弹簧等组成。

4. 系统配置

系统配置如表 6.1 所示。

表 6.1 数控铣床装调维修实训系统基本配置

序号	名称	主要部件、器件及其规格	数量	备注
1	机床实训柜	800 mm×600 mm×1800 mm	1 台	
2	仿真实物小铣床	1000 mm×660 mm×1655 mm	1 台	TH-XK3020 型
3	操作台	1200 mm×600 mm×780 mm	1 台	
4	数控系统	发那科 FANUC 0i Mate-MD	1 台	
5	控制面板	TH-XL02	1 块	
6	变频器	三菱 FR-D740-0.75k-CHT	1 台	
7	伺服驱动	发那科 SVM20i	2 套	
8	伺服电动机	发那科 βis4/4000	2 台	
9	I/O LINK	A02B-0309-C001	1 只	
10	电子手轮	UFO-01-2Z-99	1 只	
11	主轴电动机	JW7122-B3-750 W	1 只	
12	开关电源	HS-145-24 V(6 A)	1 只	
13	电器元件	漏电保护器、空气开关、熔断器、低压断路器、交流接触器、继电器、单相灭弧器、控制变压器、伺服变压器、开关电源等	1 套	
14	分线器模块	TH-FXQ	1 块	
15	继电器模组 1	TH-JDQ-6	1 块	
16	继电器模组	TH-JDQ-10	1 块	
17	接地端子排	TH-JDP	1 只	
18	其他	线槽、连接线、导轨、接线端子等	若干	

二、THWMZT-1B 型数控铣床装调维修实训系统结构

数控铣床控制系统结构示意图如图 6.3 所示，系统由 X/Y/Z 轴 SVM20 伺服驱动器、X/Y/Z 轴伺服电动机、变频器、主轴电动机、编码器、手摇脉冲发生器、输入信号、输出信号等组成。主轴采用变频调速系统，主轴电动机与主轴通过同步带连接。进给驱动采用发那科配套的交流伺服系统，电动机功率是 750 W。

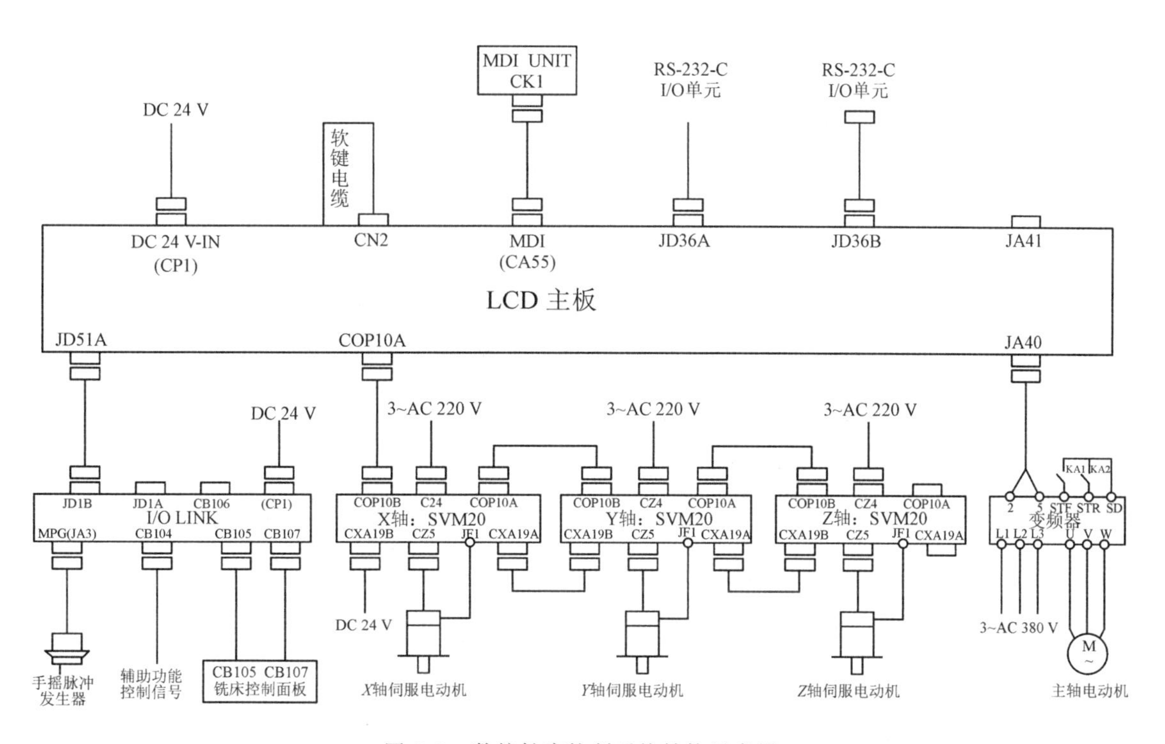

图 6.3　数控铣床控制系统结构示意图

1. FANUC 0i Mate-MD 数控系统主面板

FANUC 0i Mate-MD 数控系统的主面板可分为显示区、MDI 键盘(包括字符键和功能键等)、软键盘、存储卡槽，如图 6.4 所示。

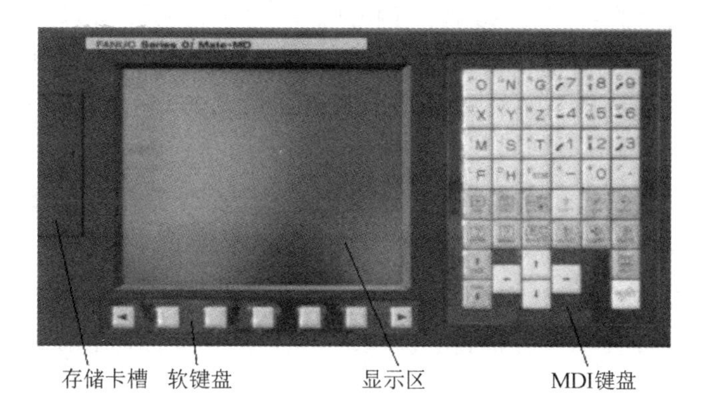

图 6.4　FANUC 0i Mate-MD 主面板

2. 系统菜单

按数控系统上的任意功能键，进入相应的功能菜单，每个功能菜单包含多个内容，可以通过相应的软键、扩展菜单键以及返回菜单键调用，在每个页面中可以使用翻页键和光标移动键(如图 6.4 的 MDI 软键分布)，显示需要的页面。

FANUC 0i Mate-MD 数控系统背面如图 6.5 所示。

(1) FSSB 光缆一般接左边插口(若有两个接口)，系统总是从 COP10A 连接到 COP10B，本系统由 COP10A 连接到第一轴驱动器的 COP10B，再从第一轴的 COP10A 连

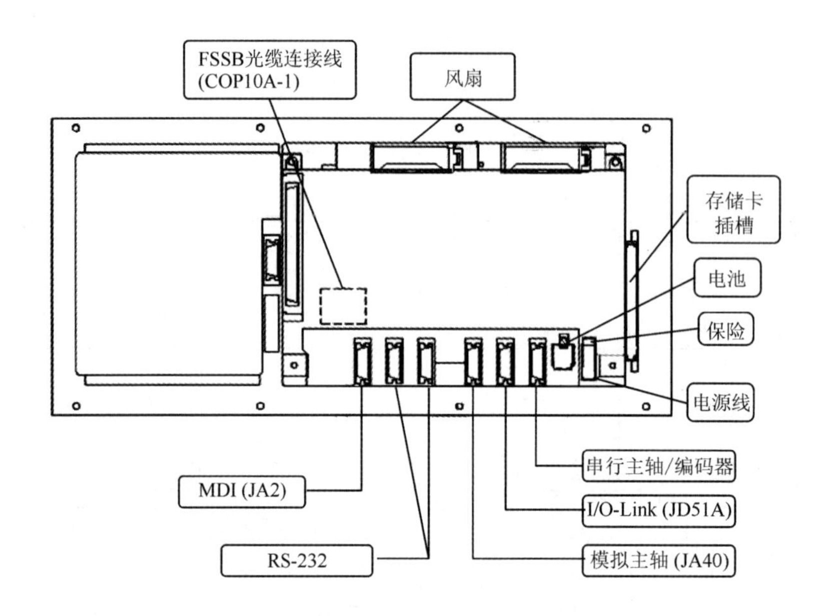

图 6.5　FANUC 0i Mate-MD 数控系统背面

接到第二轴的 COP10B，依次类推。

(2) 风扇、电池、软键、MDI 等在系统出厂时均已连接好，不用改动，但要检查是否在运输的过程中有松动，如果有，则需要重新连接牢固，以免出现异常现象。

(3) 该电源接口有三个管脚，电源的正、负极不能接反，采用直流 24 V 电源供电，具体接口定义如下。

A1 脚：24 V；A2 脚：0 V；A3 脚：保护地。

(4) RS-232 接口是与计算机通信的连接口，共有两个，一般接左边一个，右边为备用接口，如果不与计算机连接，则不用接此线(推荐使用存储卡代替 RS-232 口，传输速度及安全性都比串口优越)。

(5) 本装置使用变频模拟主轴，主轴信号指令由 JA40 模拟主轴接口引出，控制主轴转速。

(6) 主轴编码器接口 JA41 在本铣床系统中不接任何线。

(7) 数控系统接口 JD51A 连接到 I/O 模块(I/O LinK)，以便 I/O 信号与数控系统交换数据。

注意：按照从 JD51A 到 JD1B 的顺序连接，即从数控系统的 JD51A 出来，到 I/O Link 的 JD1B 为止，下一个 I/O 设备也是从前一个 I/O Link 的 JD1A 到下一个 I/O Link 的 JD1B，如若不然，则会出现通信错误而检测不到 I/O 设备。

(8) 存储卡插槽(系统的正面)用于连接存储卡，可对参数、程序以及梯形图等数据进行输入/输出操作，也可以进行 DNC 加工。

3. 数控铣床的操作面板

数控铣床的操作面板如图 6.6 所示，各按键的功能说明如下：

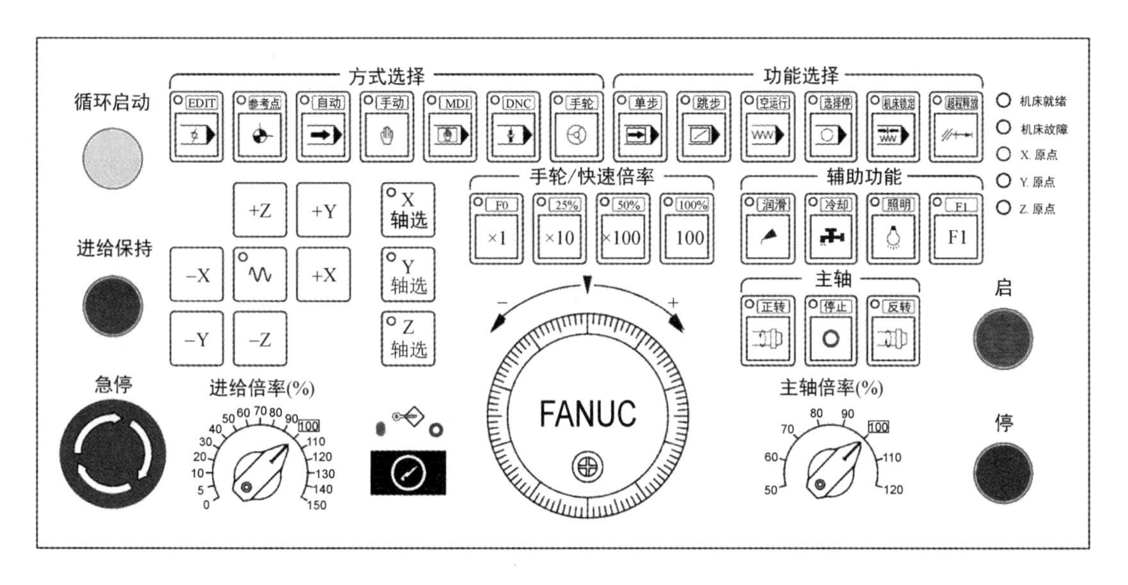

图 6.6　数控铣床的操作面板

1）方式选择键

（1）EDIT（编辑）方式键：设定程序编辑方式，其左上角带指示灯。

（2）参考点方式键：在此方式下运行回参考点操作，其左上角指示灯点亮。

（3）自动方式键：按此键切换到自动加工方式，其左上角指示灯点亮。

（4）手动方式键：按此键切换到手动方式，其左上角指示灯点亮。

（5）MDI 方式键：按此键切换到 MDI 方式运行，其左上角指示灯点亮。

（6）DNC 方式键：在此方式下可进行在线加工操作，其左上角指示灯点亮。

（7）手轮方式键：在此方式下执行手轮相关动作，其左上角带有指示灯。

2）功能选择键

（1）单步键：按下此键一段一段执行程序，该键用以检查程序，其左上角带有指示灯。

（2）跳步键：按下此键可选程序段跳过，自动操作中按下此键，跳过程序段开头带有“/”和用“；”结束的程序段，其左上角带有指示灯。

（3）空运行键：自动方式下按下此键，各轴不是以程序速度而是以手动进给速度移动，此键用于无工件装夹只检查刀具的运动，其左上角带有指示灯。

（4）选择停键：执行程序中 M01 指令时，按下此键停止自动操作，其左上角带有指示灯。

（5）机床锁定键：自动方式下按下此键，各轴不移动，只在屏幕上显示坐标值的变化，其左上角带有指示灯。

（6）超程释放键：当进给轴达到硬限位时，按下此键释放限位，限位报警无效，急停信号无效，其左上角带有指示灯。

3）点动和轴选键

（1）+Z 点动键：在手动方式下按动此键，Z 轴向正方向点动。

(2) +Y 点动键：在手动方式下按动此键，Y 轴向正方向点动。

(3) -X 点动键：在手动方式下按动此键，X 轴向负方向点动。

(4) 快速叠加键：在手动方式下，同时按此键和一个坐标轴点动键，坐标轴按快速进给倍率设定的速度点动，其左上角带有指示灯。

(5) +X 点动键：在手动方式下按动此键，X 轴向正方向点动。

(6) -Y 点动键：在手动方式下按动此键，Y 轴向负方向点动。

(7) -Z 点动键：在手动方式下按动此键，Z 轴向负方向点动。

(8) X 轴选键：在回零、手动和手轮方式下对 X 轴进行操作时，首先按下此键选择 X 轴执行动作，选中后其左上角指示灯点亮。

(9) Y 轴选键：在回零、手动和手轮方式下对 Y 轴进行操作时，首先按下此键选择 Y 轴执行动作，选中后其左上角指示灯点亮。

(10) Z 轴选键：在回零、手动和手轮方式下对 Z 轴进行操作时，首先按下此键选择 Z 轴执行动作，选中后其左上角指示灯点亮。

4) 手轮/快速倍率键

(1) ×1/F0 键：手轮方式时，执行 1 倍动作；手动方式时，按下快速叠加键和点动方向键执行进给倍率设定的 F0 的速度进给；其左上角带有指示灯。

(2) ×10/25%键：手轮方式时，执行 10 倍动作；手动方式时，按下快速叠加键和点动方向键按快速最大值 25%的速度进给；其左上角带有指示灯。

(3) ×100/50%键：手轮方式时，执行 100 倍动作；手动方式时，按下快速叠加键和点动方向键按快速最大值 50%的速度进给；其左上角带有指示灯。

(4) 100/100%键：手轮方式时，执行 100 倍动作；手动方式时，按下快速叠加键和点动方向键按快速最大值 100%的速度进给；其左上角带有指示灯。

5) 辅助功能键

(1) 润滑键：按下此键，润滑电动机开启，向外喷润滑液，其指示灯点亮。

(2) 冷却键：按下此键，冷却泵开启，向外喷冷却液，其指示灯点亮。

(3) 照明键：按下此键，机床照明灯开启，其指示灯点亮。

(4) F1 键：此键为用户自定义键，可根据需要来编辑该按键功能的 PMC 程序，执行该按键功能时，其左上角的指示灯点亮。

6) 主轴键

(1) 正转键：手动方式时按下此键，主轴正方向旋转，其左上角指示灯点亮。

(2) 停止键：手动方式时按下此键，主轴停止转动，只要主轴没有运行其指示灯就亮。

(3) 反转键：手动方式时按下此键，主轴反方向旋转，其左上角指示灯点亮。

7) 指示灯区

(1) 机床就绪灯：当机床正常启动并无任何报警时指示灯点亮。

(2) 机床故障灯：当机床或系统无法正常启动或出现报警时指示灯点亮。

(3) X. 原点灯：回零过程和 X 轴回到零点后指示灯点亮。

(4) Y. 原点灯：回零过程和 Y 轴回到零点后指示灯点亮。

(5) Z. 原点灯：回零过程和 Z 轴回到零点后指示灯点亮。

8) 波段旋钮

(1) 主轴倍率(%)：当波段开关旋到对应刻度时，主轴将按设定值乘以对应百分数执行动作。

(2) 进给倍率(%)：当波段开关旋到对应刻度时，各进给轴将按设定值乘以对应百分数执行进给动作。

(3) 手摇脉冲发生器倍率：在手轮方式下，可以对各轴进行手轮进给操作，其倍率可以通过×1、×10、×100 键选择。

9) 其他按钮开关

(1) 循环启动按钮：按下此按钮，自动操作开始，其指示灯点亮。

(2) 进给保持按钮：按下此按钮，自动运行停止，进入暂停状态，其指示灯点亮。

(3) 程序保护开关：当把钥匙打到绿色标记处时，开启程序保护功能；当把钥匙打到红色标记处时，关闭程序保护功能。

(4) 急停按钮：按下此按钮，机床动作停止，待排除故障后，旋转此按钮，释放机床动作。

(5) 启按钮：用以开启装置电源。

(6) 停按钮：用以关闭装置电源。

三、THWMZT-1B 型数控铣床装调维修实训系统变频器

变频器及其操作面板如图 6.7 所示；变频器基本操作面板功能说明如表 6.2 所示；变频器端子接线说明如图 6.8 所示。

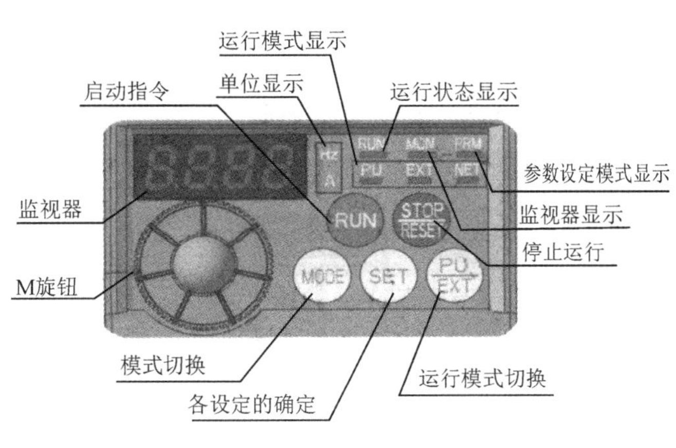

图 6.7　变频器及其操作面板

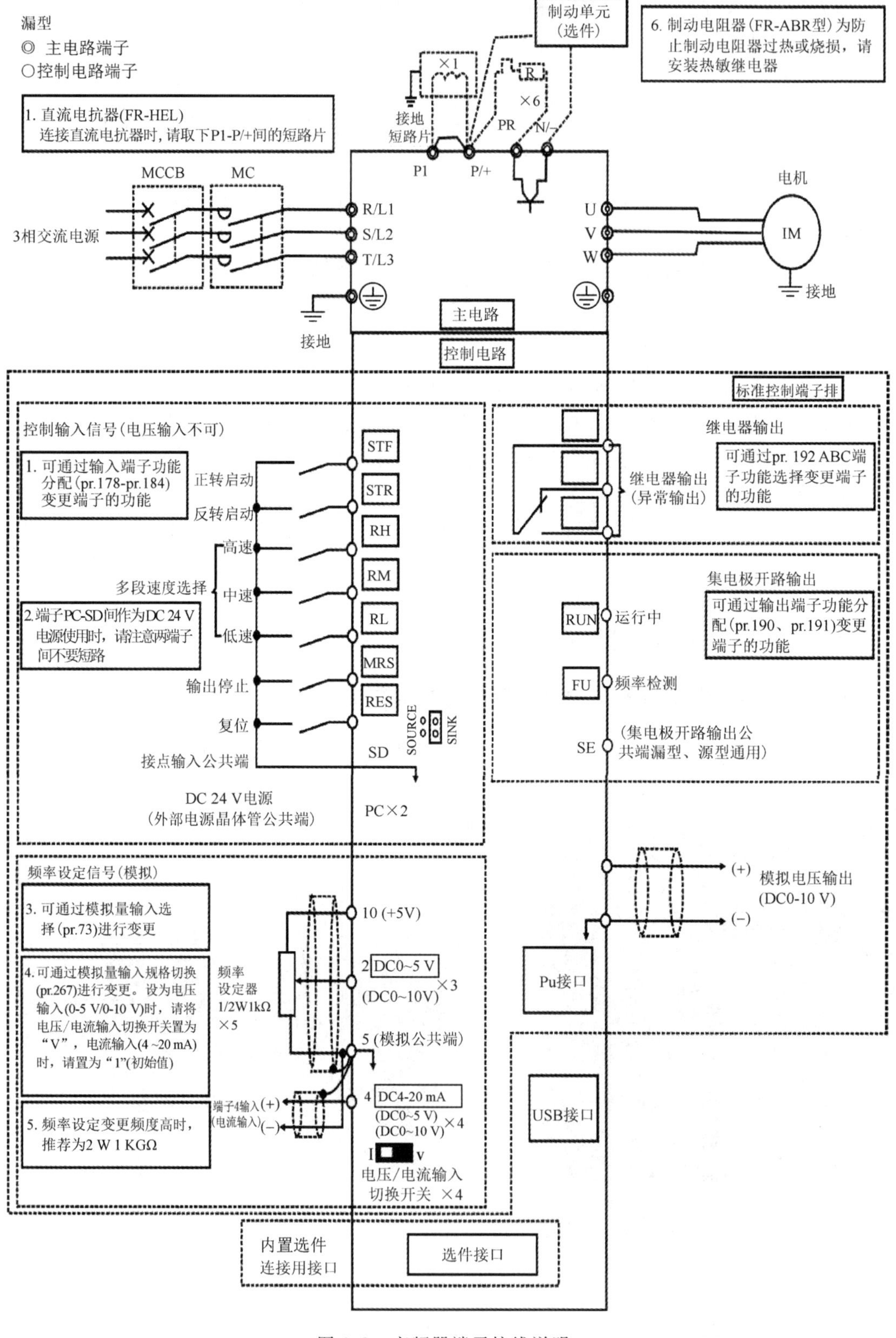

图 6.8 变频器端子接线说明

表6.2 变频器基本操作面板功能说明表

序号	按键	功能说明
1	运行模式显示	PU：PU运行模式时亮灯； EXT：外部运行模式时亮灯； NET：网络运行模式时亮灯
2	单位显示	Hz：显示频率时亮灯； A：显示电流时灯亮；显示电压时灯灭；设定频率监视时闪烁
3	监视器(4位LED)	显示频率、参数编号等
4	M旋钮	用于变更频率设定、参数的设定值。按该按钮可显示以下内容：监视模式时的设定频率；校正时的当前设定值；错误历史模式时的顺序
5	模式切换	用于切换各设定模式，长按此键(2 s)可以锁定操作
6	各设定的确定	运行中按此键则监视器出现以下显示：运行频率→输出电流→输出电压
7	运行状态显示	变频器动作中亮灯/闪烁。亮灯：正转运行中，缓慢闪烁(1.4 s循环)；反转运行中，快速闪烁(0.2 s循环)
8	参数设定模式显示	参数设定模式时亮灯
9	监视器显示	监视模式时亮灯
10	停止运行	也可以进行报警复位
11	运行模式切换	用于切换PU/EXT模式。使用外部运行模式(通过另接的频率设定旋钮和启动信号启动运行)时按此键，表示运行模式的EXT处于亮灯状态。 切换至组合模式时，可同时按MODE键(0.5 s)或者变更参数Pr.79。 PU——PU运行模式；EXT——外部运行模式；也可以解除PU停止
12	启动指令	通过Pr.40的设定，可以选择旋转方向

变频器控制端子说明如下：

STF：正转启动。当STF信号为ON时为正转，为OFF时为停止指令。

STR：反转启动。当STR信号为ON时为反转，为OFF时为停止指令(STF、STR信号同时为ON时，为停止指令)。

RH、RM、RL：多段速选择。可根据端子RH、RM、RL信号的短路组合，进行多段速度的选择。

SD：接点(端子STF、STR、RH、RM、RL)输入的公共端子。

10：频率设定用电源，DC 5 V，容许负荷电流为10 mA。

2：频率设定电压信号。输入DC 0～5 V(0～10 V)时，输出成比例：输入5 V(10 V)时，输出为最高频率。5 V/10 V切换用Pr.73“0～5 V，0～10 V选择”进行。

5：频率设定公共输入端。

四、THWMZT-1B 型数控铣床装调维修实训系统伺服驱动部分

本装置采用 FANUC 公司的伺服驱动系统，如图 6.9 所示。

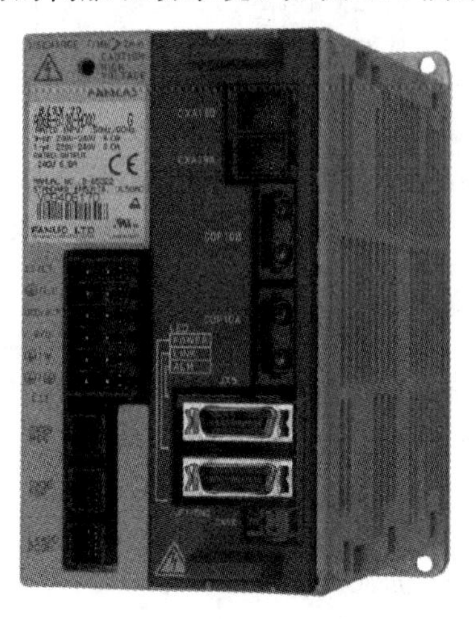

图 6.9　交流伺服驱动器

1. 伺服驱动系统的特点

(1) 供电方式为三相 200～240 V 供电。

(2) 智能电源管理模块，遇到故障或紧急情况时，急停链生效，断开伺服电源，确保系统安全可靠。

(3) 控制信号及位置、速度等信号通过 FSSB 光缆总线传输，不易被干扰。

(4) 电动机编码器为串行编码信号输出。

(5) 驱动连接图如图 6.10 所示。

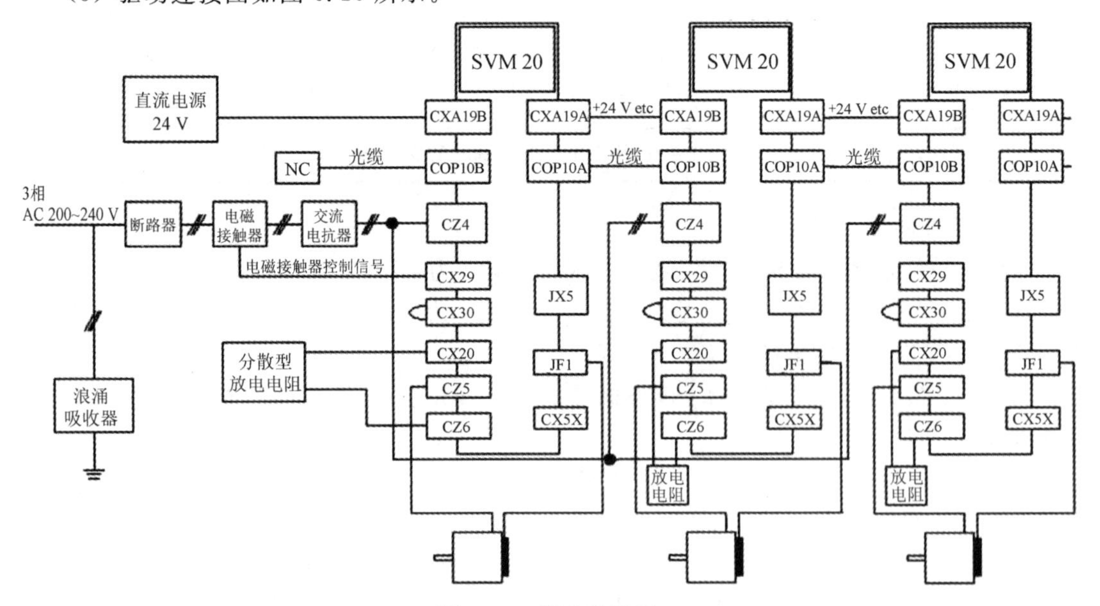

图 6.10　驱动连接图

2. 相关接口说明

(1) CZ4 接口为三相交流 200～240 V 电源输入口，顺序为 U、V、W、地线。

(2) CZ5 接口为伺服驱动器驱动电压输出口，连接到伺服电动机，顺序为 U、V、W、地线。

(3) CZ6 与 CX20 为放电电阻的两个接口，若不接放电电阻须将 CZ6 及 CX20 短接，否则，驱动器报警信号触发，不能正常工作，必须连接放电电阻。

(4) CX29 接口为驱动器内部继电器一对常开端子，驱动器与 CNC 正常连接后，即 CNC 检测到驱动器且驱动器没有报警信号触发后，CNC 使能信号通知驱动器，驱动器内部信号使继电器吸合，从而使外部电磁接触器线圈得电，给放大器提供工作电源。

(5) CX30 接口为急停信号接口，短接此接口 1 和 3 脚，急停信号由 I/O 给出。

(6) CXA19B 为驱动器 24 V 电源接口，为驱动器提供直流工作电源，第二个驱动器与第一个驱动器由 CXA19A 到 CXA19B，具体接线详见电路图。

(7) COP10A 接口，数控系统与第一级驱动器之间或第一级驱动器和第二级驱动器之间用光缆传输速度指令及位置信号，信号总是从上一级的 COP10A 接口到下一级的 COP10B 接口。

(8) JF1 为伺服电动机编码器反馈接口。

五、数控铣床功能调试

1. 数控系统参数设置

数控系统正常运行的重要条件是必须保证各种参数的正确设定，不正确的参数设置应予以更改，否则可能造成严重的后果。因此，必须理解参数的功能，熟悉设定值，详细内容参考《参数说明书》。

2. 输入/输出信号定义

FANUC 数控系统内部集成了一个小型 PMC(可编程机床控制器)，通过编写机床 PMC 程序和设定相应的机床参数，可以对 PMC 应用程序的功能进行配置。

FANUC 0i Mate-MD 数控系统配套 I/O Link 有四个连接器，分别是 CB104、CB105、CB106、CB107，每个连接器有 24 个输入点和 16 个输出点，即共有 96 个输入点，64 个输出点；本装置把 CB104 接口的部分信号作为辅助信号使用，把 CB105 和 CB107 用于操作面板上按钮(或按键)和对应指示灯的定义。在 PMC 程序中 X 代表输入，Y 代表输出，CB106 中的输入/输出点在本装置中没有定义。CB104 接口分配如表 6.3 所示。CB105 接口的分配和 CB107 接口的分配略。

表 6.3　CB104 接口分配表

端子号	地址号	输入/输出模块	功　能
A02	X0008.0	X8.0	硬限位 X+
B02	X0008.1	X8.1	硬限位 Z+
A03	X0008.2	X8.2	硬限位 X−

续表一

端子号	地址号	输入/输出模块	功　能
B03	X0008.3	X8.3	硬限位 Z−
A04	X0008.4 *	X8.4	急停信号(常闭连接)
B04	X0008.5	X8.5	硬限位 Y+
A05	X0008.6	X8.6	硬限位 Y−
B05	X0008.7	X8.7	过载
A06	X0009.0 *	X9.0	*X* 轴参考点开关(常闭连接)
B06	X0009.1 *	X9.1	*Y* 轴参考点开关(常闭连接)
A07	X0009.2 *	X9.2	*Z* 轴参考点开关(常闭连接)
B07	X0009.3	X9.3	无定义
A08	X0009.4	X9.4	冷却电动机过载
B08	X0009.5	X9.5	冷却液低于下限
A09	X0009.6	X9.6	润滑电动机过载
B09	X0009.7	X9.7	润滑液低于下限
A10	X0010.0	X10.0	无定义
B10	X0010.1	X10.1	无定义
A11	X0010.2	X10.2	无定义
B11	X0010.3	X10.3	无定义
A12	X0010.4	X10.4	无定义
B12	X0010.5	X10.5	无定义
A13	X0010.6	X10.6	无定义
B13	X0010.7	X10.7	无定义
* X8.4、X9.1 和 X9.2 的功能 NC 内部已经固定，平时为高电平。			
A16	Y0008.0	Y8.0	主轴正转
B16	Y0008.1	Y8.1	主轴反转
A17	Y0008.2	Y8.2	冷却控制输出
B17	Y0008.3	Y8.3	润滑控制输出
A18	Y0008.4	Y8.4	照明控制输出
B18	Y0008.5	Y8.5	超程释放
A19	Y0008.6	Y8.6	无定义
B19	Y0008.7	Y8.7	无定义
A20	Y0009.0	Y9.0	*X* 轴原点指示灯

续表二

端子号	地址号	输入/输出模块	功　能
B20	Y0009.1	Y9.1	Y 轴原点指示灯
A21	Y0009.2	Y9.2	Z 轴原点指示灯
B21	Y0009.3	Y9.3	抱闸释放
A22	Y0009.4	Y9.4	无定义
B22	Y0009.5	Y9.5	无定义
A23	Y0009.6	Y9.6	无定义
B23	Y0009.7	Y9.7	无定义

数字输入/输出信号的接线原理如图 6.11 和图 6.12 所示。

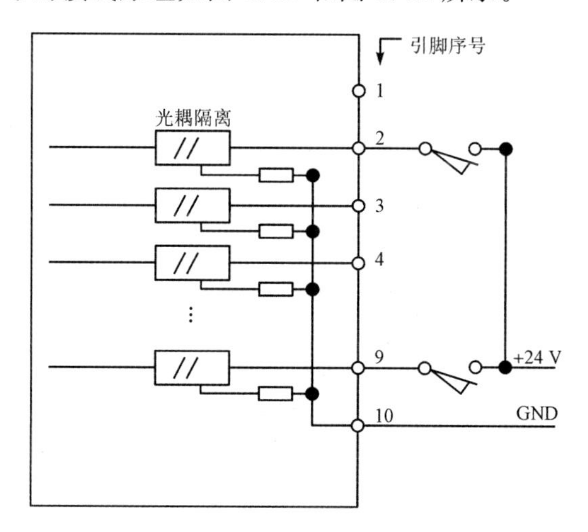

图 6.11　数字输入信号接线原理图

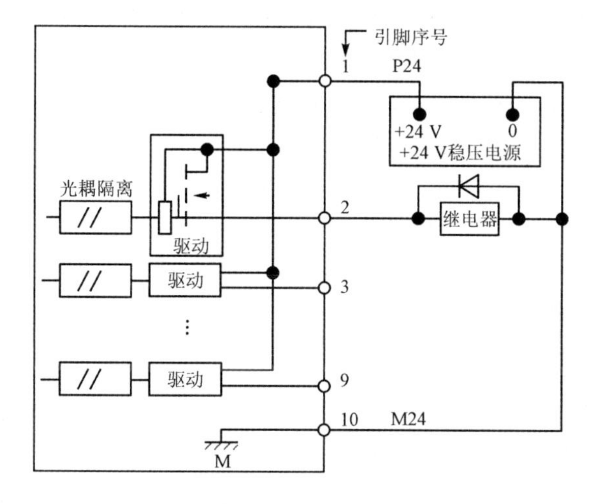

图 6.12　数字输出信号接线原理图

3. PMC 程序介绍

通常所说的 PLC 是用于一般通用设备的自动控制装置，而 PMC 是专用于数控机床外围辅助电气部分的自动控制装置，PMC 和 PLC 所实现的功能基本是一样的。PMC 也以微处理器为中心，可视为继电器、定时器、计数器的集合体。在内部顺序处理中，并联或串联常开触点或常闭触点，其逻辑运算结果用来控制线圈的通断。

PMC 的优点是时间响应速度快，控制精度高，可靠性好，结构紧凑，抗干扰能力强，编程方便。

1）PMC 接口与地址

（1）在编制 PMC 程序时所需的四种类型的地址如图 6.13 所示。

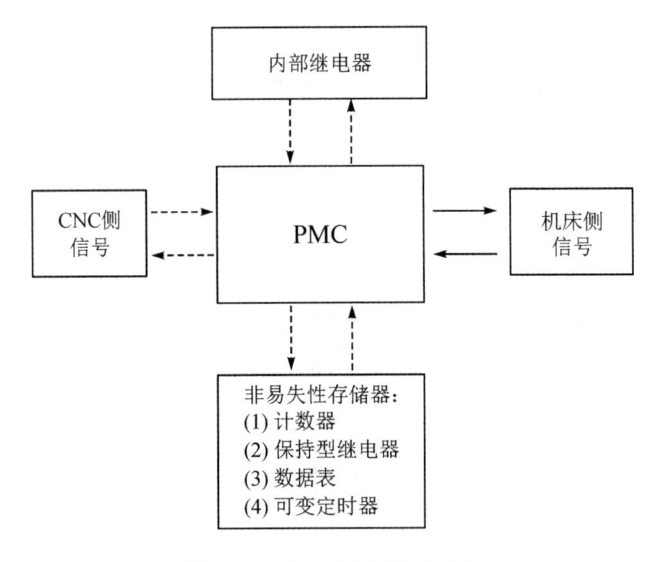

图 6.13　与 PMC 相关的地址

图 6.13 中实线表示的是与 PMC 相关的输入/输出信号由 I/O 板的接收电路和驱动电路传送；虚线表示的是与 PMC 相关的输入/输出信号仅在存储器中传送，例如在 RAM 中传送。这些信号的状态都可以在 LCD 上显示。

（2）地址格式和信号类型地址可由如下格式表示：

X127. 7
位号0到7
地址号(字母后四位数以内)

在地址号的开头必须指定一个字母，用来表示信号类型，在功能指令中指定字节单位的地址时，位号可以省略，如 X127。

2）程序分析

机床控制程序庞大、复杂。下面以手动方式下润滑控制程序为例(如图 6.14 所示)，介绍 PMC 的逻辑控制过程，假设用到以下输入/输出点。

程序中 X0011.3 为润滑控制键输入信号，X0009.4 为润滑电动机过载输入信号，X0009.5 为润滑液低于下限输入信号，Y0008.3 为润滑输出控制接口，Y0011.1 为润滑按键右上角的指示灯，R0398.3、R0398.4 和 R0398.5 为中间继电器，F0001.1 为复位键输入

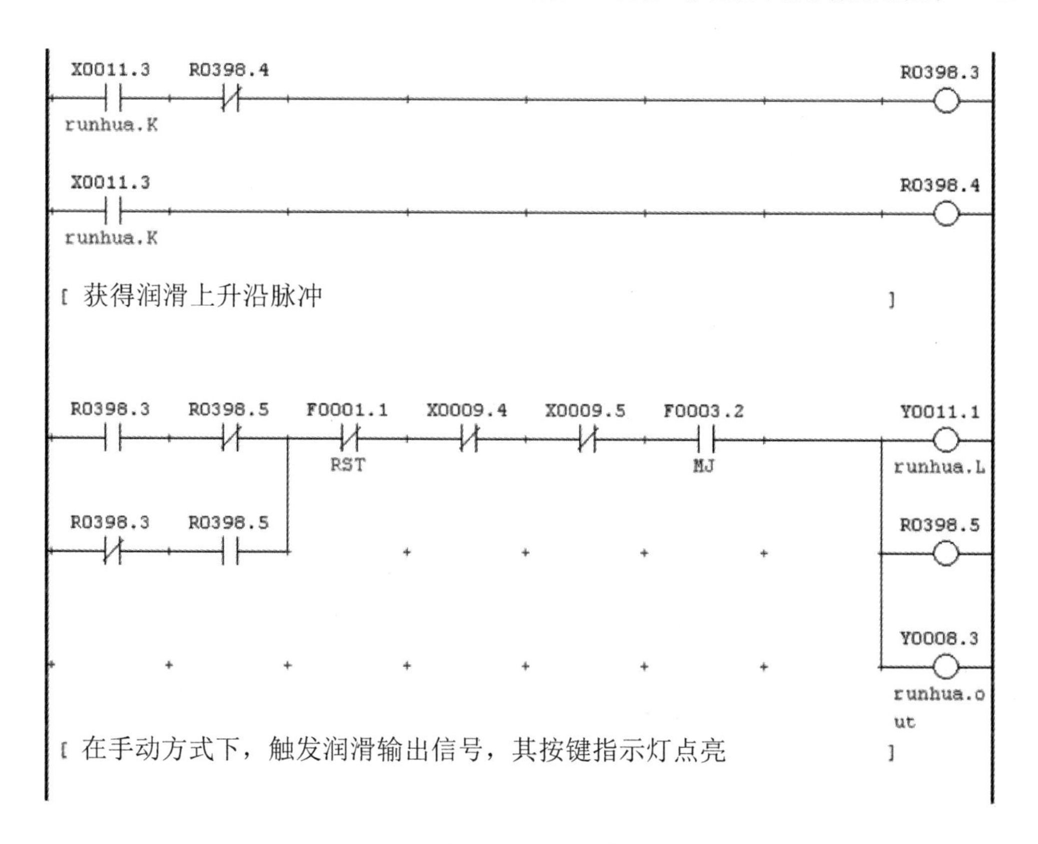

图6.14　示例程序

信号，F0003.2为手动键输入信号。

程序的前两行是为了获得R0398.3的上升沿信号。在按下润滑按钮X0011.3瞬间，程序从上向下执行，在程序的第一行使R0398.3有输出，接着执行程序的第二行，使R0398.4有输出，同时R0398.4的常闭触点断开，使R0398.3停止输出，即在执行顺序程序中获得了R0398.3的上升沿信号。

程序的第三行是为了保持润滑信号的输出。执行的条件是：没有出现润滑电动机过载，润滑液低于下限报警信号，也没有按下数控系统上的“RESET”复位键。

满足以上条件后，在按下润滑键X0011.3的瞬间，获得了R0398.3的上升沿信号，此上升沿信号触发按键指示灯(Y0011.1)点亮，润滑控制(Y0008.3)的线圈得电，表示润滑运行，继电器R0398.5有输出，同时R0398.5的常开触点闭合，常闭触点断开，使R0398.5自锁，保持润滑正常运行。

当再次按下润滑键时，由程序前两行得到的上升沿信号使R0398.3的常闭触点断开，润滑停止。当出现润滑电动机过载或润滑液低于下限时，X0009.4或X0009.5的常闭触点断开，使润滑停止。当按下“RESET”复位键时，润滑输出和润滑报警信号被复位。

注意：上述PMC程序的编写示例仅供参考，关于PMC梯形图程序的编制方法、PMC基本指令和功能指令、梯形图编程的相关操作，请参阅《梯形图语言编程说明书》和《梯形图语言补充编程说明书》。

3）数控系统与存储卡的数据交换

使用存储卡备份或者恢复数据，通道的选择取决于 20＃参数的设定，20＃参数为 4 时，使用存储卡接口。此时，系统的存储卡接口可将存储卡中的数据输入/输出，存储卡上的数据也可以以文本的形式输入/输出。存储卡与 CNC 间的数据交换如图 6.15 所示。

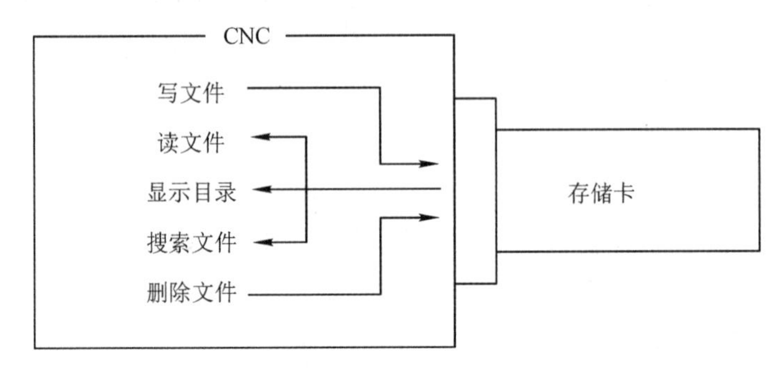

图 6.15 存储卡与 CNC 间的数据交换

向存储卡输出参数、NC 程序等，按“F 输出”软键→“全部”软键，如果存储卡内有和输出文件同名的，则在画面的左下角出现提示信息。若要覆盖提示信息，则可按“覆盖”软键；若不覆盖提示信息，则可按“取消”软键或复位键。如果画面显示此信息，就不能切换到其他任何画面。

4）其他功能模块

（1）急停开关、限位开关、参考点。对于发那科 0i mate-MD 数控系统，急停信号的输入点定义为 X0008.4，与 24 V 进行常闭连接；参考点信号输入点定义为 X0009.0（X 轴）、X0009.1（Y 轴）和 X0009.2（Z 轴），与 24 V 进行常闭连接；限位信号输入点可以根据实际情况进行定义，与 PMC 程序中的点对应，与 24 V 进行常闭连接。

图 6.16 接近开关

限位信号和参考点信号的检测使用 NPN 型接近开关，如图 6.16 所示，当挡块碰到限位开关或参考点开关时，就会有限位信号或参考点减速信号产生。相应电路参见电路图。

（2）电气电路设计。通常来说，一台数控机床的主电路和控制电路是根据数控机床的具体功能设计的，除了必需的进给轴控制电路和主电路，以及主轴控制电路和主电路以外，还配有相应的辅助功能电路，如冷却功能、润滑功能以及自动排屑功能等。

案例 6.2 汽车发动机压装气门锁夹系统

气门锁夹是汽车发动机配气系统的重要部件，安装于气缸头的进/排气门杆上。将锁夹压装到气门杆上需要依靠专门的装置进行，气门锁夹压装机整体方案图如图 6.17 所示。设备为全自动压装设备，用于汽车发动机的缸盖气门锁夹的压装，其分两个工位，两台分别压装进气侧和排气侧气门锁夹；该设备设有4个压头，分两次压装发动机缸盖的进气侧或者排气侧的8个气门的夹锁(为兼容三缸机，避免第四个缸的压头与三缸机机壁碰撞，其中一个缸的压头设有避开装置，四缸机压装时，压头伸下，三缸机压装时，它让开)，该设备压装采用锁夹跟上座分开送料的方式，以实现三槽锁夹的压装；该设备的工件定位及伺服摆动机构通过伺服进行驱动可实现对工件的摆动，以适应设备对V形气门缸盖的气门锁夹的压装；该设备主要由机架、工件定位及伺服摆动机构、气门锁夹伺服压装机构、上座筛选及排送料机构、锁夹筛选机构、锁夹送料机构等组成。

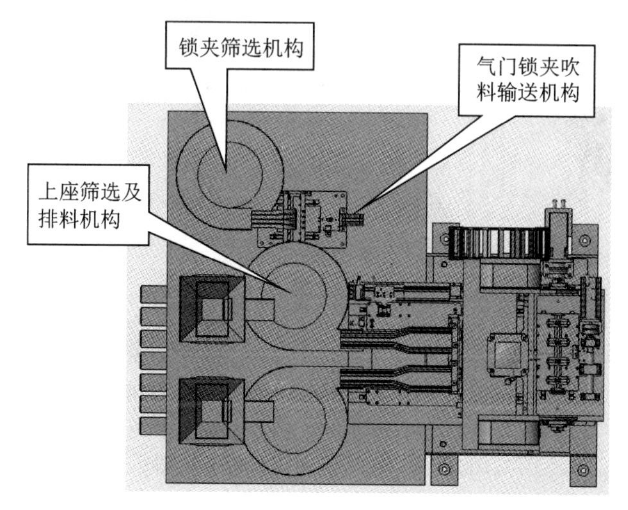

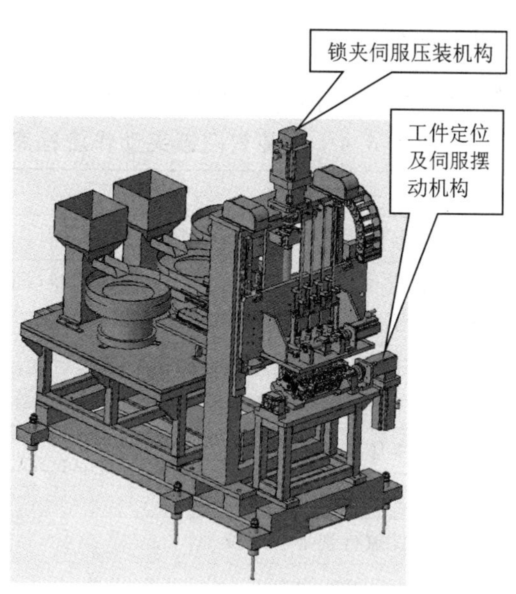

图6.17 气门锁夹压装机整体方案图

压装气门锁夹动作流程是典型的逻辑顺序动作过程。逻辑顺序控制是PLC最基本的控制功能，在工厂自动化(FA)和计算机集成制造系统(CIMS)内占重要地位，是应用面广泛，发展迅速的工业自动化装置，它更适合工业现场和市场的要求，来完成各种各样复杂程度不同的工业控制任务。所以压装气门锁夹过程由PLC作为控制器。气门锁夹压装机系统图如图 6.18 所示。

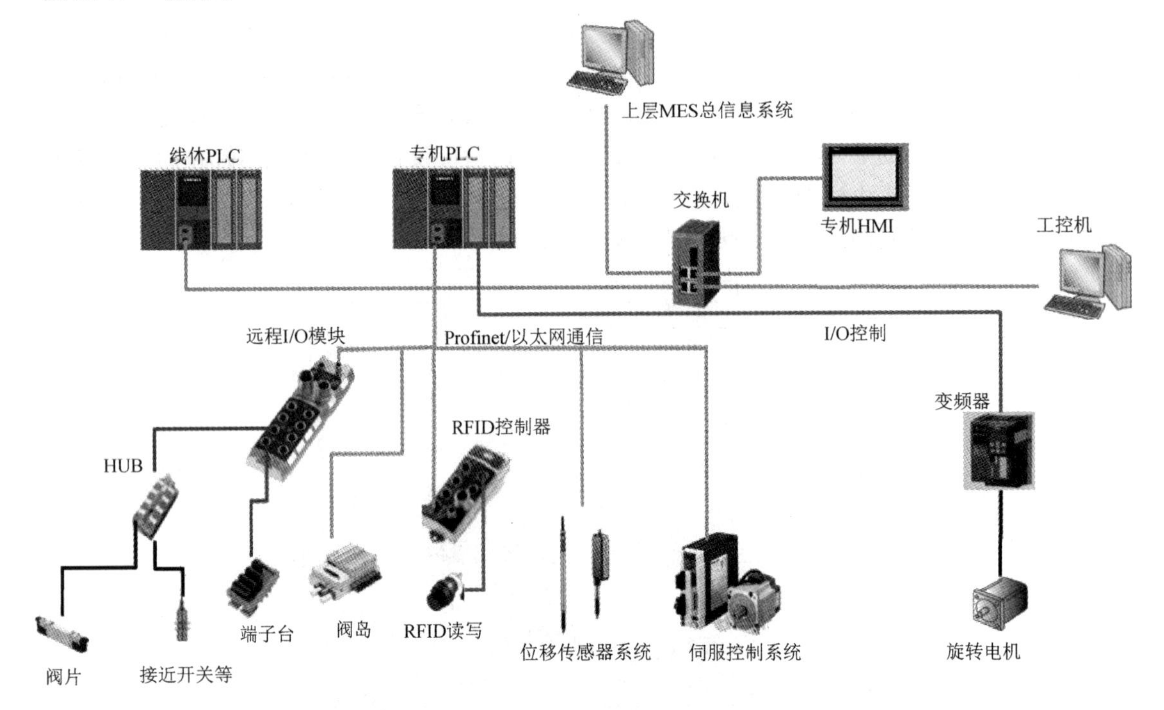

图 6.18 气门锁夹压装机系统图

一、压装气门锁夹动作流程

压装气门锁夹设备的工作流程分六步，具体动作内容如表 6.4 所示。

表 6.4 压装气门锁夹动作流程表

序号	动 作 内 容	用时/s	重叠时间/s
1	工件进入工位，停止器挡住工件，读取机型信息	6	
2	抬起定位把工件托起定位、工件摆动机构把工件摆到位（同时上座送料机构把上座送到正下方，压头往下行走取上座）	6	
3	上座送料机构复位，压装机构把上座继续带上座下压到位，锁夹吹料机构把锁夹吹送到压头里，压头夹臂把锁夹夹抱到气门导杆上	30	
4	压装机上提，锁夹与上座安装到位	3	
5	压装完毕，设备复位	6	
6	下一工位没料时，工件放行到下一工位		6
总共用时		51	

二、PLC 输入输出总揽

气门锁夹压装机动作及时序表如表 6.5 所示。GSE T4 发动机装配线 PLC 输入输出的一部分接线图如图 6.19 所示。

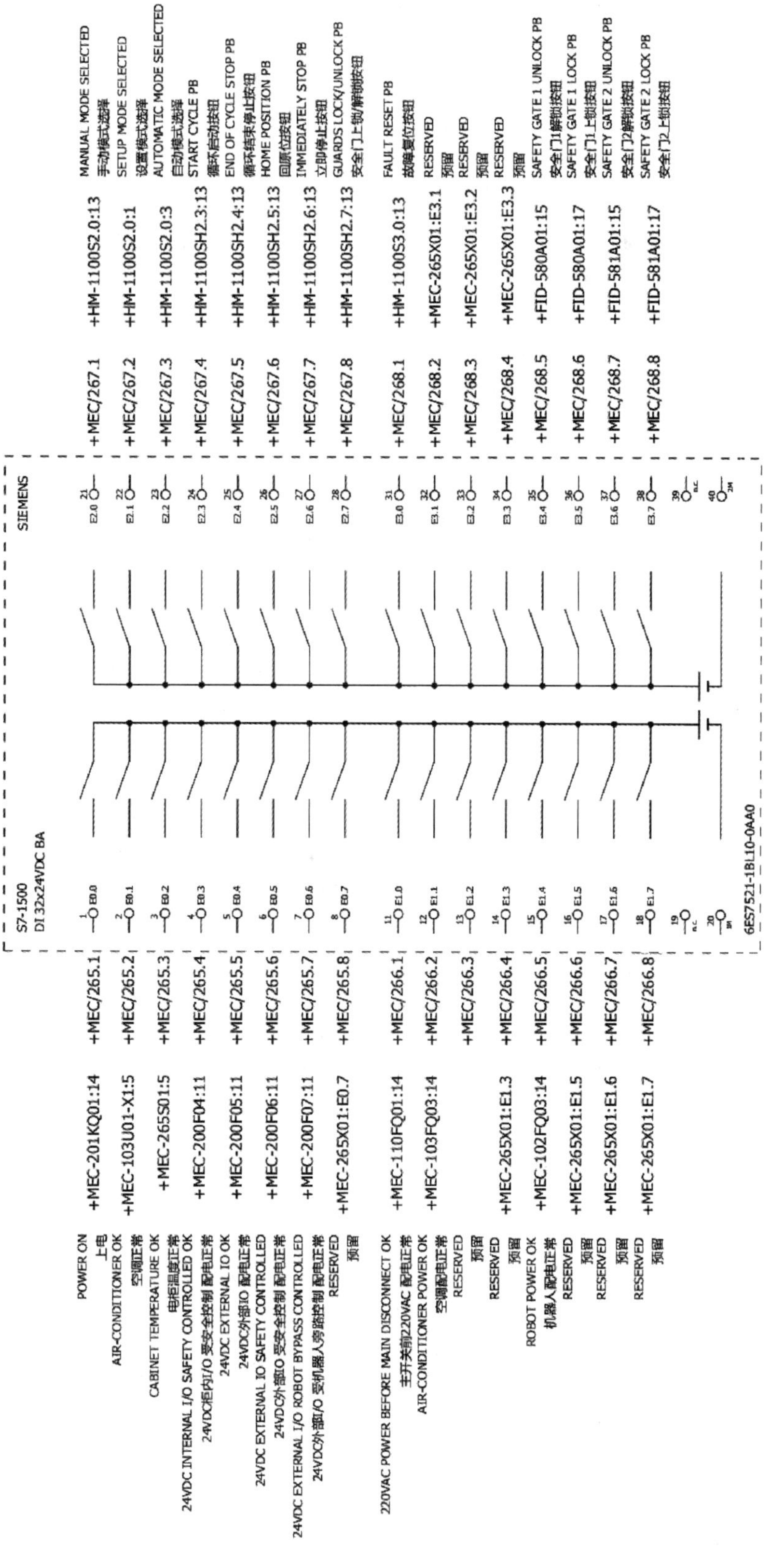

S7-1500
DI 32x24VDC BA
SIEMENS

信号	来源	线号	端子
POWER ON 上电	+MEC-201KQ01:14	+MEC/265.1	1 E0.0
AIR-CONDITIONER OK 空调正常	+MEC-103U01-X1:5	+MEC/265.2	2 E0.1
CABINET TEMPERATURE OK 电柜温度正常	+MEC-265S01:5	+MEC/265.3	3 E0.2
24VDC INTERNAL I/O SAFETY CONTROLLED OK 24VDC柜内I/O 受安全控制 配电正常	+MEC-200F04:11	+MEC/265.4	4 E0.3
24VDC EXTERNAL IO OK 24VDC外部IO 配电正常	+MEC-200F05:11	+MEC/265.5	5 E0.4
24VDC EXTERNAL IO SAFETY CONTROLLED 24VDC外部IO 受安全控制 配电正常	+MEC-200F06:11	+MEC/265.6	6 E0.5
24VDC EXTERNAL I/O ROBOT BYPASS CONTROLLED 24VDC外部I/O 受机器人旁路控制 配电正常	+MEC-200F07:11	+MEC/265.7	7 E0.6
RESERVED 预留	+MEC-265X01:E0.7	+MEC/265.8	8 E0.7
220VAC POWER BEFORE MAIN DISCONNECT OK 主开关前220VAC 配电正常	+MEC-110FQ01:14	+MEC/266.1	11 E1.0
AIR-CONDITIONER POWER OK 空调配电正常	+MEC-103FQ03:14	+MEC/266.2	12 E1.1
RESERVED 预留		+MEC/266.3	13 E1.2
RESERVED 预留	+MEC-265X01:E1.3	+MEC/266.4	14 E1.3
ROBOT POWER OK 机器人配电正常	+MEC-102FQ03:14	+MEC/266.5	15 E1.4
RESERVED 预留	+MEC-265X01:E1.5	+MEC/266.6	16 E1.5
RESERVED 预留	+MEC-265X01:E1.6	+MEC/266.7	17 E1.6
RESERVED 预留	+MEC-265X01:E1.7	+MEC/266.8	18 E1.7

19 n.c.
20 1M

端子	线号	来源	信号
E2.0 21	+MEC/267.1	+HM-1100S2.0:13	MANUAL MODE SELECTED 手动模式选择
E2.1 22	+MEC/267.2	+HM-1100S2.0:1	SETUP MODE SELECTED 设置模式选择
E2.2 23	+MEC/267.3	+HM-1100S2.0:3	AUTOMATIC MODE SELECTED 自动模式选择
E2.3 24	+MEC/267.4	+HM-1100SH2.3:13	START CYCLE PB 循环启动按钮
E2.4 25	+MEC/267.5	+HM-1100SH2.4:13	END OF CYCLE STOP PB 循环结束停止按钮
E2.5 26	+MEC/267.6	+HM-1100SH2.5:13	HOME POSITION PB 回原位按钮
E2.6 27	+MEC/267.7	+HM-1100SH2.6:13	IMMEDIATELY STOP PB 立即停止按钮
E2.7 28	+MEC/267.8	+HM-1100SH2.7:13	GUARDS LOCK/UNLOCK PB 安全门上锁/解锁按钮
E3.0 31	+MEC/268.1	+HM-1100S3.0:13	FAULT RESET PB 故障复位按钮
E3.1 32	+MEC/268.2	+MEC-265X01:E3.1	RESERVED 预留
E3.2 33	+MEC/268.3	+MEC-265X01:E3.2	RESERVED 预留
E3.3 34	+MEC/268.4	+MEC-265X01:E3.3	RESERVED 预留
E3.4 35	+MEC/268.5	+FID-580A01:15	SAFETY GATE 1 UNLOCK PB 安全门1解锁按钮
E3.5 36	+MEC/268.6	+FID-580A01:17	SAFETY GATE 1 LOCK PB 安全门1上锁按钮
E3.6 37	+MEC/268.7	+FID-581A01:15	SAFETY GATE 2 UNLOCK PB 安全门2解锁按钮
E3.7 38	+MEC/268.8	+FID-581A01:17	SAFETY GATE 2 LOCK PB 安全门2上锁按钮

39 n.c.
40 2M

6ES7521-1BL10-0AA0

图 6.19　GSE T4 发动机装配线 PLC 输入输出的部分接线图

表 6.5 气门锁夹压装机动作时序表

	操作时序	SYSTEM DATA	
	气门锁夹压装机	电压 380V 50Hz 油压 PS1 气压 PS1	生产效率 节拍时间 传送方式 连续 连续
序列	动作	2 4 6 8 10 12 14 16 18 20 22 24 26 28 30 32 34 36 38 40 42 44 46 48 50 52 54	
1	自动循环节拍		
2	托盘进入工位		
3	工件抬起定位		
4	翻转（进气侧）		
5	锁夹吹料		
6	夹爪打开		
7	压装机构下降		
8	夹爪闭合		
9	压装机构上升		
10	压头横移		
11	锁夹吹料		
12	夹爪打开		
13	压装机构下降		
14	夹爪闭合		
15	压装机构上升		
16	锁夹吹料		
17	翻转（排气侧）		
18	压装机构下降		
19	夹爪闭合		
20	压装机构上升		
21	压头横移		
22	锁夹吹料		
23	夹爪打开		
24	压装机构下降		
25	夹爪闭合		
26	压装机构上升		
27	翻转回原位		
28	抬起定位落下		
29	阻挡器退回，托盘放行		

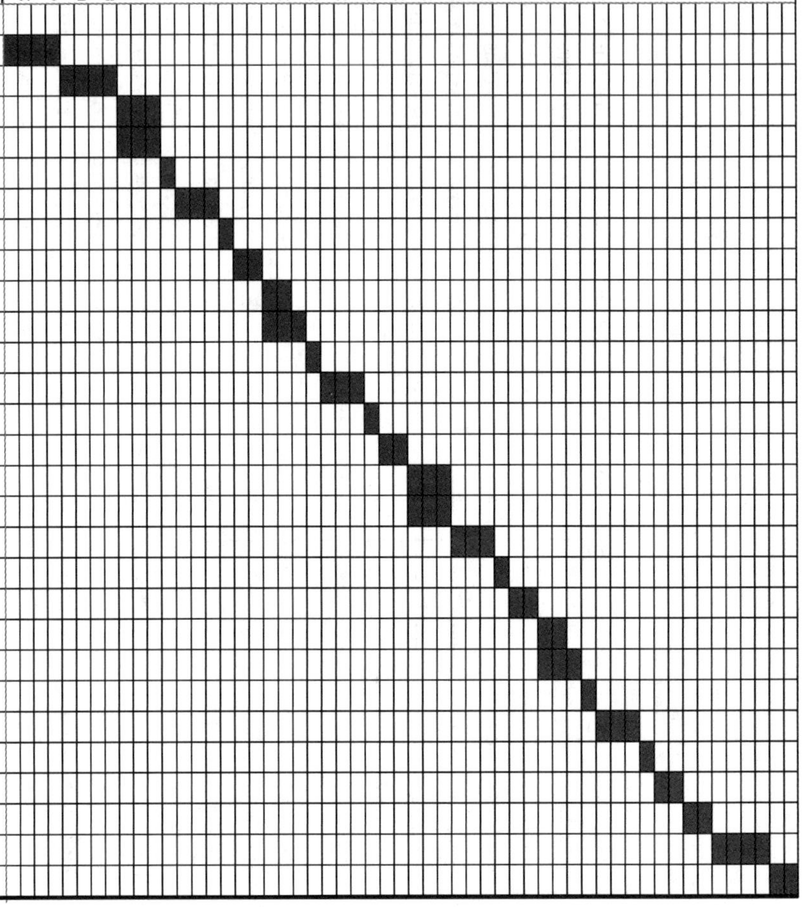

三、程序的编写与调试

汽车发动机气门锁夹的压装工艺过程，采用西门子 S7-1500 控制。由于西门子 S7-1500 集成了运动控制、工业信息安全和故障安全功能，CPU 模块功能强大，可供用户使用的资源充足，从硬件方面说 S7－1500 PLC 具有处理速度更快、联网能力更强、诊断能力和安全性更高、其组态和编程效率高、信息采集和查看方便等优点，从而解决了气门锁夹压装过程中，存在压装不到位、漏压装或者锁夹压溃的问题，导致锁夹不能合格装配，影响装机质量和生产节拍等问题，提高了配气机构运行的稳定性。

西门子 S7－1500 编程软件用 STEP 7 Professional V12 软件。打开 STEP 7 Professional V12 软件→在欢迎界面中，点击“创建新项目”，填写项目名称并选择存放路径后，请点击“创建”按钮→项目成功创建后，点击左下角的“项目视图”转到编辑界面→点击项目名称左边的小箭头展开项目树，双击“添加新设备”(先插入一个 PLC→配置具体的模块)→设备组态完成后，为了提高程序的可读性，编写变量表，接下来编程(依次点击软件界面左侧的项目树中的“PLC”“程序块”左侧的小箭头展开结构，再双击“Main[OB1]”打开主程序)，再对 S7-1500 进行项目下载与调试。

案例 6.3　全自动旋盖机系统

早期旋盖机多采用人工包装，其操作烦琐、单调、重复，工人劳动强度大，包装质量不高。有些材料长期与人接触还会影响身体健康。包装自动化能改善工作条件，特别是对有毒性、刺激性、低温潮湿性、飞扬扩散性等危害人体健康的物品的包装尤为重要。企业采用全自动旋盖机还能大大减少人工成本、提高生产效率、实现企业的自动化生产。

全自动旋盖机系统原理图如图 6.20 所示。首先，系统启动后复位；自动运行时，如果夹爪里没有瓶盖则去工位 1 抓盖位置抓取瓶盖，再回到工位 2 待机处，如果有瓶盖则等待检瓶信号。当检瓶信号到达，追剪轴追赶瓶子，达到同步时开始向下旋瓶盖，当到达工位 3 旋瓶最低位置时松夹爪，返回工位 1 抓盖位置，继续下一个循环。或者根据客户选择，在到达工位 3 旋瓶最低位置时松夹爪后，直接返回工位 2，为已放置瓶盖的产品旋盖。

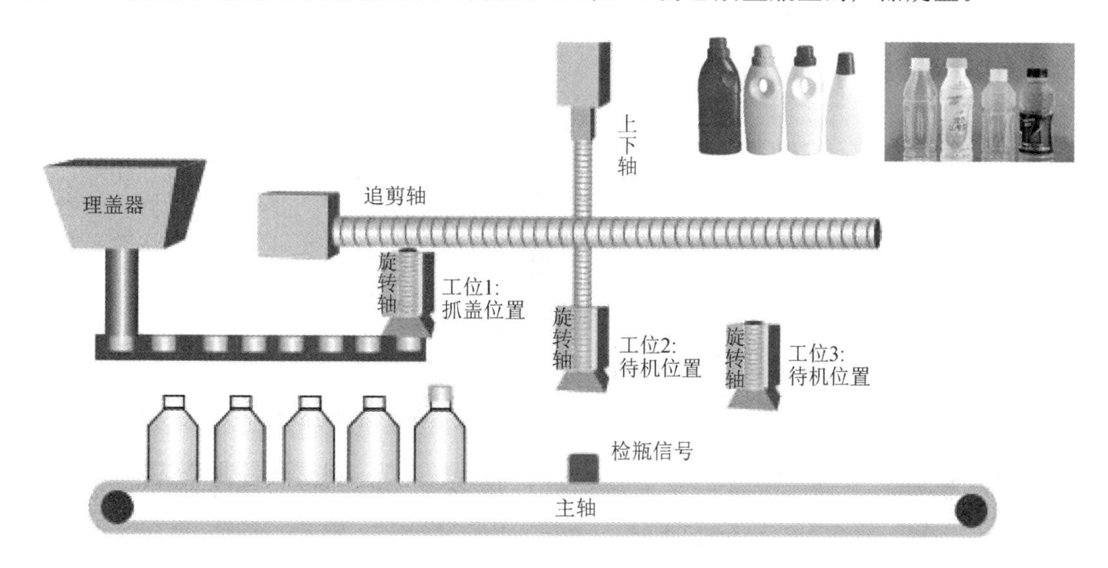

图 6.20　全自动旋盖机系统原理图

全自动旋盖机的系统拓扑结构如图 6.21 所示。实际应用的现场设备如图 6.22 所示。

此设备采用信捷自行开发的自定义跳转凸轮功能，曲线柔和，运行平稳；参数开放度高，各部分速度可调节，保证各种宽度的瓶灌不漏瓶；瓶盖之间的距离可设，增加了旋盖的种类；曲线柔和，伺服负载消耗小；跳转自定义凸轮，各轴配合度高，速度快，可以提升效率。

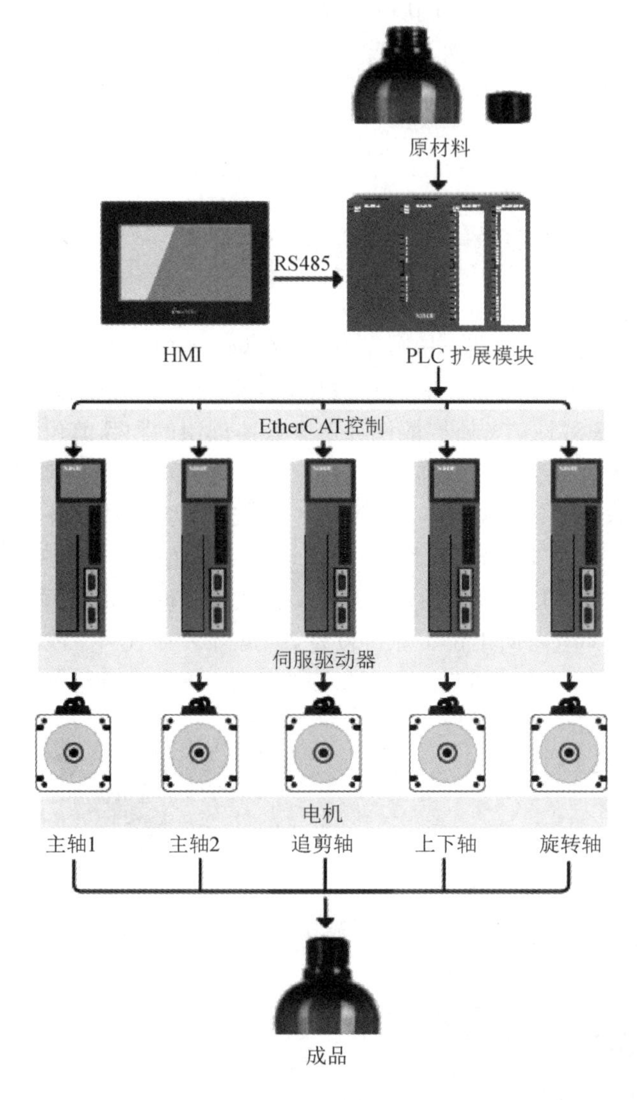

图 6.21　全自动旋盖机的系统拓扑结构图

图 6.22　全自动旋盖机的现场应用图

参考文献

[1] 周德卿，南丽霞，樊明龙．机电一体化技术与系统[M]．北京：机械工业出版社，2014.
[2] 刘龙江，马锡琪．机电一体化技术[M]．2版．北京：北京理工大学出版社，2012.
[3] 龚仲华，杨红霞．机电一体化技术与系统[M]：北京：人民邮电出版社，2011.
[4] 赵先仲．机电一体化系统[M]．北京：高等教育出版社，2004.
[5] 邵贝贝．单片机嵌入式应用的在线开发方法[M]．北京：清华大学出版社，2004.
[6] 胡健，刘玉宾，朱焕立，等．单片机原理及接口技术[M]．北京：机械工业出版社，2005.
[7] 郭琼．现场总线技术及其应用[M]．北京：机械工业出版社，2011.
[8] 王晓敏，王志敏．传感器检测技术及应用[M]．北京：北京大学出版社，2011.
[9] 陈富安．数控原理与系统[M]．北京：人民邮电出版社，2006.
[10] 龚春华．交流伺服与变频技术及应用[M]．北京：人民邮电出版社，2011.
[11] 杜坤梅，李铁才．电机控制技术[M]．哈尔滨：哈尔滨工业大学出版社，2002.
[12] 方大千，朱征涛．电机维修实用技术手册[M]．北京：机械工业出版社，2012.
[13] 张建，何振俊．机电一体化应用技术与实践[M]．北京：机械工业出版社，2017.
[14] 陈斗，何志杰，蒋逢灵，等．PLC应用技术[M]．北京：电子工业出版社，2018.
[15] 林小宁，华东平．可编程控制器应用技术[M]．北京：电子工业出版社，2013.
[16] 韩红．机电一体化系统设计[M]．北京：中国人民大学出版社，2013.
[17] 郭洪红．工业机器人技术[M]．2版．西安：西安电子科技大学出版社，2012.